Craftsman Construction Equipment Operator

건설기계운전기능사
(굴착기·기중기·로더·롤러 공통) 필기

[preface]
건설기계운전기능사 필기
(굴착기 · 기중기 · 로더 · 롤러 공통)

현재 우리나라는 국토건설사업은 물론 중국과 시베리아 등 해외개발도 매우 활발하게 추진되어 오고 있습니다. 특히 많은 기계 공업 중 건설기계와 자동차 공업은 건설 및 각종 생산에서 가장 중요한 위치를 차지하고 있음은 누구나 잘 알고 있는 바이며, 근래에 와서는 모든 생산 및 건설분야가 전문화와 세분화됨에 따라 인력부족과 자리부족의 심각한 상황에 이르러 건설기계의 활용으로 대처해 나가고 있으나 기술인 부족으로 많은 고충을 겪고 있는 실정입니다.

특히 이러한 기술인을 양성하기 위해 마련된 굴착기, 기중기, 로더, 롤러 등의 건설기계 작업장치와 관련된 자격검정제도는 2016년 하반기 이후 기존 통합 운용되던 것에서 벗어나 기본 공통이론 외에 작업장치 부분은 해당 작업장치에 국한되어 필기시험을 치루도록 변경되었습니다.

본 도서는 이러한 시험제도 변경에 발맞추어 건설기계운전기능사 자격검정 중 다수의 사람들이 자격을 취득하고자 하는 굴착기, 기중기, 로더, 롤러운전기능사 자격검정을 통합하여 유사 자격증을 한 번에 취득하고자 하는 수험생들에게 좀 더 효과적인 학습이 가능하도록 기획되어 만들어졌습니다. 이에 따라 건설기계운전 관련 기능사 자격검정에 응시하는 수험생은 기본 공통이론인 1장부터 5장까지를 학습한 후 본인이 응시하고자 하는 종목에 해당하는 작업장치 부분만 학습하면 됩니다.

모쪼록 본 도서가 건설기계운전기능사 자격을 취득하고자 하는 많은 수험생들에게 좋은 선택의 기회가 되기를 바랍니다. 감사합니다.

출제기준
Questions Standard

- 주 관 처 : 한국산업인력공단
- 자격종목 : 굴착기 운전기능사
- 시험방법 : 필기_ 객관식(전과목 혼합, 60문항), 실기_ 작업형
- 합격기준 : (필기·실기) 100점을 만점으로 하여 60점 이상
- 시험시간 : 1시간

필기과목 : 굴착기 조종, 점검 및 안전관리

주요항목	세부항목	세세항목
1. 점검	1. 운전 전·후 점검	1. 작업 환경 점검 2. 오일·냉각수 점검 3. 구동계통 점검
	2. 장비 시운전	1. 엔진 시운전 2. 구동부 시운전
	3. 작업상황 파악	1. 작업공정 파악 2. 작업간섭사항 파악 3. 작업관계자간 의사소통
2. 주행 및 작업	1. 전기장치의 구조, 기능 및 점검	1. 주행성능 장치 확인 2. 작업현장 내·외 주행
	2. 작업	1. 깍기 2. 쌓기 3. 메우기 4. 선택장치 연결
	3. 전·후진 주행장치	1. 조향장치 및 현가장치 구조와 기능 2. 변속장치 구조와 기능 3. 동력전달장치 구조와 기능 4. 제동장치 구조와 기능 5. 주행장치 구조와 기능 6. 타이어
3. 구조 및 기능	1. 일반사항	1. 개요 및 구조 2. 종류 및 용도
	2. 작업장치	1. 암, 붐 구조 및 작동 2. 버켓 종류 및 기능
	3. 작업용 연결장치	1. 연결장치 구조 및 기능
	4. 상부회전체	1. 선회장치 2. 선회 고정장치 3. 카운터웨이트
	5. 하부회전체	1. 센터조인트 2. 주행모터 3. 주행감속기어
4. 안전관리	1. 안전보호구 착용 및 안전장치 확인	1. 산업안전보건법 준수 2. 안전보호구 및 안전장치
	2. 위험요소 확인	1. 안전표시 2. 안전수칙 3. 위험요소
	3. 안전운반 작업	1. 장비사용설명서 2. 안전운반 3. 작업안전 및 기타 안전 사항
	4. 장비 안전관리	1. 장비안전관리 2. 일상 점검표 3. 작업요청서 4. 장비안전관리교육 5. 기계·기구 및 공구에 관한 사항
	5. 가스 및 전기 안전관리	1. 가스안전관련 및 가스배관 2. 손상방지, 작업시 주의사항(가스배관) 3. 전기안전관련 및 전기 시설 4. 손상방지, 작업시 주의사항(전기시설물)
5. 건설기계관리법 및 도로교통법	1. 건설기계관리법	1. 건설기계 등록 및 검사 2. 면허·사업·벌칙
	2. 도로교통법	1. 도로통행방법에 관한 사항 2. 도로통행규의 벌칙
6. 장비구조	1. 엔진구조	1. 엔진본체 구조와 기능 2. 윤활장치 구조와 기능 3. 연료장치 구조와 기능 4. 흡배기장치 구조와 기능 5. 냉각장치 구조와 기능
	2. 전기장치	1. 시동장치 구조와 기능 2. 충전장치 구조와 기능 3. 등화 및 계기장치 구조와 기능 4. 퓨즈 및 계기장치 구조와 기능
	3. 유압일반	1. 유압유 2. 유압펌프, 유압모터 및 유압실린더 3. 제어밸브 4. 유압기호 및 회로 5. 기타 부속장치

- 주 관 처 : 한국산업인력공단
- 자격종목 : 기중기 · 로더 · 롤러 운전기능사
- 시험방법 : 필기_ 객관식(전과목 혼합, 60문항), 실기_ 작업형
- 합격기준 : (필기 · 실기) 100점을 만점으로 하여 60점 이상
- 시험시간 : 1시간

필기과목 : 건설기계기관, 전기 및 작업장치, 유압일반, 건설기계관리법규 및 도로통행방법, 안전관리

주요항목	세부항목	세세항목
1. 건설기계 기관장치	1. 기관의 구조, 기능 및 점검	1. 기관본체 2. 연료장치 3. 냉각장치 4. 윤활장치 5. 과급기
2. 건설기계 전기장치	1. 전기장치의 구조, 기능 및 점검	1. 시동장치 2. 충전장치 3. 조명장치 4. 계기류 5. 예열장치
3. 건설기계 섀시장치	1. 섀시의 구조, 기능 및 점검	1. 동력전달장치 2. 제동장치 3. 조향장치 4. 주행장치
4. 작업장치[1]	1. 작업장치	1. 구조 2. 작업장치 기능 3. 작업방법
5. 유압 일반	1. 유압유	1. 유압유
	2. 유압 기기	1. 유압펌프 2. 제어밸브 3. 유압실린더와 유압모터 4. 기타 부속장치 등
6. 건설기계 관리법규 및 도로교통법	1. 건설기계 등록검사	1. 건설기계 등록 2. 건설기계 검사
	2. 면허 · 사업 · 벌칙	1. 건설기계 조종사의 면허 및 건설기계사업 2. 건설기계 관리 법규의 벌칙
	3. 건설기계의 도로교통법[2]	1. 도로통행방법에 관한 사항 2. 도로교통법규의 벌칙
7. 안전관리	1. 안전관리	1. 산업안전 일반 2. 기계 · 기기 및 공구에 관한 사항 3. 오염방지장치
	2. 작업안전	1. 작업상의 안전 2. 기타 안전관련 사항

1) 2016년 7월 이후 작업장치 부분은 본인이 응시하는 자격검정에 해당되는 작업장치에서만 출제됩니다.
2) 로더운전기능사와 롤러운전기능사를 응시하는 수험생은 건설기계의 도로교통법 부분은 출제범위가 아니므로 학습하지 않으셔도 됩니다.

NCS(국가직무능력표준) 안내

NCS(국가직무능력표준)와 NCS 학습모듈

- 국가직무능력표준(NCS, National Competency Standards)이란 산업현장에서 직무를 수행하기 위해 요구되는 지식·기술·소양 등의 내용을 국가가 산업부문별·수준별로 체계화한 것으로 국가적 차원에서 표준화한 것을 의미합니다.
- NCS 학습모듈은 NCS 능력단위를 교육 및 직업훈련 시 활용할 수 있도록 구성한 교수·학습자 료입니다. 즉, NCS 학습모듈은 학습자의 직무능력 제고를 위해 요구되는 학습 요소(학습 내용)를 NCS에서 규정한 업무 프로세스나 세부 지식, 기술을 토대로 재구성한 것입니다.

NCS 개념도

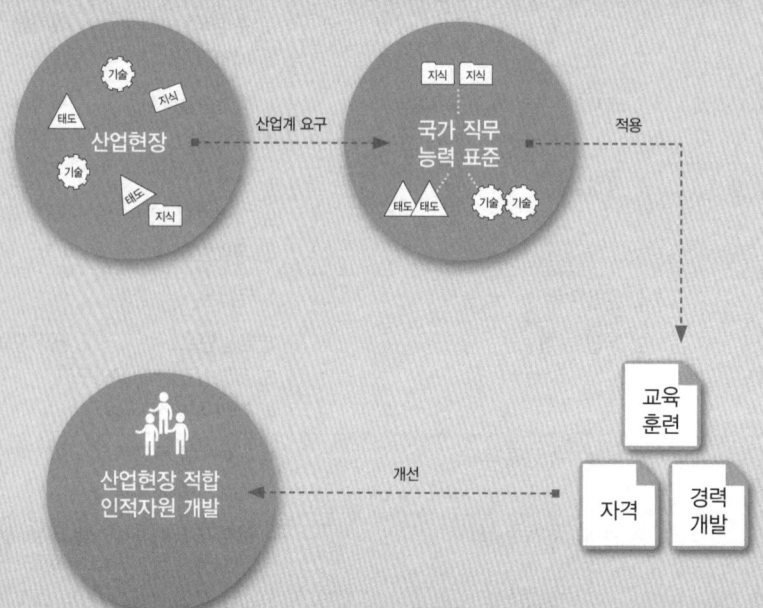

NCS의 활용영역

구분		활용 콘텐츠
산업현장	근로자	평생경력개발경로, 자가진단도구
	기업	현장수요 기반의 인력채용 및 인사관리기준, 직무기술서
교육훈련기관		직업교육 훈련과정 개발, 교수계획 및 매체·교재개발, 훈련기준 개발
자격시험기관		자격종목설계, 출제기준, 시험문항, 시험방법

NCS 학습모듈의 특징

- NCS 학습모듈은 산업계에서 요구하는 직무능력을 교육훈련 현장에 활용할 수 있도록 성취목표와 학습의 방향을 명확히 제시하는 가이드라인의 역할을 합니다.
- NCS 학습모듈은 특성화고, 마이스터고, 전문대학, 4년제 대학교의 교육기관 및 훈련기관, 직장 교육기관 등에서 표준교재로 활용할 수 있으며 교육과정 개편 시에도 유용하게 참고할 수 있습니다.

NCS와 NCS 학습모듈의 연결 체제

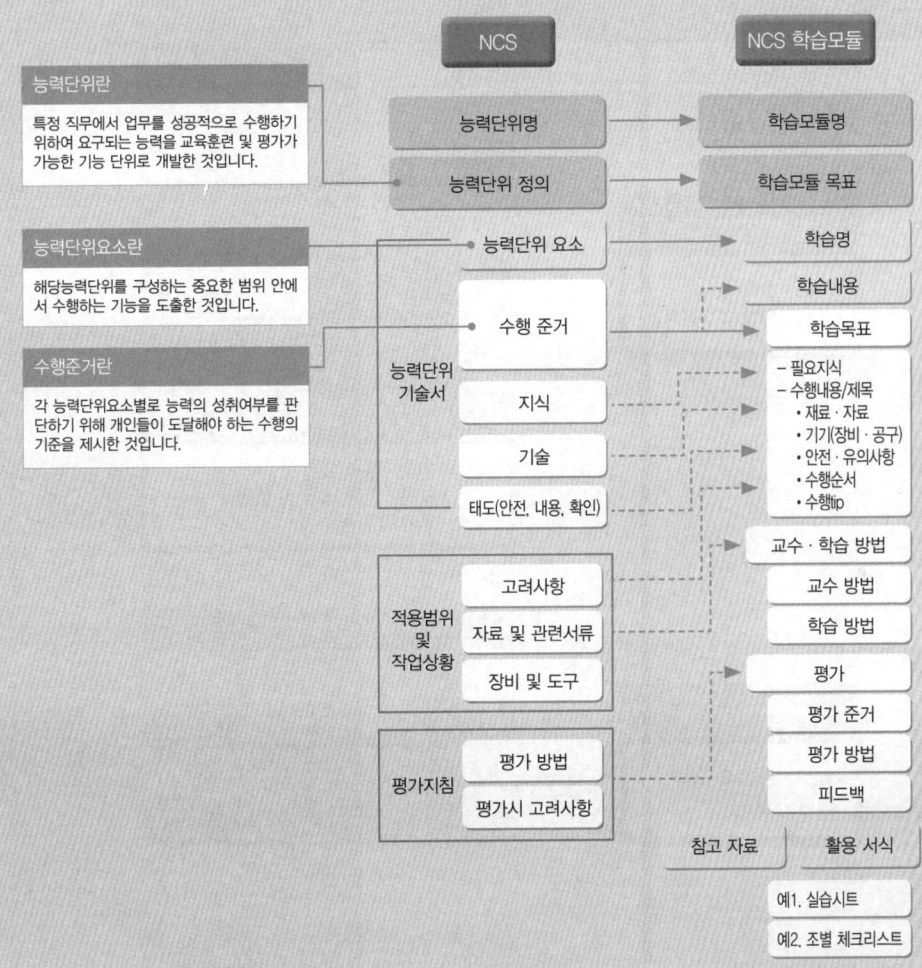

과정평가형 자격취득 안내

과정평가형 자격

과정평가형 자격은 국가기술자격법에 근거하여 국가직무능력표준(NCS)에 따라 설계된 교육·훈련과정을 체계적으로 이수한 교육·훈련생에게 내·외부 평가를 통해 국가기술자격증을 부여하는 새로운 개념의 국가기술자격 취득 제도로서 2015년부터 시행되고 있다.

과정평가형 자격 운영 절차

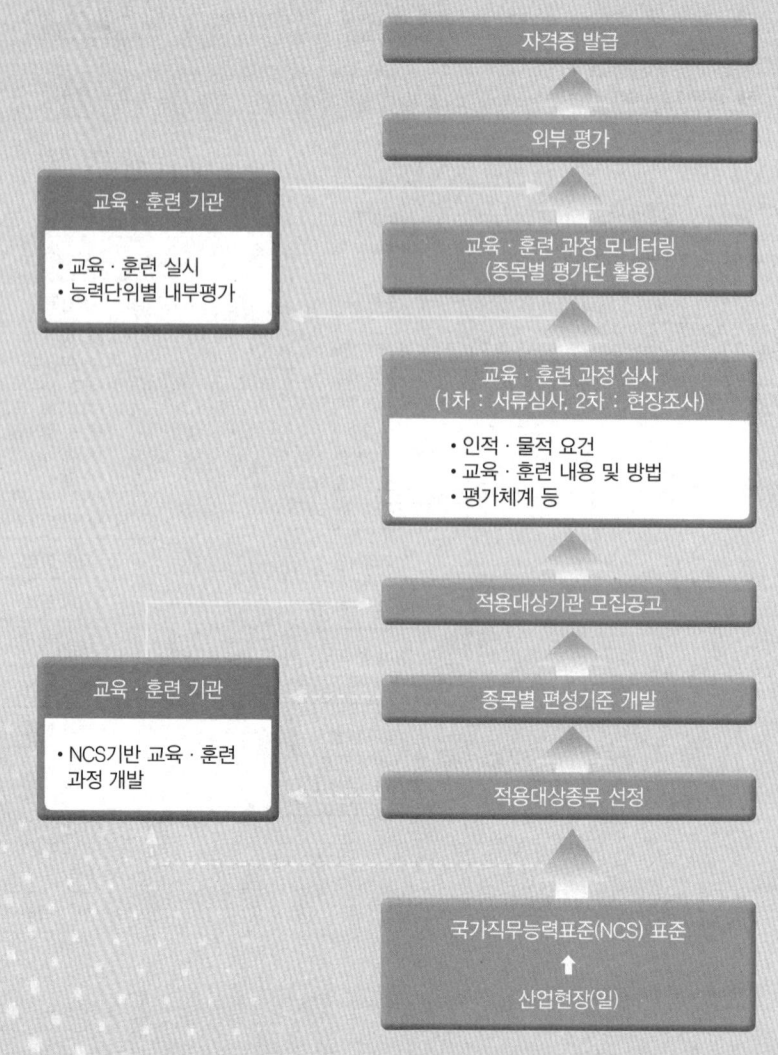

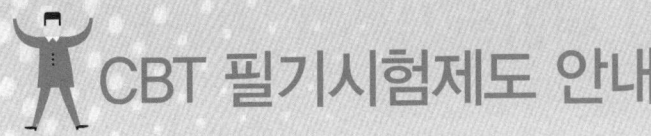 CBT 필기시험제도 안내

변경된 제도 개요

기능사 CBT(컴퓨터 기반 시험) 필기시험제도는 한국산업인력공단 상설시험장과 외부기관의 시설 및 장비를 임차하여 시행하기 때문에 시험장 사정에 따라 시험일자가 달라질 수 있으며, 수험생들이 선호하는 시험장은 조기 마감될 수 있으므로 주의하여야 합니다.

원서접수 기간 및 접수처

- 한국산업인력공단이 주관 및 시행하는 기능사 정기 CBT 필기시험 및 상시 CBT 필기시험과 관련한 정보는 큐넷 홈페이지(http://www.q-net.or.kr)를 방문하여 확인합니다.
- 기능사 필기시험의 원서접수는 인터넷으로만 가능하며 정기 및 상시시험 모두 큐넷 홈페이지(http://www.q-net.or.kr)에서 접수할 수 있습니다.
- 기능사 상시시험 종목 : 한식조리기능사, 양식조리기능사, 일식조리기능사, 중식조리기능사, 제과기능사, 제빵기능사, 미용사(일반), 미용사(피부), 미용사(네일), 미용사(메이크업), 굴착기운전기능사, 지게차운전기능사, 건축도장기능사, 방수기능사 [14종목]
  ※ 건축도장기능사, 방수기능사 2종목은 정기검정과 병행 시행

CBT 부별 시험시간 안내

구분	입실시간	시험시간	비고
1부	09:30	09:50~10:50	
2부	10:00	10:20~11:20	
3부	11:00	11:20~12:20	
4부	11:30	11:50~12:50	
5부	13:00	13:20~14:20	시험실 입실 시간은 시험 시작 20분 전
6부	13:30	13:50~14:50	
7부	14:30	14:50~15:50	
8부	15:00	15:20~16:20	
9부	16:00	16:20~17:20	
10부	16:30	16:50~17:50	

※ 지역별 접수인원에 따라 일일 시행횟수는 변동될 수 있으며, 원거리 시험장으로 이동할 수 있습니다.

합격자 발표

종이 시험과 달리 CBT 필기시험은 시험이 종료된 후 시험점수와 함께 합격 여부를 확인할 수 있으며, 이 결과는 시험일정 상의 합격자 발표일에 최종 확인할 수 있습니다.

CBT 필기시험 체험하기

01 CBT 필기시험 응시를 위해 지정된 좌석에 앉으면 해당 컴퓨터 단말기가 시험감독관 서버에 연결되었음을 알리는 연결 성공 메시지가 나타납니다.

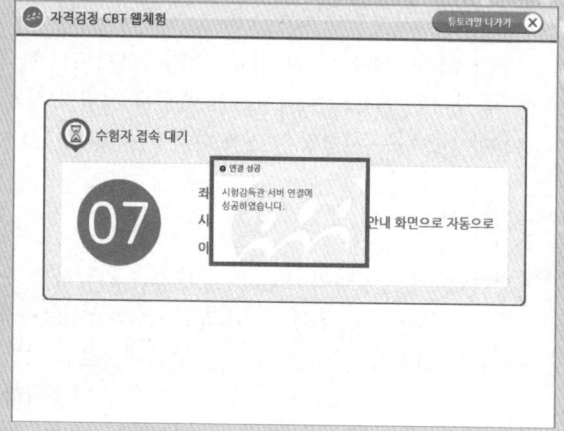

02 수험자 접속 대기 화면에서 좌석번호를 확인합니다. 좌석번호 확인이 끝나면 시험감독관의 지시에 따라 시험 안내 화면으로 자동으로 이동합니다.

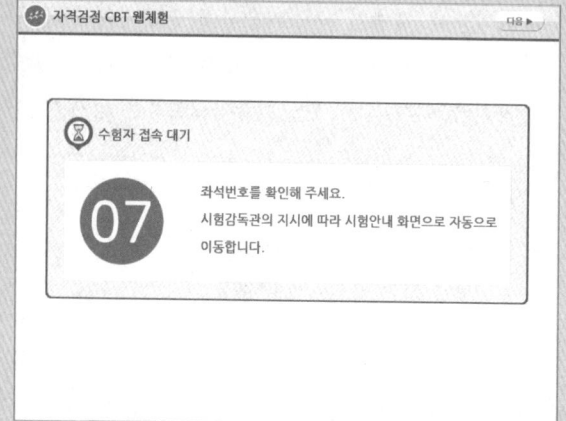

03 수험자 정보를 확인합니다. 감독관의 신분 확인 절차가 진행됩니다. 신분 확인이 모두 끝나면 시험을 시작할 수 있습니다.

04 CBT 필기시험에 대한 안내사항이 나타납니다. 화면은 예제이며, 실제 기능사 필기시험은 총 60문제로 구성되며, 60분간 진행됩니다.

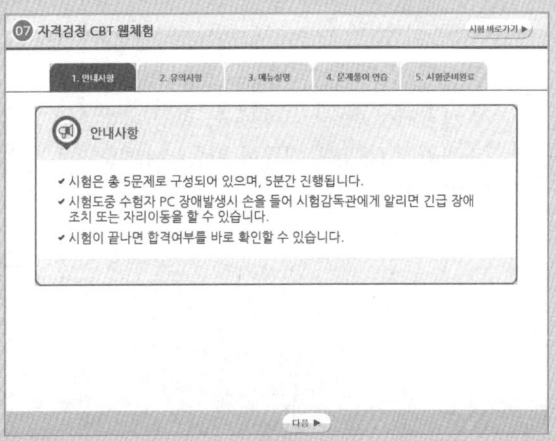

05 다음 항목에서 시험과 관련된 유의사항을 확인합니다. 특히, 시험과 관련한 부정행위 적발 시 퇴실과 함께 해당 시험은 무효처리되어 불합격 될 뿐만 아니라, 이후 3년간 국가기술자격검정에 응시할 수 있는 자격이 정지되므로 부정행위로 인정되는 내용을 꼼꼼히 확인하도록 합니다.

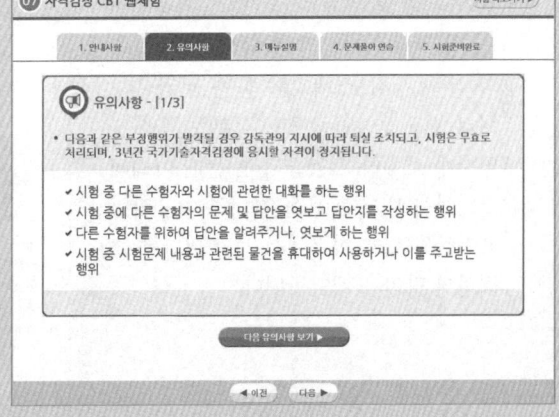

06 메뉴설명 항목에서는 문제풀이와 관련된 메뉴에 대한 설명을 확인할 수 있습니다. CBT 화면에서는 글자 크기를 크게 하거나 작게 할 수 있을 뿐 아니라, 화면 배치를 1단 또는 2단 화면 보기 혹은 한 문제씩 보기로 선택할 수 있습니다.

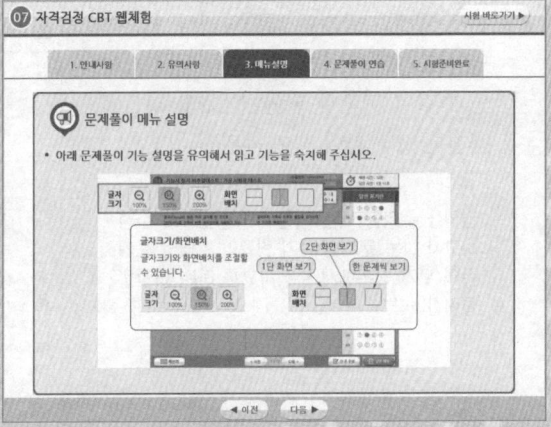

07 문제풀이 연습 항목에서는 실제 문제를 풀어보는 과정을 연습할 수 있습니다. 실제 시험에서 실수하지 않도록 하기 위해 [자격검정 CBT 문제풀이 연습] 버튼을 클릭합니다.

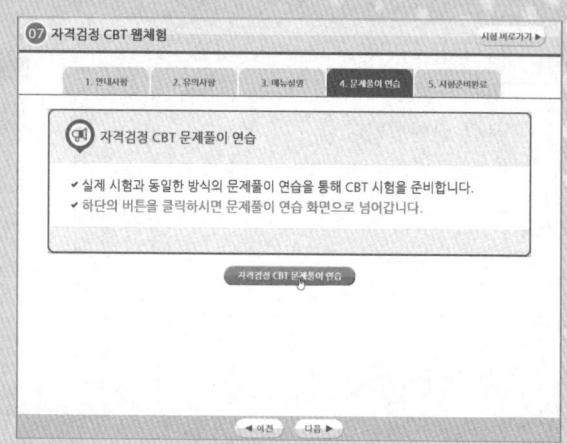

08 보기의 연습 문제는 국가기술자격시험의 정부 위탁기관인 한국산업인력공단의 본부 청사 소재지를 묻는 것입니다. 현재 한국산업인력공단 본부는 울산광역시에 소재하고 있습니다. 문제 아래의 보기에서 번호 항목을 클릭하거나 답안 표기란의 번호 항목에서 해당 답안을 클릭하여 답안을 체크합니다.

09 문제 아래의 보기를 클릭하거나 오른쪽 답안 표기란의 답안 항목을 클릭하면 화면과 같이 선택한 답안이 OMR 카드에 색칠한 것과 같이 색이 채워집니다.

답안을 수정할 때는 마찬가지 방법으로 수정하고자 하는 문제의 보기 항목이나 답안 표기란의 보기 항목에서 수정하고자 하는 답안을 클릭합니다.

10 문제를 풀고 나면 다음 문제를 풀기 위해 화면 하단의 [다음] 버튼을 클릭하여 문제를 계속 풀어나가면 됩니다. 참고로 하단 버튼 중 [계산기]를 클릭하면 간단한 공학용 계산기를 사용하여 계산 문제를 푸는 데 도움을 받을 수 있습니다.

> 계산이 끝나고 계산기를 화면에서 사라지게 하려면 계산기 창의 오른쪽 상단에 있는 닫기 ⊠ 버튼을 클릭합니다.

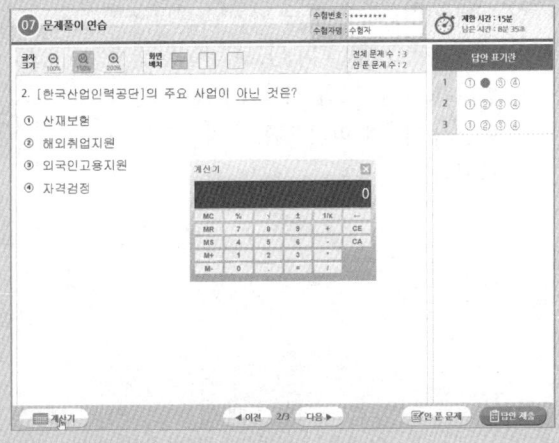

11 문제 풀이 연습이 끝나면 하단의 [답안 제출] 버튼을 클릭하여 답안을 제출합니다.

> 어려운 문제의 경우 하단의 [다음] 버튼을 클릭하여 다음 문제를 풀 수도 있습니다. 단, 이러한 경우 답안을 제출하기 전에 하단의 [안 푼 문제] 버튼을 클릭하여 혹시 풀지 않은 문제가 있는 지 최종적으로 확인하도록 합니다.

12 답안 제출을 클릭하면 나타나는 화면입니다. 수험생들이 실수로 답안을 모두 체크하지 않고 제출할 수 있는 실수를 방지하기 위해 2회에 걸쳐 주의 화면이 나타납니다. 답안을 제출하려면 [예] 버튼을 누릅니다.

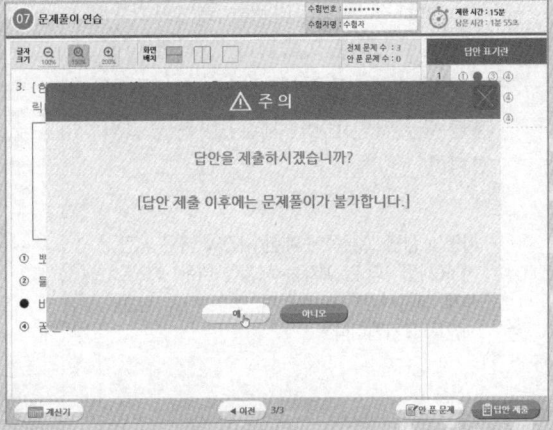

13 문제풀이 연습을 모두 마치면 나타나는 화면에서 [시험 준비 완료] 버튼을 클릭합니다. 이후 시험 시간이 되면 시험감독관의 지시에 따라 시험이 자동으로 시작됩니다.

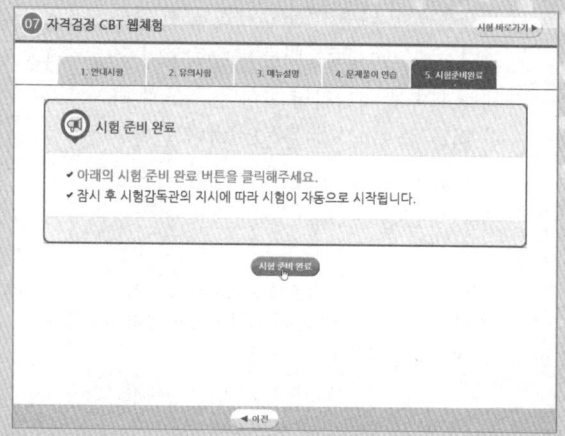

14 본 시험이 시작되면 첫 번째 문제가 화면에 나타납니다. 앞서 문제풀이 연습 때와 마찬가지 방법으로 문제의 보기에서 정답을 클릭하거나 답안 표기란에 해당 문제의 정답 항목을 클릭하여 답을 선택합니다.

15 화면 하단의 [다음] 버튼을 클릭하면 다음 문제를 풀 수 있습니다. 앞서와 마찬가지 방법으로 답안에 체크하고 모든 문제를 풀었다면 [답안 제출] 버튼을 클릭합니다.

화면의 상단 오른쪽에 제한 시간과 남은 시간이 표시됩니다. 본 예제는 체험을 위한 것으로 실제 시험시간은 60분이며, 이에 따라 남은 시간도 표시됩니다.

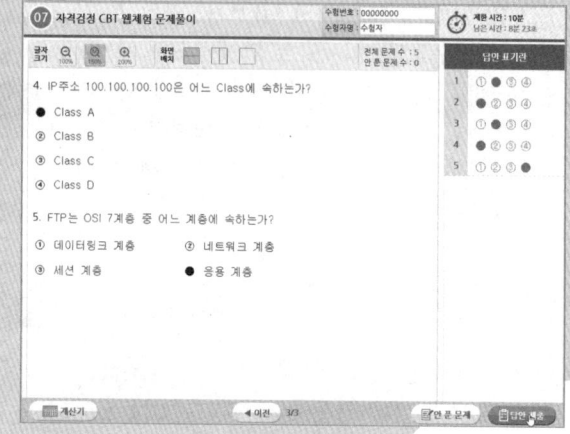

16 수험생의 실수를 방지하기 위해 2회에 걸쳐 주의 문구가 출력됩니다. 모든 문제를 이상없이 풀고 답안에 체크했다면 [예] 버튼을 클릭하여 답안을 제출하고 시험을 마무리합니다.

> 문제 화면으로 다시 돌아가고자 한다면 [아니오] 버튼을 클릭하여 이미 푼 문제들을 다시 확인하고 필요한 경우 답안을 수정할 수 있습니다.

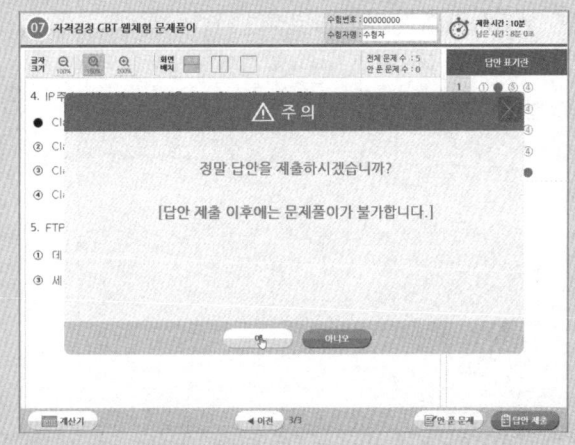

17 답안 제출 화면이 나타납니다. 잠시 기다립니다.

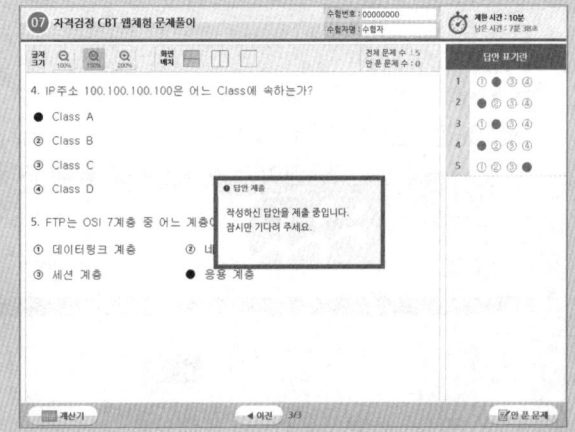

18 CBT 필기시험을 모두 끝내고 답안을 제출하면 곧바로 합격, 불합격 여부를 화면과 같이 확인할 수 있습니다. 독자분들은 꼭 화면과 같은 합격 축하 문구를 볼 수 있기를 기원합니다.

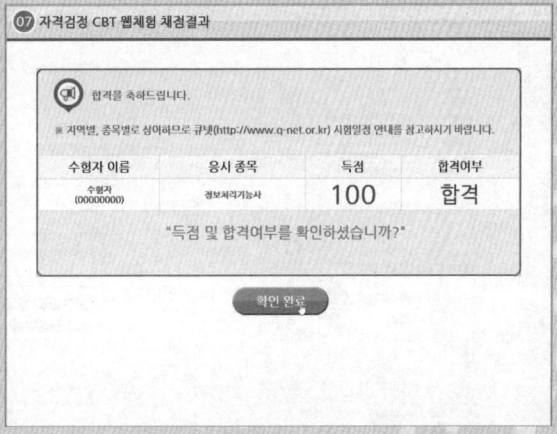

19 앞서의 합격 여부 화면에서 [확인 완료] 버튼을 클릭하면 CBT 필기시험이 종료됩니다. 고생하셨습니다.

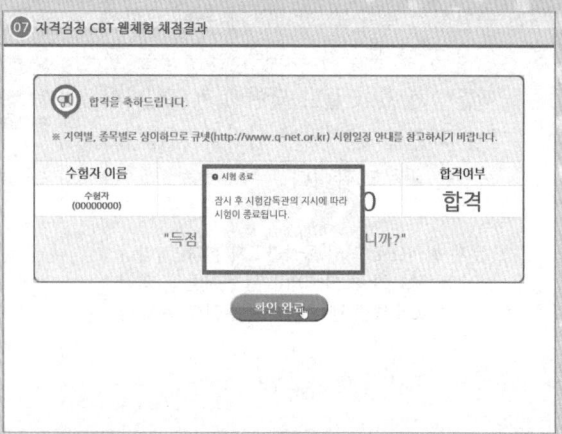

본 도서에 수록된 CBT 필기시험 체험하기 내용은 한국산업인력공단의 CBT 체험하기 과정을 인용하여 구성 및 정리한 것입니다. 직접 한국산업인력공단에서 제공하는 CBT 필기시험을 체험하고자 하는 독자께서는 한국산업인력공단이 운영하는 큐넷 홈페이지(www.q-net.or.kr)를 방문하시기 바랍니다.

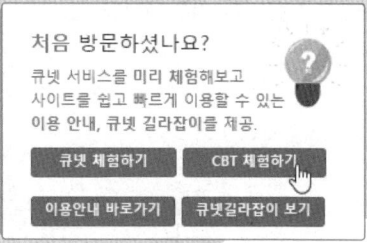

차례

제1장 건설기계 기관

제1절 | 기관 주요부
- 01 기관 일반 … 20
- 02 기관의 주요 구성 및 작용 … 23

제2절 | 냉각장치
- 01 냉각 일반 … 31
- 02 냉각장치의 주요 구성 및 작용 … 32

제3절 | 윤활장치
- 01 윤활 일반 … 35
- 02 윤활장치의 주요 구성 및 작용 … 37

제4절 | 디젤연소실과 연료장치
- 01 디젤기관 일반 … 40
- 02 구성 및 작용 … 43

제5절 | 흡·배기장치 및 시동 보조장치
- 01 흡·배기장치 일반 … 47
- 02 구성 및 작용 … 48

건설기계 기관 출제예상문제 … 53

제2장 건설기계 전기

제1절 | 전기기초 및 축전지
- 01 전기기초 … 90
- 02 축전지 … 93

제2절 | 시동장치
- 01 기동 전동기 일반 … 97
- 02 구성 및 작용 … 98

제3절 | 충전장치
- 01 충전장치 일반 … 101
- 02 구성 및 작용 … 102

제4절 | 등화장치 및 냉·난방장치
- 01 등화장치 … 105
- 02 냉·난방장치 … 108

건설기계 전기 출제예상문제 … 112

제3장 건설기계 차체

제1절 | 동력전달장치
- 01 휠형 동력전달장치 … 128
- 02 크롤러형 동력전달장치 … 136

제2절 | 조향장치
- 01 조향장치 일반 … 140
- 02 구성 및 작용 … 143

제3절 | 제동장치
- 01 제동장치 일반 … 146
- 02 구성 및 작용 … 148

건설기계 차체 출제예상문제 … 153

제4장 건설기계 유압

제1절 | 유압의 기초
- 01 유압 일반 … 174
- 02 유압기호 및 용어 … 177

제2절 | 유압 기기 및 회로
- 01 유압 회로 … 182
- 02 유압 기기 … 185

건설기계 유압 출제예상문제 … 193

제5장 법규 및 안전관리

제1절 건설기계 관련법규
- 01 건설기계 관리법   214
- 02 도로교통법   223
- 03 도로명 주소   229

제2절 안전관리
- 01 산업안전   232
- 02 전기공사   235
- 03 도시가스 작업   238
- 04 작업 및 화재안전   242

법규 및 안전관리 출제예상문제   250

제6장 굴착기 작업장치

제1절 굴착기
- 01 굴착기 일반   280
- 02 굴착기의 구성과 작업   283

굴착기 작업장치 출제예상문제   289

제7장 기중기 작업장치

제1절 기중기
- 01 기중기 일반   302
- 02 기중기의 구성과 작업   305

기중기 작업장치 출제예상문제   313

제8장 로더 작업장치

제1절 로더
- 01 로더 일반   326
- 02 로더의 구성과 작업   330
- 03 로더의 작업방법   334

로더 작업장치 출제예상문제   338

제9장 롤러 작업장치

제1절 롤러
- 01 롤러 일반   350
- 02 롤러의 구성   354
- 03 롤러의 작업방법   358

롤러 작업장치 출제예상문제   364

CHAPTER 01

Craftsman Construction Equipment Operator

건설기계 기관

Section 01 기관주요부
Section 02 냉각장치
Section 03 윤활장치
Section 04 디젤연소실과 연료장치
Section 05 흡·배기장치 및 시동보조장치
Section 06 건설기계 기관 출제예상문제

SECTION 01 기관주요부

Craftsman Construction Equipment Operator

STEP 01 기관 일반

1. 기관의 정의
열에너지(힘)을 기계적인 에너지로 변화시키는 기계장치로써 열기관이라고도 한다.

1) 내연기관
실린더 내부에서 연소물질을 연소시켜 동력을 발생시키는 기관으로 가솔린, 디젤, 가스, 제트 기관 등이 있다.

2) 외연기관
실린더 외부에서 연소물질을 연소시켜 동력을 발생시키는 기관으로 증기 기관 등이 있다.

2. 기관의 분류

1) 기관 수와 배열의 분류
직렬형, 수평형, 수평 대향형, V형, 성형, 도립형, X형, W형 등이 있다.

2) 사용 연료의 분류
가솔린, 디젤, 석유, 가스 기관이 있으며, 국내 건설기계는 디젤기관이다.

3) 점화 방법의 분류
① 전기 점화 기관 : 혼합가스에 전기적인 불꽃으로 점화시키는 기관
② 압축 착화 기관 : 연료를 분사하면 압축열에 의하여 착화되는 기관

4) 열역학적 사이클의 분류
① 정적 사이클(오토 사이클) : 일정한 용적 하에서 연소되는 가솔린 기관
② 정압 사이클(디젤 사이클) : 일정한 압력 하에서 연소되는 저속 디젤기관
③ 사바테 사이클(합성 사이클) : 일정한 압력과 용적 하에서 연소되는 고속 디젤기관

5) 기계학적 사이클의 분류
① 4행정 사이클 기관 : 흡입, 압축, 폭발(동력), 배기 등 4개 작용을 피스톤이 4행정하고 크랭크 축이 2회전하여 동력을 발생하는 기관
② 2행정 사이클 기관 : 흡입, 압축, 폭발(동력), 배기 등 4개 작용을 피스톤 2행정에 마치고 크랭크 축이 1회전하여 동력을 얻는 기관

6) 운동 방식에 따른 분류
　① 왕복 운동형 : 피스톤의 왕복 운동을 크랭크 축에 의해서 회전 운동으로 바꾸어 사용(예 : 가솔린 기관 및 디젤기관)
　② 회전 운동형 : 연소 가스의 에너지로 직접 축을 회전 운동으로 바꾸어 사용(예 : 가스 터빈)
7) 디젤 엔진의 장·단점

구분	내용
장점	• 열효율이 높고, 연료 소비율이 적다. • 인화점이 높은 경유를 연료로 사용하여 취급이나 저장에 위험이 적다. • 대형의 엔진 제작이 가능하다. • 경부하시 효율이 나쁘지 않으며, 저속에서 큰 회전력이 발생한다. • 배기가스가 가솔린 엔진보다 덜 유독하다. • 점화장치가 없어 이에 따른 고장이 적다. • 2행정 사이클 엔진이 비교적 유리하다.
단점	• 연소압력이 커서 엔진의 각 부위를 튼튼하게 제작하여야 한다. • 엔진의 출력 당 무게와 형체가 크다. • 운전 중에 진동과 소음이 크다. • 연료분사장치가 매우 정밀하고 복잡하며, 제작비가 비싸다. • 압축비가 높아 큰 출력의 기동 전동기가 필요하다.

3. 작동 원리

1) 4행정 사이클 기관의 작동 원리
　① 흡입 행정 : 피스톤이 내려가면서 대기와의 압력차에 의해 신선한 혼합기가 유입되는 행정으로 흡기 밸브는 열려 있고 배기 밸브는 닫혀 있다.
　② 압축 행정 : 피스톤이 올라가면서 혼합기를 압축시키는 행정(흡·배기 밸브 모두 닫혀 있다)으로 압축압력은 7~11kg/cm²(가솔린 기관)과 30~45kg/cm²(디젤기관) 정도이다.

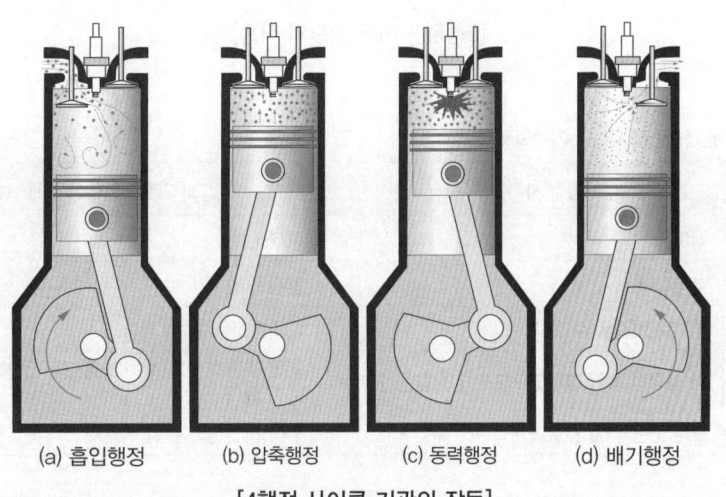

(a) 흡입행정　(b) 압축행정　(c) 동력행정　(d) 배기행정

[4행정 사이클 기관의 작동]

③ 동력 행정(폭발 행정) : 연소 압력으로 피스톤을 밀어내려 동력을 발생하는 행정(흡·배기 밸브 모두 닫혀 있다)으로 폭발 압력은 35~45kg/cm²(가솔린 기관)과 55~65kg/cm²(디젤기관) 정도이다.
④ 배기 행정 : 피스톤이 올라가면서 연소된 가스를 밖으로 내보내는 행정(흡기 밸브는 닫혀있고, 배기 밸브는 열려 있다)으로 열효율은 25~32%(가솔린 기관)과 32~38%(디젤기관) 정도이다.

2) 2행정 사이클 기관의 작동 원리

① 흡입, 압축 및 폭발 행정 : 피스톤이 상승하면서 흡입 포트가 열려 크랭크 케이스 내에 신선한 혼합기를 흡입하고 피스톤 헤드부는 배기 구멍을 막은 다음 유입된 혼합기를 압축하여 점화 플러그에서 발생되는 불꽃에 의해서 연소시킨다.
② 배기 및 소기 : 연소 가스가 피스톤을 밀어내려 배기공이 열리면 가스가 배출되며, 피스톤에 의해서 소기공이 열리면 흡입 행정에서 흡입된 혼합 가스가 피스톤 헤드부로 유입된다.
㉮ 디플렉터 : 2행정 사이클 엔진에서 혼합기의 손실을 적게 하고 와류를 증가시키기 위해 피스톤 헤드에 설치된 돌기부를 말한다.
㉯ 소기 행정 : 연소실에 유입되는 혼합기에 의해 연소 가스를 배출시키는 것을 말한다.

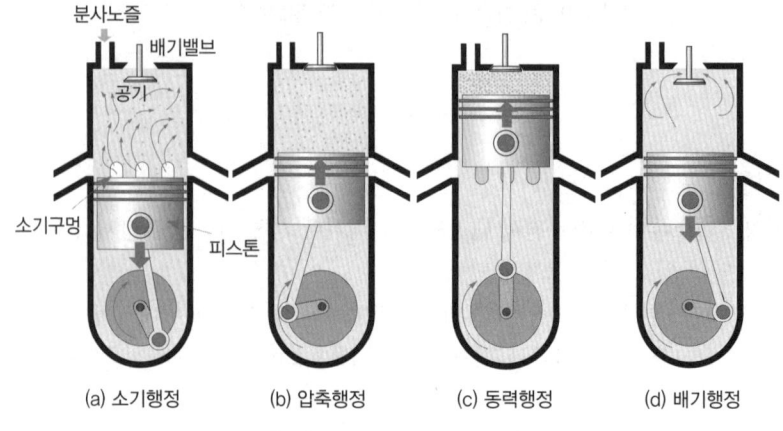

[2행정 사이클 기관의 작용]

참고 4행정 사이클 기관과 2행정 사이클 기관의 비교

행정 내용	4행정 사이클 기관	2행정 사이클 기관
출력	적다.	크다(1.7배)
구조	복잡하다.	간단하다.
회전 속도	저속운전을 할 수 있다.	저속운전을 할 수 없다.
효율	각 행정이 독립되어 있으므로 열효율은 좋다.	흡입기간이 짧고 배기가 충분치 못해 열효율이 좋지 않다.
사용 용도	모든 자동차 및 건설기계	일부의 건설기계 및 이륜차

STEP 02 기관의 주요 구성 및 작용

1. 실린더 블록과 실린더

1) 실린더 블록
특수 주철합금제로 내부는 물 통로와 실린더로 되어 있으며 상부에는 헤드, 하부에는 오일 팬이 부착되었고 외부에는 각종 부속 장치와 코어 플러그가 있어 동파를 방지한다.

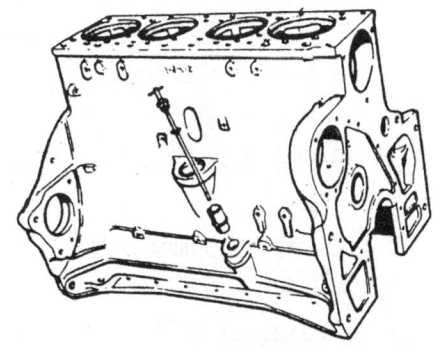
[실린더와 실린더 블록]

2) 실린더
피스톤 행정의 약 2배 되는 길이의 진원통이다. 습식과 건식 라이너가 있으며 마모를 줄이기 위하여 실린더 벽에 크롬 도금을 0.1mm 한 것도 있다.

3) 실린더 라이너
① 습식 라이너 : 두께 5~8mm로 냉각수가 직접 접촉, 디젤기관에 사용된다.
② 건식 라이너 : 두께 2~3mm로 삽입시 2~3ton의 힘이 필요하며, 가솔린기관에 사용된다.

4) 실린더 행정과 실린더 지름과의 비

$$실린더\ 행정\ 내경비 = \frac{피스톤\ 행정(L)}{실린더\ 내경(D)}$$ (D : 실린더 지름, L : 행정거리)

① 장행정 엔진 : 1.0 이상인 엔진(D<L), 회전 속도가 늦은 반면 회전력이 크고 측압은 적다.
② 정방행정 엔진 : 1.0인 엔진(D=L), 행정이 내경과 같은 엔진이다.
③ 단행정 엔진 : 1.0 이하인 엔진(D>L), 회전력이 작으나 회전속도는 빠르다.

5) 단행정(오버 스퀘어) 기관의 장·단점
① 피스톤의 평균 속도를 높이지 않고 회전 속도를 높일 수 있다.
② 흡기 효율을 높일 수 있다.
③ 엔진 높이를 낮출 수 있다.
④ 측압이 증대된다.

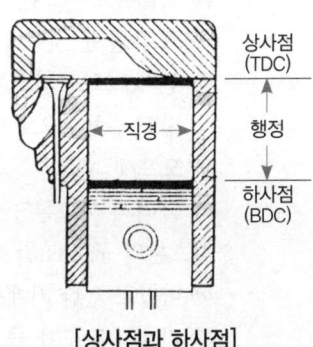
[상사점과 하사점]

6) 실린더 헤드와 연소실
기관 블록 상면과 헤드 개스킷(head gasket)을 사이에 두고 연소실을 형성하며, 재질은 주철제와 알루미늄 합금제를 사용한다.
① 연소실의 구비 조건
  ㉮ 압축 행정시 혼합가스의 와류가 잘될 것
  ㉯ 화염 전파시간을 가능한 짧게 할 것
  ㉰ 연소실 내의 표면적은 최소가 되도록 할 것
  ㉱ 가열되기 쉬운 돌출부를 두지 말 것

② 실린더 헤드 개스킷과 종류 : 실린더 블록과 헤드 사이에 설치되어 압축 가스의 기밀유지 및 냉각수가 누출되는 것을 방지하고 내열성, 내압성 및 약간의 복원성과 0.6mm~3mm의 두께를 가지고 있다.
- ㉮ 보통 개스킷
- ㉯ 스틸 베스토 개스킷(steel besto gasket)
- ㉰ 스틸 개스킷(steel gasket)

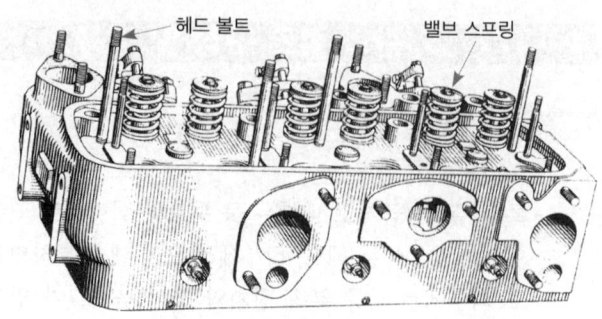

[실린더 헤드]

2. 피스톤 어셈블리

1) 피스톤

피스톤은 실린더 내를 왕복 운동하여 동력 행정시 크랭크 축을 회전운동시키며, 흡입, 압축, 배기 행정에서는 크랭크 축으로부터 동력을 전달받아 작동된다.

① 피스톤의 종류
- ㉮ 캠연마 피스톤 : 타원형 피스톤으로 측압부 직경이 보스부보다 크다.
- ㉯ 솔리드 피스톤 : 상·중·하 지름이 동일한 것이다.
- ㉰ 스플리트 피스톤 : 가로 홈과 세로 홈을 둔 것이다.
- ㉱ 인바스트럿 피스톤 : 인바강을 넣고 일체형으로 주조하였다.
- ㉲ 오프셋 피스톤 : 피스톤 핀의 중심을 1.5mm 정도 오프셋시켰다.
- ㉳ 슬리퍼 피스톤 : 측압을 받지 않는 스커트부를 잘라냈다.

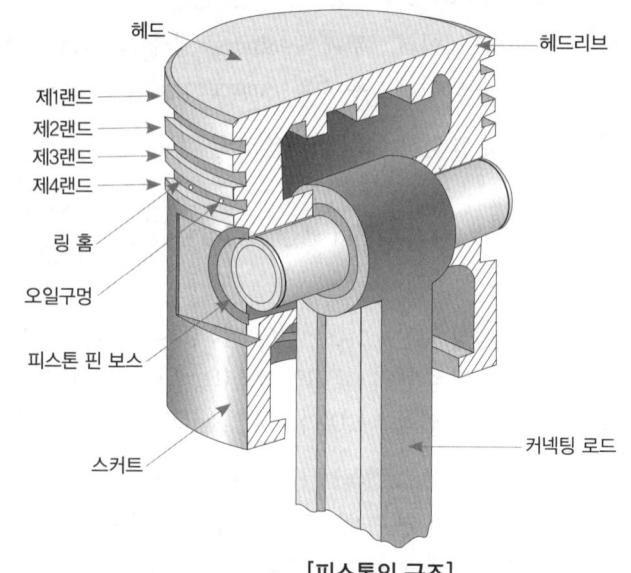

[피스톤의 구조]

② 피스톤의 구비 조건
- ㉮ 마찰로 인한 기계적 손실을 방지할 것
- ㉯ 기계적 강도가 클 것
- ㉰ 관성력을 방지하기 위해 무게가 가벼울 것
- ㉱ 폭발 압력을 유효하게 이용할 것
- ㉲ 가스 및 오일누출이 없을 것

③ 피스톤 간극이 클 때의 영향
- ㉮ 블로 바이(blow by)에 의한 압축 압력이 저하된다.

㉯ 오일이 연소실에 유입된다.
㉰ 오일 소비증대 현상이 온다.
㉱ 피스톤 슬랩 현상이 발생된다.
㉲ 오일이 희석된다.
④ 피스톤 간극이 작을 때의 영향
㉮ 마찰열에 의해 소결이 된다.
㉯ 마찰로 인해 마멸이 증대된다.
⑤ 피스톤 슬랩
피스톤 간극이 클 때 실린더 벽에 충격적으로 접촉되어 금속음이 발생하는 것으로 피스톤 슬랩을 방지하기 위해서는 오프셋 피스톤을 사용하며, 피스톤 간극은 실린더 내경의 0.05% 정도이다.

2) 피스톤 링

피스톤에는 3~5개 압축링과 오일 링이 사용되며, 실린더 벽보다 재질이 너무 강하면 실린더 벽의 마모를 초래할 수 있다.

① 피스톤 링의 작용과 조립
피스톤 링을 피스톤에 끼울 때 핀 보스와 측압부분을 피하여 절개부를 120~180°로 하여 조립하여야 압축가스가 새지 않으며 피스톤 링은 밀봉 · 냉각 · 오일 제어의 3대 작용을 한다.

② 링 절개부의 종류
㉮ 직각형(butt joint or straight joint, 종절형)
㉯ 사절형(miter joint or angle joint, 앵글형)
㉰ 계단형(step joint or lap joint, 단절형)

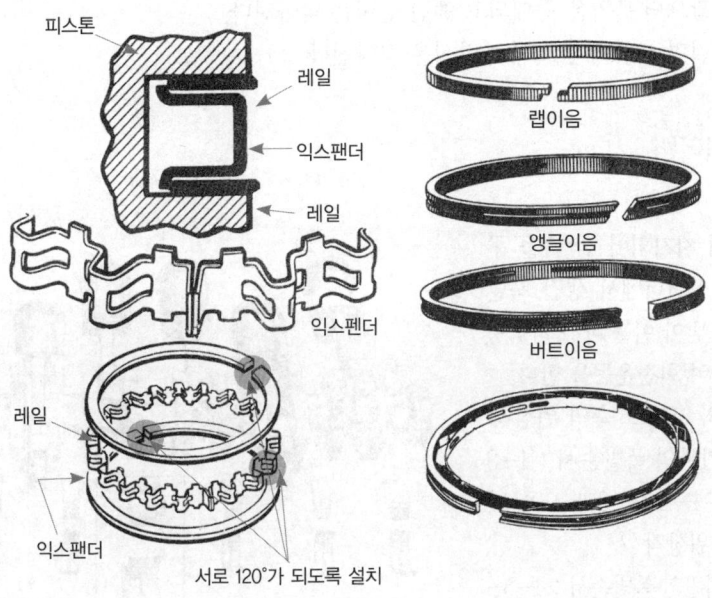

[오일 링의 구성]   [피스톤 링]

③ 형태에 따른 분류
　㉮ 동심원 링 : 실린더 벽에 가하는 압력이 일정하지 않다.
　㉯ 편심원 링 : 실린더 벽에 가하는 압력이 일정하다.
④ 피스톤 링의 구비 조건
　㉮ 내열성 및 내마멸성이 양호할 것
　㉯ 제작이 용이할 것
　㉰ 실린더에 일정한 면압을 줄 것
　㉱ 실린더 벽보다 약한 재질일 것
⑤ 피스톤 핀의 설치 방식
　㉮ 고정식 : 피스톤 보스부에 볼트로 고정한다.
　㉯ 반부동식 : 커넥팅 로드 소단부에 클램프 볼트로 고정한다.
　㉰ 전부동식 : 보스부에 스냅링을 설치, 핀이 빠지지 않도록 한다.

3) 커넥팅 로드

피스톤과 연결되는 소단부와 크랭크 축에 연결하는 대단부로 구성되며, 피스톤에서 받은 압력을 크랭크 축에 전달한다.

① 갖추어야 할 조건
　㉮ 충분한 강성을 가지고 있을 것
　㉯ 내마멸성이 우수할 것
　㉰ 가벼울 것
② 커넥팅 로드의 길이
　㉮ 커넥팅 로드의 길이는 피스톤 행정의 약 1.5~2.3배 정도이다.
　㉯ 길이가 짧으면 측압은 증대되고 엔진 높이는 낮아진다.
　㉰ 길이가 길면 측압이 감소되고 강성은 작아진다.

3. 크랭크 축과 베어링

1) 크랭크 축

실린더 블록에 지지되어 캠 축을 구동시켜 주며, 실린더에서 생긴 폭발력을 피스톤이 받아 이를 다시 커넥팅 로드에 전달하여 회전운동을 한다.

① 폭발 순서와 크랭크 축의 위상각
　㉮ 4기통 기관의 폭발순서 : 1-3-4-2, 1-2-4-3과 90° 및 180°의 위상각
　㉯ 6기통 기관의 폭발순서 : 1-5-3-6-2-4(우수식), 1-4-2-6-3-5(좌수식)와 120°의 위상각

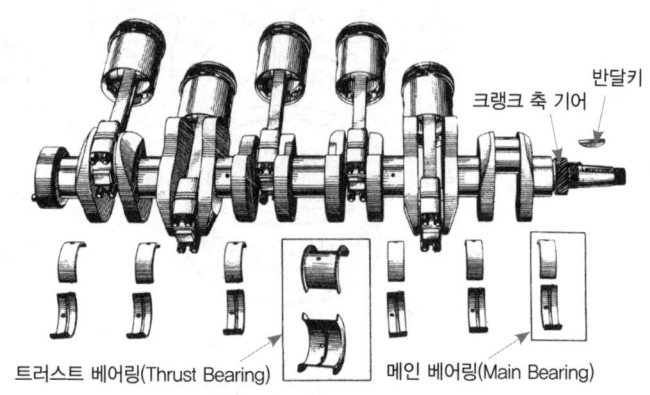

[크랭크축과 베어링]

② 폭발 순서 선정시 고려할 사항
㉮ 연소를 같은 간격으로 일어나게 한다.
㉯ 크랭크 축에 비틀림 진동이 일어나지 않게 한다.
㉰ 혼합기가 각 실린더에 균일하게 분배되게 한다.
㉱ 인접한 실린더에 연이어 점화되지 않게 한다.

2) 기관 베어링
기관 베어링은 회전 부분에 사용되는 것으로 기관에서는 보통 평면(플레인) 베어링이 사용된다.
① 오일 간극
㉮ 오일 간극 : 0.038~0.1mm
㉯ 오일 간극이 크면 : 유압 저하, 윤활유 소비 증가
㉰ 오일 간극이 작으면 : 마모 촉진, 소결(열팽창에 의해 늘어붙음, 고착) 현상
② 베어링의 필요조건
㉮ 하중 부담 능력이 좋을 것(load-carrying capacity)
㉯ 내피로성일 것(fatigue resistance)
㉰ 매입성이 있을 것(embeddability)
㉱ 추종 유동성이 있을 것(conformability)
㉲ 내식성이 있을 것(corrosion resistance)
③ 베어링 지지방법
㉮ 베어링 돌기(bearing lug) : 홈을 두어 고정
㉯ 베어링 다월(bearing dowel) : 베어링 케이스에 혹 붙이로 고정
㉰ 베어링 크러시(bearing crush) : 0.25~0.075mm 정도 높임
㉱ 베어링 스프레드(bearing spread) : 0.125~0.5mm 정도 크게 함

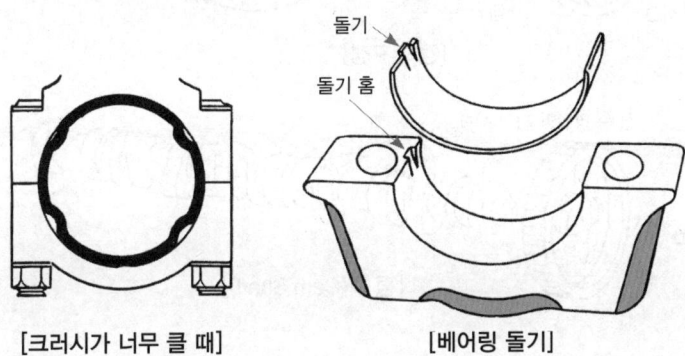

[크러시가 너무 클 때]   [베어링 돌기]

3) 플라이 휠(fly wheel)
클러치 압력판 및 디스크와 커버 등이 부착되는 마찰면과 기동 모터 피니언 기어와 물리는 링 기어로 구성된다. 크기와 무게가 실린더 수와 회전수에 반비례하며 엔진 회전력의 맥동을 방지하여 회전 속도를 고르게 한다.

> 참고 링기어의 마모 개소는 4기통은 2곳, 6기통은 3곳, 8기통은 4곳이다.

4. 캠 축과 밸브 장치

1) 캠 축과 밸브 리프터

엔진의 밸브 수와 동일한 캠이 배열되어 있으며, 연료 펌프 구동용 편심 캠과 배전기 구동용 헬리컬 기어가 설치되어 있고, 캠은 밸브 리프터를 밀어주는 역할을 하며 유압식과 기계식이 있으나 대부분 유압식이 사용되고 있다.

① 캠 축 구동방식
  ㉮ 기어 구동식 : 크랭크 축과 캠 축을 기어로 물려 구동한다.
  ㉯ 체인 구동식 : 크랭크 축과 캠 축을 사일런트 체인으로 구동한다.
  ㉰ 벨트 구동식 : 특수 합성 고무로 된 벨트로 구동한다.

② 유압식 밸브 리프터의 특징
  ㉮ 밸브 간극 조정이나 점검을 하지 않아도 된다.
  ㉯ 밸브 개폐시기가 정확하게 되어 기관의 성능이 향상된다.
  ㉰ 작동이 조용하다.
  ㉱ 충격을 흡수하기 때문에 밸브 기구의 내구성이 향상된다.

> **참고** 캠의 양정이란 기초원과 노즈(nose) 사이의 거리이다.

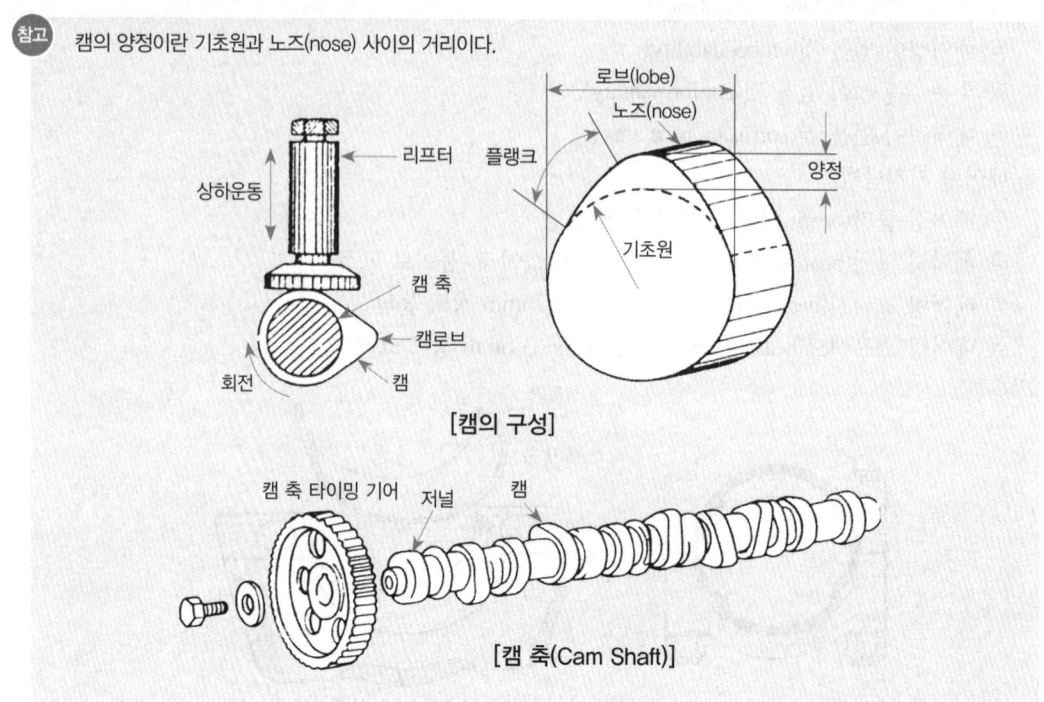

[캠의 구성]

[캠 축(Cam Shaft)]

2) 밸브와 밸브 스프링

실린더 헤드에는 혼합가스를 흡입하는 흡입 밸브와 연소된 가스를 배출하는 배기 밸브가 한 개의 연소실당 2~4개 설치되어 흡·배기 작용을 하며 밸브 스프링은 밸브와 밸브 시트(valve seat)의 밀착을 도와 블로 바이(blow by)를 방지하면서 닫아주는 일을 한다.

① 밸브의 구비 조건
   ㉮ 고온에 견딜 것
   ㉯ 큰 하중에 견디고, 변형이 없을 것
   ㉰ 열전도율이 좋을 것
   ㉱ 충격과 부식에 견딜 것
② 밸브 시트의 각도와 간섭각
   ㉮ 30°, 45°, 60°가 사용됨
   ㉯ 간섭각은 1/4~1°를 줌
   ㉰ 밸브 시트의 폭은 1.5~2.0mm
   ㉱ 밸브 헤드 마진은 0.8mm 이상

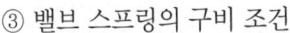

[밸브 및 밸브 시트]

③ 밸브 스프링의 구비 조건
   ㉮ 블로 바이(blow by)가 생기지 않을 정도의 탄성 유지
   ㉯ 밸브가 캠의 형상대로 움직일 수 있을 것
   ㉰ 내구성이 클 것
   ㉱ 서징(surging) 현상이 없을 것
④ 서징 현상과 방지책
   ㉮ 부등 피치의 스프링 사용
   ㉯ 2중 스프링을 사용
   ㉰ 원뿔형 스프링 사용

 서징현상이란 밸브 스프링의 고유 진동수와 캠에 의한 강제 진동수가 서로 공진하여 캠의 작동과 관계없이 심하게 진동하는 것을 말한다.

3) 밸브 간극

밸브 스템의 끝과 로커암 사이 간극을 말하며 정상온도 운전시 열팽창 될 것을 고려하여 흡기 밸브는 0.20~0.25mm, 배기 밸브는 0.25~0.40mm 정도의 간극을 준다.

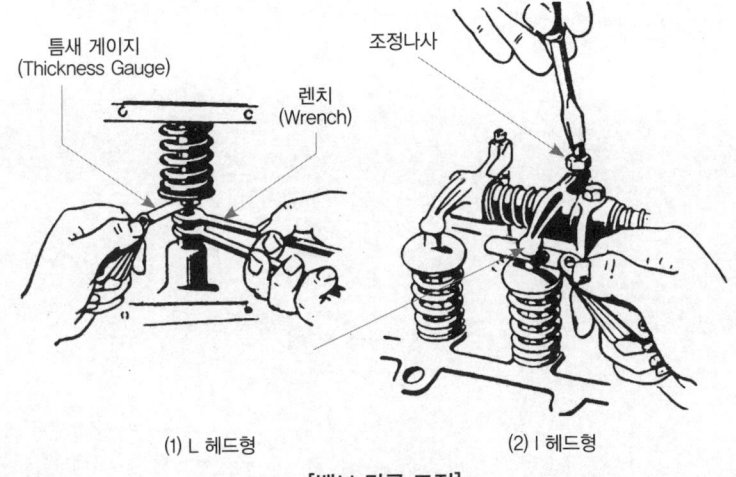

[밸브 간극 조정]

① 밸브 간극이 클 때의 영향
　㉮ 밸브의 열림이 적어 흡·배기 효율이 저하된다.
　㉯ 소음이 발생된다.
　㉰ 출력이 저하되며, 스템 엔드부의 찌그러짐이 발생된다.
　㉱ 정상 작동 온도에서 밸브가 완전하게 열리지 못한다.
② 밸브 간극이 작을 때의 영향
　㉮ 밸브가 완전히 닫히지 않아 기밀 유지가 불량해진다.
　㉯ 역화 및 후화 등 이상 연소가 발생된다.
　㉰ 블로바이에 의해 엔진 출력이 감소한다.
　㉱ 정상 작동 온도에서 일찍 열리고 늦게 닫혀 밸브 열림 기간이 길어진다.

4) 밸브 기구의 형식
① L헤드형 밸브 기구 : 캠 축, 밸브 리프터(태핏) 및 밸브로 구성되어 있다.
② I헤드형 밸브 기구 : 캠 축, 밸브 리프터, 밸브, 푸시로드, 로커암으로 구성되어 있으며, 현재 가장 많이 사용되는 밸브 기구이다
③ F헤드형 밸브 기구 : L헤드형과 I헤드형 밸브 기구를 조합한 형식이다.
④ OHC(Over Head Camshaft) 밸브 기구 : 캠 축이 실린더 헤드 위에 설치된 형식으로 캠 축이 1개인 것을 SOHC라 하고, 캠 축이 헤드 위에 2개가 설치된 것을 DOHC라 한다.

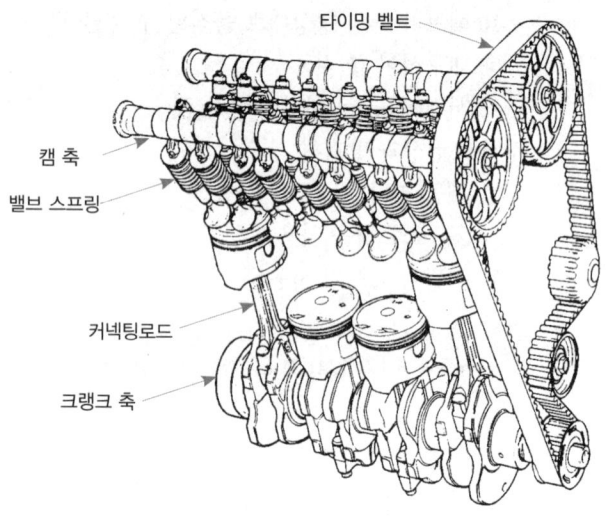

[벨트 구동식 OHC 밸브 기구의 구성]

SECTION 02 냉각장치

STEP 01 냉각 일반

1. 냉각과 온도 유지

기관의 동력행정 때 연소물질의 연소로 인한 온도는 순간적으로 1500~2000℃까지 이르게 된다. 이로 인해 기관이 과열되면 주요부의 변형과 윤활 불충분으로 작동부분을 소손시킨다. 따라서 냉각장치는 열의 일부를 냉각하여 기관 과열(over heat)을 방지하고, 적당한 온도로 유지하기 위한 장치이다.

1) 과열로 인한 결과
   ① 윤활유의 연소로 인한 유막의 파괴
   ② 부품들의 열로 인한 변형
   ③ 윤활유의 부족 현상
   ④ 조기점화나 노킹으로 인한 출력 저하

2) 과냉으로 인한 결과
   ① 혼합기의 기화 불충분으로 출력 저하
   ② 연료 소비율 증대
   ③ 오일이 희석되어 베어링부의 마멸이 커짐

2. 냉각장치의 분류

1) 공랭식 냉각장치
   실린더 벽의 바깥 둘레에 냉각 팬을 설치하여 공기의 접촉 면적을 크게 함으로써 냉각시킨다.
   ① 자연 통풍식 : 냉각 팬이 없기 때문에 주행 중에 받는 공기로 냉각하며, 오토바이에 사용된다.
   ② 강제 통풍식 : 냉각 팬과 슈라우드를 설치한 강제냉각방식으로 자동차 및 건설기계 등에 사용된다.

2) 수랭식 냉각장치
   냉각수를 사용하여 엔진을 냉각시키는 식으로서 냉각수는 정수나 연수를 사용한다.
   ① 자연 순환식 : 물의 대류작용으로 순환되는 방식
   ② 강제 순환식 : 물 펌프로 강제 순환되는 방식
   ③ 압력 순환식 : 냉각수를 가압하여 비등점을 높이는 방식
   ④ 밀봉 압력식 : 냉각수 팽창의 크기의 저장 탱크를 두는 방식

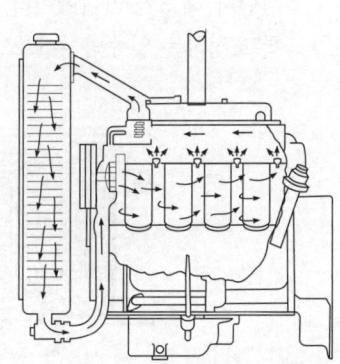

[수랭식 냉각계통의 순환]

STEP 02 냉각장치의 주요 구성 및 작용

1. 방열기기와 수온조절

1) 라디에이터(radiator)

실린더 헤드를 통하여 더워진 물이 라디에이터로 들어오면 냉각수 통로인 수관을 통하여 열이 발산되어 냉각이 이루어진다.

① 기관의 정상 온도
  ㉮ 실린더 헤드 물 재킷부의 냉각수 온도로서 75~85℃이다.
  ㉯ 라디에이터 상부와 하부의 유출입 온도 차이는 5~10℃이다.

② 라디에이터의 구비 조건
  ㉮ 냉각수 흐름에 대한 저항이 적을 것
  ㉯ 공기 저항이 적을 것
  ㉰ 가볍고 작을 것
  ㉱ 강도가 클 것
  ㉲ 단위 면적당 발열량이 많을 것

③ 라디에이터 코어
  ㉮ 막힘률이 20% 이상이면 교환
  ㉯ 청소시 세척제는 탄산소다를 이용

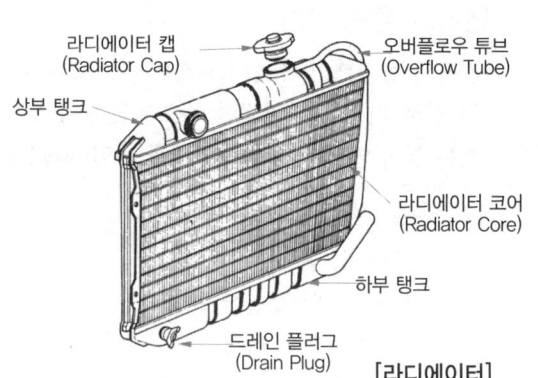
[라디에이터]

2) 라디에이터 캡의 작용

냉각수 주입구의 마개이며 이 캡에는 압력 밸브와 진공 밸브가 설치되어 있다. 압력 밸브는 물의 비등점을 올려서 물이 쉽게 오버히트(over heat)되는 것을 막고, 진공 밸브는 과냉시에 라디에이터 내의 진공으로 인한 코어의 파손을 방지하여 준다.

① 0.2~0.9kg/cm² 정도 압력을 상승시킨다.
② 비등점을 110~120℃ 정도로 조정한다.
③ 캡을 열어보았을 때 기름이 떠 있거나 기름기가 생겼으면 헤드 개스킷의 파손 또는 헤드 볼트가 풀렸거나 이완된 상태이다.

3) 수온조절기(thermostat, 정온기)

실린더 헤드와 라디에이터 상부 사이에 설치되며 항상 냉각수의 온도를 일정하게 유지할 수 있도록 조정하는 일종의 온도 조정장치로 65℃ 정도에서 열리기 시작하여 85℃가 되면 완전히 열린다.

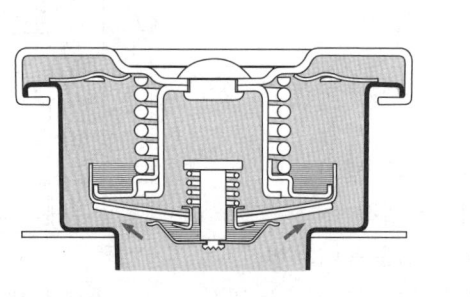
[라디에이터 캡 압력밸브 작용]

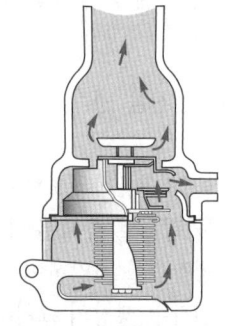
[벨로스형 정온기 작용]

① 펠릿형 : 냉각수의 온도에 의해서 왁스가 팽창하여 밸브가 열리며, 가장 많이 사용한다.
② 벨로스형 : 에테르(ether)나 알코올이 냉각수의 온도에 의해서 팽창하여 밸브가 열린다.

2. 냉각기기와 냉각수

1) 물 펌프

물 펌프는 라디에이터 하부 탱크에 냉각된 물을 물 재킷에 보내려고 퍼올려서 강제적으로 순환시키는 것으로 기어 펌프와 원심 펌프가 있다. 크랭크 축으로부터 V벨트로 연결되어 축의 1~1.5배의 회전수로 회전하고 펌프의 효율은 냉각수 온도에 반비례하고 압력에 비례한다.

2) 냉각 팬과 벨트

냉각 팬은 플라스틱이나 강판으로 4~6매의 날개를 가지며, 라디에이터의 뒤편에 설치되어 많은 공기를 라디에이터 코어를 통해서 빨아들인다. 벨트는 보통 이음매가 없는 벨트로 발전기 풀리, 크랭크 축 풀리, 물 펌프 풀리 사이에 끼워져 크랭크 축의 운동을 전달하며, 일명 V벨트라고도 부른다.

① 팬 벨트와 전동 팬의 특징
  ㉮ 팬 벨트 : V벨트로 접촉각 40°
  ㉯ 팬 벨트 유격 : 10kgf 정도로 눌러서 13~20mm
  ㉰ 냉각 팬 날개 경사각 : 20~30°
  ㉱ 유체 커플링 팬 : 실리콘 오일 봉입
  ㉲ 전동 팬 : 전동기 용량 35~130W, 수온 센서로 작동됨

② 벨트의 종류

형식	A	B	C	D	E
너비(mm)	13	17	23	32	38
두께(mm)	9	11	15	20	24
길이	두께 중심선의 전 길이				

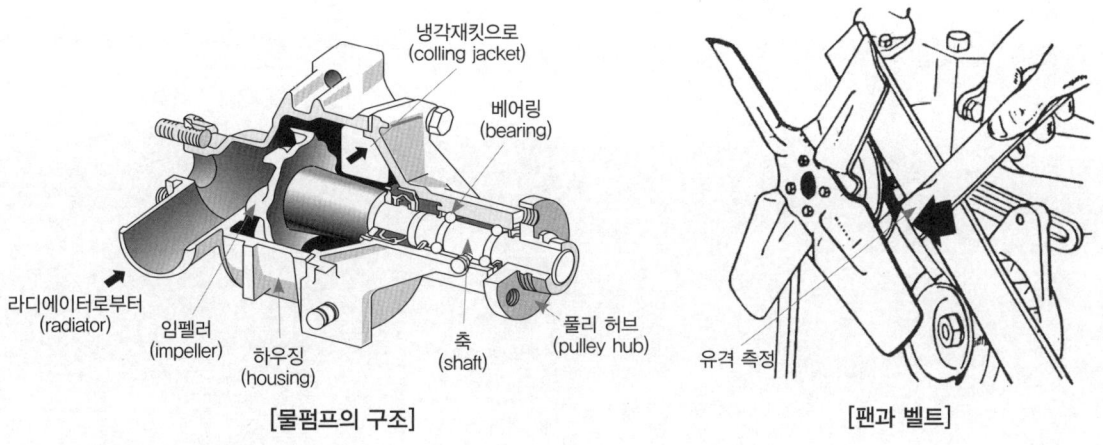

[물펌프의 구조]   [팬과 벨트]

3) 냉각수와 부동액

내연기관의 냉각수는 경수보다는 연수를 사용하는데 대기압 상태에서 물은 100℃에서 끓고 0℃에서 언다. 따라서 기관의 수명을 연장하기 위하여 메탄올(알콜)을 주성분으로 한 것과 에틸렌글리콜(ethylene glycol)을 주성분으로 한 부동액이 있는데 후자를 많이 사용하며 그 지방의 최저 기온보다 5~10℃ 낮은 온도를 기준으로 혼합한다.

① 부동액의 구비 조건
  ㉮ 물과 잘 혼합할 것
  ㉯ 침전물이 없을 것
  ㉰ 휘발성이 없고 순환성이 좋을 것
  ㉱ 부식성이 없고 팽창계수가 적을 것
  ㉲ 비등점이 물보다 높고 빙점은 물보다 낮을 것

② 에틸렌글리콜의 성질
  ㉮ 도료(페인트)를 침식시키지 않는다.
  ㉯ 비점이 197.5℃ 정도로 휘발성이 없다.
  ㉰ 냄새가 없고(무취), 불연성이다.
  ㉱ 응고점이 낮다(-50℃).
  ㉲ 금속을 부식하여 팽창계수가 큰 결점이 있다.
  ㉳ 기관 내부에 누출되면 침전물이 생겨 피스톤이 고착된다.

SECTION 03 윤활장치

STEP 01 윤활 일반

1. 윤활의 필요성

기관에는 크랭크 축 및 캠 축처럼 회전 운동하는 부분이나 피스톤처럼 섭동하는 부분이 있으며 금속과 금속끼리 직접 접촉하면 마찰로 인한 열이 발생하여 접촉부분이 거칠어지고 마멸되거나 소결된다. 이러한 현상을 없애기 위해서 마찰면에 윤활유를 공급하면 기관의 작동이 원활해지고 마멸은 최소화 된다.

1) 마찰 작용

① 경계 마찰 : 고체가 서로 마찰할 때 이 접촉면에 서로 다른 분자가 흡착하여 흡착 분자층을 형성하며, 이 때의 마찰을 경계 마찰이라 한다.
② 건조 마찰 : 고체 마찰이라고 할 수 있으며 깨끗한 고체 표면끼리의 마찰이다.
③ 유체 마찰 : 고체 표면간에 충분한 유체막을 형성하여 그 유체막으로 하중을 지지하는 윤활에 의한 마찰이다.

2) 윤활유의 7대 작용

① 감마 작용 : 유막을 형성하여 각 섭동 부분의 마찰 및 마멸을 방지
② 냉각 작용 : 마찰로 인해 생긴 열을 흡수하여 냉각시킴(공기나 냉각기로)
③ 세척 작용 : 먼지, 오물 등을 흡수하여 여과기로 보냄
④ 밀봉 작용 : 유막을 형성, 압축·폭발 가스의 누설을 방지
⑤ 부식 방지 작용 : 유막으로 녹의 생성과 부식을 방지
⑥ 소음 완화 작용 : 오일층의 완충으로 마찰음 등의 작동 소음 감소
⑦ 응력 분산 작용 : 국부적인 압력을 분산시켜 평균화시킴

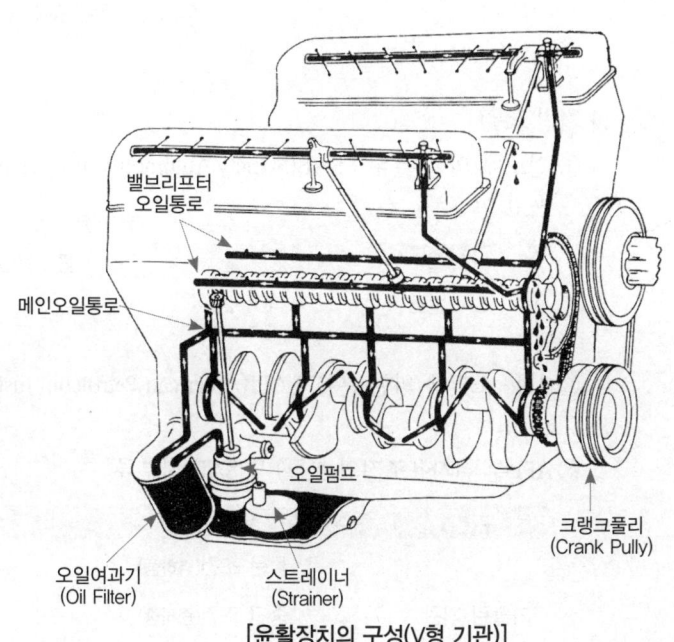

[윤활장치의 구성(V형 기관)]

3) 윤활유의 구비 성질
① 인화점 및 발화점이 높을 것
② 점도와 온도의 관계가 좋을 것
③ 열전도가 양호할 것
④ 산화에 대한 저항이 클 것(내산성)
⑤ 카본 생성이 적을 것
⑥ 강인한 유막을 형성할 것
⑦ 비중이 적당할 것

2. 윤활유의 종류와 특성

윤활제에는 수많은 종류가 있으나 이것을 형태별로 분류하면 액체 상태의 윤활유와 반고체 상태의 그리스 및 고체 윤활제로 대별된다.

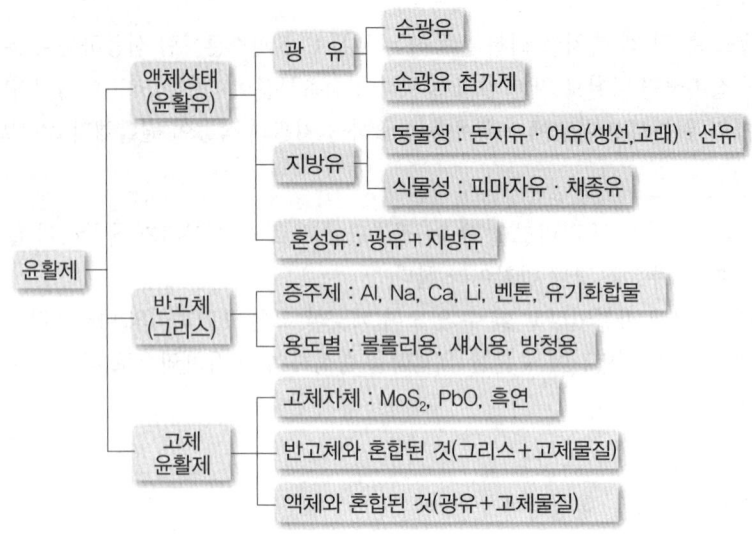

1) 기관 오일
① 점도에 의한 분류 : SAE(Society Automotive Engineers, 미국자동차기술협회) 분류를 일반적으로 쓰고 있다.

계절	겨울	봄·가을	여름
SAE번호	10~20	30	40~50

② 사용 조건에 의한 분류 : API(American Petroleum Institute, 미국석유협회) 분류를 일반적으로 쓰고 있다.
③ API 분류(사용조건의 분류) 및 SAE 신분류

구분	운전 조건	API 분류	SAE 분류
가솔린 기관	좋은 조건(경하중)	ML	SA
	중간 조건(중하중)	MM	SB
	가혹한 조건(고하중)	MS	SC, SD

구분	운전 조건	API 분류	SAE 분류
디젤기관	좋은 조건(소형 디젤)	DG	CA
	중간 조건(중하중 디젤)	DM	CB, CC
	가혹한 조건(고속·고출력 과급기 부착)	DS	CD, CE

2) 그리스
　① 석회기 그리스
　　㉮ 석회 비누와 칼슘, 스핀들유를 가한 그리스이다.
　　㉯ 칼슘을 주성분으로 한 것을 컵 그리스라고 한다.
　　㉰ 외관의 광택은 황색으로 짧은 섬유질이다.
　　㉱ 내압성과 보전성이 약하지만 내수성이 좋으며 종합 그리스(GAA)라고도 한다.
　② 소다기 그리스
　　㉮ 모빌 오일(mobil oil)에 지방산의 소다 비누를 가열 용해한 것이다.
　　㉯ 외관은 암녹색의 무광택으로 조직은 긴 섬유질이다.
　　㉰ 내열성이 크므로 고온의 마찰부에 사용한다.
　　㉱ 내수성이 약해 물 펌프나 노출부에 부적당하다.
　　㉲ 고압에 잘 견디고 안정도가 좋아 휠 베어링 등에 사용되고 섀시 그리스(CG)라고 한다.

3) 점도 및 점도 지수
　① 점도 : 오일의 끈적끈적한 정도를 나타내는 것으로 유체의 이동 저항
　　㉮ 점도가 높으면 : 끈적끈적하여 유동성이 저하된다.
　　㉯ 점도가 낮으면 : 오일이 묽어 유동성이 좋다.
　② 점도 지수 : 온도에 따른 점도 변화를 나타내는 수치
　　㉮ 점도 지수가 크면 : 온도 변화에 따라 점도의 변화가 작다.
　　㉯ 점도 지수가 작으면 : 온도 변화에 따라 점도의 변화가 크다.
　③ 유성 : 오일이 금속 마찰면에 유막을 형성하는 성질이다.
　④ 오일의 혼합 : 점도가 다른 두 종류를 혼합 사용하거나 제작사가 다른 오일은 혼합하지 말아야 한다.

STEP 02 윤활장치의 주요 구성 및 작용

1. 윤활 및 여과 방식

내연기관의 윤활 방식은 혼합식과 분리식이 있으나 건설기계는 대부분 분리식을 사용한다.

1) 2행정 사이클의 윤활 방식
　① 혼기식(혼합) : 기관 오일을 가솔린과 9~25 : 1의 비율로 미리 혼합하여, 크랭크 케이스 안에 흡입할 때와 실린더의 소기를 할 때 마찰 부분을 윤활한다.

② 분리 윤활식 : 주요 윤활 부분에 오일 펌프로 오일을 압송하는 형식이며 4사이클 기관의 압송식과 같다.

2) 4행정 사이클 기관의 윤활 방식
① 비산식 : 오일 펌프가 없고 커넥팅 로드의 베어링 캡에 오일 디퍼(비말자)가 오일을 퍼올려서 뿌려준다.
② 압송식 : 오일 펌프로 각 윤활 부분에 공급시키며 최근에 많이 사용되고 있다.
③ 비산 압송식 : 비산식과 압송식을 함께 사용하는 것으로 오일 펌프도 있고, 오일 디퍼도 있다.
㉮ 크랭크 축 베어링, 캠 축 베어링, 로커암 축 등에는 펌프의 압송을 이용한다.
㉯ 피스톤 핀과 실린더 벽에는 비산식으로 한다.

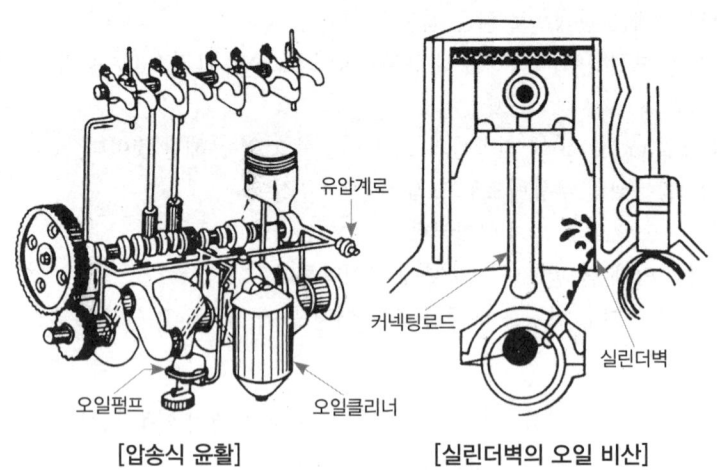

[압송식 윤활]   [실린더벽의 오일 비산]

3) 여과 방식
① 분류식 : 오일 펌프에서 나온 오일의 일부를 여과하고 나머지는 윤활부로 그냥 보낸다.
② 전류식 : 오일 펌프에서 나온 오일 전부가 여과기를 거쳐 여과된 다음 윤활부로 가게 된다.
③ 샨트식 : 펌프에 보내지는 오일의 일부만을 여과하지만 여과된 오일이 오일 팬으로 돌아오지 않고 윤활부에 공급된다.

2. 윤활기기의 작용

1) 오일 팬과 스트레이너
① 오일 팬 : 오일을 저장하며 섬프(sump)가 있어 경사지에서도 오일이 고여 있다.
② 스트레이너 : 펌프로 들어가는 쪽의 여과망을 말한다.

2) 오일 펌프
캠 축이나 크랭크에 의해 기어 또는 체인으로 구동되는 윤활유 펌프로 오일 팬 내에 있는 오일을 빨아 올려 기관의 각 작동 부분에 압송하는 펌프이며, 일반적으로 오일 팬 안에 설치된다.
① 기어 펌프 : 내접 기어형과 외접 기어형
② 로터리 펌프 : 이너 로터와 아웃 로터에 의해 작동되는 구조

③ 베인 펌프 : 편심 로터가 날개와 작동됨

④ 플런저 펌프 : 플런저가 캠 축에 의해 작동됨

3) 유압 조절 밸브(유압 조정기)

내부에 볼이나 플런저와 스프링으로 되어, 과도한 압력 상승과 유압 저하를 방지하여 일정하게 유지시킨다.

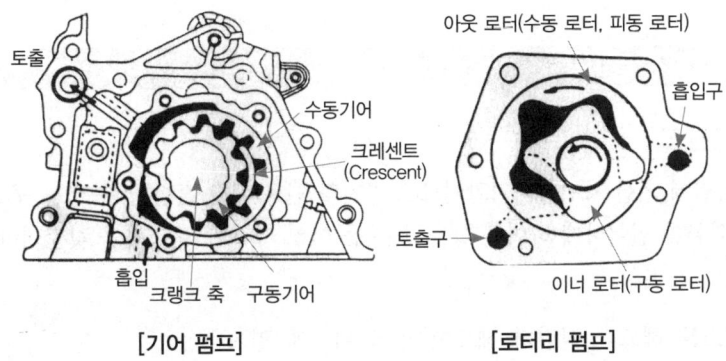

[기어 펌프] [로터리 펌프]

4) 오일 여과기(oil filter)

기관의 마찰 부분에서 발생한 금속 분말, 열화 및 노화로 생긴 산화물, 흡입된 먼지, 불완전 연소로 인한 카본 등의 불순물을 정유하는 것으로 엘리먼트 교환식과 전체를 교환하는 일체식이 있다.

① 오염 상태 판정

㉮ 검정색에 가까운 경우 : 심하게 오염(불순물 오염)

㉯ 붉은색에 가까운 경우 : 가솔린의 유입

㉰ 우유색에 가까운 경우 : 냉각수가 섞여 있음

② 오일의 교환

㉮ 정상 사용할 때 : 200~250시간

㉯ 심한 오염 지역 : 100~125시간

> 참고 오일과 여과기 필터를 함께 교환한다.

5) 오일 게이지와 오일 점검

① 오일의 양 점검 : 지면이 평탄한 곳에서 건설기계를 주차시키고 엔진을 정지시킨 다음 5~10분이 경과한 후 점검하며, 유량계를 빼내어 FULL 표시면 정상이다.

② 유압계

㉮ 유압계 : 2~3kg/cm^2(가솔린 기관), 3~4kg/cm^2(디젤기관)

㉯ 유압 경고등 : 시동시 점등된 후 꺼지면 유압이 정상

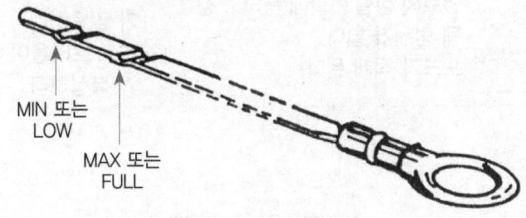

[유량계(오일레벨게이지)]

SECTION 04 디젤연소실과 연료장치

STEP 01 디젤기관 일반

1. 디젤기관의 연소실

디젤기관은 압축열에 의한 자연착화기관이므로 공기와 연료가 잘 혼합될 수 있는 구조여야 하며, 특히 압축 행정에서 와류를 일어나게 하여 혼합을 돕는 등 여러 가지 구비 조건을 갖추어야 한다.

1) 직접 분사식

연소실이 피스톤 헤드나 실린더 헤드에 있어 이곳에 연료를 $150{\sim}300kg/cm^2$의 분사 압력으로 분사하며, 시동을 돕기 위한 예열 장치가 흡기다기관에 설치되어 있다.

장 점	단 점
① 열효율이 높고 시동이 쉽다. ② 냉각에 의한 연손실이 적으며 열변형이 적다.	① 분사 압력이 높아 분사 펌프와 노즐 등의 수명이 짧다. ② 분사 노즐의 상태와 연료의 질에 민감하다. ③ 노크가 일어나기 쉽다.

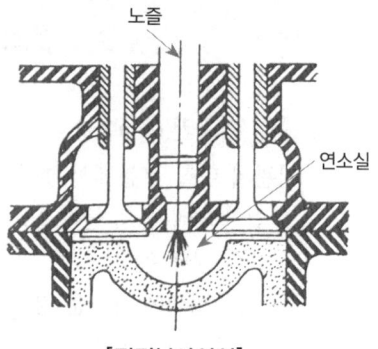

[직접분사실식]

2) 예비 연소실식(예연소실식)

주연소실의 30~40% 정도에 해당하는 체적의 예비 연소실이 있고 이곳에 분사 노즐과 예열 플러그가 있어, 연료를 $100{\sim}120kg/cm^2$ 정도로 분사하면 예비 연소실로부터 연소가 시작되어 압력이 주연소실로 밀려나와 피스톤을 밀어준다.

장 점	단 점
① 분사 압력이 낮아 연료장치의 고장이 적다. ② 연료의 성질 변화에 둔하고 선택 범위가 넓다. ③ 노크가 적게 된다.	① 연소실 표면이 커서 냉각 손실이 많다. ② 시동보조장치인 예열 플러그가 필요하다. ③ 연료 소비율이 약간 많고 구조가 복잡하다.

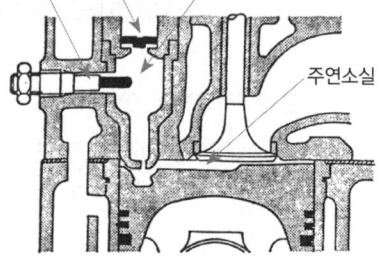

[예비 연소실식]

3) 와류실식

실린더 헤드나 실린더 주변에 둥근 공모양의 보조 연소실이 주 연소실의 70~80% 용적을 가지고 설치되어, 압축 공기가 이 와류실에서 강한 선회 운동을 할 때 100~140kg/cm² 정도의 분사 압력으로 연료가 분사되어 연소가 일어난다.

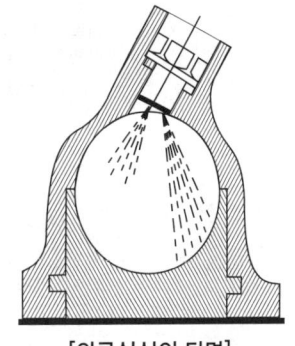

[와류실식의 단면]

장 점	단 점
① 기관의 회전 속도 범위가 넓고 회전 속도를 높일 수 있다. ② 예비 연소실에 비해서 연료 소비율이 적다. ③ 평균 유효 압력이 높으며 분사 압력이 비교적 낮다.	① 시동시 예열 플러그가 필요하고 구조가 복잡하다. ② 열효율이 낮고 저속에서 노크가 일어나기 쉽다.

4) 공기실식

피스톤 헤드나 실린더 헤드 연소실에 주연소실의 6~20% 체적으로 공기실이 있다. 공기실은 예비 연소실과 같이 노즐이 공기실에 있지 않고 주연소실에서 직접 연료를 분사하므로, 연료가 주연소실부터 시작되어 공기실로 전달되기 때문에 주연소실의 1차 폭발력에 이어 2차적인 압력을 피스톤에 가할 수 있다.

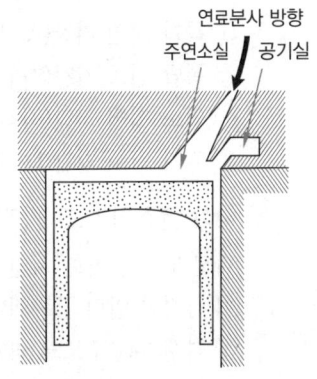

[공기실식 연소실]

장 점	단 점
① 시동이 쉬워 예열 플러그를 사용하지 않는 기관이 많다. ② 연료 연소 압력이 가장 낮다.	① 후적이 잘 일어나며 배기온도가 높다. ② 연료 소비량이 많다. ③ 분사시기에 따라 엔진 작동에 영향을 준다.

2. 연소와 노크

1) 연소실의 구비 조건

① 평균 유효 압력이 높고 연소 시간이 짧아야 한다.
② 연료 소비가 적고 연소 상태가 좋아야 한다.
③ 와류가 잘 되어 공기와 연료의 혼합이 잘 되어야 한다.
④ 시동이 쉽고 노크가 적어야 한다.

2) 연소 과정

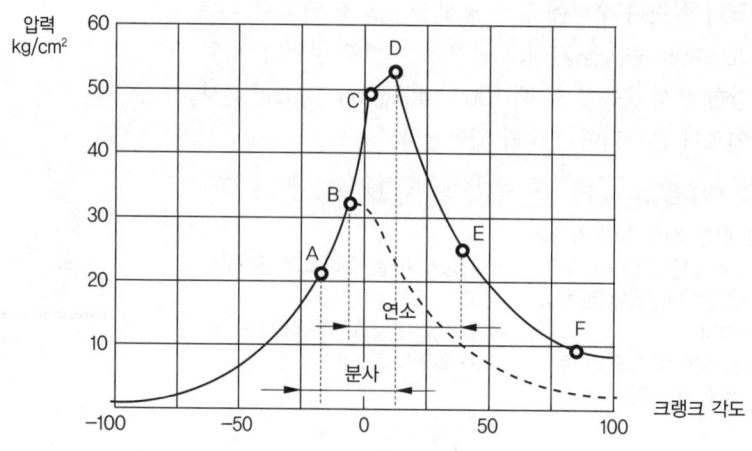

[디젤기관의 분사와 연소]

① 착화 지연 기간(A~B) : 연료가 분사되어 착화 될 때까지의 기간
② 폭발 연소 기간(화염 전파 기간)(B~C) : 착화 지연 기간 동안에 형성된 혼합기가 착화되는 기간
③ 연소 제어 기간(직접 연소 기간)(C~D) : 화염에 의해서 분사와 동시에 연소되는 기간
④ 후기 연소 기간(D~E) : 분사가 종료된 후 미연소 가스가 연소하는 기간

3) 이상 연소와 노크 방지

디젤 노크는 착화 지연 기간 중 분사된 다량의 연료가 화염 전파 기간 중 일시적으로 이상 연소가 되어 급격한 압력 상승이나 부조 현상이 되는 상태를 말한다.

① 디젤기관의 노크 방지대책
  ㉮ 압축비를 높인다.
  ㉯ 흡기 온도를 높인다.
  ㉰ 실린더 벽의 온도를 높인다.
  ㉱ 착화성이 좋은 연료(세탄가가 높은 연료)를 사용한다.
  ㉲ 와류가 일어나게 한다.

② 디젤 노크 방지책의 비교

조건	디젤 노크	가솔린 노크
압축비	높인다.	낮춘다.
흡기 온도	높인다.	낮춘다.
실린더 벽 온도	높인다.	낮춘다.
회전 속도	낮춘다.	높인다.
흡기 압력	높인다.	낮춘다.
연료 발화점	낮춘다.	높인다.
연료 착화 지연	짧게 한다.	길게 한다.

조건	디젤 노크	가솔린 노크
실린더 체적	크게 한다.	적게 한다.
회전 속도	느리게 한다.	빨리 한다.

STEP 02 구성 및 작용

(1) 연료의 일반 성질

1) 발열량
연료가 완전 연소하였을 때 발생되는 열량이며 디젤기관 연료인 경유의 발열량은 10,700kcal/kg 이다.

2) 인화점
일정한 연료를 서서히 가열했을 때 불이 붙는 온도이다.
① 가솔린 인화점 : -15℃ 이내이다.
② 경유의 인화점 : 40~90℃ 이내이다.

3) 착화점
온도가 높아져서 자연 발화되어 연소되는 온도이다.
① 경유의 착화점 : 공기 속에서 358℃
② 연소시 필요 공기량 : 경유 1kg당 공기 14.4kg

4) 세탄가
디젤 연료의 착화성을 나타내는 척도를 말하며 착화 지연이 짧은 세탄($C_{16}H_{34}$)과 착화지연이 나쁜 α-메틸나프탈렌($C_{11}H_{10}$)의 혼합 연료의 비를 %로 나타내는 것이다.

$$세탄가 = \frac{세탄}{세탄 + α-메틸나프탈렌} \times 100\%$$

① 저속 기관은 25~35, 고속 기관은 45~60 정도이다.
② 착화 촉진제로는 "아초산아밀", "아초산에틸" 등이 사용된다.

5) 디젤 연료의 구비 조건
① 착화성이 좋고, 적당한 점도일 것
② 인화점이 높을 것
③ 불순물과 유황분이 없을 것
④ 연소 후 카본 생성이 적을 것
⑤ 발열량이 클 것

2. 연료기기의 작용

1) 연료 공급 펌프

연료 탱크에 있는 연료를 분사 펌프에 공급하는 펌프로 분사 펌프의 옆이나 실린더 블록에 부착되어 캠 축에 의해 작동된다.

① 플런저식 : 플런저와 스프링으로 구성되어 있다.
② 기어식 : 기어와 기어가 물려서 작동되는 방식이다.
③ 격막식 : 내부에 가죽제의 막으로 구성되어 있다.

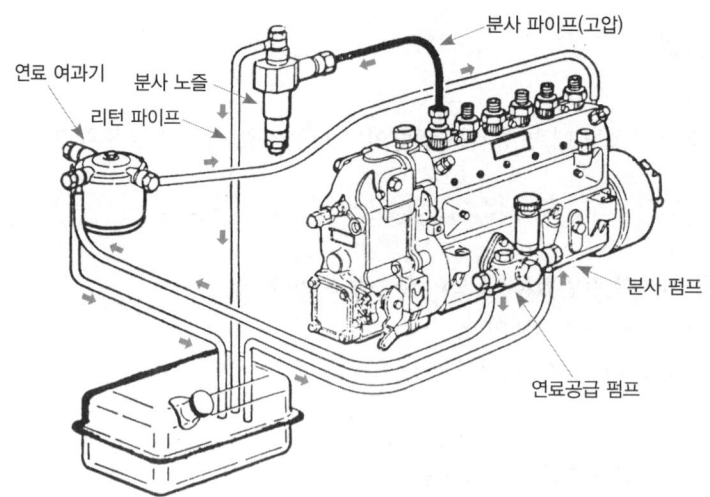

[독립식 연료분사 장치의 구성]

2) 연료 여과기

연료 속의 불순물, 수분, 먼지, 오물 등을 제거하여 정유하는 것이며 공급 펌프와 분사 펌프 사이에 설치되었고 내부에는 압력이 $1.5~2kg/cm^2$ 이상되거나 연료가 과잉 상태일 때 이를 탱크로 되돌려 보내는 오버플로우(overflow) 밸브가 있다.

3) 분사 펌프

분사 펌프는 공급 펌프와 여과기를 거쳐서 공급된 연료를 고압으로 노즐에 보내어 분사할 수 있도록 하는 펌프로 조속기, 타이머가 함께 부착되어 작동한다.

① 펌프 엘리먼트 : 플런저와 플런저 배럴로서 분사 노즐로 연료를 압송한다.
② 분사량 제어기구 : 제어 래크, 제어 슬리브 및 피니언으로서 래크를 좌우(21~25mm)로 회전시킨다.
③ 딜리버리 밸브 : 노즐에서 분사된 후의 연료 역류 방지와 잔압을 유지해 후적을 방지한다.

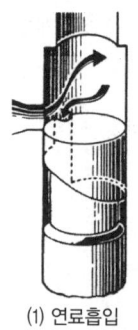 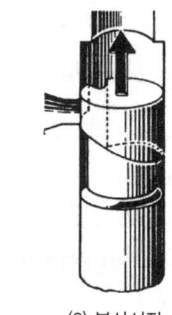 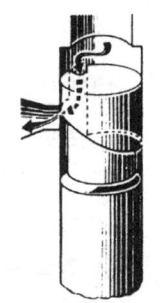

(1) 연료흡입　　(2) 분사시작　　(3) 분사종료 플런저

[플런저의 작용]

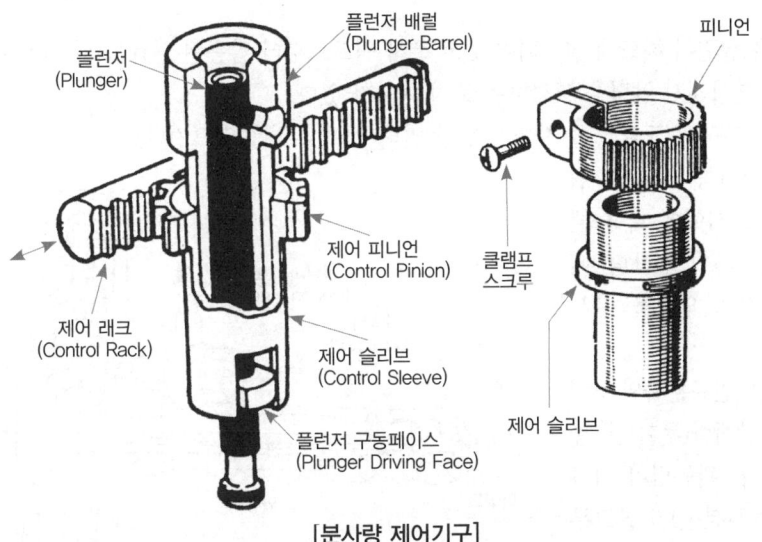

[분사량 제어기구]

④ 앵글라이히 장치 : 엔진의 모든 속도 범위에서 공기와 연료의 비율을 알맞게 유지한다.
⑤ 타이머 : 엔진 부하 및 회전 속도에 따라 분사 시기를 조정하는 것으로 분사 펌프 캠 축과 같이 작동된다.
⑥ 조속기(거버너) : 엔진의 부하 변동 또는 회전 속도에 따라 자동적으로 래크와 피니언, 제어 슬리브 등을 움직여 분사량 조정으로 속도를 조정한다.

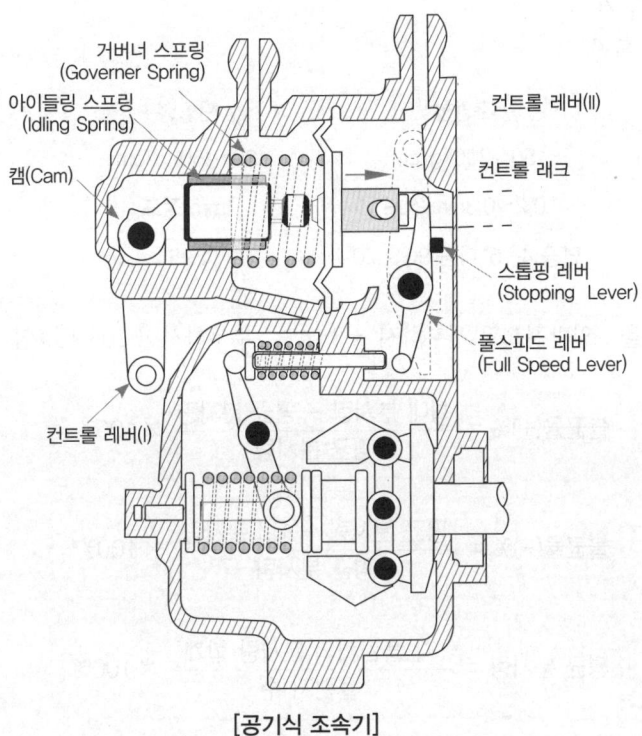

[공기식 조속기]

4) 분사 노즐

분사 노즐은 실린더 헤드에 설치되어 있고 분사 펌프로부터 압송된 연료를 실린더 내에 분사하는 역할을 하며, 분사개시 압력을 조절하는 조정 나사가 있다.

① 개방형 : 분사 펌프와 노즐 사이가 항상 열려 있어 후적을 일으킨다.
② 밀폐형(폐지형) : 분사 펌프와 노즐 사이에 니들 밸브가 설치되어 필요할 때만 자동으로 연료를 분사한다.
③ 디젤엔진 연료분사의 3대 요건 : 안개화(무화)가 좋아야 한다. 관통력이 커야 한다. 분포(분산)가 골고루 이루어져야 한다.
④ 노즐의 구비조건 : 연료를 미세한 안개형태로 분사하여 쉽게 착화되게 할 것, 연소실 구석구석까지 고르게 분사할 것, 후적이 없을 것, 내구성이 클 것

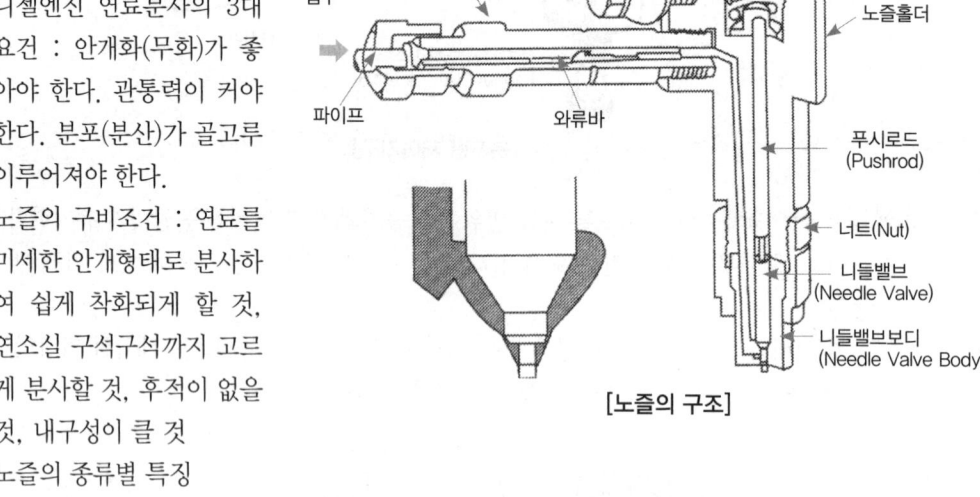

[노즐의 구조]

⑤ 노즐의 종류별 특징

구분	구멍형	핀틀형	스로틀형
분사 압력	150~300kg/cm²	100~150kg/cm²	100~140kg/cm²
분무공의 직경	0.2~0.3mm 정도	1mm 정도	1mm 정도
분사 각도	단공 4~5°, 다공 90~120°	4~5°	45~65°

⑥ 분사량의 불균율 : 일반적으로 전부하시 ±3~4%, 무부하시 ±10~15%임

$$불균율(+)\% = \frac{최대\ 분사량 - 평균\ 분사량}{평균\ 분사량} \times 100\%$$

$$불균율(-)\% = \frac{평균\ 분사량 - 최소분사량}{평균\ 분사량} \times 100\%$$

$$평균\ 분사량 = \frac{각\ 플런저의\ 분사량\ 합계}{플런저\ 수} \times 100\%$$

SECTION 05 흡·배기장치 및 시동보조장치

STEP 01 흡·배기장치 일반

1. 흡·배기에 관한 영향

기관이 충분한 출력으로 작동하기 위해서는 실린더 내부에 혼합 가스나 공기를 흡입하여 적절한 압축과 폭발 과정을 거쳐야 하며 연소된 후에도 그 연소 가스를 효과적으로 배출하여야 한다. 이러한 일들을 담당하는 장치들을 흡·배기 장치라고 하며 배기 가스 외에도 연료 탱크나 가솔린 기관의 기화기 등에서 증발되는 가스 및 크랭크 케이스에서 배출되는 블로 바이(blow by) 가스들로 인한 대기 오염이나 환경 위생상 중요한 문제로 되어 그 대책과 정화 장치나 기구들이 요구되는 실정이다.

2. 배출 가스와 대책

1) 블로 바이(blow by) 가스

실린더와 피스톤 사이에 틈새를 지나 크랭크 케이스와 환기 기구를 통하여 대기로 방출되는 가스를 말한다. 이 가스는 실린더나 피스톤의 마모로 인해 더욱 심해지고 있고 그 성분의 70~95%가 미연소된 연료(HC)이며 나머지는 연소와 함께 부분적으로 산화된 혼합가스이다. 현재는 유해물질인 HC의 배출 비율이 크기 때문에 이것을 다시 연소시켜 방출하는 장치를 부착하도록 되어 있다.

2) 배기 가스

연료가 기관 내부에서 연소된 다음 배기 장치를 통하여 대기 중으로 방출되는 가스를 말한다.
① 인체에 해가 없는 것 : 수증기(H_2O), 질소(N_2) 탄산가스(CO_2)이다.
② 유해 물질 : 탄화수소(HC), 질소산화물(NOx), 일산화탄소(CO) 등은 공해 방지를 위한 감소 대상 물질이다.

3) 연료 증발 가스

연료 탱크와 기화기 내의 가솔린이 증발되어 대기 속으로 방출되는 가스로서 사용 연료의 탄화수소와 성분이 같고 방출되는 전체 탄화수소량의 약 15%를 차지하고 있다.

4) 디젤기관의 가스 발생

① 질소산화물과 흑연
  ㉮ 질소산화물의 발생은 가솔린 기관의 경우와 같으나 연소실의 모양에 따라 좌우된다.
  ㉯ 또 전부하시에는 연료의 분사 기간이 길어지고 분사량이 많아 끝부분의 연료가 부분적으로 기화가 안되며, 액체 입자 상태로 고온에 노출되어 탄화됨으로써 검은 연기로 배출된다.

② 일산화탄소 및 탄화수소
⑦ 디젤기관은 항상 공기가 충분한 상태에서 운전되기 때문에 일산화탄소의 발생량이 가솔린 기관에 비해 극히 적으며 탄화수소의 발생은 가솔린 기관과 비슷하다.
④ 작동 온도가 낮고 분사된 연료의 기화 불충분으로 착화, 연소를 하지 못한 경우에 발생한다.

5) 디젤기관의 가스 발생 대책
① 디젤기관에서의 배기 가스 생성 과정은 설명된 바와 같이 흑연, HC, CO 등은 연소 상태를 좋게 개선하면 감소될 수 있으나 NOx는 반대로 연소 온도를 낮추지 않으면 감소시킬 수 없다.
② 특히, NOx의 감소 방법은 기본적으로 분사 시기를 늦추고 연소가 완만하게 되어야 하며 피스톤 상부의 연소실에서 공기의 소용돌이가 충분히 발생하도록 하면 연소 온도도 상승되지 않고 완만한 연소가 되며 소음도 줄어드는 효과가 있다.

STEP 02 구성 및 작용

1. 흡·배기 기기

1) 공기청정기

공기청정기는 기관에 흡입되는 공기 중에 포함된 먼지를 제거하여 흡입시키므로 기관의 수명을 연장시키고 또 흡기 계통에서 발생하는 흡기 소음을 없애는 역할을 한다.
① 건식 공기청정기 : 건식 공기청정기는 여과지나 여과포로 된 여과 엘리먼트(filter element)를 사용한다.
② 습식 공기청정기 : 공기를 오일로 적셔진 금속 여과망의 엘리먼트에 통과시켜 여과한다.
③ 유조식 공기청정기 : 오일의 유면에 흡입공기가 관성 충돌해 생긴 기름 방울이 엘리먼트를 적시면 공기가 통과되면서 여과된다.
④ 원심분리식 공기청정기 : 멀티클론(multiclone)식, 통형식, US 형식이 있고 흡입되는 공기의 원심력 관성으로 여과된다.
⑤ 복합식 공기청정기 : 습식과 건식의 주공기청정기에 사이클론식 예비 청정기를 합쳐 놓은 형식이다.

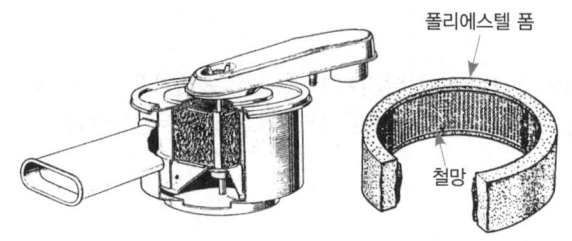

[유조식 공기청정기]   [폴리우레탄 폼의 엘리먼트]

2) 흡기다기관

공기나 혼합가스를 흡입하는 통로로서 주철 합금이나 알루미늄 합금으로 만들어져 있으며 될 수 있는 대로 저항을 적게 하여 질과 양이 균일한 혼합기를 각 실린더에 분배할 수 있도록 하였다. 내부벽에는 돌기 부분이 없도록 하여야 흡입시에 혼합기가 누적되는 것을 막을 수 있다.

3) 과급기(Supercharger)

과급기란 기관의 작동 중 흡입에 의한 충전 효율을 높여서 회전력, 연료 소비율, 기관의 출력 등을 향상시키기 위하여 흡입되는 가스에 압력을 가하여 주는 일종의 공기 펌프이다. 대기압보다 높은 압력으로 기관에 공기를 압송하는 것을 과급이라 하며, 특히 2사이클 디젤기관은 소기 작용을 하기 위해 과급이 필요하다.

① 터보차저
  ㉮ 터보차저는 4행정 기관에서 실린더 내에 공기의 충전 효율을 증가시켜 주기 위해서 두고 있다.
  ㉯ 배기 가스 압력에 의해 작동된다.
  ㉰ 10,000~15,000rpm 정도의 속도로 고속 회전을 한다.
  ㉱ 기관 전체 중량은 10~15%가 무거워진다.
  ㉲ 기관의 출력은 35~45% 증대된다.

② 블로어
  ㉮ 루트 블로어는 하우징 내부에 2개의 로터가 양단에 베어링으로 지지된다.
  ㉯ 베어링이나 로터 기어의 윤활용 오일이 새는 것을 방지하기 위해 기름막이 장치로 래버린스(lavyrinth) 링이 부착되어 있다.

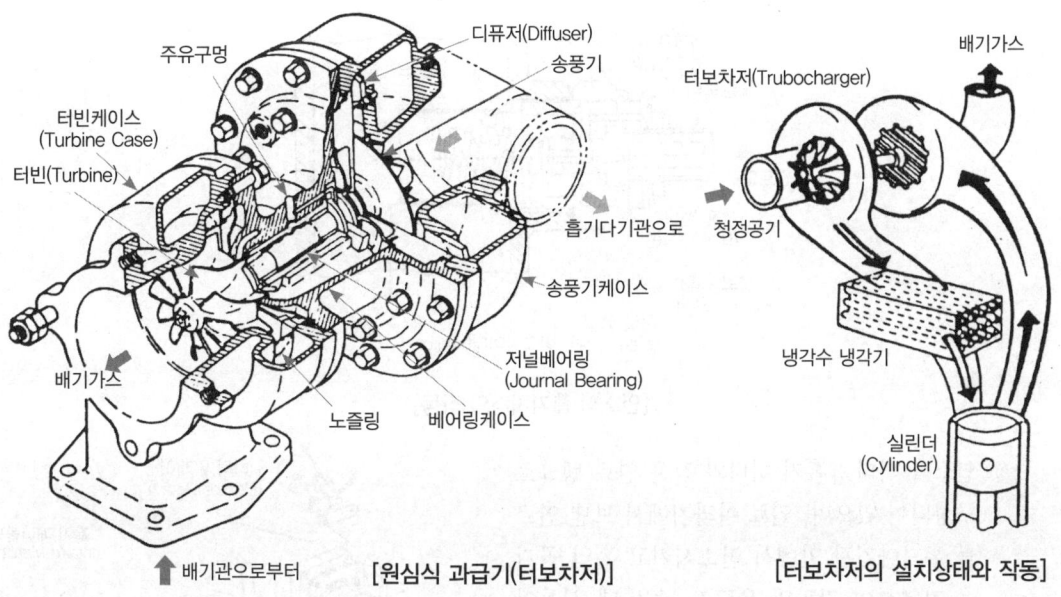

[원심식 과급기(터보차저)]   [터보차저의 설치상태와 작동]

4) 배기다기관과 소음기

배기다기관은 각 실린더에서 연소된 가스를 배기 포트(port)로부터 중앙으로 모아서 소음기로 방출시키는 관으로 보통 가단주철(malleable cast iron)을 사용하며 배기 가스는 외부에 방출하면 급격한 가스의 팽창 때문에 폭발음이 발생하고, 또 화재를 일으킬 염려가 있다. 이것을 방지하고 출력을 최대한 줄이면서 되도록 배압(back pressure)을 적게 한 것이 소음기이다.

연소 상태에 따라 소음기에서 배출되는 가스의 색깔은 다음과 같이 달라진다.
① 정상 연소 : 무색 또는 담청색
② 윤활유 연소 : 백색
③ 진한 혼합기 : 검은 연기
④ 장비의 노후, 연료의 품질 불량 : 검은 연기
⑤ 희박한 혼합비 : 볏짚색
⑥ 노킹이 생길 때 : 황색에서 시작되어 검은 연기 발생

2. 예열 기구

디젤기관은 겨울철에 차가운 공기를 흡입하므로 시동이 잘 안된다. 따라서 예열 기구는 겨울철에 시동을 쉽게 하기 위하여 계통 내의 공기를 가열시키는 역할을 한다. 직접 분사식은 흡입다기관에 설치되고 연소실, 와류실 등은 연소실별로 한 개씩 설치된다.

1) 흡기 가열식

흡입 공기를 흡입 통로인 다기관에서 가열시켜 흡입시키는 방식이다.

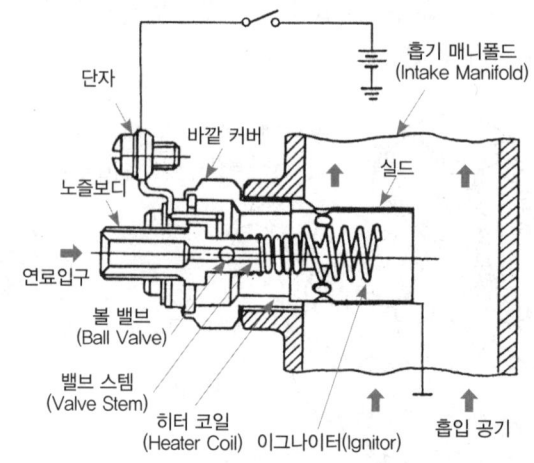

[연소식 흡기히터의 작동]

① 연소식 히터 : 흡기 히터와 작은 연료 탱크로 구성되어 있으며, 연료 여과기에서 보낸 연료를 흡기다기관 안에서 연소시키고 흡입 공기를 가열하여 기관의 온도가 낮을 때 시동이 잘되게 한다.
② 전열식 흡기 히터 : 흡입 공기의 통로에 설치된 흡기 히터와 히터의 통전(通電)을 제어하는 히터 릴레이, 히터의 적열 상태를 운전석에 표시하는 표시등(indicator)으로 구성되어 있다.

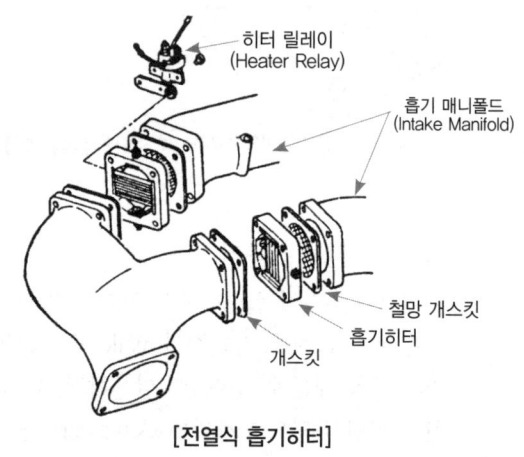

[전열식 흡기히터]

2) 예열 플러그식

예열 플러그식 예열 기구는 실린더 헤드에 있는 예연소실에 부착된 예열 플러그가 공기를 가열하여 시동을 쉽게 하는 방식이다.

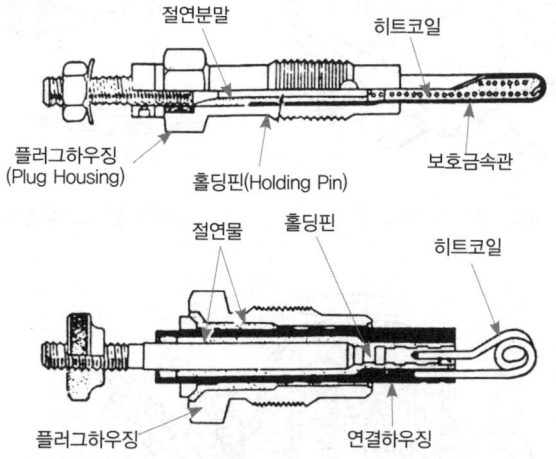

① 예열 플러그(glow plug)
  ㉮ 예열 플러그란 금속 보호관 내에 히터 코일을 결합한 것으로, 코일과 금속관 사이의 틈새에는 절연 분말을 충전하여 절연 및 히터 코일을 지지하는 역할을 하고 있다.
  ㉯ 금속제 보호관에 코일이 들어 있는 예열 플러그를 실드형(sheathed type) 예열 플러그라 하며 직접 코일이 노출되어 있는 코일형(coil type)도 있다.

항목	코일형	실드형
발열량	30~40W	60~100W
발열부 온도	950~1050℃	950~1050℃
회로	직렬 접속	병렬 접속
예열 시간	40~60초	60~90초
소요 전류	30~60A	5~6A

② 예열 플러그 파일럿
  ㉮ 예열 플러그 파일럿은 히트 코일과 이것을 지지하는 단자 및 보호 커버로 구성되어 있다.
  ㉯ 전류에 의해 예열 플러그와 함께 적열되도록 되어 운전석에서 확인할 수 있도록 하였다.

③ 예열 플러그 릴레이
  ㉮ 예열 플러그 릴레이란 기동용과 예열용 릴레이의 독립된 두 릴레이가 하나의 케이스에 들어 있어, 각각 기동 스위치의 조작에 의해 작동되는 것이다.
  ㉯ 예열 플러그의 양쪽 끝에 가해진 전압이 예열시와 기동 전동기를 작동할 때 변화하지 않고 양호한 적열 상태가 유지되도록 회로를 전환한다.

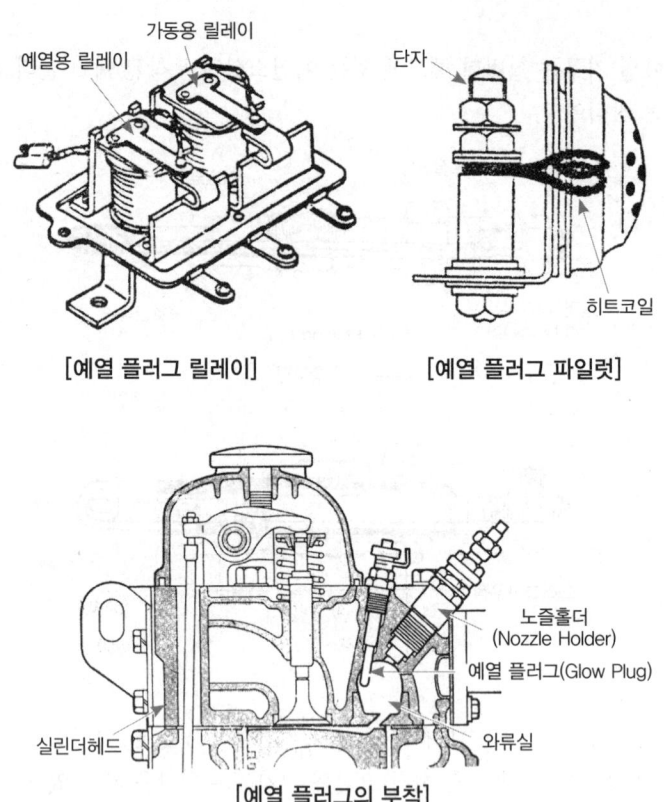

[예열 플러그 릴레이]   [예열 플러그 파일럿]

[예열 플러그의 부착]

2. 감압 장치

디젤기관은 가솔린 기관보다 높은 고압축비를 가지므로 기관을 빠른 속도로 회전 운동시키기가 곤란하다. 이때 배기 밸브를 열고 기관을 크랭킹시키면 가볍게 크랭크 축을 회전 운동시키게 되고 계속해서 크랭킹시키면 플라이 휠에 원심력이 얻어진다. 이 때 급격히 배기 밸브를 닫아주면 플라이 휠의 원심력과 기동 모터의 회전력이 합산된 힘으로 크랭크 축을 돌려주기 때문에 압축이 완료됨으로써 폭발 운동을 갖게 되어 가볍게 시동을 걸 수 있다. 이러한 역할을 담당하는 시동 보조장치를 감압 장치 또는 디컴프 장치라고 한다.

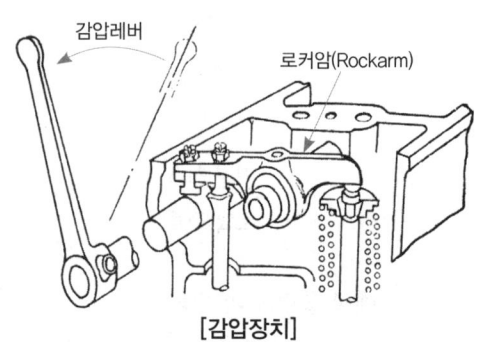

[감압장치]

제01장_ 건설기계 기관
출제예상문제
CHECK POINT QUESTION

1. 기관 주요부

01 다음 중 열 에너지를 기계적 에너지로 변화시켜 주는 장치는?
① 펌프 ② 모터
③ 엔진 ④ 밸브

> 엔진은 열에너지를 기계적 에너지로 바꾸는 장치로, 기계적인 동력을 발생시키기 위해 연료를 연소시킨다.

02 공기만을 실린더 내로 흡입하여 고압축비로 압축한 다음 압축열에 의해 연료를 분사하는 디젤기관은?
① 압축 착화 기관 ② 전기 점화 기관
③ 외연 기관 ④ 제트 기관

> • 전기 점화 기관 : 혼합가스에 전기적인 불꽃으로 점화시키는 기관
> • 압축 착화 기관 : 연료를 분사하면 압축열에 의하여 착화되는 기관

03 4행정 사이클 엔진의 4행정을 바르게 표시한 것은?
① 흡기, 압축, 팽창, 점화
② 흡기, 압축, 동력, 배기
③ 흡기, 착축, 팽창, 동력
④ 흡기, 점화, 동력, 배기

> 4행정 사이클 엔진의 4행정 : 흡입(흡기), 압축, 폭발(동력), 배기

04 내연 기관에서 1사이클 중 열 손실이 가장 큰 것은 다음 중 어느 것인가?
① 압축 행정 ② 배기 행정
③ 폭발 행정 ④ 흡입 행정

> 배기 행정은 동력(폭발) 행정의 다음 행정으로 배기가스를 외기로 몰아내기 때문에 열손실이 가장 크다.

05 압축 행정 말기에 연료 분사 노즐로부터 실린더 내로 연료를 분사하여 연소시켜 동력을 얻는 행정은?
① 폭발 행정 ② 압축 행정
③ 배기 행정 ④ 흡입 행정

06 4행정 사이클 엔진이 4사이클을 마치려면 크랭크 축은 몇 회전하는가?
① 2회전 ② 4회전
③ 6회전 ④ 8회전

> 4행정 사이클 기관은 크랭크 축이 2회전 할 때 피스톤은 4행정을 하여 1사이클을 완성한다. 따라서, 4사이클을 마치려면 크랭크 축은 8회전한다.

07 4행정 기관이 2사이클을 완성하려면 캠 축은 몇 회전하는가?
① 1회전 ② 2회전
③ 4회전 ④ 8회전

> 1사이클 당 크랭크축은 2회전, 캠축은 1회전한다. 따라서 2×1=2회전

08 4행정 기관에서 크랭크 축 기어와 캠 축 기어와의 지름의 비 및 회전비는 각각 얼마인가?
① 2 : 1 및 1 : 2 ② 2 : 1 및 2 : 1
③ 1 : 2 및 2 : 1 ④ 1 : 2 및 1 : 2

09 2행정 기관에서 크랭크 축이 몇 도 회전할 때 1사이클을 완료하는가?
① 90° ② 100°
③ 360° ④ 720°

> 2행정 기관은 압축과 연소, 배기와 흡기가 동시에 이루어지므로 크랭크 축 1회전에 1사이클이 완료된다.

정답 [1. 기관 주요부] 01 ③ 02 ① 03 ② 04 ② 05 ① 06 ④ 07 ② 08 ③ 09 ③

10 2행정 사이클 기관의 피스톤 헤드에 연료 손실을 적게 하기 위하여 만들어 놓은 돌출부를 무엇이라 하는가?

① 디플렉터　② 디퓨저
③ 데콤프　　④ 터빈

> 디플렉터 : 2행정 사이클 엔진에서 혼합기의 손실을 적게 하고 와류를 증가시키기 위해 피스톤 헤드에 설치된 돌기부를 말한다.

11 건식 실린더 라이너의 압입 압력은?

① 1톤 정도　　② 2~3톤 정도
③ 4~5톤 정도　④ 5~8톤 정도

> 건식 라이너는 라이너가 냉각수와 간접 접촉하는 방식으로 두께는 2~3mm, 끼울 때 2~3ton의 힘이 필요하다.

12 4행정 사이클 기관이 2452rpm으로 회전하고 있다면 1번 실린더의 배기 밸브는 1분에 몇 번 열리는가?

① 1226번　② 2452번
③ 4904번　④ 613번

> 4행정 사이클 기관은 크랭크 축 2회전에 각 실린더의 밸브는 각 1번씩 열린다.

13 기관의 실린더 수가 많은 경우의 장점이 아닌 것은?

① 기관의 진동이 적다.
② 저속 회전이 용이하고 큰 동력을 얻을 수 있다.
③ 연료 소비가 적고 큰 동력을 얻을 수 있다.
④ 가속이 원활하고 신속하다.

> 실린더 수가 많으면 배기량이 많아지고 출력도 좋아지지만, 연료 소비 또한 많아진다.

14 다음 중 습식 라이너가 건식 라이너와 다른 점은?

① 냉각수가 라이너와 직접 닿지 않는다.
② 끼울 때 많은 힘을 필요로 한다.
③ 보링작업을 할 수 있다.
④ 라이너의 바깥 둘레가 물 재킷의 일부분을 형성한다.

> 습식 라이너는 라이너의 바깥 둘레가 물 재킷으로 되어 냉각수와 직접 접촉한다.

15 기관에서 피스톤의 행정이란?

① 상사점과 하사점과의 길이
② 피스톤의 길이
③ 상사점과 하사점과의 총면적
④ 실린더 벽의 상하 길이

16 오버스퀘어 기관의 장점 중 틀린 것은?

① 피스톤의 평균 속도를 올리지 않고 엔진의 회전 속도를 높일 수 있다.
② 흡·배기의 지름을 크게 할 수 있어 흡입 효율을 높일 수 있다.
③ 직렬형의 경우 엔진의 높이를 낮게 할 수 있다.
④ 피스톤이 과열되지 않는다.

> 오버스퀘어(단행정) 기관은 내경이 커서 피스톤이 과열되기 쉽고, 엔진길이가 길어지기 때문에 진동이 커진다.

17 피스톤의 평균 속도를 올리지 않고 회전 속도를 높일 수 있으며 흡·배기 지름을 크게 할 수 있어 단위 실린더 체적당 흡입효율을 높일 수 있는 기관은?

① 장행정기관
② 단행정기관
③ 정단행정기관
④ 정방행정기관

> 문제의 내용은 오버스퀘어(단행정) 기관의 장점에 대한 설명이다.

18 실린더 헤드 등 면적이 넓은 부분에서 볼트를 조이는 방법으로 맞는 것은?

① 규정 토크를 한번에 조인다.
② 중심에서 외측을 향하여 대각선으로 조인다.
③ 외측에서 중심을 향하여 대각선으로 조인다.
④ 조이기 쉬운 곳부터 조인다.

 정답 ▶ 10 ① 11 ② 12 ① 13 ③ 14 ④ 15 ① 16 ④ 17 ② 18 ②

19 개스킷의 구비 조건으로 적당치 않은 것은?

① 복원성이 있을 것
② 적당한 강도가 있을 것
③ 오일이 잘 배며 융통성이 좋을 것
④ 내열성이 좋을 것

🔍 개스킷은 기밀 유지 성능이 커야 하며, 냉각수 및 엔진 오일이 새지 않아야 한다.

20 디젤기관의 압축 압력에 대해 맞는 것은?

① 엔진의 크기에 따라 다르다.
② 압축비에 따라 다르다.
③ 배기량에 따라 다르다.
④ 일정하다.

🔍 디젤기관은 공기만을 압축한 다음 분사노즐을 통하여 연료가 분사되면 압축시 발생된 열에 의해 자기 착화되어 혼합기가 연소되며, 압축 압력은 압축비에 따라 다르다.

21 실린더의 압축 압력이 감소되는 원인에 속하지 않는 것은?

① 실린더 벽의 마멸
② 피스톤 링의 탄력 부족
③ 피스톤 마멸 또는 상부에 금이 갔을 때
④ 피스톤 링의 절개부가 서로 180°로 위치되어 있을 때

22 실린더 헤드 개스킷이 손상되었을 때 일어나는 현상은?

① 피스톤이 가벼워진다.
② 엔진 오일의 압력이 높아진다.
③ 압축 압력과 폭발 압력이 낮아진다.
④ 피스톤 링의 작용이 좋아진다.

🔍 헤드 개스킷이 손상되면 기밀성이 떨어져 압축 압력과 폭발 압력이 낮아진다.

23 실린더 벽이 마멸시 일어나는 현상은?

① 기관의 회전수가 증가한다.
② 오일 소모량이 증가한다.
③ 열효율이 증가한다.
④ 폭발 압력이 증가한다.

24 기관에서 실린더 마모가 가장 큰 부분은?

① 실린더 아래 부분
② 실린더 윗 부분
③ 실린더 중간 부분
④ 일정하지 않다.

🔍 실린더 벽의 마멸은 실린더 윗부분(상사점 부근)이 가장 크며, 아랫부분(하사점 부근)이 가장 적다.

25 실린더 마멸의 원인으로 다음 중 가장 적당치 않은 것은?

① 피스톤과 실린더의 마찰
② 피스톤 랜드의 마찰
③ 연소 생성물에 의한 부식
④ 흡입되는 먼지와 이물질

🔍 실린더 벽의 마멸 원인
- 실린더와 피스톤 링의 접촉에 의한 마멸
- 흡입가스 중의 먼지와 이물질에 의한 마멸
- 연소 생성물에 의한 부식
- 연소 생성물인 카본에 의한 마멸
- 기동시 지나치게 농후한 혼합가스에 의한 윤활유 희석

26 기관의 총 배기량이란?

① 연소실 체적과 실린더 체적의 합이다.
② 각 실린더 행정 체적의 합이다.
③ 행정 체적과 실린더 체적의 합이다.
④ 실린더 행정 체적과 연소실 체적의 곱이다.

🔍 총 배기량은 각 실린더 행정 체적의 합으로, 행정체적 × 실린더 수로 구할 수 있다.

27 피스톤의 구비 조건으로 틀린 것은?

① 고온·고압에 견딜 것
② 열전도가 잘 될 것
③ 열팽창률이 적을 것
④ 피스톤 중량이 클 것

🔍 피스톤은 무게가 가벼워야 하며, 블로바이(blow by)가 없어야 한다.

정답 ▶ 19 ③ 20 ② 21 ④ 22 ③ 23 ② 24 ② 25 ② 26 ② 27 ④

28 피스톤과 실린더와의 간극이 클 때 일어나는 현상 중 틀린 것은 어느 것인가?

① 피스톤 슬랩 현상이 생긴다.
② 압축, 압력이 저하된다.
③ 오일이 연소실로 올라간다.
④ 피스톤과 실린더의 소결이 일어난다.

29 실린더와 피스톤의 간극이 작을 때 일어나는 현상은?

① 피스톤 슬랩 현상이 일어난다.
② 피스톤 측압이 커진다.
③ 심한 피스톤 잡음이 일어난다.
④ 피스톤의 고착 현상이 일어난다.

🔍 피스톤과 실린더의 간극이 작으면 엔진 작동 중 열팽창으로 인해 실린더와 피스톤 사이에서 고착(융착, 소결)이 일어난다.

30 기관의 피스톤이 고착되는 원인으로 맞지 않는 것은?

① 기관 오일이 너무 많았을 때
② 피스톤 간극이 작을 때
③ 기관 오일이 부족하였을 때
④ 기관이 과열되었을 때

31 피스톤 링의 작용과 가장 관계가 먼 것은?

① 기밀 작용
② 오일 제어 작용
③ 불완전 연소 억제 작용
④ 열전도 작용

🔍 피스톤 링의 3대 작용
• 기밀 유지 작용(밀봉)
• 오일 제어 작용(실린더 벽의 오일 긁어내리기)
• 열전도 작용(냉각)

32 피스톤 링의 3대 작용은?

① 밀봉 작용, 냉각 작용, 흡입 작용
② 흡입 작용, 압축 작용, 냉각 작용
③ 밀봉 작용, 냉각 작용, 오일 제어 작용
④ 밀봉 작용, 냉각 작용, 마멸 방지 작용

33 피스톤 링의 절개구를 서로 120°, 혹은 180° 방향으로 끼우는 주된 이유는?

① 벗겨지지 않게 하기 위하여
② 절개구 쪽에서 압축이 새는 것을 방지하기 위해서
③ 실린더 벽의 마멸을 방지하기 위해서
④ 윤활을 원활히 하기 위해서

🔍 절개구는 120° 또는 180° 각을 주로 설치하고 측압과 보스 방향을 피한다.

34 오일과 오일 링의 작용 중 오일의 작용에 해당되지 않는 것은?

① 방청 작용
② 냉각 작용
③ 응력 분산 작용
④ 오일 제어 작용

🔍 오일 제어 작용은 오일 링의 작용에 해당된다.

35 피스톤 링을 피스톤에 조립할 때 고려하지 않아도 되는 사항은?

① 측압의 방향
② 링 상호간의 각도
③ 흡배기 밸브와의 각도
④ 각 링의 결합 순서

36 4실린더 기관에서 피스톤당 링이 4개 있고 1개 링의 마찰력이 0.5kg이라면 총 마찰력은 몇 kg인가?

① 3kg
② 8kg
③ 12kg
④ 15kg

🔍 링의 총 마찰력 = 실린더수 × 링수 × 링의 마찰력
∴ 링의 총 마찰력 = 4×4×0.5 = 8kg

37 기관의 커넥팅 로드가 부러질 경우 직접 영향을 받는 곳은?

① 오일 팬
② 밸브
③ 실린더
④ 실린더 헤드

🔍 커넥팅 로드는 피스톤의 왕복운동을 크랭크 축으로 전달하는 일을 하는 것으로 부러질 경우 실린더가 직접 영향을 받는다.

정답 28 ④ 29 ④ 30 ① 31 ③ 32 ③ 33 ② 34 ④ 35 ③ 36 ② 37 ③

38 커넥팅 로드(connection rod)의 대단부와 연결되는 크랭크 축의 부분 명칭은?

① 메인 베어링 저널 ② 크랭크 핀
③ 크랭크 암 ④ 크랭크 축 스프로킷

> 커넥팅 로드는 피스톤 핀과 크랭크 축을 연결하는 막대로 소단부는 피스톤 핀에 연결되고 대단부는 크랭크 핀에 결합되어 있다.

39 피스톤과 커넥팅 로드를 연결하는 피스톤 핀의 중공의 이유는?

① 표면을 침탄 경화하기 위하여
② 무게를 가볍게 하고 오일의 통로로 쓰기 위하여
③ 커넥팅 로드 작은 끝 부분의 고정을 위하여
④ 스냅링을 끼워 빠지는 것을 막기 위하여

> 피스톤 핀은 무게를 가볍게 하고 오일 통로로 사용하기 위해 중공으로 제작한다.

40 내연기관의 동력 전달은?

① 피스톤 → 커넥팅 로드 → 클러치 → 크랭크 축
② 피스톤 → 클러치 → 크랭크 축
③ 피스톤 → 크랭크 축 → 커넥팅 로드 → 클러치
④ 피스톤 → 커넥팅 로드 → 크랭크 축 → 클러치

41 직렬형 4기통 엔진의 크랭크 각도는 얼마인가?

① 90° ② 180°
③ 240° ④ 160°

> 크랭크 각도는 직렬형 2기통의 경우 360°, 4기통인 경우 180° 이다.

42 직렬 6실린더 엔진의 폭발은 크랭크각으로 몇 도마다 폭발이 일어나는가?(단, 4사이클 기관에서)

① 60° ② 120°
③ 180° ④ 360°

> 크랭크 축이 2회전(720°)하는 동안 실린더의 숫자만큼의 횟수로 폭발이 발생한다. 따라서, 실린더가 2개인 경우 360°(720/2) 회전에 1회 폭발, 4개인 경우 180°(720/4) 회전마다 1회, 6개인 경우 120°(720/6) 회전마다 1회 폭발한다.

43 4기통 기관의 점화 또는 분사 순서이다. 맞는 것은?

① 1-3-4-2, 1-2-4-3
② 1-3-4-2, 1-4-2-3
③ 1-3-4-2, 1-2-3-4
④ 1-2-3-4, 1-2-4-3

> 4기통 엔진 점화순서는 우수식의 경우 1-3-4-2, 좌수식인 경우 1-2-4-3 이다.

44 디젤기관의 착화 순서가 1-2-4-3일 경우 4번 실린더가 폭발 중이면 1번 실린더의 위치는?

① 흡입 ② 압축
③ 폭발 ④ 배기

> 1번과 4번, 2번과 3번이 각각 같은 축의 위치에서 회전하고 있으므로 4번이 폭발 중이면 1번은 흡입 중이다.

45 크랭크 축에 제일 많이 사용되는 베어링은?

① 테이퍼 베어링 ② 롤러 베어링
③ 플레인 베어링 ④ 볼 베어링

> 크랭크 축에는 주로 분할형의 플레인(평면) 베어링이 사용된다.

46 6기통 기관에서 좌수식의 폭발순서는 다음 중 어느 것인가?

① 1-4-2-6-3-5 ② 1-2-4-5-3-6
③ 1-3-4-2-6-5 ④ 1-5-3-6-2-4

> 직렬 6기통 엔진의 폭발순서는 우수식 1-5-3-6-2-4, 좌수식은 1-4-2-6-3-5 이다.

47 기관의 회전속도가 4500rpm일 때 연소지연시간이 1/600초라고 하면 연소지연시간 동안에 크랭크 축의 회전각은?

① 30° ② 40°
③ 45° ④ 50°

> 크랭크 축의 회전각 $= \dfrac{V \times 360}{60} \times$ 연소지연 시간
> $\therefore \dfrac{4500 \times 360}{60} \times \dfrac{1}{600} = 45°$

정답 38 ② 39 ② 40 ④ 41 ② 42 ② 43 ① 44 ① 45 ③ 46 ① 47 ③

48 우수식 크랭크 축이 설치된 4행정 6실린더 기관의 폭발순서는?

① 1-3-2-5-6-4
② 1-4-3-5-2-6
③ 1-5-3-6-2-4
④ 1-6-2-5-3-4

🔍 직렬 6기통 엔진의 폭발순서는 우수식 1-5-3-6-2-4, 좌수식은 1-4-2-6-3-5 이다.

49 1-6-2-5-8-3-7-4의 직렬형 8기통 폭발 순서에서 7번과 크랭크 핀이 같은 위상 각도에 있는 기통은 어느 것인가?

① 2번 기통
② 3번 기통
③ 4번 기통
④ 5번 기통

🔍 1-8, 3-6, 2-7, 4-5 가 같은 위상 각도를 갖는다.

50 점화 순서가 1-5-3-6-2-4에서 3번 피스톤이 압축 행정시 4번 피스톤은 어떤 행정을 하는가?

① 압축 말 행정
② 흡입 초 행정
③ 동력 중 행정
④ 배기 초 행정

🔍 1번과 6번, 2번과 5번, 3번과 4번의 핀 저널이 같이 움직이므로 3번이 압축행정을 하고 있다면 같이 움직이는 4번은 배기행정이 된다.

51 어떤 디젤기관의 폭발 순서가 1-3-4-2이다. 1번 실린더가 흡입 행정시 3번 실린더는 어떤 행정을 하는가?

① 흡입 행정
② 압축 행정
③ 폭발 행정
④ 배기 행정

🔍 점화순서가 1-3-4-2인 4실린더 기관에서 1번이 흡입행정일 때 역순으로 적으면 2번은 압축, 4번은 동력, 3번은 배기행정이 된다.

52 크랭크 축에서 베어링의 바깥 둘레와 하우징 둘레와의 차이를 무엇이라 하는가?

① 베어링 크러시
② 베어링 두께
③ 베어링 스프레드
④ 베어링 날개

🔍 베어링 크러시는 베어링을 끼웠을 때 베어링 바깥 둘레와 하우징 둘레와의 높이 차이를 말하며, 베어링 스프레드는 베어링을 끼우지 않았을 때 베어링 바깥 지름과 하우징 내경과의 차이를 말한다.

53 타이밍 기어란?

① 배전기 구동기어와 캠 축 기어
② 헬리컬 기어와 피니언 기어
③ 크랭크 축 기어와 캠 축 기어
④ 오일 펌프기어와 헬리컬 기어

🔍 타이밍 기어란 크랭크축의 회전 운동을 이용하여 밸브를 움직이는 캠축 구동용 기어로 밸브의 작동시기를 적절하게 조정한다.

54 타이밍 기어의 백래시가 클 때 일어나는 사항은?

① 밸브 개폐시기 등이 틀려진다.
② 윤활장치의 유압이 높아진다.
③ 기관의 공전속도가 빨라진다.
④ 점화전압이 낮아진다.

🔍 타이밍 기어는 밸브의 개폐시기를 조절하는 기어이다.

55 캠 축의 기능이 아닌 것은?

① 밸브의 개폐를 돕는다.
② 크랭크 축에 구동력을 전달한다.
③ 오일 펌프와 연료 펌프를 작동시킨다.
④ 배전기를 작동시킨다.

🔍 캠축의 주된 기능은 흡·배기 밸브의 개폐이며 부수적으로 오일 펌프, 연료 펌프, 배전기 등을 구동시키기도 한다.

56 플라이 휠에 관한 설명 중 옳은 것은?

① 플라이 휠의 크기는 기통수에 비례한다.
② 저속에서 고속 또는 고속에서 저속으로의 속도 변화를 용이하게 한다.
③ 속도 변화가 큰 중장비일수록 무겁게 한다.
④ 외부 원주에서는 링 기어가 열 박음으로 설치되어 있다.

🔍 플라이 휠은 크기와 무게가 실린더 수와 회전수에 반비례하며 엔진 회전력의 맥동을 방지하여 회전 속도를 고르게 한다.

 48 ③ 49 ① 50 ④ 51 ④ 52 ① 53 ③ 54 ① 55 ② 56 ④

57 4사이클 기관에서 캠 축의 캠의 수는 무엇과 같은가?

① 기관 밸브의 수　② 실린더 수
③ 피스톤의 수　④ 크랭크 핀의 수

🔍 엔진의 밸브 수와 동일한 캠이 배열되어 있다.

58 캠의 양정(lift)이란?

① 리프터와 태핏과의 거리이다.
② 기초원과 노즈와의 거리이다.
③ 밸브 페이스의 크기이다.
④ 백래시를 말한다.

🔍 캠의 양정이란 기초원과 노즈(nose) 사이의 거리이다.

59 캠에서 기초원(basecircle)과 노즈(nose)의 거리를 무엇이라 하는가?

① 플랭크(flank)
② 로브(lobe)
③ 저널(journal)
④ 양정(lift)

60 다음에 열거한 부품 중 점(착)화 시기를 필요로 하지 않는 것은?

① 크랭크 축 기어
② 캠 축 기어
③ 연료분사 펌프 구동기어
④ 오일 펌프 구동기어

🔍 보기 중 오일 펌프 구동기어는 윤활장치에 해당된다.

61 플라이 휠 크기는 다음 중 어느 것과 가장 관계가 있는가?

① 크랭크 축의 길이
② 클러치판의 크기
③ 피스톤의 크기
④ 회전속도와 실린더 수

🔍 플라이 휠의 크기와 무게는 실린더 수와 회전수에 반비례한다.

62 다음 중 6기통 직렬형 플라이 휠의 링 기어 마모 개소는?

① 3군데
② 4군데
③ 5군데
④ 6군데

🔍 플라이 휠 링기어의 마모 개소는 4기통 2곳, 6기통 3곳, 8기통 4곳이다.

63 기관 밸브의 개폐를 돕는 부품은?

① 너클암
② 스티어링암
③ 로커암
④ 피트먼암

🔍 로커암 : 밸브 개폐를 위한 힘의 방향을 바꿔 주는 방향 전환 기능의 암(arm)

64 45°의 밸브를 44°로 연마하는 주된 이유는?

① 밸브가 시트를 겹치게 하기 위해서이다.
② 밸브면과 시트 사이의 침전물을 제거하기 위해서이다.
③ 밸브의 수명을 연장하기 위해서이다.
④ 밸브가 작동온도에서 팽창하여 시트와 완전히 밀착되게 하기 위해서이다.

🔍 밸브 간섭각은 작동 중에 열팽창을 고려하여 밸브 면과 시트 사이에 1/4~1° 정도의 차이를 두어 작동 온도가 되면 밸브 면과 시트가 완전히 접촉되도록 한다.

65 밸브의 재사용 여부는 모든 부분이 양호한 상태일 때 무엇에 의해 결정되는가?

① 스템의 마멸
② 시트의 마멸
③ 페이스 각도
④ 마진의 두께

🔍 일반적으로 마진의 두께가 0.8mm 이하인 경우에는 다시 사용하지 못한다.

정답 57 ① 58 ② 59 ④ 60 ④ 61 ④ 62 ① 63 ③ 64 ④ 65 ④

66 흡기·배기 밸브의 면의 각도는 일반적으로 얼마나 두는 것이 좋은가?

① 20°와 30°
② 40°와 60°
③ 30°와 45°
④ 60°와 90°

> 밸브 면과 수평선이 이루는 각을 밸브면 각도라 하며 60°, 45°, 30°의 것이 있으며 주로 45°를 가장 많이 사용한다.

67 밸브시트와 페이스 접착면의 폭은 얼마로 하는 것이 적당한가?

① 1~1.5mm   ② 1.5~2mm
③ 0.5~1mm   ④ 2~3mm

> 밸브 시트의 폭은 1.5~2mm이며, 폭이 넓으면 밸브의 냉각 효과는 크지만 압력이 분산되어 기밀 유지가 불량해진다.

68 다음 중 밸브 간섭각으로 가장 적당한 것은?

① 1~2°   ② 1/4~1°
③ 2~3°   ④ 4~6°

69 다음은 유압태핏의 장점이다. 관계없는 것은?

① 밸브 간극의 조정이 필요없다.
② 작동 중 소음이 적다.
③ 밸브 간극이 비교적 적어도 된다.
④ 밸브 각 기구의 손상이 적다.

> 유압식 밸브리프터(유압태핏)는 엔진의 작동변화에 관계없이 밸브 간극을 0으로 유지시키도록 한 방식이다.

70 기관에서 밸브 스프링의 장력이 약할 때는 기관에서 어떤 현상이 발생하는가?

① 배기가스량이 적어진다.
② 밀착 불량으로 압축가스가 샌다.
③ 밀착은 정상이나 캠이 조기 마모된다.
④ 흡입 공기량이 많아져서 출력이 증가된다.

> 밸브 스프링의 장력이 약하면 밀착 불량으로 인해 출력 감소, 가스 블로바이 발생, 밸브 스프링 서징 현상이 발생한다.

71 밸브 스프링의 점검과 관계가 없는 것은?

① 스프링 장력   ② 직각도
③ 자유높이   ④ 코일 수

> 밸브 스프링의 점검사항 : 장력, 직각도, 자유 높이, 접촉면

72 밸브 스프링의 서징현상은 어느 때 생기는가?

① 저속   ② 중속
③ 고속   ④ 공전

> 밸브 스프링의 서징 현상이란 고속에서 밸브 스프링의 신축이 심하여 밸브 스프링의 고유 진동수와 캠 회전수 공명에 의해 스프링이 튕기는 현상이다.

73 기관의 밸브 부분에서 잡음이 심할 때의 원인을 나열한 것 중 틀린 것은?

① 밸브 스프링이나 로커(lock)의 파손
② 윤활 부족
③ 밸브틈새의 과대
④ 밸브 스템부의 긁힘

74 흡기밸브와 배기밸브의 간극에 관한 설명 중 옳은 것은?

① 간극은 흡기밸브와 배기밸브에 상관없다.
② 흡기밸브와 배기밸브의 간극은 같다.
③ 흡기밸브의 간극이 크다.
④ 일반적으로 배기밸브 간극이 크다.

> 밸브 간극은 엔진 작동 중 열팽창을 고려하여 두는 것으로 일반적으로 온도가 높은 배기밸브 쪽 간극을 더 크게 둔다.

75 기관의 밸브 간극이 너무 클 때 발생되는 현상으로 맞는 것은?

① 정상온도에서 밸브가 확실하게 닫히지 않는다.
② 밸브 스프링의 장력이 약해진다.
③ 푸시로드가 변형된다.
④ 정상온도에서 밸브가 완전히 개방되지 않는다.

> 밸브 간극이 너무 크면 정상 작동 온도에서 밸브가 완전하게 열리지 못한다.

 정답 66 ③ 67 ② 68 ② 69 ③ 70 ② 71 ④ 72 ③ 73 ② 74 ④ 75 ④

76 밸브 간극을 측정하는 게이지로 알맞은 것은?

① 깊이 게이지를 사용한다.
② 내측 마이크로미터를 사용한다.
③ 엠에스코프 게이지를 사용한다.
④ 필러 게이지를 사용한다.

> 밸브 간극은 캠과 밸브 리프트 사이에 필러 게이지(간극 게이지)를 넣고 측정한다.

77 어떤 4행정 사이클 기관의 밸브 개폐 시기가 다음과 같다. 흡기행정기간은 몇 도인가?

- 흡기밸브 열림 : 상사점 전 15°
- 흡기밸브 닫힘 : 하사점 후 50°
- 배기밸브 열림 : 하사점 전 45°
- 배기밸브 닫힘 : 상사점 후 10°

① 180° ② 230°
③ 235° ④ 245°

> 흡기행정 각도
> = 흡기밸브 열림각도 + 180° + 흡기밸브 닫힘각도
> = 15° + 180° + 50° = 245°

78 밸브 오버랩이란?

① 밸브가 닫힐 때 튀면서 닫히는 현상
② 배기행정시 실린더 내의 압력에 의하여 자연히 배출되는 현상
③ 흡기행정 때 하사점에는 밸브를 닫지 않고 40~50° 후방에서 닫히는 현상
④ 배기행정시 잔류가스를 완전히 배출키 위하여 흡기·배기밸브를 동시에 열어주는 현상

> 밸브 오버랩(valve overlap) : 상사점 부근에서 흡기밸브는 열리고, 배기밸브는 닫히려는 순간으로 흡·배기밸브가 동시에 열려있는 상태

79 배기행정 초에 배기밸브가 열려 배기가스 자체의 압력에 의하여 배기가스가 배출되는 현상은?

① 블로백   ② 블로다운
③ 블로바이   ④ 베이퍼록

> • 블로다운(blow-down) : 배기행정 초기에 배기밸브가 열려서 자체적인 압력으로 자연히 배출되는 현상
> • 블로바이(blow-by) : 피스톤과 실린더 사이에서 크랭크케이스 쪽으로 누출되는 미연소 가스

80 블로다운 현상의 설명에 적합한 것은?

① 밸브와 밸브시트 사이에서의 가스 누출현상
② 배기행정 초기에 배기밸브가 열려 배기가스 자체의 압력에 의하여 배출되는 현상
③ 압축행정시 피스톤과 실린더 사이에서 공기가 누출되는 현상
④ 피스톤이 상사점 근방에서 흡·배기밸브가 동시에 열려 배기 잔류가스를 배출시키는 현상

81 블로바이(blow by) 현상의 설명에 적합한 것은?

① 밸브가 닫힐 때 튀면서 닫히는 현상
② 실린더와 피스톤 틈에서 압축가스와 폭발가스가 크랭크케이스로 빠져나오는 현상
③ 압축행정시 피스톤과 실린더 사이에서 공기가 흡입되는 현상
④ 배기행정시 잔류가스를 완전히 배출하기 위하여 흡·배기밸브를 동시에 열어주는 현상

2. 냉각장치

01 공랭식 엔진의 과열 원인이 아닌 것은?

① 냉각핀의 오손 및 파손
② 냉각 팬의 파손
③ 정차시 고속회전
④ 냉각수 부족

> 냉각수를 사용하여 엔진을 냉각시키는 것은 수랭식 엔진이다.

02 실린더 블록과 헤드에 물 재킷(water jacket)을 설치하여 냉각시키는 방식?

① 자연 순환식   ② 강제 통풍식
③ 자연 통풍식   ④ 강제 순환식

정답 76 ④ 77 ④ 78 ④ 79 ② 80 ② 81 ② [2.냉각장치] 01 ④ 02 ④

> 수랭식 중 자연 순환식은 냉각수를 대류에 의해 순환시키는 방식이며, 강제 순환식은 물펌프로 실린더 블록과 헤드에 물 재킷을 설치하여 냉각시키는 방식이다.

03 기관 과열의 직접적인 원인으로 부적당한 것은?
① 팬 벨트의 느슨함
② 라디에이터의 코어 막힘
③ 냉각수의 부족
④ 타이밍 체인(timing-chain)의 헐거움

> 타이밍 체인은 크랭크 축의 타이밍기어와 캠 축의 타이밍기어를 연결해 캠 축을 회전시키는 역할을 하는 체인으로 냉각 계통과는 무관하다.

04 기관이 과열되는 원인이 아닌 것은?
① 분사시기의 부적당
② 냉각수 부족
③ 냉각 팬의 파손
④ 물 재킷 내의 물때 형성

05 기관에서 냉각수의 온도가 지나치게 높을 때의 원인을 기술한 것 중 틀리는 것은 어느 것인가?
① 냉각수로 연소가스 누설
② 라디에이터의 공기통로 결함
③ 물 펌프의 결함
④ 연료분사 시기 및 연료공급 펌프 결함

06 작업 중 엔진온도가 급상승하였을 때 먼저 점검하여야 할 것은?
① 윤활유 수준 점검
② 고부하 작업
③ 장기간 작업
④ 냉각수의 양 점검

> 엔진 온도가 급상승하면 우선적으로 냉각 계통을 점검하여야 한다.

07 기관 과열 원인과 가장 거리가 먼 것은?
① 팬 벨트가 헐거울 때
② 물 펌프 작용이 불량할 때
③ 크랭크 축 타이밍 기어가 마모되었을 때
④ 방열기 코어가 규정 이상으로 막혔을 때

> 타이밍 체인은 크랭크 축의 타이밍기어와 캠 축의 타이밍기어를 연결해 캠 축을 회전시키는 역할을 하는 체인으로 냉각 계통과는 무관하다.

08 동절기에 기관이 동파되는 원인으로 맞는 것은?
① 냉각수가 얼어서
② 기동전동기가 얼어서
③ 발전장치가 얼어서
④ 엔진오일이 얼어서

> 동절기 기관의 동파 원인은 냉각수가 얼기 때문으로 이를 방지하기 위해 부동액을 혼합하여 사용한다.

09 팬 벨트에 대한 점검과정이다. 틀린 것은?
① 팬 벨트는 눌러(약 10kgf) 13~20mm 정도로 한다.
② 팬 벨트는 풀리의 밑부분에 접촉되어야 한다.
③ 팬 벨트의 조정은 발전기를 움직이면서 조정한다.
④ 팬 벨트가 너무 헐거우면 기관 과열의 원인이 된다.

> 팬 벨트는 각 풀리의 양쪽 경사진 부분에 접촉되어야 하며, 풀리 밑부분에 닿으면 미끄러진다.

10 다음 중 팬 벨트와 연결되지 않은 것은?
① 발전기 풀리
② 기관 오일 펌프 풀리
③ 워터펌프 풀리
④ 크랭크 축 풀리

> 팬 벨트는 이음새가 없는 고무제 V벨트를 사용하며 크랭크 축 풀리, 발전기 풀리, 물펌프 풀리 등을 연결 구동한다.

11 기관의 벨트장력이 늘어지면 일어나는 현상으로 가장 관계가 적은 것은?
① 벨트마모 촉진   ② 기관 과열
③ 발전기 베어링 손상   ④ 발전기 충전 부족

 03 ④ 04 ① 05 ④ 06 ④ 07 ③ 08 ① 09 ② 10 ② 11 ③

> 벨트 장력이 헐거울 때
> • 물 펌프 회전속도가 느려져 기관 과열
> • 발전기 출력 저하
> • 소음 발생
> • 팬 벨트 마모 촉진(손상)

12 일반적인 건설기계에 대한 다음 설명 중 틀린 것은?

① 기관이 과열됐을 때는 기관을 정지시킨 후 냉각수를 조금씩 보충한다.
② 운전 중 팬 벨트가 끊어지면 충전 경고등이 꺼진다.
③ 윤활 계통에 이상이 생기면 운전 중에 오일압력 경고등이 켜진다.
④ 연료 탱크는 주기적으로 청소를 하여 물과 찌꺼기를 제거시킨다.

> 팬 벨트는 워터펌프를 구동하여 엔진의 과열을 방지시켜 주고, 차량에서 소요되는 전기를 발생시켜 주는 발전기를 구동시키는 역할을 한다.

13 V 벨트 접촉면의 각도는?

① 10°   ② 20°
③ 30°   ④ 40°

> V 벨트 접촉면의 각도는 40°이며, 반드시 엔진의 작동이 정지된 상태에서 걸거나 빼내야 한다.

14 기관을 시동하여 공전시에 점검할 사항이 아닌 것은?

① 기관의 팬 벨트 장력을 점검
② 오일의 누출 여부를 점검
③ 냉각수의 누출 여부를 점검
④ 배기가스의 색깔을 점검

> 팬 벨트 장력 점검은 반드시 기관이 정지된 상태에서 이루어져야 한다.

15 기관에서 냉각계통으로 배기가스가 누설되는 원인에 해당되는 것은?

① 실린더 헤드 개스킷 불량
② 매니폴더의 개스킷 불량
③ 워터펌프의 불량
④ 냉각 팬의 벨트 유격 과대

> 실린더 헤드 개스킷이 파손되면 라디에이터 안에 기름이 뜨고, 배기가스가 냉각계통으로 누출된다.

16 라디에이터의 구성품이 아닌 것은?

① 냉각수 주입구   ② 냉각핀
③ 코어   ④ 물 재킷

> 라디에이터는 코어, 냉각핀, 냉각수 주입구인 라디에이터 캡 등으로 구성된다.

17 기관이 작동 중 라디에이터 캡쪽으로 물이 상승하면서 연소가스가 누출될 때 원인으로 맞는 것은?

① 분사 노즐의 동와셔가 불량하다.
② 라디에이터 캡이 불량하다.
③ 물 펌프에 누설이 생겼다.
④ 실린더 헤드에 균열이 생겼다.

18 라디에이터(radiator)의 구비 조건으로 옳지 않은 것은?

① 공기저항이 적을 것
② 냉각수의 유동저항이 적을 것
③ 단위면적당 방열량이 적을 것
④ 가볍고 작으며 강도가 클 것

> 라디에이터는 단위면적당 방열량이 커야 한다.

19 가압식 라디에이터의 장점으로 틀린 것은?

① 방열기를 작게 할 수 있다.
② 냉각수의 비등점을 높일 수 있다.
③ 냉각수의 순환속도가 빠르다.
④ 냉각장치의 효율을 높일 수 있다.

> 가압식 라디에이터는 일정 온도의 압력까지는 스프링이 작용하는 뚜껑을 마련하여 물이 새어 나가지 못하게 한 라디에이터로, 오버히트가 쉽게 일어나지 않는 구조이다.

정답 12 ② 13 ④ 14 ① 15 ① 16 ④ 17 ④ 18 ③ 19 ③

20 냉각계통에 대한 설명으로 틀린 것은?

① 실린더 물 재킷에 물때가 끼면 과열의 원인이 된다.
② 방열기속의 냉각수 온도는 아래 부분이 높다.
③ 팬 벨트의 장력이 약하면 엔진 과열의 원인이 된다.
④ 냉각수 펌프의 실(seal)에 이상이 생기면 누수의 원인이 된다.

> 엔진 내부에서 열을 흡수하고 온도가 높아진 냉각수는 실린더 헤드 부분에서 라디에이터 상부로 돌아온다. 이렇게 돌아온 냉각수는 라이에이터에서 열을 방출하고 하부에서는 온도가 떨어지게 된다.

21 방열기(radiator)의 규정 수량이 이상이 없는데도 기관이 과열되었다면 그 원인이라고 정할 수 있는 것은?

① 물 펌프의 고속회전
② 에어클리너의 고장
③ 온도계의 고장
④ 팬 벨트의 이완

> 팬 벨트의 장력이 너무 작으면 물 펌프의 회전속도가 느려져 기관이 과열된다.

22 사용중인 라디에이터에 냉각수의 양을 측정하였더니 12ℓ였다. 이것과 동형의 신품 라디에이터의 용량이 15ℓ였다면 이 방열기의 막힘은 몇 %인가?

① 20%   ② 15%
③ 10%   ④ 5%

> 코어의 막힘률 = [(신품 주수량 − 구품 주수량) ÷ 신품 주수량] × 100(%) = [(15 − 12) ÷ 15] × 100(%) = 20%

23 냉각장치에서 냉각수의 비등점을 올리기 위한 것으로 맞는 것은?

① 진공식 캡   ② 압력식 캡
③ 라디에이터   ④ 물 재킷

> 냉각장치 내의 비등점을 높이고, 냉각 범위를 넓히기 위해 압력식 캡을 사용한다.

24 압력식 라디에이터 캡의 규정 압력은 일반적으로 게이지 압력으로 몇 kg/cm² 정도인가?

① 0.2~0.9
② 2~9
③ 1.2~1.9
④ 12~19

> 압력식 캡의 압력은 게이지 압력으로 0.2~0.9kgf/cm² 정도이며 이때의 냉각수 비등점은 112℃ 정도이다.

25 압력식 라디에이터 캡에 대한 설명으로 적합한 것은?

① 냉각장치 내부압력이 규정보다 낮을 때 공기밸브는 열린다.
② 냉각장치 내부압력이 규정보다 높을 때 진공밸브는 열린다.
③ 냉각장치 내부압력이 부압이 되면 진공밸브는 열린다.
④ 냉각장치 내부압력이 부압이 되면 공기밸브는 열린다.

> 냉각장치 내부압력이 규정보다 높아지면 압력밸브가 열리고, 냉각수가 냉각되어 냉각장치 내의 압력이 부압이 되면 진공밸브가 열린다.

26 지게차의 방열기에 있는 오버플로 파이프로 물이 유출시에 수온은 일반적으로 몇 도인가?

① 112℃
② 120℃
③ 132℃
④ 140℃

> 24번 문제 해설 참조

27 압력식 라디에이터 캡을 사용할 경우 냉각수 비점은 몇 ℃ 정도인가?

① 112℃
② 120℃
③ 132℃
④ 140℃

정답 20 ② 21 ④ 22 ① 23 ② 24 ① 25 ③ 26 ① 27 ①

28 라디에이터 캡의 스프링이 파손되었을 때 가장 먼저 나타나는 현상은?

① 냉각수 비등점이 낮아진다.
② 냉각수 순환이 불량해진다.
③ 냉각수 순환이 빨라진다.
④ 냉각수 비등점이 높아진다.

🔍 라디에이터 캡의 스프링이 파손되거나 장력이 약해지면 냉각수 비등점이 낮아진다.

29 라디에이터 캡을 열고 크랭킹하였을 때 냉각수에 기포가 발생하면?

① 물호스가 거꾸로 연결되어 있음
② 오일쿨러가 막혀 있음
③ 헤드 개스캣이 손상되어 있음
④ 냉각수에 부동액이 들어 있음

🔍 라디에이터 내의 기포발생은 공기가 들어간 것이므로 실린더 헤드 개스킷이 불량이다.

30 엔진에서 라디에이터의 방열기 캡을 열어 냉각수를 점검하였더니 기름이 떠 있었다. 그 원인으로 맞는 것은?

① 피스톤 링의 실린더 마모
② 밸브 간격 과다
③ 압축압력이 높아 역화 현상
④ 실린더 헤드 개스킷 파손

🔍 기포나 기름이 떠 있는 경우
 • 실린더 헤드 개스킷 파손
 • 실린더 헤드 볼트 풀림
 • 오일 냉각기에서 엔진 오일 누출

31 라디에이터의 세척액으로 주로 사용되는 것은?

① 중성세제
② 황산과 증류수
③ 탄산소다
④ 비눗물

🔍 라디에이터의 세척액으로는 탄산소다와 중탄산소다를 사용하며, 아래 탱크에서 위 탱크로 역수시켜 세척한다.

32 다음 중 냉각 팬에 대한 설명으로 옳지 않은 것은?

① 냉각 팬의 회전축은 물 펌프 축과 일체로 되어있다.
② 팬의 날개 수는 보통 4~6개 정도이다.
③ 유체커플링식 냉각 팬도 있다.
④ 냉각 팬의 회전은 주행속도에 의해 이루어진다.

🔍 냉각 팬의 회전 속도는 라디에이터를 통과하는 공기의 온도에 의해 결정된다.

33 냉각수 순환용 물 펌프가 고장났을 때, 기관에 나타날 수 있는 현상으로 가장 중요한 것은?

① 시동 불능
② 축전지의 비중 저하
③ 발전기 작동 불능
④ 기관 과열

34 물 펌프에 연결되는 위쪽 호스를 손으로 쥐어 보았을 때 압력을 느낀다면?

① 호스가 막혀 있다.
② 라디에이터가 막혀 있다.
③ 물 펌프의 회전이 적다.
④ 물 펌프가 정상적으로 작동한다.

🔍 물 펌프의 효율은 냉각수 온도에 반비례하고, 압력에 비례한다.

35 냉각장치에서 소음이 나는 원인으로 틀린 것은?

① 물 펌프 내 임펠러의 파손
② 밸브간극이 과다
③ 물 펌프의 베어링 마모
④ 팬 날개 파손

36 냉각장치에서 소음의 원인이 아닌 것은?

① 팬 벨트의 불량
② 팬의 헐거움
③ 정온기의 불량
④ 물 펌프 베어링의 불량

🔍 정온기(서모스탯)는 실린더 헤드 물 재킷 출구 부분에 설치되어 냉각수 온도에 따라 냉각수 통로를 개폐하여 엔진의 온도를 적당하게 유지하는 기구로 소음의 원인과는 관련이 없다.

정답 28 ① 29 ③ 30 ④ 31 ③ 32 ④ 33 ④ 34 ④ 35 ② 36 ③

37 냉각계통에 소음이 난다. 그 원인이 아닌 것은?
① 가압 밸브 스프링 이완
② 물 펌프 베어링불량
③ 팬 벨트 불량
④ 팬의 날개가 변형

> 가압 밸브 스프링이 이완되면 냉각수의 비등점이 낮아진다.

38 디젤기관을 시동시킨 후 충분한 시간이 지났는데도 냉각수 온도가 정상적으로 상승하지 않을 경우 그 고장의 원인이 될 수 있는 것은?
① 수온조절기의 고장
② 물 펌프의 고장
③ 라디에이터 코어의 파손
④ 냉각 팬 벨트의 헐거움

> 수온조절기는 실린더 헤드와 라디에이터 상부 사이에 설치되며 냉각수의 온도를 일정하게 유지하는 기구이다.

39 엔진작동 중 냉각수의 온도가 정상적으로 올라가지 않을 때, 과냉의 원인으로 맞는 것은?
① 수온조절기의 열림   ② 팬 벨트의 헐거움
③ 물 펌프의 불량   ④ 냉각수 부족

40 벨로즈형 수온조절기의 이상적인 작동 온도 범위는?
① 45℃(열림시작), 60℃(완전열림)
② 60℃(열림시작), 70℃(완전열림)
③ 65℃(열림시작), 85℃(완전열림)
④ 80℃(열림시작), 100℃(완전열림)

> 벨로즈형은 65℃에서 열리기 시작하여 85℃에서 완전히 열리고, 펠릿형은 85℃에서 열리기 시작하여 95℃에서 완전히 열린다.

41 기관의 냉각수 수온을 측정하는 곳은?
① 라디에이터의 윗물통
② 실린더 헤드 물 재킷부
③ 물 펌프 임펠러 내부
④ 온도조절기 내부

> 엔진의 정상적인 작동 온도는 실린더 헤드 물 재킷 내의 온도로 나타낸다.

42 다음 기구 중 엔진의 온도를 일정하게 정상으로 유지하는 것은?
① 방수기   ② 방열팬
③ 정온기   ④ 물 펌프

> 수온조절기(정온기, 서모스탯)는 실린더 헤드와 라디에이터 상부 사이에 설치되며 냉각수의 온도를 일정하게 유지하는 기구이다.

43 운전 중 온도계기에 이상이 나타나면 다음 중 어느 것을 가장 먼저 점검해야 하는가?
① 오일 펌프 점검
② 에어클리너 엘리먼트점검
③ 워터펌프 점검
④ 연료탱크 점검

> 냉각계통은 워터펌프이다.

44 기관의 정상적인 냉각수 온도에 해당되는 것으로 가장 적절한 것은?
① 20~35℃   ② 35~60℃
③ 75~95℃   ④ 110~120℃

> 냉각수 수온은 실린더 헤드 물 재킷 내의 온도로 나타내며, 정상적인 냉각수 온도 범위는 75~95℃ 정도이다.

45 실린더 블록의 동파방지를 위해 둔 것은?
① 정온기   ② 라디에이터
③ 코어플러그   ④ 냉각수 통로

> 실린더 블록의 내부는 실린더와 물 재킷, 오일 통로가 설치되어 있고 물 재킷 바깥쪽에는 겨울철 냉각수 빙결에 의한 동파를 방지하기 위해 코어플러그(core plug)가 설치되어 있다.

46 부동액이 구비하여야 할 조건으로 다음 중 가장 알맞은 것은?
① 증발이 심할 것
② 침전물을 축적할 것

 37 ① 38 ① 39 ① 40 ③ 41 ② 42 ③ 43 ③ 44 ③ 45 ③ 46 ④

③ 비등점이 물보다 상당히 낮아야 할 것
④ 물과 용이하게 용해할 것

🔍 부동액의 구비 조건
- 물과 잘 혼합할 것
- 침전물이 없을 것
- 휘발성이 없고 순환성이 좋을 것
- 부식성이 없고 팽창계수가 적을 것
- 비등점이 물보다 높고 빙점은 물보다 낮을 것

47 부동액의 종류 중 가장 많이 사용되는 것은?
① 에틸렌
② 글리세린
③ 에틸렌글리콜
④ 알코올

🔍 에틸렌글리콜(ethylene glycol)을 주성분으로 한 부동액를 많이 사용하며 그 지방의 최저 기온보다 5~10℃ 낮은 온도를 기준으로 혼합한다.

3. 윤활장치

01 윤활유 성질 중 가장 알맞은 것은?
① 오일제거작용이 양호할 것
② 인화점 및 발화점이 높을 것
③ 인화점 및 발화점이 낮을 것
④ 발열작용이 양호할 것

🔍 윤활유의 구비조건
- 점도지수가 커서 온도에 의한 점도의 변화가 적을 것
- 인화점 및 발화점이 높고 응고점은 낮을 것
- 강한 유막을 형성할 것
- 비중과 점도가 적당할 것
- 기포발생 및 카본생성에 대한 저항력이 클 것

02 윤활유의 구비 조건으로 적당치 않는 것은?
① 윤활성에 관계없이 점도가 적당할 것
② 윤활성이 좋을 것
③ 응고점이 높을 것
④ 인화점이 높을 것

🔍 윤활유(엔진오일)는 응고점이 낮아야 한다.

03 다음 중 윤활유의 분류방법에 해당되지 않는 것은?
① 사용조건에 따른 분류
② 점도에 따른 분류
③ 온도에 따른 분류
④ 색깔에 따른 분류

04 윤활유의 기능으로 맞는 것은?
① 마찰감소, 스러스트작용, 밀봉작용, 냉각작용
② 마멸방지, 수분흡수, 밀봉작용, 마찰증대
③ 마찰감소, 마멸방지, 밀봉작용, 냉각작용
④ 마찰증대, 냉각작용, 스러스트작용, 응력분산

🔍 윤활유의 7대 기능 : 감마작용, 냉각작용, 세척작용, 밀봉작용, 부식방지작용, 소음완화작용, 응력분산작용

05 엔진 윤활유의 사용 목적이 아닌 것은?
① 실린더 내의 가스 누설을 방지한다.
② 노크 현상을 방지한다.
③ 응력 집중을 방지한다.
④ 방청 및 세척작용을 한다.

🔍 노크현상은 실린더 내에서 연료가 부적당한 관계로 이상폭발을 일으켜서 금속음이 발생하는 현상으로 윤활유와는 관련이 없다.

06 미국석유협회(API)에서 분류한 윤활유 가운데서 디젤기관에 해당되지 않는 것은?
① DG   ② DM
③ DS   ④ DZ

🔍 API 분류
- 가솔린 엔진용 : ML, MM, MS
- 디젤 엔진용 : DG, DM, DS

07 고온 고부하용 윤활유로 가장 가혹한 운전조건에 사용되는 디젤기관용은?
① DG   ② DM
③ DS   ④ 5W

🔍 디젤 엔진용 엔진오일
- DG : 마멸이나 침전물에 문제가 없는 디젤 엔진에 사용
- DM : 시판용 경유를 사용하고 중부하 운전 조건에 사용
- DS : 고온 고부하용 등 가장 가혹한 운전조건에 사용

정답 47 ③ [3. 윤활장치] 01 ② 02 ③ 03 ④ 04 ③ 05 ② 06 ④ 07 ③

08 윤활유 점도에 대한 설명이다. 틀리는 사항은?
① 윤활유 점도가 높을수록 유동성이 좋아진다.
② 여름철에는 윤활유 점도가 높은 것을 사용한다.
③ 겨울철에는 윤활유 점도가 낮은 것을 사용한다.
④ 윤활유 점도지수가 클수록 온도의 변화에 대하여 점도 변화도 적다.

> 점도가 높으면 유동성이 저하되고, 점도가 낮으면 유동성이 좋아진다.

09 다음은 디젤엔진에 사용되는 윤활유의 등급을 표시한 것이다. 과급기가 부착된 중장비 엔진에 사용되는 것은?
① CA   ② CB
③ CC   ④ CD

> API 분류상 DS는 SAE 신분류상의 CD, CE로 고속 · 고출력 과급기가 설치된 디젤 엔진용이다.

10 엔진오일에 대한 설명으로 맞는 것은?
① 엔진을 시동한 상태에서 점검한다.
② 겨울보다 여름에는 점도가 높은 오일을 사용한다.
③ 엔진오일에는 거품이 많이 들어있는 것이 좋다.
④ 엔진오일 순환상태는 오일레벨 게이지로 확인한다.

> 겨울철에는 기온이 낮아 오일의 유동성이 떨어지기 때문에 낮은 오일의 점도가 필요하며, 여름철에는 반대로 엔진오일의 점도가 높아야 한다.

11 현장에서 오일의 열화를 찾아내는 방법이 아닌 것은?
① 자극적인 악취의 유무 확인
② 색깔의 변화나 수분, 침전물의 유무 확인
③ 오일을 가열했을 때 냉각되는 시간 확인
④ 흔들었을 때 생기는 거품이 없는지의 양상 확인

12 엔진오일의 오염 원인이 될 수 없는 것은 다음 중 어느 것인가?
① 오일여과기 막힘   ② 연소가스 누설
③ 유질의 부적합   ④ 유압계의 고장

> 유압계는 윤활장치 내를 순환하는 오일 압력을 운전자에게 알려주는 계기이다.

13 기관 오일의 오염 원인이 아닌 것은?
① 오일여과기의 불량
② 피스톤 링 장력이 약할 때
③ 유(oil)질이 불량할 때
④ 릴리프밸브가 고착되었을 때

> 릴리프 밸브는 회로의 압력이 설정 압력에 도달하면 유체의 일부 또는 전량을 배출시켜 회로 내의 압력을 설정값 이하로 유지하는 압력제어 밸브로 오일 오염과는 거리가 멀다.

14 다음 중 기관 윤활유의 소비가 많게 되는 가장 큰 원인은?
① 희석과 혼합   ② 소비와 희석
③ 비산과 압력   ④ 연소와 누설

15 엔진의 윤활유 소비량이 과다해지는 가장 큰 원인은?
① 기관의 과열   ② 피스톤 링 마멸
③ 오일 여과기 불량   ④ 냉각 펌프 손상

> 피스톤 링이 마멸되면 피스톤이 내려올 때 오일을 모두 끌어내리지 못하여 연소실 내부로 오일이 침투하게 된다.(오일 제어 작용 불량)

16 엔진오일에 물이 혼합되었다고 판단되는 것은?
① 고속 공전시 엔진 블리더에서 하얀 연기가 난다.
② 배기파이프의 뜨거운 부분에 엔진오일을 발랐을 때 검은 연기가 난다.
③ 배기가스의 색깔이 담황색이다.
④ 변속기 기어에서 심한 소음이 난다.

17 기관 오일에 연료가 혼합되어 있으면 어떻게 되는가?
① 기관회전이 원활하다.

 정답 08 ① 09 ④ 10 ② 11 ③ 12 ④ 13 ④ 14 ④ 15 ② 16 ① 17 ②

② 마모현상이 촉진된다.
③ 발화점이 높아진다.
④ 점도가 높아진다.

> 기관 오일에 연료가 혼합되면 윤활작용이 정상적으로 이루어지지 못하고 마모현상이 촉진된다.

18 엔진오일이 우유색을 띠고 있을 때의 원인은?

① 경유가 유입되었다.
② 연소가스가 섞여있다.
③ 냉각수가 섞여있다.
④ 가솔린이 유입되었다.

> 엔진오일 오염 상태 판정
> • 검정색에 가까운 경우 : 심하게 오염(불순물 오염)
> • 붉은색에 가까운 경우 : 유연 가솔린의 유입
> • 노란색에 가까운 경우 : 무연 가솔린의 유입
> • 회색에 가까운 경우 : 4에틸납 연소 생성물 혼합
> • 우유색에 가까운 경우 : 냉각수가 섞여 있음

19 윤활유가 연소실에 올라와 연소할 때 배기가스의 색은?

① 흑색　　　　② 백색
③ 청색　　　　④ 황색

> 엔진오일이 연소실에 올라와 함께 연소되면 배기가스의 색은 흰색으로, 헤드 개스킷이 끊어져 밸브 쪽으로 올라가던 엔진오일이 흘러드는 경우와 피스톤 링이 손상돼서 실린더 벽에 있던 엔진오일이 함께 연소되는 경우이다.

20 다음 중 엔진오일의 주유가 필요없는 것은?

① 피스톤
② 실린더 벽
③ 밸브 가이드
④ 크랭크 축의 저널

21 엔진오일을 사용하는 곳이 아닌 것은?

① 피스톤　　　② 크랭크 축
③ 습식 공기청정기　　④ 차동기어장치

> 변속기나 차동기어장치, 트랜스 액슬 등에는 엔진 오일보다 점도가 높고 압력 등에 견딜 수 있는 첨가제가 들어있는 기어 오일을 사용한다.

22 윤활유 공급 펌프에서 공급된 윤활유 전부가 엔진오일 필터를 거쳐 윤활부로 가는 방식은?

① 분류식　　　② 자력식
③ 전류식　　　④ 샨트식

> • 분류식 : 오일 펌프에서 나온 오일의 일부를 여과하고 나머지는 윤활부로 그냥 보낸다.
> • 전류식 : 오일 펌프에서 나온 오일 전부가 여과기를 거쳐 여과된 다음 윤활부로 가게 된다.
> • 샨트식 : 펌프에 보내지는 오일의 일부만을 여과하지만 여과된 오일이 오일 팬으로 돌아오지 않고 윤활부에 공급된다.

23 기관에 사용되는 오일 여과기의 점검사항으로 틀린 것은?

① 여과기가 막히면 유압이 높아진다.
② 엘리먼트 청소는 압축공기를 사용한다.
③ 여과 능력이 불량하면 부품의 마모가 빠르다.
④ 작업 조건이 나쁘면 교환 시기를 빨리 한다.

> 엘리먼트는 재사용하지 않고 교환한다.

24 윤활유 급유펌프에 속하지 않는 것은?

① 기어펌프　　　② 제트펌프
③ 플런저펌프　　　④ 베인펌프

> 윤활유 급유 펌프의 종류에는 기어펌프, 플런저펌프, 베인펌프, 로터리펌프 등이 있다.

25 다음 중 일반적인 윤활펌프로 사용되지 않는 것은?

① 기어펌프　　　② 플런저펌프
③ 로터리펌프　　　④ 포막펌프

26 다음 중 오일필터가 하는 작용은?

① 연소작용을 한다.
② 오일순환을 촉진시킨다.
③ 윤활유의 불순물을 여과한다.
④ 순환 조정작용을 한다.

> 오일 여과기(오일 필터)는 윤활 장치 내를 순환하는 엔진 오일에 쌓이는 수분, 카본, 금속 분말, 오일 슬러지 등의 불순물을 여과(오일의 세정)하는 역할을 한다.

정답 18 ③　19 ②　20 ③　21 ④　22 ③　23 ②　24 ②　25 ④　26 ③

27 오일여과기의 역할은?

① 오일의 순환작용
② 연료와 오일 정유작용
③ 오일 세정작용
④ 오일의 압송

28 엔진 오일의 교환시기와 주유시 요령이다. 틀린 것은?

① 엔진에 알맞은 오일을 선택한다.
② 주유시 사용지침서 및 주유표에 의한다.
③ 오일 교환 시기를 맞춘다.
④ 재생 오일을 사용한다.

> 재생 오일은 사용하지 않는다.

29 사용 중인 엔진오일 여과기의 엘리먼트의 교환시간으로 알맞은 것은?

① 30시간 정도
② 250시간 정도
③ 500시간 정도
④ 1000시간 정도

> 엔진오일 여과기의 엘리먼트는 일반적으로 250시간 정도가 지나면 교환하도록 한다.

30 유압계가 부착된 건설기계에서 유압계 지침이 정상으로 압력 상승이 되지 않았다. 그 원인으로 틀린 것은?

① 오일 파이프의 파손
② 오일 펌프의 고장
③ 유압계의 고장
④ 연료 파이프의 파손

> 유압계는 윤활장치 내를 순환하는 오일 압력을 운전자에게 알려주는 계기로 연료계통과는 관계가 없다.

31 작업 중 운전자가 확인해야 할 것으로 틀린 것은?

① 온도계기
② 전류계기
③ 오일압력계기
④ 실린더 압력

32 엔진오일의 순환상태를 알 수 있는 계기는?

① 유압계
② 연료계
③ 진공계
④ 전류계

33 오일량은 정상이나 오일압력계의 압력이 규정치보다 높을 경우 조치사항 중 옳은 것은?

① 오일을 보충한다.
② 오일을 배출한다.
③ 유압조절 밸브를 조인다.
④ 유압조절 밸브를 푼다.

> 유압 조절 밸브는 윤활 회로 내를 순환하는 유압이 과도하게 상승하는 것을 방지하여 유압이 일정하게 유지되도록 하는 작용을 하는 것으로 밸브를 조이면 유압이 상승하고, 풀면 유압이 내려간다.

34 기관의 윤활유 압력이 규정보다 높게 표시될 수 있는 원인으로 맞는 것은?

① 엔진 오일 실(seal) 파손
② 오일 게이지 휨
③ 압력조절밸브 불량
④ 윤활유 부족

35 기관의 오일 압력계 수치가 낮은 경우와 관계 없는 것은?

① 오일 릴리프 밸브가 막혔다.
② 크랭크 축 오일 틈새가 크다.
③ 크랭크 케이스에 오일이 적다.
④ 오일 펌프가 불량하다.

> 릴리프 밸브는 오일 회로에 흐르는 압력이 규정 압력 이상이 되면 배출구로 오일을 바이패스시켜 최고 압력을 조절하는 밸브로 릴리프 밸브가 막히면 압력계 수치는 올라간다.

36 엔진이 작동할 때 유압계를 살펴보니, 지침이 청색을 가리킬 때는?

① 오일 부족
② 오일 불량
③ 정상
④ 오일점도 불량

37 엔진오일 지시기의 지침이 떨어지면 어떻게 하여야 하는가?

① 엔진을 즉시 정지한다.
② 저속으로 작업한다.
③ 고속으로 작업한다.
④ 아무 관계 없다.

정답 27 ③ 28 ④ 29 ② 30 ④ 31 ④ 32 ① 33 ④ 34 ③ 35 ① 36 ③ 37 ①

38 바이패스밸브(by-pass valve)는 언제 작동되는가?

① 오일이 과열될 때
② 필터가 막혔을 때
③ 오일이 과냉되었을 때
④ 오일이 적정량보다 많을 때

> 바이패스 밸브는 오일 필터가 막혔을 때, 윤활부로 계속 오일을 급유할 수 있도록 하기 위해 사용되는 밸브를 말한다.

39 유압계의 지침이 움직이지 않는 원인 중 틀린 것은?

① 오일 펌프의 고장   ② 연료파이프의 막힘
③ 오일량의 부족   ④ 오일파이프의 파손

> 유압계는 윤활장치 내를 순환하는 오일 압력을 운전자에게 알려주는 계기로 연료와는 무관하다.

40 윤활부의 마멸이 커지면 유압은 어떻게 되는가?

① 낮아진다.
② 높아진다.
③ 낮아졌다 높아졌다 한다.
④ 어떤 관계도 없다.

> 윤활부의 마멸이 커지면 기밀성이 떨어져서 유압은 낮아진다.

41 엔진오일 펌프의 출구쪽에 위치하고 있는 밸브의 설치목적은?

① 계통 내의 최대압력을 조절하기 위해
② 오일을 각 계통으로 빨리 전달하기 위해
③ 계통 내의 오일양을 조절하기 위해
④ 순환되는 오일을 깨끗이 하기 위해

> 엔진 오일 펌프의 출구쪽에 위치하고 있는 밸브는 유압 조절 밸브이다.

42 오일 펌프의 압력조절 밸브를 조정하여 스프링 장력을 높게 하면 어떻게 되는가?

① 유압이 높아진다.
② 윤활유의 점도가 증가된다.
③ 유압이 낮아진다.
④ 유량의 송출량이 증가된다.

> 유압 조절 밸브의 스프링 장력이 약하면 유압이 낮아지고, 장력이 커지면 유압은 높아진다.

43 운전시에서 시동 전에 점검해야 할 사항 중 관계없는 것은?

① 레버가 정상 위치에 있는가 확인
② 미터의 지침이 정위치에 있는가 확인
③ 유압 미터의 작동상태 확인
④ 오일 게이지의 확인

> 유압 미터 작동 상태는 시동 전에 확인할 수 없다.

44 디젤엔진의 윤활유의 점도가 너무 큰 것을 사용했을 때 일어나는 현상은?

① 좁은 공간에 잘 침투하므로 충분한 주유가 된다.
② 엔진 시동을 할 때 필요 이상의 동력이 소모된다.
③ 점차 묽어지기 때문에 경제적이다.
④ 겨울철에는 특히 사용하기 좋다.

> 윤활유의 점도가 높으면 엔진 각 부의 마찰력이 증가하여 시동 시 필요 이상의 동력이 소모된다.

45 오일 레벨 게이지에 대한 설명이다. 틀리는 사항은?

① 기관 가동상태에서 게이지를 뽑아 점검한다.
② 윤활유의 급유레벨은 유면표시 "F"선까지 급유한다.
③ 윤활유의 레벨도 점검하고 동시에 윤활유 점도도 점검한다.
④ 유면표시 "F"선을 넘고 있으면 윤활유는 희석되어 있다고 본다.

> 오일량 점검은 건설기계를 평탄한 지면에 주차시키고 엔진을 기동하여 난기운전시킨 후 엔진을 정지한 상태에서 점검한다.

정답 38 ② 39 ② 40 ① 41 ① 42 ① 43 ③ 44 ② 45 ①

46 유량을 점검할 때 옳지 않은 것은?
① 엔진회전 중 점검
② 평탄한 지형에서 점검
③ 유량계의 "L"마크보다 적을 때는 오일을 보충
④ 오일이 불결하면 오일을 교환

🔍 유량은 엔진을 정지한 상태에서 점검한다.

4. 디젤 연소실·연료장치

01 고속 디젤기관은 다음 중 어느 것인가?
① 오토 사이클
② 디젤 사이클
③ 사바테 사이클
④ 카르노 사이클

🔍 복합(합성) 사이클은 정적 및 정압 사이클이 복합되어 일정한 압력과 용적 하에서 연소가 되는 것으로 사바테 사이클이라고도 하며 대부분의 고속 디젤기관이 이에 해당된다.

02 2사이클 디젤기관의 소기방식에 속하지 않는 것은?
① 횡단 소기식   ② 단류 소기식
③ 루프 소기식   ④ 복류 소기식

🔍 2사이클 디젤기관의 소기방식 : 루프소기식, 횡단소기식, 단류소기식

03 디젤기관의 폭발압력은 다음 중 어느 것이 가장 적당한가?
① 15~20kgf/cm²   ② 30~35kgf/cm²
③ 40~55kgf/cm²   ④ 65~70kgf/cm²

🔍 일반적으로 폭발압력은 가솔린 기관 35~45kgf/cm², 디젤 기관 55~65kgf/cm²로 보기에서 근접한 값은 65~70kgf/cm²이다.

04 공기만을 실린더 내로 흡입하여 고압축비로 압축한 다음 압축열에 연료를 분사하는 작동원리의 디젤기관은?
① 압축착화기관

② 전기점화기관
③ 외연기관
④ 제트기관

🔍 자동차엔진은 연료의 연소특성에 따라 불꽃점화엔진과 압축착화엔진으로 구분된다. 불꽃점화엔진은 연료와 공기의 혼합기를 흡입하여 고온·고압 상태로 압축한 후 점화플러그에서 불꽃을 발생시켜 연소시키는 것으로 가솔린엔진, LPG엔진, CNG엔진 등이 대표적이다. 이와 달리 압축착화엔진은 공기만을 흡입하여 고온·고압으로 압축한 후 연료를 분사시켜, 자기점화에 의하여 연소시키는 것으로 디젤엔진이 대표적이다.

05 디젤기관의 장점이 아닌 것은?
① 가속성이 좋고 운전이 정숙하다.
② 열효율이 높다.
③ 화재의 위험이 적다.
④ 연료소비율이 낮다.

🔍 디젤엔진의 장점
• 열효율이 높고, 연료 소비율이 적다.
• 인화점이 높은 경유를 연료로 사용하여 취급이나 저장에 위험이 적다.
• 대형의 엔진 제작이 가능하다.
• 경부하시 효율이 나쁘지 않으며, 저속에서 큰 회전력이 발생한다.
• 배기가스가 가솔린 엔진보다 덜 유독하다.
• 점화장치가 없어 이에 따른 고장이 적다.
• 2행정 사이클 엔진이 비교적 유리하다.

06 고속 디젤기관의 장점으로 틀린 것은?
① 열효율이 가솔린 기관보다 높다.
② 인화점이 높은 경유를 사용하므로 취급이 용이하다.
③ 가솔린 기관보다 최고 회전수가 빠르다.
④ 연료 소비량이 가솔린 기관보다 적다.

🔍 디젤기관은 저속 토크가 강해 기관 회전수가 낮은 저속에서도 강한 힘을 발휘한다. 반면 가솔린기관에 비해 최고 회전수가 낮다.

07 고속 디젤기관이 가솔린 기관보다 좋은 점은?
① 열효율이 높고 연료소비율이 적다.
② 운전 중 소음이 비교적 적다.
③ 엔진의 출력당 무게가 가볍다.
④ 엔진의 압축비가 낮다.

 46 ① [4. 디젤 연소실·연료장치] 01 ③ 02 ④ 03 ④ 04 ① 05 ① 06 ③ 07 ①

08 디젤엔진의 진동원인이 아닌 것은?

① 4기통 엔진에서 한 개의 분사 노즐이 막혔을 때
② 인젝터에 불균율이 있을 때
③ 분사압력이 실린더별로 차이가 있을 때
④ 하이텐션 코드가 불량할 때

🔍 디젤엔진의 진동 원인
• 분사압력, 분사량 및 분사시기 등이 실린더 별로 다를 때
• 여러 개의 실린더 엔진에서 한 개의 분사 노즐이 막혔을 때
• 연료공급계통에 공기가 침투했을 때
• 인젝터에 불균율이 있을 때
• 크랭크 축의 무게가 평형이 되지 않을 때
• 실린더 상호 간의 내경 차이가 심할 때
• 피스톤 커넥팅 로드 어셈블리의 무게 차이가 클 때

09 오토 기관에 비해 디젤기관의 장점이 아닌 것은?

① 화재의 위험이 적다.
② 열효율이 높다.
③ 가속성이 좋고 운전이 정숙하다.
④ 연료소비율이 낮다.

10 디젤기관의 진동 원인과 가장 거리가 먼 것은?

① 각 실린더의 분사압력과 분사량이 다르다.
② 분사시기, 분사간격이 다르다.
③ 윤활 펌프의 유압이 높다.
④ 각 피스톤의 중량차가 크다.

11 디젤기관에서 전기장치에 없는 것은 어느 것인가?

① 스파크 플러그
② 글로 플러그
③ 축전지
④ 레귤레이터

🔍 디젤기관은 공기를 압축하여 발생하는 압축열에 의해 자기착화하는 기관으로 스파크 플러그가 필요 없다.

12 다음은 어느 구성품을 형태에 따라 구분한 것인가?

직접분사식, 예연소실식, 와류실식, 공기실식

① 연료분사장치   ② 연소실
③ 기관 구성   ④ 동력전달장치

🔍 디젤엔진 연소실은 단실식인 직접분사실식과 복실식인 예연소실식, 와류실식, 공기실식으로 나뉜다.

13 디젤기관 연소실의 연료분사 압력이 가장 높은 연소실의 형식은?

① 공기실식
② 와류실식
③ 예연소실식
④ 직접분사실식

🔍 분사압력은 직접분사실식이 200~300kgf/cm²으로 예연소실식 100~120kgf/cm²과 와류실식, 공기실식의 100~140kgf/cm²보다 높다.

14 다음의 연소실 종류 중 NOx 배출이 가장 많은 연소실의 형식은?

① 직접분사실식   ② 와류실식
③ 예연소실식   ④ 공기실식

🔍 직접분사실식은 연소실이 실린더 헤드와 피스톤 헤드에 설치된 요철에 의해 형성되고, 여기에 직접 연료를 분사하는 방식으로 질소산화물의 발생률이 크다.

15 연료 소비율이 가장 적고 압력이 가장 높은 형식의 연소실은?

① 직접분사실식   ② 예비연소실식
③ 와류실식   ④ 공기실식

🔍 직접분사실식은 단실식으로 실린더 헤드의 구조가 간단하기 때문에 열효율이 높고, 연료 소비율이 작다.

16 다음은 직접분사식 연소실의 장점을 든 것으로 맞지 않는 것은?

① 실린더 헤드의 구조가 간단하기 때문에 열변형이 적다.
② 연료의 분사압력이 낮다.
③ 구조가 간단하기 때문에 열효율이 높다.
④ 연소실 체적에 대한 표면적이 작기 때문에 냉각 손실이 적다.

🔍 직접분사실식은 연료소비율이 가장 적고 압력이 가장 높은 형식이다.

정답 08 ④ 09 ③ 10 ③ 11 ① 12 ② 13 ④ 14 ① 15 ① 16 ②

17 예연소실식 연소실에 대한 설명으로 틀린 것은?

① 예열 플러그를 설치한다.
② 사용연료의 변화에 민감하다.
③ 예연소실은 주연소실보다 적다.
④ 분사압력이 직접분사실식보다 낮다.

> 예연소실식의 장점
> • 분사압력이 낮아 연료장치의 고장이 적고 수명이 길다.
> • 사용 연료의 변화에 둔감하여 연료 선택 범위가 넓다.
> • 운전 상태가 정숙하고 노크 발생이 적다.
> • 다른 형식의 연소실에 비해 유연성이 있어 제작하기 쉽다.

18 와류실식 연소실의 장점 중 옳지 않은 것은?

① 실린더 헤드의 구조가 간단하다.
② 분사압력이 비교적 낮다.
③ 회전속도 범위가 넓고 운전이 원활하다.
④ 압축 행정시 강한 와류를 이용하기 때문에 회전속도 및 압축압력을 높일 수 있다.

> 와류실식의 단점
> • 실린더 헤드의 구조가 복잡하다.
> • 연소실 표면적에 대한 체적비가 커서 열효율이 낮다.
> • 저속에서 노크 발생이 크다.
> • 엔진을 기동 시 예열 플러그가 필요하다.

19 압축 말 연료분사 노즐로부터 실린더 내로 연료를 분사하여 연소시켜 동력을 얻는 행정은?

① 폭발 행정　　② 압축 행정
③ 배기 행정　　④ 흡기 행정

> 폭발 행정(동력 행정)은 연소 압력으로 피스톤을 밀어내려 동력을 얻는 행정으로 흡기 및 배기 밸브 모두 닫혀 있는 상태이다.

20 노킹이 발생되었을 때 기관에 미치는 영향이 아닌 것은?

① 기관 회전수가 높아진다.
② 엔진이 과열된다.
③ 흡기효율이 저하된다.
④ 출력이 저하된다.

> 노킹이 기관에 미치는 영향
> • 엔진이 과열되고 출력이 저하된다.
> • 실린더와 피스톤, 밸브의 손상 및 고착이 발생한다.
> • 흡기효율이 저하된다.

21 디젤노크의 방지방법으로 적당한 것은?

① 착화지연시간을 길게 한다.
② 압축비를 높게 한다.
③ 흡기압력을 낮게 한다.
④ 연소실 벽의 온도를 낮게 한다.

> 디젤기관의 노크 방지대책
> • 압축비를 높인다.
> • 흡기 온도를 높인다.
> • 냉각수 온도를 높인다.
> • 착화성이 좋은 연료(세탄가가 높은 연료)를 사용한다.
> • 와류가 일어나게 한다.

22 디젤기관에서 노킹을 일으키는 원인으로 맞는 것은?

① 흡입공기의 온도가 너무 높을 때
② 착화지연 기간이 짧을 때
③ 연료에 공기가 혼입되었을 때
④ 연소실에 누적된 연료가 많아 일시에 연소할 때

> 디젤기관에서 노크란 착화지연기간 중에 분사된 많은 양의 연료가 화염전파기간 중에 일시적으로 연소하여 실린더 내의 압력이 급격히 상승함으로써 실린더 벽에 피스톤이 충격을 가하여 소음이 발생하는 현상을 말한다.

23 기관을 운전 시 조작불량으로 노킹이 발생하였을 때 기관에 미치는 영향은?

① 압축비가 커진다.
② 압축압력이 높아진다.
③ 기관이 과열된다.
④ 기관의 출력이 커진다.

> 노킹이 발생하면 엔진이 과열되고 출력은 저하된다.

24 디젤연료의 필요조건 중 가장 중요한 것은?

① 인화점이 낮을 것　　② 착화점이 낮을 것
③ 기화가 잘 될 것　　④ 혼합이 잘 될 것

> 디젤 연료의 구비 조건
> • 착화성이 좋고, 적당한 점도일 것
> • 인화점이 높을 것
> • 불순물과 유황분이 없을 것
> • 연소 후 카본 생성이 적을 것
> • 발열량이 클 것

 17 ② 18 ① 19 ① 20 ① 21 ② 22 ④ 23 ③ 24 ②

25 연료 착화성이 좋다는 것은 어느 뜻인가?

① 착화될 때까지의 시간이 긴 것
② 착화될 때까지의 시간이 짧은 것
③ 착화 후의 연소시간이 긴 것
④ 착화 후의 연소시간이 짧은 것

> 착화성이란 온도가 높아져 자연 발화되어 연소되는 성질을 말하여, 인화성이란 연료를 서서히 가열했을 때 불이 붙은 성질을 말한다. 착화성이 좋다는 것은 착화될 때까지의 시간이 짧다는 것을 의미한다.

26 디젤기관 연료의 중요한 성질은?

① 휘발성과 옥탄가
② 옥탄가와 점성
③ 점성과 착화성
④ 착화성과 압축성

> 디젤기관 연료는 착화성이 좋고 적당한 점도를 가져야 한다.

27 디젤기관의 연료의 착화성은 다음 중 어느 것으로 나타내는가?

① 옥탄가
② 세탄가
③ 부탄가
④ 프로판가

> 세탄가란 디젤 연료의 착화성을 나타내는 척도를 말하며 착화지연이 짧은 세탄과 착화지연이 나쁜 α-메틸 나프탈렌의 혼합연료의 비를 %로 나타내는 것이다.

28 다음의 연료 중 착화성이 가장 좋은 것은?

① 가솔린   ② 석유
③ 경유   ④ 중유

> 디젤엔진은 착화지연이 짧은 세탄가가 높은 연료인 경유를 사용한다.

29 디젤 기관의 연소에 영향을 미치는 중요 요소와 가장 관계가 적은 것은?

① 연료의 인화점   ② 분사시기
③ 분무의 상태   ④ 공기의 유동

> 연료의 인화점은 휘발유와 관계가 있다.

30 디젤기관의 연료로서 필요한 조건은?

① 발화점이 낮아야 한다.
② 인화점이 낮아야 한다.
③ 점도가 높아야 한다.
④ 수분을 다소 포함해야 한다.

> 디젤기관의 연료는 착화점(발화점)이 낮고, 인화점은 높아야 한다.

31 건설기계 운전 중 엔진 부조를 하다가 시동이 꺼졌다. 그 원인이 아닌 것은?

① 연료 필터 막힘
② 연료에 물 혼입
③ 분사 노즐이 막힘
④ 연료장치의 오버플로우 호스가 파손

> 연료장치의 오버플로우 호스 파손시 라디에이터 이상으로 엔진이 과열되는 원인이 된다.

32 겨울철에 연료 탱크를 가득 채우는 이유는?

① 연료가 적으면 증발하여 손실되므로
② 연료가 적으면 출렁거리기 때문에
③ 공기중의 수분이 응축되어 물이 생기기 때문에
④ 연료 게이지에 고장이 발생하기 때문에

> 겨울철에는 연료탱크에 있는 공기와 밖의 온도 차이 때문에 응축수가 발생하게 된다. 따라서, 연료 탱크를 가득 채워서 이를 방지하는 것이 좋다.

33 디젤기관의 연소과정에 속하지 않는 것은?

① 착화지연 기간
② 제어연소 기간
③ 불완전 연소 기간
④ 후기 연소 기간

> 디젤엔진의 연소과정은 착화지연기간 → 화염전파기간 → 직접연소기간 → 후연소기간의 4단계로 연소한다.

정답 25 ② 26 ③ 27 ② 28 ③ 29 ① 30 ① 31 ④ 32 ③ 33 ③

34 다음에서 실린더 내의 연소압력이 최대가 되는 기간?

① 후기 연소기간
② 화염 전파기간
③ 직접 연소기간
④ 착화 늦음 기간

> 직접 연소기간은 분사된 경유가 화염 전파기간에 발생한 화염에 의해 분사와 동시에 연소되는 정압 연소과정으로 이 기간에 연소압력은 최대가 된다.

35 화염속도가 빠른 원인에 맞는 것은?

① 온도가 낮을 때
② 혼합비가 희박할 때
③ 회전속도가 느릴 때
④ 압축비가 높을 때

36 프라이밍 펌프의 기능을 설명한 것으로 다음 중 가장 적당한 것은?

① 공급 펌프로부터 연료를 다시 가압하는 일을 한다.
② 엔진이 작동하고 있을 때 공급 펌프를 보조한다.
③ 엔진이 고속 운전을 하고 있을 때 분사 펌프를 돕는다.
④ 엔진이 정지되어 있을 때 공급 펌프를 수동으로 작동시킨다.

> 프라이밍 펌프는 엔진이 정지되었을 때 연료 탱크의 연료를 연료 분사 펌프까지 공급하거나 연료 라인 내의 공기 빼기 등에 사용하는 수동용 펌프이다.

37 다음 중 디젤기관의 연료공급 펌프를 구동시키는 것은?

① 분사펌프 내의 캠 축
② 배전기 연결축
③ 딜리버리 밸브
④ 타이밍 라이트

> 연료공급 펌프는 연료탱크 내의 연료를 일정한 압력으로 압력을 가하여 분사펌프로 공급하는 장치로 분사펌프 옆에 설치되어 분사펌프 내의 캠축에 의해 구동된다.

38 디젤기관에서 연료공급 펌프의 연료압력은 보통 얼마나 되는가?

① 0.2kg/cm^2
② 2kg/cm^2
③ 5kg/cm^2
④ 8kg/cm^2

> 디젤기관에서 연료공급 펌프의 연료압력은 $2\sim3\text{kgf/cm}^2$ 정도이다.

39 디젤기관에서 연료장치 공기빼기 순서가 바른 것은?

① 공급 펌프 → 연료 여과기 → 분사 펌프
② 공급 펌프 → 분사 펌프 → 연료 여과기
③ 연료 여과기 → 공급 펌프 → 분사 펌프
④ 연료 여과기 → 분사 펌프 → 공급 펌프

> 디젤기관 공기빼기는 1. 공급펌프 → 2. 연료여과기 → 3. 분사펌프의 순서이다.

40 건설기계에 사용되는 디젤기관 연료계통의 공기 배출 작업으로 가장 잘 설명된 것은?

① 여과기의 벤트 플러그를 풀어준다.
② 프라이밍 펌프를 작동시키고 나서 공기 배출을 한다.
③ 공기 섞인 연료가 배출되면 프라이밍 펌프의 작동을 멈추고 벤트 플러그를 막는다.
④ 연료만 배출되면 작동하고 있던 프라이밍 펌프를 누른 상태에서 벤트 플러그를 막는다.

> 프라이밍 펌프를 작동시키면서 벤트 플러그를 열고 기포가 없어질 때까지 작동시킨다. 연료만 배출되면 작동하고 있던 프라이밍 펌프를 누른 상태에서 벤트 플러그를 잠그고 프라이밍 펌프를 고정시킨다.

41 디젤기관 연료 중에 공기가 흡입될 경우 나타나는 현상은?

① 분사압력이 높아진다.
② 노크가 일어난다.
③ 시동이 잘된다.
④ 기관 회전이 불량해진다.

 34 ③ 35 ④ 36 ④ 37 ① 38 ② 39 ① 40 ④ 41 ④

🔍 디젤기관 연료계통에 공기가 흡입된 경우
• 분사노즐에서 분사 상태가 불균일해진다.
• 엔진의 회전 상태가 불량해진다.
• 엔진의 진동이 발생한다.
• 공기 침입이 심한 경우 엔진 작동이 정지된다.

42 디젤기관의 연료 여과기에 장착되어 있는 오버플로우 밸브의 역할이 아닌 것은?

① 연료계통의 공기를 배출한다.
② 연료공급 펌프의 소음 발생을 방지한다.
③ 연료필터 엘리먼트를 보호한다.
④ 분사 펌프의 압송 압력을 높인다.

🔍 오버플로우 밸브는 엘리먼트의 막힘 등으로 여과기 내의 압력이 규정값 이상으로 상승하면 열려 과잉 압력의 연료를 연료탱크로 되돌려보내는 역할을 한다.

43 디젤기관의 연료분사량이 일정하지 않고, 차이가 많을 때의 현상으로 맞는 것은?

① 연료분사량에 관계없이 기관은 순조로운 회전을 한다.
② 연료 소비에는 관계가 있으나 기관 회전에 영향을 미치지 않는다.
③ 연소 폭발음의 차가 있으며 기관은 부조를 하게 된다.
④ 출력은 일정하나 기관은 부조를 하게 된다.

44 오버플로우 밸브의 역할은?

① 분사 펌프 압력 상승 작용
② 연료공급 펌프 작동 보조 작용
③ 필터 각 부의 보호 작용
④ 분사 펌프 내의 공기를 압축

🔍 오버플로우 밸브의 역할
• 연료여과기 각 부분을 보호
• 연료공급펌프의 소음 발생 억제
• 운전 중 연료계통의 공기 배출

45 연료 파이프가 열과 접촉하면 연료 파이프 내에 어떤 현상이 생기는가?

① 스틱 현상   ② 슬랩현상
③ 캐비테이션 현상   ④ 베이퍼록 현상

🔍 연료 파이프가 열과 접촉하면 연료가 열에 의해 증기화되어 연료관에는 베이퍼록 현상이 일어난다. 이 경우 연료라인 내 공기의 기포현상으로 연료공급이 제대로 이루어지지 않아 기관 출력이 저하되거나 심한 경우 시동이 꺼질 수도 있다.

46 디젤기관에서 분사 펌프의 형식에 해당되지 않는 것은?

① 독립형   ② 분배형
③ 일체형   ④ 공동형

🔍 분사 펌프의 형식에는 독립형, 분배형, 공동형 등이 있다.

47 연료장치 내 연료가 증발하면 어떤 현상이 생기는가?

① 조기점화   ② 노트
③ 베이퍼록   ④ 스팀록

🔍 베이퍼록 현상이란 파이프나 호스 속을 흐르는 액체가 파이프 속에서 가열, 기화되어 압력이 변화하고 이 때문에 액체의 흐름이나 운동력 전달을 저해하는 현상을 말한다.

48 연료파이프 내에 베이퍼록이 일어나면 어떻게 되는가?

① 기관 출력이 저하된다.
② 기관 출력이 향상된다.
③ 관계 없다.
④ 연료 송출량이 증가한다.

🔍 연료 파이프 내에 베이퍼록이 일어나면 기관 출력이 저하되거나 심한 경우 시동이 꺼질 수도 있다.

49 연료분사 펌프의 분사량 조절에 대해서 맞는 것은?

① 플런저스프링의 장력을 크게 한다.
② 제어슬리브와 제어피니언의 관계 위치를 변경한다.
③ 제어래크와 제어피니언의 물림을 바꾼다.
④ 태핏 간극을 조정한다.

🔍 분사량 제어기구는 제어래크 – 제어피니언 – 제어슬리브 – 플런저의 순서로 작동되며, 제어피니언과 제어슬리브의 관계 위치를 바꾸어 분사량을 조절한다.

정답 42 ④ 43 ③ 44 ③ 45 ④ 46 ③ 47 ③ 48 ① 49 ②

50 연료필터에서 공기를 배출하기 위해 사용하는 플러그는?

① 벤트플러그　② 드레인플러그
③ 코어플러그　④ 글로플러그

> 벤트 플러그는 디젤 엔진의 연료 장치 각 부품에 설치되어 있는 플러그로 공기를 배출하는 데 사용된다.

51 디젤기관 분사펌프의 형식 중 각 실린더마다 분사 펌프를 갖고 있어 고속용 엔진에 적합한 형식은?

① 독립형　② 분배형
③ 공동형　④ 일체형

> 독립형은 엔진의 각 실린더마다 분사펌프를 한 개씩 갖는 것으로 구조가 복잡하고 조정이 어렵다.

52 분사 펌프의 조정 래크를 움직이면?

① 분사량이 변한다.
② 배럴 내의 연료량을 고정한다.
③ 유효행정을 고정한다.
④ 배럴 내의 연료 압력이 변화한다.

> 조정 래크(조절 래크)를 움직이면 조절 피니언과 조절 슬리브의 관계 위치가 변경되어 플런저가 회전함으로써 분사량이 변화한다.

53 연료의 분사량은 다음의 무엇에 의하여 달라지는가?

① 플런저의 유효 행정에 의하여
② 플런저의 행정에 의하여
③ 플런저의 유효 리드의 종류에 의하여
④ 플런저의 길이 홈의 길이에 의하여

> 플런저의 유효 행정은 플런저를 회전시키는 것에 의해 변화하며, 유효 행정이 커지면 분사량이 증가하고, 짧을수록 분사량은 감소한다.

54 플런저의 유효행정이란?

① 플런저가 올라가면 흡입구멍을 닫는 위치에서 플런저 리드가 배출공과 만날 때가지의 길이
② 플런저 행정의 최고의 위치에서 흡기공까지의 길이
③ 플런저가 내려오기 전부터 최고 상승한 위치까지의 길이
④ 플런저 최하단부터 최상단까지의 길이

> 플런저의 유효 행정이란 플런저 헤드가 연료 공급을 차단한 후부터 리드가 플런저 배럴의 흡입 구멍에 도달할 때까지 플런저가 이동한 거리를 말한다.

55 디젤기관의 분사 펌프에서 플런저 스프링이 약해졌을 때 일어나는 사항은?

① 캠 작용이 끝난 다음 플런저의 리턴이 불량하다.
② 태핏 간극이 작아진다.
③ 연료의 분사량이 증대된다.
④ 연료 분사개시 압력이 낮아진다.

> 플런저는 스프링의 장력으로 하사점으로 복귀하게 되는데 스프링의 장력이 약해지면 복귀가 불량해진다.

56 분사 펌프의 리미트 슬리브의 기능은?

① 분사압력을 조정한다.
② 가속시 연료의 분사량을 조정한다.
③ 제어래크가 최대 송출량 이상으로 움직이는 것을 방지한다.
④ 엔진이 최대출력 이상으로 운전되는 것을 방지한다.

> 리미츠 슬리브는 슬리브 내에 설치되어 있는 댐퍼 스프링으로 엔진을 기동할 때 조정래크(조절래크, 제어래크)가 최대 분사량 이상으로 이동하는 것을 방지한다.

57 다음의 설명 중 옳지 않은 것은?

① 연료분사파이프의 길이는 각 기통마다 같아야 한다.
② 인젝션펌프의 딜리버리밸브는 분사 압력을 증가한다.
③ 디젤 엔진의 착화성은 세탄가로 표시한다.
④ 디젤 엔진의 노킹은 착화 지연 기간이 길 때 일어난다.

> 딜리버리 밸브는 역류방지, 후적방지, 파이프 내의 잔압 유지의 3가지 작용을 담당한다.

 50 ① 51 ① 52 ① 53 ① 54 ① 55 ① 56 ③ 57 ②

58 분사 펌프의 플런저와 배럴 사이의 윤활은?

① 유압유
② 경유
③ 그리스
④ 기관 오일

59 디젤기관에서 분사초기의 분사시기를 일정하게 하고 분사말기를 변화시키는 리드형은?

① 면 리드형
② 역 리드형
③ 양 리드형
④ 정 리드형

60 분사초기 분사시기를 변경시키고 분사말기를 일정하게 하는 리드(플런저 형식)는?

① 역 리드
② 정 리드
③ 양 리드
④ 면 리드

- 정 리드형 : 분사 초기 때의 분사시기가 일정하고, 분사말기가 변화
- 역 리드형 : 분사 초기 때의 분사기기가 변화하고, 분사말기가 일정
- 양 리드형 : 분사 초기와 말기의 분사시기가 모두 변화

61 4행정 사이클 기관에서 기관이 3000rpm하면 분사 펌프는 몇 회전하는가?

① 1000rpm
② 1500rpm
③ 3000rpm
④ 6000rpm

4행정 사이클 기관에서 분사 펌프의 회전 수는 크랭크 축(기관) 회전수의 1/2이다.

62 디젤기관의 분사 펌프를 시험한 결과 최대분사량이 36cc이고 최소분사량이 29cc, 평균 분사량이 30cc였다면 (+)분사량 불균율은?

① 10%
② 20%
③ 30%
④ 40%

- (+) 분사량 불균율 = $\dfrac{\text{최대 분사량} - \text{평균 분사량}}{\text{평균 분사량}} \times 100\%$
- (-) 분사량 불균율 = $\dfrac{\text{평균 분사량} - \text{최소분사량}}{\text{평균 분사량}} \times 100\%$
- ∴ (+) 분사량 불균율 = $\dfrac{36-30}{30} \times 100\% = 20\%$

63 전부하시 분사펌프 분사량의 불균율은 얼마나 되는가?

① 1%
② 3%
③ 5%
④ 10%

분사량의 불균율 허용범위는 전부하 운전에서는 ±3%, 무부하 운전에서는 10~15% 이다.

64 분사 펌프 계통에 공기가 침입되었을 때 배출작업으로 다음 중 가장 적당한 정비방법은?

① 기관을 크랭킹(cranking)하면서 뺀다.
② 냉각수 펌프를 가동시켜 연료를 보충한다.
③ 기관을 가동하면서 벤트플러그를 열고 연료가 빠질 때 막고 펌프를 고정한다.
④ 수동펌프를 작동하면서 벤트플러그를 열고 연료가 빠질 때 막고 펌프를 고정한다.

65 디젤기관에서 공기배출 장소가 아닌 것은 어느 것인가?

① 분사 펌프의 블리딩 스크루
② 연료 여과기의 배출 마개
③ 연료 여과기 오버플로우 파이프
④ 연료탱크의 드레인 콕

연료탱크의 드레인 콕(플러그)은 물이나 침전물을 배출시키기 위한 것이다.

66 디젤엔진의 딜리버리 밸브의 작동 설명 중 적당한 것은?

① 플런저배럴 안에 가압된 연료를 분사 펌프에 송출하는 작용을 한다.
② 유효행정 후의 연료의 역류를 방지하는 밸브이다.
③ 분사압력을 조절하는 밸브이다.
④ 노즐의 압력을 10kg/cm^2 이상으로 유지하여 준다.

딜리버리 밸브는 역류방지, 후적방지, 파이프 내의 잔압 유지의 3가지 작용을 담당한다.

정답 58 ② 59 ④ 60 ① 61 ② 62 ② 63 ② 64 ④ 65 ④ 66 ②

67 디젤기관의 연료분사 3대 요건에 속하지 않는 것은?
① 무화
② 관통력
③ 분산
④ 온도

> 디젤엔진 연료분사의 3대 요건
> • 안개화(무화)가 좋아야 한다.
> • 관통력이 커야 한다.
> • 분포(분산)가 골고루 이루어져야 한다.

68 건설기계에서 노즐의 분사압력이 규정보다 낮을 때 어떻게 정비하는가?
① 노즐압력 스프링의 위치를 변경한다.
② 노즐압력 스프링의 자유높이를 고정한다.
③ 노즐압력 스프링의 조정스크루를 조인다.
④ 노즐압력 스프링의 조정스크루를 푼다.

> 조정 스크루 방식에서는 스크루를 조이면 분사압력이 상승하고, 심조정 방식에서는 심의 두께를 두껍게 하면 분사압력이 상승한다.

69 디젤기관에 사용하는 노즐의 종류 중에서 분사압력이 높기 때문에 무화가 좋고 기관의 가동이 쉬우며 연료가 완전 연소될 수 있어 연료소비량이 적게 되는 노즐은 어느 것인가?
① 구멍형
② 핀틀형
③ 스로틀형
④ 개방형

> 구멍형 분사노즐의 장점
> • 분사압력이 높아 안개화(무화)가 좋다.
> • 엔진의 기동이 쉽다.
> • 연료가 완전연소될 수 있어 연료 소비량이 적다.

70 다음 분사 노즐이 과열되는 원인을 든 것 중 맞지 않는 것은?
① 노즐 냉각기의 불량
② 분사량의 과다
③ 분사시기의 틀림
④ 과부하에서의 연속운전

> 분사노즐의 과열 원인
> • 분사시기가 틀릴 때
> • 분사량이 과다할 때
> • 과부하에서 연속적으로 운전할 때

71 분사압력은 다음 어느 것으로 조절하는가?
① 딜리버리 밸브 스프링
② 플런저 리턴 스프링
③ 노즐홀더의 조정 스프링
④ 밸브 스프링

> 분사압력 조정은 조정 스크루를 이용하는 방법과 스프링과 푸시로드 사이의 심(seam) 두께로 조정하는 방법이 있다.

72 디젤기관의 연료장치 구성품이 아닌 것은?
① 예열 플러그
② 분사 노즐
③ 연료 공급 펌프
④ 연료 여과기

> 예열 플러그는 연소실 내의 압축공기를 직접 예열하기 위한 예열 장치이다.

73 노즐에 붙은 카본은 무엇으로 떼어내어야 하는가?
① 줄
② 샌드페이퍼
③ 브러시(쇠솔)
④ 나무조각

> 노즐에 붙은 카본은 나무조각으로 떼어내고 석유 또는 경유로 씻는다. 또한 노즐 니들캡은 나일론 솔로 닦고 노즐보다 바깥쪽은 가는 황동사 브러시로 닦아야 한다.

74 노즐의 육안검사로 할 수 없는 검사는?
① 니들밸브의 마멸
② 스프링의 장력
③ 밸브와 시트의 섭동검사
④ 밸브에 탄소부착

> 스프링의 장력은 육안으로 검사할 수 있는 사항이 아니다.

75 노즐의 기능이 불량할 때 일어나는 사항이다. 틀리는 것은?
① 연소불량
② 노크
③ 출력증대
④ 연소실 내 탄소의 달라붙음

 정답 67 ④ 68 ③ 69 ① 70 ① 71 ③ 72 ① 73 ④ 74 ② 75 ③

> 분사노즐은 분사펌프에서 보내온 고압의 연료를 미세한 안개모 양으로 연소실 내에 분사하는 장치로, 노즐의 기능이 불량하면 출력이 저하된다.

76 연료소비량 측정방법으로 적당하지 않은 것은?

① 중량에 의한 측정법
② 체적에 의한 측정법
③ 유량계에 의한 측정법
④ 회전수에 의한 측정법

77 디젤기관이 역회전시 기관에 가장 위험한 사항은 어느 것인가?

① 열효율 저하
② 연료·분사 펌프의 역작용
③ 윤활유 펌프의 역작용
④ 흡·배기 밸브의 마모

78 다음은 분사 노즐에 요구되는 조건을 든 것이다. 맞지 않는 것은?

① 연료를 미세한 안개모양으로 하여 쉽게 착화되게 할 것
② 분무가 연소실의 구석구석까지 뿌려지게 할 것
③ 분사량을 회전속도에 알맞게 조정할 수 있을 것
④ 후적이 일어나지 않게 할 것

> 노즐의 구비조건
> • 연료를 미세한 안개형태로 분사하여 쉽게 착화되게 할 것
> • 연소실 구석구석까지 고르게 분사할 것
> • 후적이 없을 것
> • 내구성이 클 것

79 디젤기관을 예방정비시 고압파이프 연결부에서 연료가 샐 때 조임 공구로 가장 적합한 것은?

① 복스렌치
② 오픈렌치
③ 파이프렌치
④ 옵셋렌치

> 고압파이프의 연결부는 오픈렌치로 풀거나 조인다.

80 엔진 부하에 따라 속도를 조절해 주는 것은?

① 클러치
② 거버너
③ 플러치 휠
④ 레귤레이터

> 분사펌프에 설치되어 있는 조속기(거버너)는 엔진의 회전속도나 부하의 변동에 따라 자동적으로 제어 래크를 움직여 분사량을 가감하는 장치이다.

81 디젤기관에서 조속기 작용이 둔하여 기관의 회전이 파상으로 변동되는 현상은?

① 미스 파이어
② 헌팅
③ 프리이그니션
④ 데토네이션

> 헌팅(hunting)이란 엔진 회전속도 변동에 대한 조속기의 작동이 부적절할 때 회전이 파상적으로 변동하는 현상으로 공전 상태가 불안정해진다.

82 앵글라이히 장치의 작용에 알맞은 것은?

① 조정래크 위치가 동일할 때 기관의 흡입공기에 알맞은 연료를 분사한다.
② 조정래크 위치를 변경시켜 분사량을 크게 한다.
③ 조정래크의 위치를 변경시켜 분사량을 감소시킨다.
④ 막판의 위치를 조정하여 분사량을 알맞게 조정한다.

> 앵글라이히 장치는 엔진의 모든 속도범위에 공기와 연료의 비율이 알맞게 유지되도록 하는 기구이다.

83 기관의 속도에 따라 자동적으로 분사시기를 조정하여 운전을 안정되게 하는 것은?

① 타이머
② 노즐
③ 과급기
④ 디콤퍼

> 타이머(분사시기조정기)는 엔진 회전속도 및 부하에 따라 분사시기를 변화시켜 운전을 안정되게 하는 장치를 말한다.

정답 76 ④ 77 ③ 78 ③ 79 ② 80 ② 81 ② 82 ① 83 ①

5. 흡·배기, 예열·시동보조장치

01 공기청정기의 설치 목적은?
① 연료의 여과와 가압작용
② 공기의 가압작용
③ 공기의 여과와 소음방지
④ 연료의 여과와 소음방지

> 공기청정기는 공기의 여과와 소음방지 외에도 역화가 발생할 때 불길을 저지하는 기능도 있다.

02 연소에 필요한 공기를 실린더로 흡입할 때, 먼지 등의 불순물을 여과하여 피스톤 등의 마모를 방지하는 역할을 하는 장치는?
① 과급기(super charger)
② 에어 클리너(air cleaner)
③ 냉각장치(cooling system)
④ 플라이 휠(fly wheel)

> 공기청정기의 주된 설치 목적은 흡입 공기의 여과와 소음감소이며 건식과 습식이 있다.

03 에어클리너가 막혔을 때 발생되는 현상으로 가장 적절한 것은?
① 배기색은 무색이며, 출력은 정상이다.
② 배기색은 흰색이며, 출력은 증가한다.
③ 배기색은 검은색이며, 출력은 저하된다.
④ 배기색은 흰색이며, 출력은 저하된다.

> 공기청정기(에어클리너)가 막히게 되면 혼합비가 농후(연료의 혼합비가 높아짐)해져 배기가스는 검흑색이 되고 출력은 저하된다.

04 디젤기관의 공기가 연소실에 들어가는 순서 중 틀리는 것은?
① 프리클리너-에어클리너-과급기-흡기다기관
② 에어클리너-과급기-애프터쿨러-흡기다기관
③ 에어클리너-흡기다기관-흡기밸브-연소실
④ 에어클리너-과급기-예연소실-흡기다기관

> 에어클리너 – 과급기 – 흡기다기관 – 예연소실

05 공기청정기에 대한 정비사항이다. 틀리는 것은?
① 공기청정기의 엘리먼트가 막히면 혼합기가 농후하여진다.
② 건식청정기의 엘리먼트가 더러우면 압축공기로 불어낸다.
③ 습식청정기의 오일은 점도가 높은 것이 좋다.
④ 습식청정기의 오일량이 많으면 혼합기가 희박하여진다.

> 오일량이 많으면 혼합기가 농후해지고, 공기가 많으면 혼합기는 희박해진다.

06 건식 공기 여과기 세척방법으로 알맞은 것은?
① 압축공기로 안에서 밖으로 불어낸다.
② 압축공기로 밖에서 안으로 불어낸다.
③ 압축공기로 위에서 아래로 불어낸다.
④ 압축공기로 아래서 위로 불어낸다.

> 건식 공기청정기는 압축공기로 안쪽에서 바깥쪽으로 불어내어 청소하여야 한다.

07 흡기 다기관에 설치된 공기지시계는 무엇을 점검하는 것인가?
① 흡·배기 밸브의 누설여부
② 흡기관 내의 공기 압력의 정도
③ 흡기관 내의 역화 지식
④ 흡기 여과기의 막힘 정도

> 흡기 다기관은 공기를 실린더 내로 안내하는 통로로 실린더 헤드 측면에 설치되어 있다. 또한, 흡기 다기관에 설치된 공기지시계는 흡기 여과기의 막힘 정도를 점검하는 장치이다.

08 다음 중 엔진에 공기청정기가 없이 작업을 하였을 때 일어나는 현상은?
① 공기흡입 작용이 적어진다.
② 실린더의 마멸을 초래한다.
③ 실화현상이 생긴다.
④ 노킹현상이 일어난다.

> 실린더 내로 흡입되는 공기와 함께 유입되는 먼지 등은 실린더 벽, 피스톤 링, 피스톤 등의 마멸을 촉진시키며, 엔진 오일에도 유입되어 윤활부분의 마멸을 촉진한다.

 [5. 흡·배기, 예열·시동보조장치] **01** ③ **02** ② **03** ③ **04** ④ **05** ④ **06** ① **07** ④ **08** ②

09 과급기에 대해 설명한 것 중 틀린 것은?

① 배기 터빈 과급기는 주로 원심식이다.
② 흡입 공기에 압력을 가해 기관에 공기를 공급한다.
③ 과급기를 설치하면 엔진 중량과 출력이 감소된다.
④ 4행정 사이클 디젤기관은 배기가스에 의해 회전하는 원심식 과급기가 주로 사용된다.

> 과급기의 사용에 따른 변화
> • 엔진의 출력은 35~45% 증가하며, 무게는 10~15% 정도 증가한다.
> • 체적효율이 증가하여 평균 유효압력과 회전력이 상승한다.
> • 연료 소비율이 감소한다.

10 디젤엔진에 사용되는 과급기의 주된 역할 설명으로 가장 적합한 것은?

① 출력의 증대
② 윤활성의 증대
③ 냉각효율의 증대
④ 배기의 정화

> 과급기는 엔진의 흡입효율을 높이기 위하여 흡입공기에 압력을 가하는 일종의 공기 펌프로 주된 역할은 엔진출력의 증대이다.

11 터보차저에 대한 설명으로 틀린 것은?

① 배기관에 설치된다.
② 과급기라고도 한다.
③ 배기가스 배출을 위한 일종의 블로워(Blower)이다.
④ 기관 출력을 증가시킨다.

> 2행정 사이클 디젤엔진은 과급기로 크랭크 축으로 구동되는 루트 블러워가 소기 펌프로 사용된다.

12 터보차저가 사용하는 오일로 맞는 것은?

① 유압오일 ② 특수오일
③ 기어오일 ④ 기관 오일

13 루트 송풍기의 베어링은 무엇에 의해 윤활되는가?

① 봉입되어 있는 고급 내열 그리스
② 엔진 윤활장치의 오일
③ 봉입되어 있는 송풍기 전용 오일
④ 송풍기 자체가 가지고 있는 윤활 장치

> 과급기의 윤활은 엔진윤활장치에서 보내준 오일로 기관오일이다.

14 터보차저(turbo charger) 수명 연장을 위한 작업이 아닌 것은 어느 것인가?

① 시동 전후 5분 이상 저속 회전 후 작업
② 에어클리너를 청결하게 한다.
③ 공기흡입 라인에 먼지가 새어 들지 않게 한다.
④ 연료 필터 교환시기를 앞당긴다.

> 터보차저는 엔진의 흡입효율을 높이기 위하여 흡입 공기에 압력을 가하여 공급하는 일종의 공기펌프로 연료 필터 교환과는 관련이 없다.

15 터보차저의 작동에 이용되는 힘은?

① 흡입공기 ② 배기가스
③ 크랭크 축 ④ 분사 펌프

> 4행정 사이클 디젤엔진의 과급기인 터보차저는 배기가스로 구동되고, 2행정 사이클 디젤엔진은 크랭크 축으로 구동되는 루트 블로워(송풍기)가 소기 펌프로 이용된다.

16 과급기 케이스 내에 설치되어 공기의 속도 에너지를 압력 에너지로 바꾸는 장치는?

① 베인   ② 로터
③ 스테이터 ④ 디퓨저

> 디퓨저는 공기의 통로면적이 크기 때문에 공기의 속도 에너지가 압력 에너지로 바뀌게 된다.

17 과급기를 사용하면 엔진의 중량은 10~15% 증가하나 출력은 얼마나 높아지는가?

① 5~10%   ② 15~25%
③ 35~45%   ④ 50~65%

> 과급기를 사용하면 엔진의 출력은 35~45% 증가하며, 무게는 10~15% 정도 증가한다.

정답 09 ③ 10 ① 11 ③ 12 ④ 13 ② 14 ④ 15 ② 16 ④ 17 ③

18 디젤기관에서 시동을 돕기 위해 설치된 부품으로 적당한 것은?

① 과급 장치
② 발전기
③ 디퓨저
④ 히트 레인지

> 직접분사식 기관의 경우 예연소실이 없기 때문에 흡기다기관에 히트 레인지를 설치하여 흡입되는 공기를 가열한다.

19 예열 플러그를 빼서 보았더니 심하게 오염되어 있다. 그 원인은?

① 불완전 연소 또는 노킹
② 엔진 과열
③ 플러그의 용량과다
④ 냉각수 부족

> 예열 플러그는 연소실 내의 압축공기를 직접 예열하기 위한 장치로 불완전 연소가 되거나 노킹이 일어나면 오염된다.

20 예연소실식 디젤기관에서 연소실 내의 공기를 직접 예열하는 방식은?

① 맵 센서식
② 예열 플러그식
③ 공기량 계측기식
④ 흡기 가열식

> 예열 플러그식은 연소실 내의 압축공기를 직접 예열하는 방식으로 주로 예연소실식과 와류실식에서 사용한다.

21 6기통 디젤기관에서 병렬로 연결된 예열(grow) 플러그가 있다. 3번 기통의 예열(grow) 플러그가 단락되면 어떤 현상이 발생되는가?

① 전체가 작동이 안된다.
② 3번 옆에 있는 2번과 4번도 작동이 안 된다.
③ 축전지 용량의 배가 방전된다.
④ 3번 실린더만 작동이 안 된다.

> 병렬 연결인 경우 해당 단락이 발생한 예열 플러그의 실린더만 작동이 되지 않는다.

22 다음 그림에서 예열 플러그를 교환하려고 한다. 맞는 기호를 선택하면?

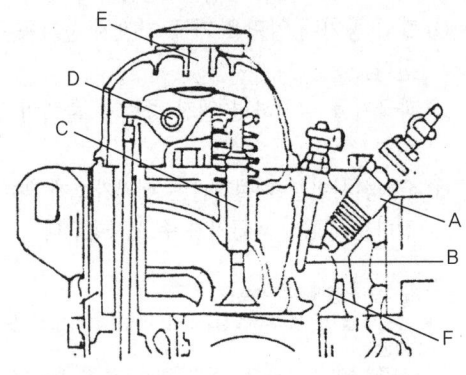

① (A)
② (B)
③ (C)
④ (D), (F)

> 그림에서 A는 분사노즐, B는 예열 플러그이다.

23 디젤기관의 시동을 쉽게 해주는 장치가 아닌 것은?

① 예열 장치
② 감압 장치
③ 연소 촉진제 공급장치
④ 과급 장치

> 디젤엔진의 기공 보조기구에는 예열장치, 감압장치가 있으며 이 외에도 연소촉진제 공급장치를 두기도 한다.

24 한랭시 시동을 용이하게 하기 위한 스위치는?

① 히터 시그널   ② 엔진 스토퍼
③ 히터 스위치   ④ 틸트 레버

25 코일형 예열 플러그에 대한 설명으로 알맞은 것은?

① 발열량이 60~100W 정도이다.
② 직렬로 연결되어 있다.
③ 예열 시간이 60~90초이다.
④ 사용 전류가 12V식 10~11A이다.

> 코일형 예열 플러그는 소요 전압값이 낮아 직렬로 결선된다. 참고로 보기 중 ①, ③, ④항은 모두 실드형 예열 플러그에 대한 설명이다.

정답 18 ④ 19 ① 20 ② 21 ④ 22 ② 23 ④ 24 ③ 25 ②

26 다음은 실드형 예열 플러그에 대한 사항이다. 맞는 것은?

① 예열 시간이 40~60초이다.
② 히트 코일이 노출되어 있다.
③ 소요 전압이 비교적 낮다.
④ 병렬로 연결되어 있다.

🔍 코일형은 직렬, 실드형은 병렬로 연결된다. 참고로 보기 중 ①, ②, ③항은 코일형 예열 플러그에 대한 설명이다.

27 예열 플러그 저항기를 반드시 설치하여야 하는 플러그는?

① 코일형
② 실드형
③ 니크롬형
④ 직접 가열형

🔍 코일형 예열 플러그는 소요 전압값이 낮아 직렬로 연결되며, 예열 플러그 저항기를 두어야 한다.

28 예열 플러그(glow plug)의 작용시 발열부의 온도는 몇 도 정도인가?

① 400~600℃   ② 600~800℃
③ 950~1050℃   ④ 1000~1200℃

🔍 예열 플러그의 작용시 발열부의 온도는 950~1050℃ 정도이다.

29 실드형 예열 플러그의 예열 시간은 몇 초 정도인가?

① 10~20초   ② 20~40초
③ 40~50초   ④ 60~90초

🔍 예열시간은 코일형의 경우 40~60초, 실드형의 경우 60~90초 정도로 실드형의 예열시간이 길다.

30 실드형 예열 플러그의 발열량이다. 맞는 것을 고르시오.

① 20~50W   ② 30~50W
③ 40~60W   ④ 60~100W

🔍 코일형의 발열량은 30~40W, 실드형은 60~100W 정도이다.

31 직접 분사식 기관에서 예연소실이 없기 때문에 흡기 다기관에 다음 중 어느 것을 설치하는가?

① 레귤레이터   ② 히트 레인지
③ 예열 플러그   ④ 스파크 플러그

🔍 직접 분사식 기관의 경우 예연소실이 없기 때문에 흡기 다기관에 히트 레인지를 설치하여 흡입되는 공기를 가열한다.

32 흡기 가열식 예열 장치에서 흡기 히터는 어디에 설치하는가?

① 연료탱크 위에
② 연소실 내에
③ 흡기 다기관 내에
④ 노즐 위에

🔍 흡기 히터는 흡기 다기관에 설치되며, 연료를 연소시켜 흡입 공기를 데워 실린더로 보낸다.

33 펌프 손실을 줄일 수 있는 방안이다. 틀린 것은?

① 다기관 단면적을 가급적 크게 한다.
② 다기관 내부 통로에 요철부를 없앤다.
③ 다기관 내부 통로를 직각으로 피한다.
④ 다기관 단면적을 적게 한다.

🔍 펌프의 손실을 줄이고 효율을 높이기 위해서는 다기관 단면적을 가급적 크게 하도록 한다.

34 소음기나 배기관 내부에 카본이 차면 배압은 어떻게 되는가?

① 낮아진다.   ② 관계없다.
③ 높아진다.   ④ 변화하지 않는다.

🔍 소음기나 배기관 내부에 카본이 차면 배압은 높아진다.

35 소음기의 작용에 대한 설명 중 맞는 것은 어느 것인가?

① 배기 가스 연소   ② 자체 진동 흡수
③ 기관의 과열 방지   ④ 배기음 감소

🔍 배기가스를 대기 중에 방출시키면 급격히 팽창하여 격렬한 폭음을 내는 데 이 폭음을 감소시켜주는 장치가 소음기이다.

정답 26 ④ 27 ① 28 ③ 29 ④ 30 ④ 31 ② 32 ③ 33 ④ 34 ③ 35 ④

36 소음기에 카본이나 퇴적물이 많이 쌓이면 어떻게 되는가?

① 역화 발생
② 기관의 과열
③ 기관의 과냉
④ 폭발압의 상승

> 소음기에 카본이나 퇴적물이 많이 쌓이면 배압이 높아지고 그 결과 엔진이 과열되고 출력이 감소한다.

37 디젤기관에서 감압 장치의 기능은?

① 크랭크 축을 느리게 회전시킬 수 있다.
② 타이밍 기어를 원활하게 회전시킬 수 있다.
③ 캠 축을 원활히 회전되게 할 수 있는 장치이다.
④ 실린더 내의 압축압력을 낮춰 엔진의 기동을 도와준다.

> 감압장치는 크랭킹할 때 흡입밸브나 배기밸브를 캠 축의 운동과 관계없이 강제로 열어 실린더 내의 압축압력을 낮춤으로써 엔진의 기동을 도와주는 디젤엔진의 기동 보조기구이다.

38 배기 가스의 색과 기관의 상태를 표시한 것으로 가장 거리가 먼 것은?

① 무색 – 정상
② 검은색 – 농후한 혼합비
③ 황색 – 공기청정기의 막힘
④ 백색 또는 회색 – 윤활유의 연소

> 배기가스가 황색이면 혼합비가 희박한 상태이다.

39 다음은 기관에서 발생되는 가스이다. 인체에 가장 큰 장해가 되는 것은?

① CO
② CO_2
③ HC
④ C_2SO_3

> CO(일산화탄소)는 무색, 무취의 기체로서 산소가 부족한 상태로 연료가 연소할 때 불완전연소로 발생하며, 중독이 심한 경우 사망에 이를 수도 있다.

40 배기가스의 색과 연소 상태를 잘못 연결한 것은?

① 무색 – 정상 연소료 탱크 위에
② 백색 – 엔진에서 노크 발생
③ 엷은 황색 – 희박한 혼합비
④ 흑색 – 농후한 혼합비

> 백색은 엔진 오일 연소가 원인이며, 엔진에서 노크가 발생할 경우 배기가스의 색은 황색에서 흑색으로 변화한다.

41 다음 중 연소시 발생하는 질소산화물(NOx)의 발생 원인과 가장 밀접한 관계가 있는 것은?

① 높은 연소 온도
② 가속 불량
③ 흡입 공기 부족
④ 소염 경계층

> 질소는 상온에서 다른 원소와 반응하지 않으나 연소실 내의 온도가 2,000℃ 이상이 되면 반응성이 활발해져 산소와 반응함으로써 질소산화물의 발생량이 급증한다.

42 디젤기관의 운전 중 검은 색의 매연이 심하게 배출될 때 점검하여야 할 사항이 아닌 것은?

① 공기청정기의 막힘 점검
② 분사 시기 점검
③ 분사 펌프의 점검
④ 연료 라인에 공기 혼입 여부 점검

> 배기가스의 색이 검은색이면 농후한 혼합비인 경우이다. 따라서, 공기량이 연료량에 비해 적다는 것을 의미한다.

43 배기관이 불량하여 배압이 높을 때 기관에 생기는 현상 중 틀린 것은?

① 피스톤의 운동을 방해한다.
② 기관의 출력이 감소된다.
③ 냉각수 온도가 내려간다.
④ 기관이 과열된다.

> 배압이 높을 때 나타나는 현상
> • 피스톤 운동이 방해를 받는다.
> • 엔진이 과열된다.
> • 엔진의 충격이 감소한다.
> • 엔진의 출력이 감소한다.

 36 ② 37 ④ 38 ③ 39 ① 40 ② 41 ① 42 ④ 43 ③

44 기관에서 열효율이 높다는 것은?

① 일정한 연료 소비로서 큰 출력을 얻는 것이다.
② 연료가 완전 연소하지 않는 것이다.
③ 기관의 온도가 표준보다 높은 것이다.
④ 부조가 없고 진동이 적은 것이다.

45 압축비가 동일할 때 이론 열효율이 가장 높은 사이클은?

① 오토 사이클 ② 사바테 사이클
③ 디젤 사이클 ④ 브레이톤 사이클

🔍 압축비가 일정할 때 열효율은 오토 사이클 〉사바테 사이클 〉디젤 사이클 순이다.

46 실린더 내에(연소실) 카본이 끼게 되는 원인은?

① 희박한 연소이다.
② 완전 연소이다.
③ 오일이 연소실에서 타고 있다.
④ 혼합가스가 희박하다.

🔍 오일이 연소실에서 타면 카본이 부착되며, 다량의 카본이 부착되면 연소실 체적이 작아져서 압축비와 압축압력이 높아진다.

47 디젤 연료계통의 공기빼기순서로 맞는 것은?

① 공급펌프 → 연료여과기 → 분사펌프
② 공급펌프 → 분사파이프 → 분사펌프
③ 연료여과기 → 분사펌프 → 공급펌프
④ 분사펌프 → 연료여과기 → 공급펌프

🔍 공기 빼기는 공급펌프 → 연료여과기 → 분사펌프 순서로 작업하며 프라이밍 펌프를 작동시키면서 벤트 플러그를 열고 기포가 없어질 때까지 작동한다.

48 디젤기관의 출력이 저하되는 원인으로 맞지 않는 것은?

① 연료 분사 시기가 늦음
② 연료 계통에 공기 침입
③ 터보차저의 성능 불량
④ 연료 공급 펌프의 압력 상승

49 기관에서 실화(miss fire)가 일어났을 때 현상으로 맞는 것은?

① 엔진의 출력이 증가한다.
② 연료 소비가 적다.
③ 엔진이 과냉한다.
④ 엔진 회전이 불량하다.

🔍 기관에서 실화가 발생하면 출력 및 토크의 저하, 유해배출물의 증가, 연료소비율의 상승과 같은 부정적인 결과가 초래된다.

50 기관의 출력을 저하시키는 직접적인 원인이 아닌 것은?

① 실린더 내 압력이 낮을 때
② 연료 분사량이 적을 때
③ 노킹이 일어날 때
④ 클러치가 불량할 때

정답 44 ① 45 ① 46 ③ 47 ① 48 ④ 49 ④ 50 ④

CHAPTER 02

Craftsman Construction Equipment Operator

건설기계 전기

Section 01 전기기초 및 축전지
Section 02 시동장치
Section 03 충전장치
Section 04 등화장치 및 냉·난방장치
Section 05 건설기계 전기 출제예상문제

SECTION 01 전기기초 및 축전지

Craftsman Construction Equipment Operator

STEP 01 전기기초

1. 전기의 정체

전기란 우리 눈에 보이지는 않으나 여러 가지 적절한 실험과 작용으로 알 수 있으며 전기의 모든 작용은 전자라고 불리워지는 작은 입자가 존재한다는 가정하에서 이루어지며 전자론은 모든 전기 및 전자 장치에 대한 설계의 기초가 될 뿐 아니라 화학 작용을 설명하고 새롭고 놀라운 화학 약품들을 예측하고 만들게 하고 있다.

1) 물질의 구성

모든 물질은 분자(molecule)로 구성되어 있으며, 분자는 한 개 또는 그 이상의 원자로 구성되어 있다. 전자론에 의하면 원자는 양전기를 가지는 양자(proton)와 음전기를 가지는 전자, 그리고 전기적으로 중성인 중성자(neutron)의 3가지 입자로 구성된다.

2) 전기의 발생 근원 6가지

전기를 발생시킬 목적으로 전자의 작용을 일으키게 하려면 일정한 형태의 에너지를 사용하여야 하며 사용할 수 있는 에너지는 마찰, 압력, 열, 빛, 자기, 화학작용 등의 것들이 있다.

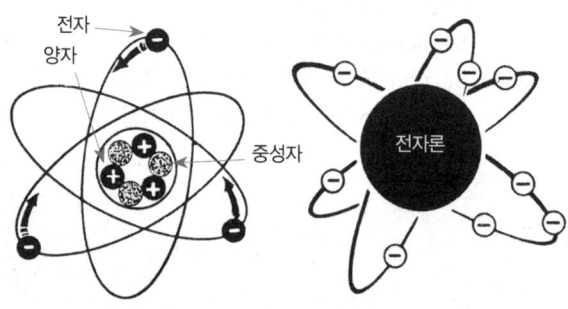

[원자의 구조(라듐)]

2. 전기의 구성

1) 전류

① 전류의 측정과 단위

㉮ 전류의 단위 : 암페어(ampere, 약호 A)라는 단위를 사용

㉯ 단위의 종류(기호) : 1암페어(A) = 1000밀리암페어(mA), 1밀리암페어(mA) = 1000마이크로암페어(μA)

② 전류의 3대 작용
- ㉮ 발열 작용 : 전구, 담배 라이터, 예열 플러그(glow plug), 전열기
- ㉯ 화학 작용 : 건전지, 축전지, 전기 도금 같은 작용
- ㉰ 자기 작용 : 전동기, 발전기, 솔레노이드 등

2) 전압

물의 수압과 같은 것으로 두 곳을 파이프로 연결하고 물을 흐르게 하면 수압에 따라 물의 흐름이 달라지는 것 같이 도체에 전류가 흐르는 압력을 전압(voltage, 약호 V)이라고 한다. 또한, 1V란 1Ω의 저항을 갖는 도체에 1A의 전류가 흐르는 것을 말한다.

$$1kV = 1000V, \quad 1V = 1000mV$$

3) 저항

물질에 전류가 흐르지 못하게 하는 정도를 전기 저항(resistance, 약호 R)이라 한다. 전기 저항의 크기를 나타내는 단위는 옴(ohm, 약호 Ω)을 사용하며, 1옴은 1A의 전류가 흐를 때 1V의 전압을 필요로 하는 도체의 저항을 말한다.

단위의 종류 : 1메가옴 = 1,000,000옴 = 10^6옴(기호 MΩ)

1킬로옴 = 1000옴 = 10^3옴(기호 kΩ)

1옴(기호 Ω)

1마이크로옴 = $\dfrac{1}{1,000,000}$ 옴 = 10^{-6}옴(기호 μΩ)

4) 옴의 법칙

도체에 흐르는 전류(I)는 가해지는 전압(V)에 비례하고, 저항(R)에 반비례한다.

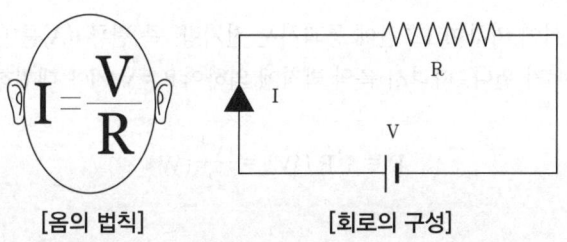

[옴의 법칙]　　　　　[회로의 구성]

5) 저항의 접속

① 직렬 접속 : 여러 개의 저항을 직렬로 접속하면 합성 저항은 각각의 저항을 합친 것과 같이 된다. 따라서 $R_1, R_2, R_3 \cdots + R_n$의 저항을 직렬 접속했을 때 합성 저항 R은 R = $R_1 + R_2 + R_3 + \cdots + R_n$이 된다.

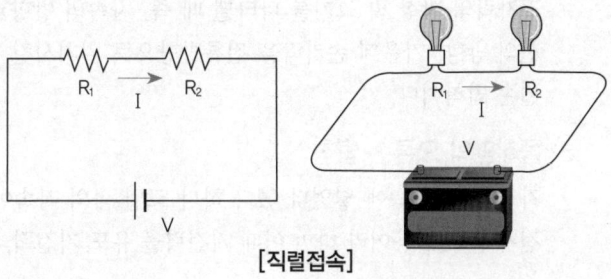

[직렬접속]

② 병렬 접속 : 저항 R_1, R_2, R_3를 병렬로 접속하고 양끝에 전압 V를 가했을 때, 각 저항에 흐르는 전류를 I_1, I_2, I_3라 하면 $I_1 = \dfrac{V}{R_1}$, $I_2 = \dfrac{V}{R_2}$, $I_3 = \dfrac{V}{R_3}$이다.

따라서, 합성전류 I는

$$I = I_1 + I_2 + I_3 = \dfrac{V}{R_1} + \dfrac{V}{R_2} + \dfrac{V}{R_3}$$

$\left(\dfrac{1}{R_1} + \dfrac{1}{R_2} + \dfrac{1}{R_3}\right)V$로 나타나며 합성저항 R은 다음과 같은 식으로 나타낼 수 있다.

$$R(\Omega) = \dfrac{1}{\dfrac{1}{R_1} + \dfrac{1}{R_2} + \dfrac{1}{R_3}}$$

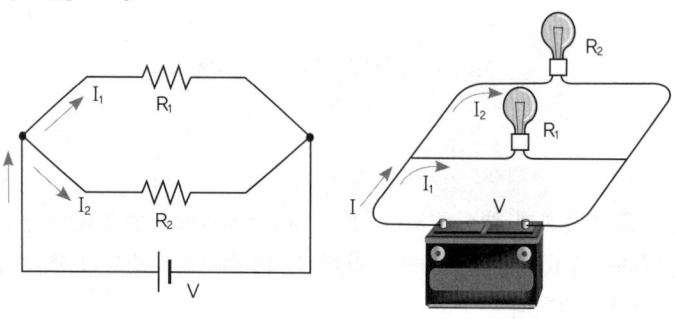

[병렬접속]

6) 전력과 줄의 법칙

이것은 전동기, 그 외 전기장치와 같이 전기 도체의 물체를 거쳐 전자를 이동시키는데 있어 일을 한 비율의 표시로서, 기호는 P이며, 기본단위는 Watt이고 전압 × 전류로 구해진다.

따라서, 전력P(W)는 다음 식이 성립된다.

$$P = V \times \dfrac{Q}{t} (W)$$

그리고 $\dfrac{Q}{t}$는 위의 식에 의하여 1초간에 통과하는 전기량, 즉 전류 I(A)를 나타내므로 전력 P(W) = 전압 V(V) × 전류 I(A)가 된다. 따라서 옴의 법칙에 의하여 P = V · I에 대입하면 다음의 식이 성립한다.

$$P = I^2 R (W) = \dfrac{V^2}{R} (W)$$

7) 플레밍의 왼손 법칙

전자력의 방향 및 크기를 나타낼 때 즉, 자속의 방향과 전류의 방향을 직각으로 놓으면 검지는 자력선의 방향, 가운데 손가락을 전류방향으로 일치시킬 때 엄지손가락은 전자력 방향을 나타내는 것이 왼손 법칙이다.

8) 플레밍의 오른손 법칙

자석을 코일 속에 넣었다 뺐다 하다 코일 속의 자속이 변화하면, 코일에 기전력이 유도되는 현상을 전자 유도 작용이라 하며 이때 기전력을 유도 기전력, 전류를 유도 전류라 한다. 이 유도 기전력의 방향을 알아보는데 편리하게 사용하는 것이 플레밍의 오른손 법칙이다.

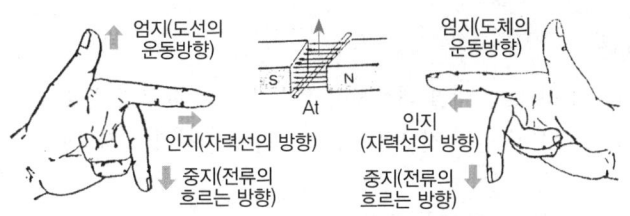

[플레밍의 왼손 법칙과 오른손 법칙]

STEP 02 축전지

1. 축전지 일반

건설기계의 전장품들을 작동시키기 위한 전원으로는 축전지(battery)와 발전기가 있다. 이들 중 축전지는 전기적인 에너지를 화학적인 에너지로 바꾸어 저장하고, 다시 필요에 따라 전기적인 에너지로 바꾸어 공급할 수 있는 기능을 갖고 있다.

1) 알칼리 축전지

① 과충전, 과방전 등 가혹한 사용조건에서도 성능이 양호하다.
② 실효년수는 10~20년이다.
③ 고율방전 성능이 좋다.
④ 자원상 다량 공급이 어렵고 가격이 비싸다.
⑤ 양극판은 과산화 제2니켈, 음극판은 카드뮴을 사용한다.
⑥ 전해액은 수산화칼륨(KOH) 용액을 사용한다.

2) 납산 축전지

① 제작이 쉽고 가격이 저렴하여 현재 주로 사용한다.
② 중량이 무겁고 극판의 작용물질이 떨어지기 쉬우며 수명이 짧다.
③ 양극판은 과산화납, 음극판은 해면상납을 사용하며, 전해액은 묽은황산을 사용한다.

2. 축전지의 구조와 기능

1) 케이스(전조)

케이스는 극판과 전해액을 수용하는 용기로 질이 좋은 에버나이트 또는 합성 경질 고무로 제작되어 있다. 케이스 내부는 6실 또는 12실로 되어 있으며, 셀 당 전압은 2.1V이며 직렬로 연결되어 만든다.

2) 극판

극판에는 양극판과 음극판 두 가지가 있으며 납과 안티몬 합금으로 격자를 만들어 여기에 작용 물질을 발라서 채운다. 양극판의 작용 물질은 이산화납 또는 납가루를 회류산으로 풀과 같이 개어 바른 다음 다시 건조시킨 것이며 극판과 극판 사이에 격리판을 끼워서 방전을 방지하며, 극판 수는 음극판이 양극판 수보다 1매 더 많다.

3) 격리판과 유리매트

격리판은 전기 저항이 적으며, 내열 내산성이 우수한 것이 요구되며, 유리매트는 대단히 가는 유리 섬유를 종, 횡으로 교착시켜 만든 것으로, 양극(+)면에 밀착시켜 격리판을 산화로부터 보호해 주는 역할을 한다.

① 양극판과 음극판 사이에서 단락을 방지한다.
② 다공성이고, 비전도성이라야 한다.
③ 전해액이 부식되지 않고 확산이 잘 되어야 한다.
④ 합성 수지, 강화 섬유, 고무 등이 사용된다.

4) 극판군

극판군은 여러 장의 양극판, 음극판, 격리판을 한 묶음으로 조립을 하여 연결편(strap)과 극주(terminal post)를 용접해서 만든다. 이렇게 해서 만든 극판군을 단전지라 하며 완전 충전시 약 2.1V의 전압이 발생한다.

5) 벤트 플러그

벤트 플러그는 합성 수지로 만들며, 각 단전지(cell)의 상부에 설치되어서 전해액이나 증류수를 보충하고 비중계나 온도계를 넣을 때 사용되며 내부에서 발생하는 산소 가스를 외부에 방출하는 배기공(통기공)이 있다.

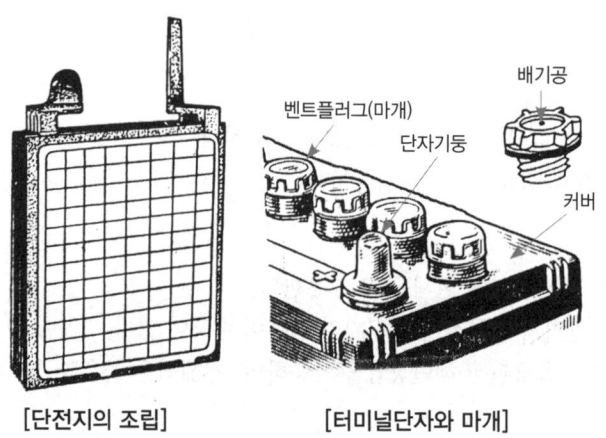

[단전지의 조립]   [터미널단자와 마개]

6) 셀(cell) 커넥터 및 터미널

셀 커넥터는 납합금으로 되어 있으며, 축전지 내의 각각의 단전지(cell)를 직렬로 접속하기 위한 것이며 단자 기둥은 많은 전류가 흘러도 발열하지 않도록 굵게 규격화되었다.

① 양극단자(+)는 적갈색, 음극단자는 회색이다.
② 양극단자의 직경이 크고, 음극단자는 작다.
③ 양극단자는 (P)나 (+)로 표시한다.
④ 음극단자는 (N)나 (−)로 표시한다.

7) 전해액

전해액(H_2SO_4)은 극판 중의 양극판(PbO_2), 음극판(Pb)의 작용 물질과 화학 반응을 일으켜 전기적 에너지를 축적 및 방출하는 작용 물질로 무색, 무취의 좋은 양도체이다.

① 전해액 만드는 방법 : 부도체 물질인 나무, 유리 그릇, 플라스틱 그릇, 고무 그릇, 질 그릇, 사기 그릇 등을 이용해서 증류수(또는 빗물)를 담은 다음 농후한 황산(비중 1.830~1.840)을 유리봉 또는 나무대롱을 이용해서 한 방울씩 떨어뜨려 비중이 1.280~1.300이 되도록 희석시키며 이 때 온도는 45℃를 넘지 않은 상태이어야 한다.

② 전해액 비중
  ㉮ 전해액 비중은 축전지가 충전상태일 때, 20℃에서 1.240, 1.260, 1.280의 세 종류를 쓰며, 열대지방에서는 1.240, 온대지방에서는 1.260, 한랭지방에서는 1.280을 쓴다. 국내에서는 일반적으로 1.280(20℃)을 표준으로 하고 있다.
  ㉯ 전해액의 비중은 온도에 따라 변화한다. 온도가 높으면 비중은 낮아지고 온도가 낮으면 비중은 높아진다.
  ㉰ 표준온도 20℃로 환산하여 비중은 온도 1℃의 변화에 대해 온도계수 0.0007이 변화된다.

$$S_{20} = S_t + 0.0007(t - 20)$$

- S_{20} = 표준온도 20℃로 환산한 비중
- S_t = t℃에서의 실측한 비중
- 0.0007 = 온도 1℃ 변화에 대한 비중의 변화량
- t : 측정시의 전해액 온도(℃)

8) 용량

완전 충전된 축전지를 일정한 전류로 연속 방전시켜 방전 종지전압이 될 때까지 꺼낼 수 있는 전기량(암페어시 용량)

$$Ah = A \times h$$

- Ah : 암페어시 용량
- A : 일정 방전 전류
- h : 방전 종지 전압에 이를 때까지의 연속 방전 시간

축전지 용량은 극판의 수, 극판의 크기, 전해액의 양에 따라 정해지며, 용량이 크면 이용 전류가 증가하며 용량 표시는 25℃를 표준으로 한다.

9) 충·방전시의 화학작용

$$\underset{\text{과산화납}}{PbO_2}_{(양극판)} + \underset{\text{묽은 황산}}{2H_2SO_4}_{(전해액)} + \underset{\text{해면상납}}{Pb}_{(음극판)} \underset{\text{충전}}{\overset{\text{방전}}{\rightleftarrows}} \underset{\text{황산납}}{PbSO_4}_{(양극판)} + \underset{\text{물}}{2H_2O}_{(전해액)} + \underset{\text{황산납}}{PbSO_4}_{(음극판)}$$

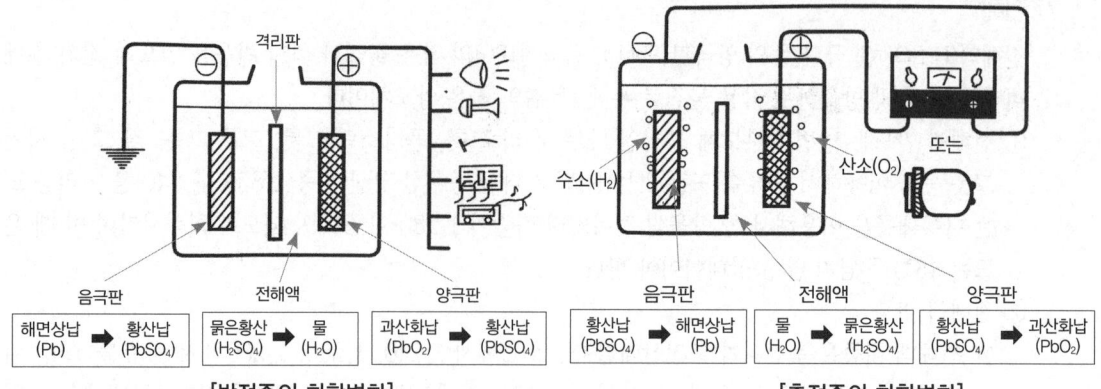

[방전중의 화학변화] [충전중의 화학변화]

10) 자기방전
충전된 축전지를 방치해 두면 사용하지 않아도 조금씩 방전하여 용량이 감소된다.
① 자기 방전의 원인
㉮ 구조상 부득이 한 것
㉯ 불순물에 의한 것
㉰ 단락에 의한 것
② 자기 방전량
24시간 동안의 자기 방전량은 실용량의 0.3~1.5% 정도이며, 전해액의 온도 · 습도 · 비중이 높을수록 자기 방전량은 크다.
③ 축전지의 연결법
㉮ 직렬연결법 : 전압이 상승, 전류 동일
㉯ 병렬연결법 : 전류 상승, 전압이 동일
㉰ 직 · 병렬 연결법 : 전류, 전압, 동시 상승

11) 축전지 취급 및 충전시 주의사항
① 전해액의 온도는 45℃가 넘지 않도록 할 것
② 화기에 가까이 하지 말 것
③ 통풍이 잘 되는 곳에서 충전할 것
④ 과충전, 급속 충전을 피할 것
⑤ 장기간 보관시 2주일(15일)에 한번씩 보충 충전할 것
⑥ 축전지 커버는 베이킹 소다나 암모니아수로 세척할 것
⑦ 셀당 방전 종지 전압은 1.75V이다.
⑧ 축전지 충전시 발생되는 가스로는 양극에서 산소, 음극에서 수소가스가 발생되며 수소가스는 가연성으로 폭발의 위험이 있다.

SECTION 02 시동장치

Craftsman Construction Equipment Operator

STEP 01 기동 전동기 일반

1. 전동기의 필요성

내연기관을 사용하는 건설기계나 자동차들은 자기 힘만으로는 기동되기 어렵다. 따라서 외력의 힘에 의해 크랭크축을 회전시켜 1회의 폭발을 일으켜야 작동이 되는데, 이 1회의 폭발을 기동 전동기가 담당한다. 현재 사용되는 건설기계에는 축전지를 전원으로 하는 직류 직권 전동기가 사용되고 있으며 다른 용도의 기관에서는 전동기 시동법 대신 수동 시동법과 급페달 시동법 등이 활용되기도 한다.

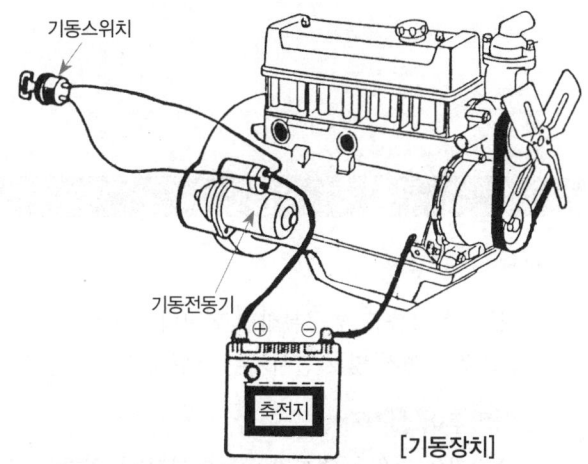

[기동장치]

2. 전동기 원리와 종류

1) 플레밍의 왼손법칙과 전동기 작용

N극과 S극의 자장 내에 도체를 놓고, 이 도체에 전류를 공급하면 도체가 움직이는 방향이 전자력의 방향이 된다. 즉 검지를 자력선의 방향, 장지를 도체의 전류방향과 일치시키면 엄지가 가리키는 방향이 전자력의 방향이 되며 이 원리를 이용한 것이 전동기이다.

그 작용은 축전지의 전류가 브러시, 정류자, 전기자코일을 통해 계자 코일을 통과하므로 계자 철심에는 강력한 자력선이 생기게 되므로 전자력의 방향이 정해지고 전기자는 회전하게 된다.

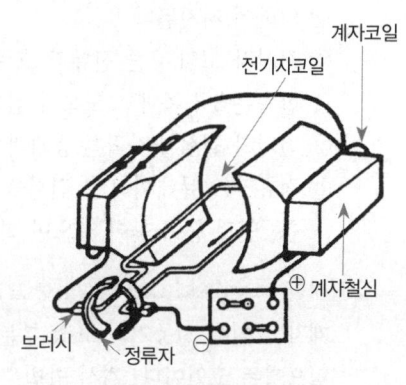

[모터의 원리]

2) 기동 전동기 종류별 특성

① 직권식 전동기

㉮ 전기자 코일과 계자 코일이 전원에 대해 직렬로 접속되어 있다.
㉯ 역기전력은 속도에 비례하고 전기자 전류에 반비례한다.

② 분권식 전동기
   ㉮ 전기자 코일과 계자 코일이 전원에 대해 병렬로 접속되어 있다.
   ㉯ 전압이 일정하면 계자 전류와 자장의 세기도 일정하다.
③ 복권식 전동기
   ㉮ 2개의 코일은 직렬과 병렬로 연결된다
   ㉯ 자속 방향이 같으면 화동복권, 반대로 된 것을 차동복권이다.

3) 시동 모터의 출력 특성

기관이 회전될 때 회전 저항을 이기고 비교적 원활한 회전력을 구하기 위해서는 다음 식이 이용된다.

$$\text{기동 모터의 회전력(m-kg)} = \text{회전 저항} \times \frac{\text{피니언 기어 잇수}}{\text{링기어 잇수}}$$

STEP 02 구성 및 작용

1. 전동기의 구성

기동 전동기를 크게 구분하면 회전력을 발생하는 부분과 회전력을 전달하는 부분 및 축전지의 전원 공급 회로를 연결 및 차단시키는 스위치부로 나눌 수 있다.

1) 아마추어(전기자)

축전지의 전원을 정류자(코뮤테이터)에 의하여 공급받은 아마추어 권선은 강한 자장을 이루어 필드에 강한 자력선과 반발 작용에 의하여 아마추어가 밀려서 회전하게 되고 아마추어 축 양쪽이 베어링에 의하여 지지된다.

① 전기자 코일 : 큰 전류가 흐르기 때문에 단면적이 큰 평각 구리선을 사용하며 한쪽은 N극, 다른 한쪽은 S극 쪽에 오도록 철심의 홈에 절연되어 정류자에 각각 납땜되어 있다.
② 전기자 철심 : 자력선 통과와 자장의 손실을 막기 위한 철판을 절연하여 겹친 것이다.
③ 정류자(코뮤테이터) : 전류를 일정 방향으로 흐르게 하고 운모의 언더 컷은 0.5~0.8mm이며 기름, 먼지 등이 묻어 있으면 회전력이 적어진다.

2) 계자 코일(field coil)과 계자 철심

계자 코일은 전동기의 고정 부분으로 계자 철심에 감겨져 자력을 일으키는 코일이다. 결선 방법은 직권식, 복권식이 있으나 일반적으로 기관의 시동에 적합한 직권식을 쓴다.

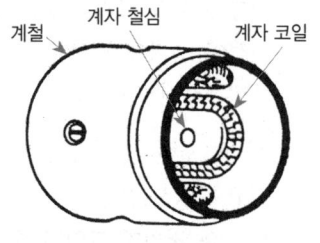

[계자 코일과 계자 철심]

3) 브러시와 홀더 및 스프링

흑연 또는 구리로 만들어져 있으며 축전지의 전기를 정류자에 전달하는 구성품이다. 이 브러시는 홀더에 삽입되어 스프링으로 압착하고 있으며 정류자에 80% 이하로 접촉되면 회전력이 감소되고 길이는 1/2~1/3 정도 마모되면 교환한다.

4) 스위치

전동기로 통하는 전류를 개폐하는 스위치 모터로 통하는 전류는 건설기계의 전기회로 중 가장 큰 것으로, 이것을 개폐하는 스위치는 재질이나 강도면에서 강하고 내구력이 있는 것이 좋다.

① 푸시 버튼식(수동식) : 전동기 단자를 손이나 발로 접속시켜 축전지 전류를 공급하고 구동 레버를 밀어준다.

② 마그넷식(전자식) : 전동기로 통하는 전류를 전자 스위치로 개폐하며 전자석과 여자 코일로 구성된다. 여자 코일은 플런저를 잡아당기는 풀인 코일과 잡아당긴 상태를 유지해 주는 홀드인 코일로 되어 있다.

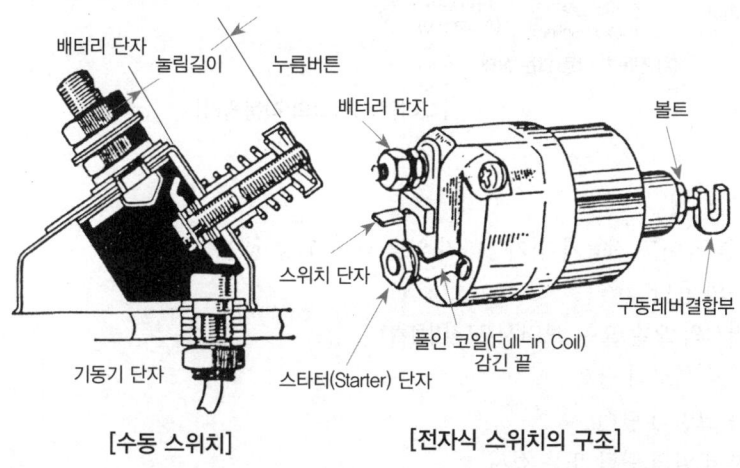

[수동 스위치]   [전자식 스위치의 구조]

2. 작동의 분류와 고장

1) 동력 전달 기구

동력 전달 기구란 기동 모터가 회전되면서 발생한 토크를 기관의 플라이 휠로 전달해 주는 기구로서, 클러치와 시프트 레버 및 피니언 기어 등을 말한다. 전자 피니언 섭동식에서는 기관이 시동되면 기동 스위치를 차단하지 않는 한 피니언 기어는 물린 상태로 있기 때문에 전기자와 베어링이 파손될 염려가 있다. 이것을 방지할 목적으로 클러치가 설치되어 기관의 회전력이 기동 전동기에 전달되지 않도록 한다.

① 벤딕스식 : 관성 섭동식으로 피니언의 관성과 기동 전동기가 무부하 상태에서 고속 회전하는 성질을 이용하여 전동기에서 발생한 회전력을 플라이휠에 전달하는 방식이다.

② 전기자 섭동식 : 피니언 기어가 전기자 축에 고정되어 전기자와 하나되어 섭동하면서 회전된다.

③ 피니언 섭동식(오버러닝 클러치형) : 전기자 축의 스플라인 위에서 피니언 기어가 앞뒤로 움직이면서 플라이 휠의 링 기어에 물린다.

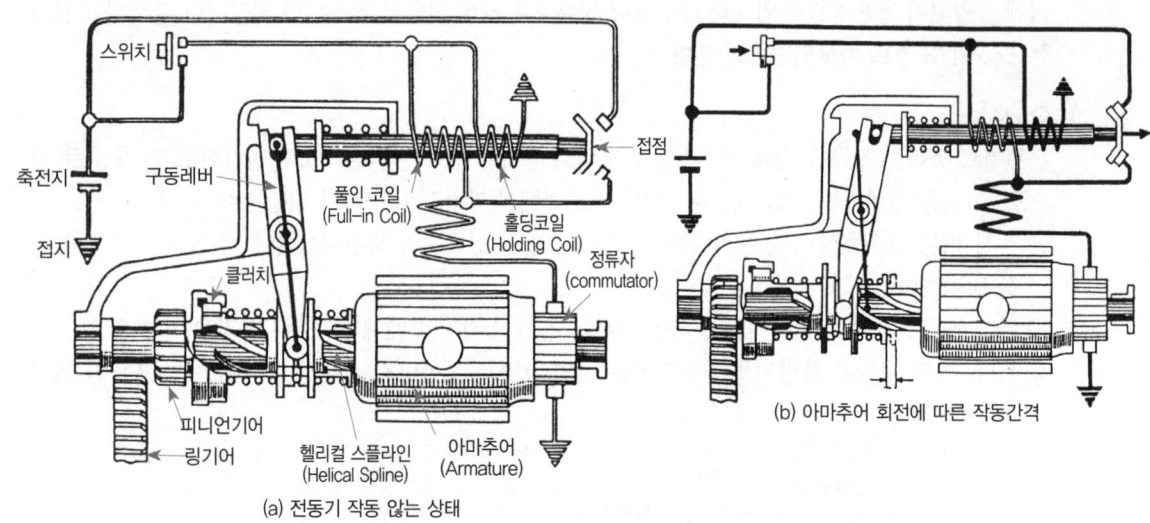

[피니언 섭동식의 작동원리]

2) 고장 진단 및 원인
  ① 스위치를 넣어도 전동기가 기동하지 않을 때의 고장 원인
    ㉮ 퓨즈의 용단
    ㉯ 브러시의 오손 또는 브러시 고착(固着)
    ㉰ 전기자 회로의 단선
    ㉱ 계자 코일의 단선
    ㉲ 계자 코일의 단락 또는 접지
    ㉳ 전기자 코일 또는 정류자편의 단락
    ㉴ 베어링의 불량 및 과부하
    ㉵ 브러시 홀더에서의 접지
  ② 전동기가 저속으로 회전할 때의 고장 원인
    ㉮ 전기자 또는 정류자에서의 단락
    ㉯ 베어링의 불량
    ㉰ 전기자 코일의 단선
    ㉱ 중성 축으로부터 벗어난 위치에 브러시 고정
    ㉲ 과부하 및 전압 부적당

SECTION 03 충전장치

Craftsman Construction Equipment Operator

STEP 01 충전장치 일반

1. 충전의 필요성

건설기계에는 기관의 기동장치나 전장품을 비롯하여 램프류, 에어컨 장치 등 많은 전기장치가 있으며, 이러한 전기장치에 전력을 공급하는 전원으로 발전기와 축전지가 사용된다. 발전량은 기관의 회전수에 따라 다르고 발전량이 부하량보다 적은 경우에는 축전지가 전원이 되어 일시 방전해 주며 발전량이 부하량보다 많은 경우에는 발전기만으로 모든 전기장치에 전력을 공급하고, 축전지도 발전기가 충전시킨다. 함께 사용하는 전압 조정기(Voltage regulator)도 축전지를 충전하는 기능을 가졌기 때문에 충전장치로 부른다.

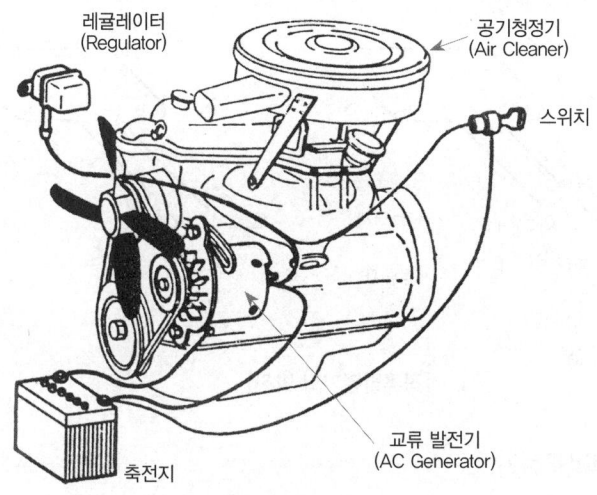

[충전장치의 구성]

2. 발전 원리와 분류

발전기는 코일선과 자석으로 구성되어 자석을 코일 안에서 회전시키면 내부에는 유도 전류가 발생되고 기관이 시동되면 발전기는 항상 함께 회전되어 발전한다. 이러한 발전기의 원리는 플레밍의 오른손 법칙에 기반하고 있다.

① 자려자 발전기(DC 발전기에 해당) : 직류 발전기는 계자 철심의 잔류 자기를 기초로 발전을 시작하기 때문에 자려자식이라 한다.

② 타려자 발전기(AC 발전기에 해당) : 교류 발전기는 발전 초기에 외부 전류를 잠시 끌어들여 자기를 형성하여 발전하므로 타려자식이라 한다.

STEP 02 구성 및 작용

1. 직류(DC) 발전기(제네레이터)

1) 기본 작동과 발전

직류 발전기는 계자 코일과 철심으로 된 전자석의 N극과 S극 사이에 둥근형의 아마추어 코일을 넣고, 코일A와 B를 정류자(Commutator)의 정류자편 E와 F에 접속한 다음 크랭크축 폴리와 팬 벨트로 회전시키면 코일 A와 B가 함께 회전하는 도체는 자력선을 끊어 전자 유도 작용에 의한 전압을 발생시키는 일종의 자려자식이며 계자 코일과 전기자 코일의 연결방식에 따라 직렬식(직권식), 병렬식(분권식), 직·병렬식(복권식)이 있다.

2) DC 발전기의 구조

① 전기자(아마추어) : 계자 내에서 회전하며 전류를 발생시키며, 둥근 코일선이 사용된다.
② 계자 철심과 코일 : 계자 코일에 전류가 흐르면 철심은 N극과 S극으로 된다.
③ 정류자 : 전기자 코일에서 발생한 교류는 정류자와 브러시를 거쳐 직류로 정류되어 외부로 공급된다.

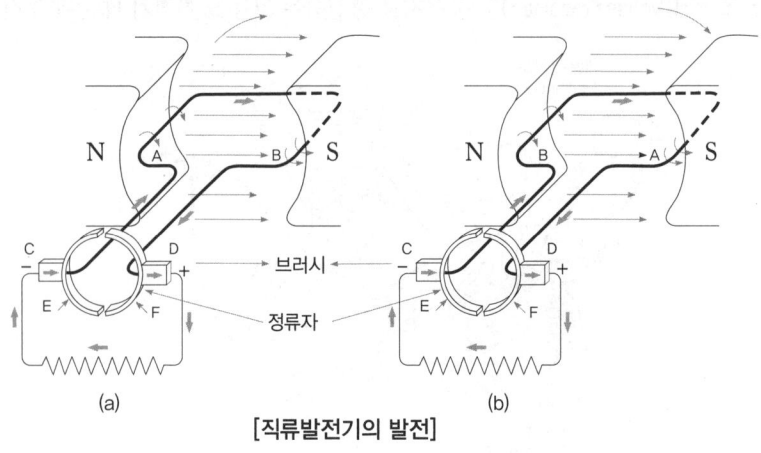

[직류발전기의 발전]

3) 발전기 레귤레이터(조정기)

① 컷 아웃 릴레이 : 발생 전압이 축전지 전압보다 낮을 경우 축전지의 전압이 발전기로 역류하는 것을 막는 장치이다.

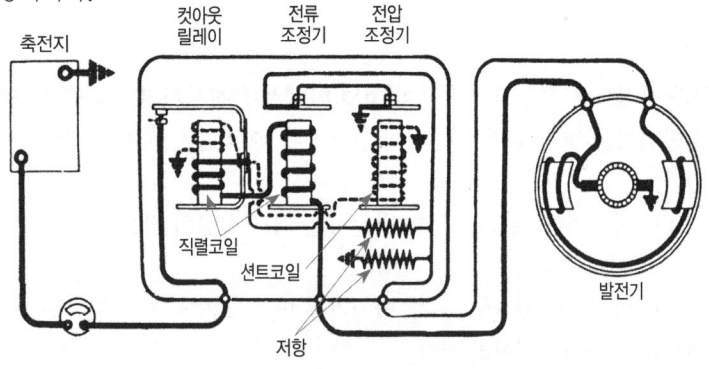

[레귤레이터의 회로]

② 전압 조정기 : 발전기의 발생 전압을 일정하게 유지하기 위한 장치로, 발생 전압이 규정보다 증가하면 계자 코일에 직렬로 저항을 주어 여자 전류를 감소시켜 발생 전압을 감소시키고, 발생 전압이 낮으면 저항을 빼내 규정 전압으로 회복시킨다.
③ 전류 제한기(전류 조정기) : 발전기 출력 전류가 규정 이상의 전류가 되면 소손되므로 소손을 방지하기 위한 장치이다.

2. 교류(AC) 발전기(알터네이터)

1) 기본 작동과 발전

교류(AC) 발전기는 기본적으로 도선의 코일 선으로 구성되어 자기 내에서 회전되든가 아니면 자기를 띠는 자석이 회전을 하면 그 내부에서 유도 전류를 발생하게 되어 있다. 이 유도 전류를 이용하기 위해 미끄럼 접촉을 사용하여 코일 선을 외부 회로와 연결시켰으며 단상과 3상이 있다. 건설기계용 발전기는 3상으로 영구자석 대신 철심에 코일을 감아 자장의 크기를 조정할 수 있게 한 전자석을 사용했다.

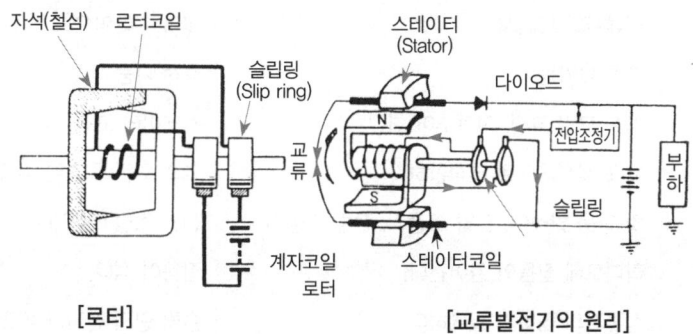

[로터]　　　　　　[교류발전기의 원리]

즉, 회전축에 부착한 두 개의 슬립 링(slip ring)에 코일의 단자를 연결하고 슬립 링에 접촉된 브러시(brush)를 통하여 전류를 통하게 한 후 회전시켜 발전한다.

2) AC 발전기의 구조

① 스테이터 코일 : 직류 발전기의 전기자에 해당되며 철심에 3개의 독립된 코일이 감겨져 있어 로터의 회전에 의해 3상 교류가 유지된다.

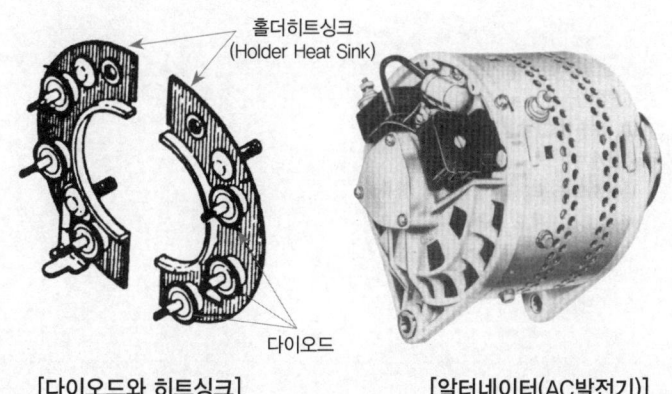

[다이오드와 히트싱크]　　　　　　[알터네이터(AC발전기)]

② 로터 : 직류 발전기의 계자 코일에 해당하는 것으로 팬 벨트에 의해서 엔진 동력으로 회전하며 브러시를 통해 들어온 전류에 의해 철심이 N극과 S극의 자석을 띤다.
③ 슬립 링과 브러시 : 축전기 전류를 로터에 출입시키며, (+)측과 (−)측으로써 슬립 링이 금속이면 금속 흑연 브러시, 구리이면 전기 흑연 브러시를 사용한다.
④ 실리콘 다이오드 : 스테이터 코일에 발생된 교류 전기를 정류하는 것으로 + 다이오드 3개와 − 다이오드 3개가 합쳐져 6개로 되어 있으며, 축전지로부터 발전기로 전류가 역류하는 것을 방지하고 교류를 다이오드에 의해 직류로 변환시키는 역할을 한다.
⑤ 교류 발전기 레귤레이터 : 교류 발전기의 조정기는 컷 아웃 릴레이와 전류 조정기가 필요 없고 전압 조정기만 필요하며, 현재는 트랜지스터형이나 IC 조정기를 사용한다.

[DC 발전기와 AC 발전기의 차이점]

구분	직류(DC) 발전기	교류(AC) 발전기
중량	무겁다.	가볍고 출력이 크다.
브러시의 수명	짧다.	길다.
정류	정류자와 브러시	실리콘 다이오드
공회전시	충전 불가능	충전 가능
구조	계자 코일 고정, 아마추어 회전	스테이터 고정, 로터 회전
사용범위	고속 회전용으로 부적합하다.	고속 회전에 견딜 수 있다.
조정기	컷 아웃 릴레이, 전압 조정기, 전류 조정기	전압 조정기뿐이다.
소음	라디오에 잡음이 들어간다.	잡음이 적다.
정비	정류자의 정비가 필요하다.	슬립 링의 정비가 필요 없다.

SECTION 04 등화장치 및 냉·난방 장치

STEP 01 등화장치

1. 등화장치 일반

건설기계의 등화장치를 크게 구분하면 대상물을 잘 보기 위한 목적의 조명 기능과 다른 장비나 차량 또는 기타 도로 이용자들에게 장비의 이동 상태를 알려주는 것을 목적으로 하는 신호 기능 등 2가지로 구분된다.

즉, 전조등이나 안개등은 조명용이며 방향지시등, 제동등, 후미등 등은 신호를 목적으로 한 것들이지만 신호 기능을 가진 램프들은 구조상 일체로 된 것들이 많고 이것을 조합등이라고 한다.

1) 전조등

전조등은 야간 운행 및 야간 작업시 전방을 비추는 등화이며 램프 유닛(lamp unit)과 이 유닛을 차체에 부착하여 조정하는 기구로 되어 있다. 또한, 램프 유닛은 전구와 반사경 및 렌즈로 구성된다.

① 전조등의 구성과 조건
   ㉮ 전조등은 병렬로 연결된 복선식이다.
   ㉯ 좌·우에 각각 1개씩(4등색은 2개를 1개로 본다) 설치되어 있어야 한다.
   ㉰ 등광색은 양쪽이 동일하여야 하며 흰색이여야 한다.
   ㉱ 1등당 광도는 2등식 15,000cd 이상이고 4등식은 12,000cd 이상이어야 한다.
   ㉲ 등화는 파손 등의 손상이 없고 점등 상태가 양호해야 한다.

② 전조등의 감광 장치 종류
   ㉮ 저항을 쓰는 방법
   ㉯ 부등을 쓰는 방법
   ㉰ 2중 필라멘트를 쓰는 방법 등

③ 세미 실드빔형 전조등
   ㉮ 렌즈와 반사경은 일체형이지만 전구는 별도로 설치한 것이다.
   ㉯ 공기 유통이 있어 반사경이 흐려질 수 있다.
   ㉰ 전구만 따로 교환할 수 있다.
   ㉱ 할로겐 전구가 많이 활용되고 있다.

④ 실드빔형 전조등
   ㉮ 렌즈, 반사경 및 필라멘트가 일체로 된 형식이다.
   ㉯ 내부에 불활성 가스가 들어 있다.
   ㉰ 반사경이 흐려지는 일이 없다.

㉣ 광도의 변화가 적다.
　　㉤ 필라멘트가 끊어지면 렌즈나 반사경에 이상이 없어도 전조등 전체를 교환하여야 한다.

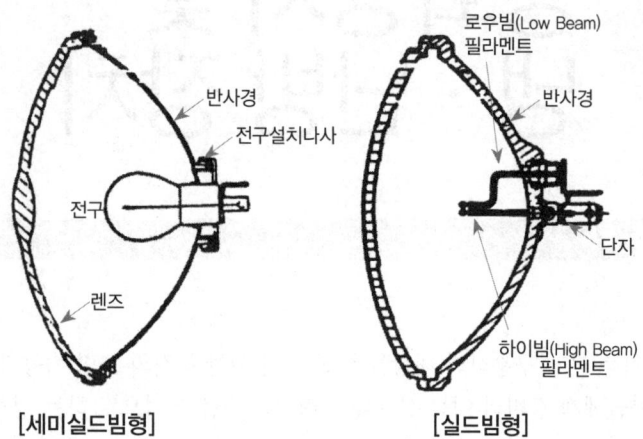

[세미실드빔형]　　　　　　　　[실드빔형]

2) 방향지시등(turn signal light)
　　건설기계의 좌·우회전을 표시하며 광도는 50cd 이상 1050cd 이하이어야 한다.
　① 방향지시등의 구성과 조건
　　　㉮ 방향지시등은 건설기계 중심에 대해 좌·우 대칭일 것
　　　㉯ 설치 위치, 투영 면적 및 유효 조광 면적은 기준에 적정할 것
　　　㉰ 건설기계 너비의 50% 이상 간격을 두고 설치되어 있을 것
　　　㉱ 점멸 주기는 매분 60회 이상 120회 이하일 것
　　　㉲ 등광색은 노란색 또는 호박색일 것
　　　㉳ 파손 등의 손상이 없을 것
　　　㉴ 방향지시등은 견고하게 부착되어 있을 것
　② 플래셔 유닛의 종류
　　　㉮ 전자열선식　　　　　㉯ 축전기식
　　　㉰ 수은식　　　　　　　㉱ 바이메탈식 등
　③ 지시등의 점멸이 느릴 때의 원인
　　　㉮ 전구의 접지 불량이다.
　　　㉯ 축전지 용량이 저하되었다.
　　　㉰ 전구의 용량이 규정값보다 작다.
　　　㉱ 플래셔 유닛의 결함이 있다.
　　　㉲ 퓨즈 또는 배선의 접촉이 불량하다.
　④ 좌·우의 점멸 횟수가 다르거나 한 쪽이 작동되지 않는 원인
　　　㉮ 규정 용량의 전구를 사용하지 않았다.
　　　㉯ 접지가 불량하다.
　　　㉰ 전구 1개가 단선되었다.
　　　㉱ 플래셔 스위치에서 지시등 사이에 단선이 있다.

3) 제동등(brake light) 및 후진등(reverse light)

발로 브레이크를 걸고 있음을 표시하여 1등당 광도는 40cd 이상 420cd 이하이다. 후진등은 건설기계가 후진할 때 점등되는 것으로 후방 75m를 비출 수 있어야 한다.

① 제동등의 구성과 조건
 ㉮ 등광색은 붉은색일 것
 ㉯ 제동 조작 동안 지속적으로 점등 상태가 유지될 수 있을 것
 ㉰ 다른 등화와 겸용시 광도가 3배 이상 증가할 것
 ㉱ 등화의 설치 높이는 지상 35cm 이상 200cm 이하일 것
 ㉲ 파손 등의 손상이 없고 고정 상태가 양호할 것
 ㉳ 등화는 점등 상태가 양호할 것

② 후진등의 구성과 조건
 ㉮ 후진등은 2개 이하 설치되어 있을 것
 ㉯ 등광색은 흰색 또는 노란색일 것
 ㉰ 등화의 설치 높이는 지상 25cm 이상 120cm 이하일 것(트럭 적재식 건설기계에 한함)
 ㉱ 주광축은 하향일 것
 ㉲ 후퇴등은 변속장치를 후퇴 위치로 조작시 점등될 것
 ㉳ 등화는 손상이 없고 작동에 이상이 없을 것

2. 배선 및 조명 용어

1) 전선

전선에는 나선(맨살선)과 피복선이 있으며, 나선은 보통 어스선에 사용된다. 면, 명주, 비닐 등의 절연물로 피복되어 있으며 특히 점화 플러그에 불꽃을 튀게 하는 전선에는 절연 내력이 높은 고압 코드(high tesnion cord)라고 하는 전선을 사용한다. 심선(core wire)에는 단선과 꼰 선이 있으며, 각각 허용 전류의 범위 내에서 사용하는 것이 중요하다. 전류 용량이 큰 배터리와 스타터 사이에는 배터리 케이블이라고 하는 특별히 큰 전선을 사용한다.

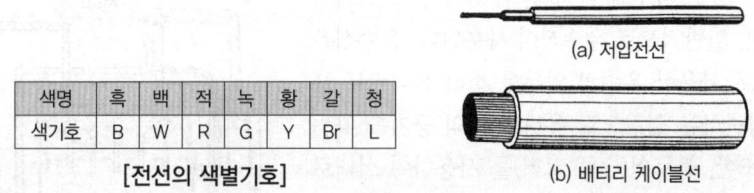

색명	흑	백	적	녹	황	갈	청
색기호	B	W	R	G	Y	Br	L

[전선의 색별기호]　　　　　　　(a) 저압전선
　　　　　　　　　　　　　　　(b) 배터리 케이블선

① 배선의 개요
 ㉮ 배선은 단선식과 복선식이 있다.
 ㉯ 배선을 굵은 것으로 사용하는 이유는 많은 전류가 흐르게 하기 위함이다.
 ㉰ 배선에 표시된 0.85RW에서 0.85는 배선의 단면적(cm^2), R은 바탕색, W은 줄색이다.
 ㉱ 전기 배선을 점검할 때 저항을 측정하고자 할 경우에는 멀티미터를 사용하여야 한다.

② 건설기계에 전기 배선 작업시 주의할 점
- ㉮ 배선을 차단할 때에는 우선 어스(접지)선을 떼고 차단한다.
- ㉯ 배선을 연결할 때에는 어스(접지)선을 나중에 연결한다.
- ㉰ 배선 작업장은 건조해야 한다.
- ㉱ 배선 작업에서 접속과 차단은 빨리 하는 것이 좋다.

2) 조명의 용어
① 광속 : 빛의 다발을 광속이라 하고, 이것은 광원으로부터 빛의 다발이 사방으로 방사되고 있을 때 그 크기로 광속이 정해지며 단위는 루멘(lumen, lm)으로 표시한다.
② 광도 : 발광체가 내는 빛의 강한 정도를 광도라 하며, 단위는 칸델라(candela, cd)로 표시한다.
③ 조도 : 피조면(被照面)의 밝기의 정도를 나타내는 것을 조도라 하며, 단위는 럭스(Lx)로 표시하며 광도와 거리와의 관계는 다음과 같다.

$$E = \frac{cd}{r^2}$$

- E : 조도(Lx)   · r : 거리(m)   · cd : 광도

[예제] 광원의 광도가 20cd이고 거리가 2m 떨어진 곳의 조도는 얼마인가?
➡ 피조면의 조도는 광원의 광도에 비례하고 거리의 제곱에 반비례하므로
$Lx = \frac{20}{2^2} = 5Lx$ 답 : 5럭스

STEP 02 냉·난방장치

1. 난방장치의 작용

난방장치를 열원별로 나누면 온수식, 배기열식, 연소식의 3종류가 있으며, 일반적으로 온수식이 사용된다. 온수식은 엔진 냉각용으로 사용한 온수의 일부를 히터 유니트로 흘려서 온수를 방출하는 열량으로 유니트 내의 공기를 따뜻하게 만든다. 또한, 블로어(송풍 모터)를 사용하여 실내로 보내서 난방함과 동시에 열풍의 일부를 프론트 또는 사이드 글라스로 불어내서 흐림과 서리를 방지한다.

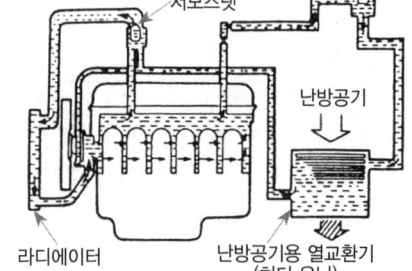

[온수식의 온수경로]

1) 열원별 난방장치 종류
① 온수식
- ㉮ 엔진 냉각용의 온수를 이용한다.
- ㉯ 수냉식 엔진 차량용으로 구조는 간단하며 일반적인 것이다.

② 배기열식
- ㉮ 배기 가스의 열을 이용한다.
- ㉯ 공랭식 엔진 차량용으로 구조는 간단하다.
- ㉰ 열용량이 부족하기 쉽다.

③ 연소식
- ㉮ 석유 연료의 연소열을 이용한다.
- ㉯ 버스·건설기계용의 것으로 구조가 복잡하다.
- ㉰ 열용량이 크므로 한랭지용에 적합하다.

2) 온수식 공기도입법의 분류

① 외기순환식(후레시)
- ㉮ 공기의 신선도가 높다.
- ㉯ 열교환이 큰 히터 유니트가 필요하다.

② 내기순환식(리서큘레이팅)
- ㉮ 외기도입식에 비하여 공기의 신선도는 떨어진다.
- ㉯ 구조가 간단하여 차량 실내를 따뜻하게 한다.

③ 외기도입 내기순환변환식
- ㉮ 가장 일반적으로 사용되는 방식이다.
- ㉯ 외기 내기의 변환 기구가 필요해진다.

2. 냉방장치의 작용

냉방하는데는 저열원이 필요하지만, 자동차용 냉방장치의 저열원으로는 액체가 기화할 때 주위에서 열을 빼앗는 것을 이용하고 있다. 이와 같은 액체를 냉매라고 한다. 냉매를 사용하여 연속적으로 저열원을 얻기 위하여서는 일단 기화한 냉매를 다시 액화시킬 필요가 있으며 액화, 기화를 반복하게 하는 방식을 채용하고 있다. 이것을 증기 압축식 냉매 사이클이라고 한다.

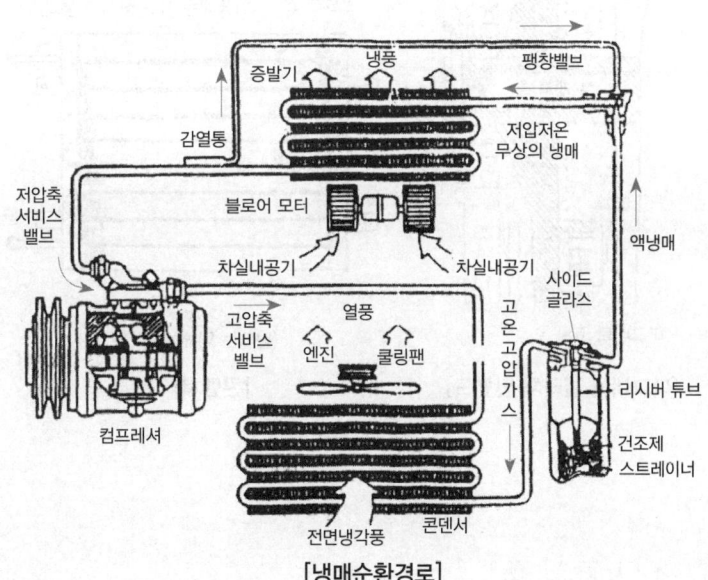

[냉매순환경로]

1) 작동 원리 및 순서

   냉매 사이클에는 4가지의 작용을 순환 반복함으로써 한 주기를 이루는 카르노 사이클을 이용하였으며 "증발(액체가 기체로 변함) → 압축(외기에 의해 기체가 액체로 변함) → 응축(기체가 액체로 변함) → 팽창(냉매의 압축을 낮춤)"의 순서로 순환한다.

2) 냉방장치의 구성품

   ① 압축기 : 증발기에서 저압 기체로 된 냉매를 고압으로 압축하여 응축기로 보내는 장치로 종류에는 크랭크식, 사판식, 베인식이 있다.
   ② 응축기 : 압축기에서 들어온 고온·고압의 기체 냉매를 대기 중에 방출시켜 액체로 만드는 일종의 방열기이다.
   ③ 건조기 : 응축기에서 들어온 냉매를 저장하고 수분을 흡수한다.
   ④ 증발기(이배퍼레이터) : 팽창밸브를 통과한 냉매가 증발되기 쉬운 저압으로 되어 증발기에서 증발되며 이 때의 기화열에 의해 튜브 핀을 냉각시켜 차량 실내의 공기가 시원하게 된다.
   ⑤ 패스트 아이들 기구 : 엔진의 공전 속도가 저하될 때의 진동을 방지하기 위하여 에어컨의 공전 회전수를 상승시켜 준다.
   ⑥ 마그네틱 클러치 : 압축기는 크랭크축 풀리에 벨트로 연결되어 회전하며, 압축이 필요한 때에만 압축기축과 클러치 판이 일체가 되어 회전한다.
   ⑦ 냉매 : 냉매란 냉동 효과를 위해 사용되는 물질로서 프레온과 암모니아 등과 같이 냉매가 상태 변화를 일으키는 1차 냉매와 염화나트륨, 브라인(brine) 같이 저온의 액체를 순환시키는 2차 냉매가 있다.

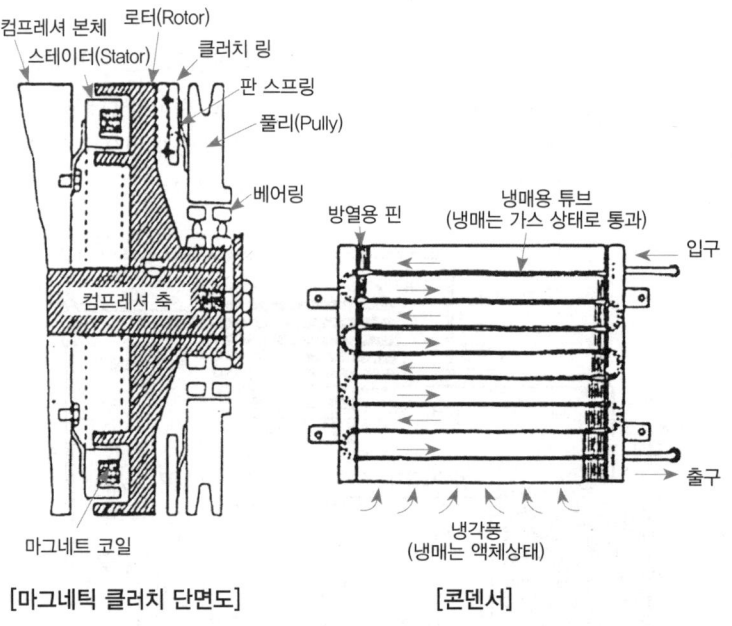

[마그네틱 클러치 단면도]   [콘덴서]

3) 주요 냉매와 용도

냉매를 편의상 화학적으로 분류하면 무기화합물계 탄소, 탄화수소계, 할로겐 원소를 포함하는 탄화수소, 특히 불소(플루오르. 원소기호 F)를 포함한 프레온계 등이 있다.

① 암모니아(NH_3) : 널리 사용되는 냉매로서 식품의 냉동, 제빙 등에 사용되며 독성이 있어서 인체에 유해하므로 공기조화에는 사용하지 않는다. 그리고 철(鐵)은 부식시키지 않지만 동이나 동합금 등은 심하게 부식시킨다.

② R-12 : 프레온계 냉매는 안전도가 매우 높고 무해, 무독하며 연소성, 폭발성이 없으며 전기 절연성이 좋고 수분이 없으면 부식성도 거의 없다. 만약 수분이 있으면 Mg, Mg-Al 합금은 부식을 일으키므로 동관(銅管)을 사용하는 것이 좋으며 관로 내에는 탈습기(脫濕器)를 설치할 필요가 있다. 특히 R-12는 프레온계 중 가장 안전하여 적합하다. 여기서 R은 REFRIGERANT(냉계)의 R을 의미한다. 분자식은 CF_2Cl_2로 화학명은 Dichlorodifluoromethane, 또는 2염화불화탄소(二鹽化弗化炭素)라고 한다. 이와 같이 할로겐화 탄화수소계는 화학명이 매우 길어서 부르기가 매우 불편하므로 R-12, R-22 등의 숫자를 사용하여 기호를 나타낸다.

4) 신냉매(HFC-134a)와 구냉매(R-12)의 비교

현재 건설기계 냉방장치에 사용되고 있는 R-12는 냉매로서는 가장 이상적인 물질이지만 단지 CFC(염화불화탄소)의 분자중 Cl(염소)가 오존층을 파괴함으로써 지표면에 다량의 자외선을 유입하여 생태계를 파괴하고, 또 지구의 온난화를 유발하는 물질로 판명됨에 따라 이의 사용을 규제하기에 이르렀다.

따라서 이의 대체물질로 현재 실용화되고 있는 것이 HFC-134a(Hydro Fluro Carbon 134a)이며 이것을 R-134로 나타내기도 한다.

> 참고 | 국가기술자격필기문제에서는 R-134a로 표시하였다.

제02장_ 건설기계 전기
출제예상문제

1. 전기기초 및 축전기

01 다음 중 전류의 3가지 작용에 속하지 않는 것은?
① 자기 작용   ② 발열 작용
③ 전기 작용   ④ 화학 작용

> 전류의 3대 작용
> • 발열작용 : 전구, 예열플러그, 전열기
> • 화학작용 : 축전지, 전기 도금
> • 자기작용 : 전동기, 발전기, 솔레노이드 등

02 전선의 전기 저항은 단면적이 클수록 어떻게 변화하는가?
① 작게 된다.
② 크게 된다.
③ 단면적엔 관계없고 길이에 따라 변화한다.
④ 단면적을 변화시키면 항상 증가한다.

> 도체의 저항은 그 길이에 비례하고, 단면적에 반비례한다. 따라서, 단면적이 커질수록 저항은 작아진다.

03 전기장치의 전압 변화는 일반적으로 얼마까지 허용되는가?
① ±5   ② ±10%
③ ±15%   ④ ±20%

04 다음의 기호의 해설이 틀린 것은?
① 전류의 세기 – A   ② 저항 – Ω
③ 전압 – V   ④ 전력량 – μF

> 전력은 W 또는 kW, 전력량은 WS 또는 kW/h 를 사용한다.

05 전압이 12V, 저항이 2Ω일 때 전류는?
① 2A   ② 3A
③ 6A   ④ 12A

> 전류 = 전압/저항 = 12/2 = 6A

06 12V의 자동차에 30W의 헤드라이트 한 개를 켜면 이 때 흐르는 전류는?
① 5A   ② 2.5A
③ 10A   ④ 4A

> 전류 = 전력/전압 = 30/12 = 2.5A

07 저항이 350Ω이고 전류가 0.5A인 전류를 필요로 하는 전구를 켜려면 몇 V 전압이 필요한가?
① 1.42V   ② 175V
③ 349.5V   ④ 700V

> 전압 = 전류 × 저항 = 0.5 × 350 = 175V

08 다음 전기의 전압을 구하는 공식 중 알맞은 것은?
① V = IP   ② V = I/R
③ V = I/P   ④ V = IR

> I = V/R, V = IR, R = V/I
> 여기서 I : 전류(A), V : 전압(V), R : 저항(Ω)

09 저항이 가장 큰 전구는?
① 12V용 6W   ② 12V용 10W
③ 12V용 20W   ④ 12V용 50W

> $P = VI = V^2/R$ (∵ I = V/R)
> ∴ $R = V^2/P$ 이므로 같은 전압일 때 전력이 적을수록 저항이 크다.

10 1kW의 발전기가 24V의 축전지를 28V로 충전할 경우 최대로 충전할 수 있는 전류는?
① 36A   ② 42A

 [1. 전기기초 및 축전지] 01 ③ 02 ① 03 ② 04 ④ 05 ③ 06 ② 07 ② 08 ④ 09 ① 10 ①

③ 24A　　　　　　④ 52A

🔍 전류 = $\frac{전력}{전압} = \frac{1000}{28} = 36A$

11 다음 그림과 같은 회로에서 전류계(가)에 흐르는 전류는 몇 A인가?

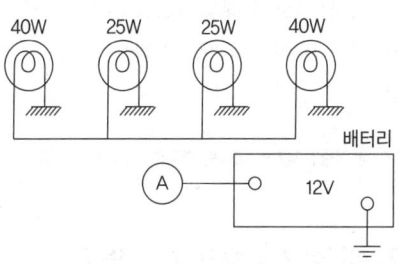

① 3.8A　　　　　　② 5.8A
③ 10.8A　　　　　　④ 15.8A

🔍 전류 = $\frac{전력}{저항} = \frac{40+25+25+40}{12} = 10.8A$

12 광원의 광도가 1400cd의 경우 2m 거리에서의 조도는?

① 100Lx　　　　　　② 150Lx
③ 250Lx　　　　　　④ 350Lx

🔍 조도 = $\frac{광도}{거리^2} = \frac{1400}{2^2} = 350Lx$

13 퓨즈의 접촉이 불량하면 어떤 현상이 일어나는가?

① 과대 전류가 흐르나 끊어지지 않는다.
② 전류의 흐름이 떨어지고 끊어진다.
③ 전류의 흐름이 떨어지나 끊어지지 않는다.
④ 과대 전류가 흐르고 끊어진다.

14 퓨즈는 회로 속에 어떻게 설치되는가?

① 병렬　　　　　　② 직렬
③ 직·병렬　　　　　④ 혼선

🔍 퓨즈는 회로에 과대한 전류가 흐를 때 내부의 금속 부품이 녹아 끊어져 개방회로를 만듦으로써 회로를 보호하는 장치로 회로 내에서 직렬로 설치된다.

15 퓨즈의 재료 중 맞는 것은?

① 주석, 납 창연, 카드뮴의 합금
② 주석, 구리, 크롬, 알루미늄의 합금
③ 주석, 납, 구리, 아연, 철의 합금
④ 주석, 카드뮴, 아연, 구리의 합금

🔍 퓨즈는 주석(Sn), 납(Pb), 창연(Bi, 비스무트), 카드뮴(Cd)의 합금으로 만들어진다.

16 다음 회로에서 퓨즈에는 몇 A가 흐르는가?

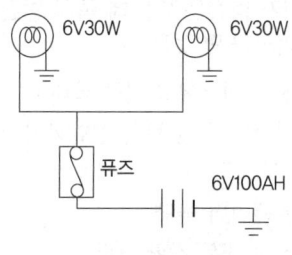

① 5A　　　　　　② 10A
③ 50A　　　　　　④ 100A

🔍 P = VI에서 I = P/V이므로
I = (30 + 30)/6 = 10(A)
여기서, P : 전력(W), V : 전압(V), I : 전류(A)

17 전조등 점검 결과 퓨즈를 교환하려 한다. 전원은 24V이고, 전조등은 60W × 2이다. 얼마 이상의 퓨즈를 사용하여야 하는가?(단, 안전율은 20%이다)

① 5A 이상　　　　② 3A 이상
③ 4A 이상　　　　④ 6A 이상

🔍 퓨즈용량 = $\frac{전력}{전압}$ × 안전계수 = $\frac{60+60}{24}$ × 1.2 = 6A 이상

18 다음은 축전지에 대한 설명이다. 잘못된 것은?

① 축전지의 전해액으로는 묽은 황산이 사용된다.
② 축전지의 극판은 양극판이 음극판보다 1매가 더 많다.
③ 축전지의 1셀당 전압은 2~2.2V 정도이다.
④ 축전지의 용량은 암페어시(Ah)로 표시한다.

🔍 축전지의 양극판이 음극판보다 더 활성적이기 때문에 화학적 평형을 고려하여 음극판이 1장 더 많다.

19 축전지 단자와 단자 사이에 많은 오물과 습기가 있을 때 어떤 현상이 일어나는가?

① 자기 방전이 된다.
② 전해액의 비중이 높게 된다.
③ 축전지의 온도가 상승된다.
④ 절연이 잘 된다.

> 단자와 단자 사이에 오물 등이 유입되면 국부전지가 형성되어 자기방전이 된다.

20 축전지가 충전은 되는데 즉시 방전된다. 이유 중 가장 거리가 먼 것은?

① 축전지 내부에 침전물 과대
② 축전지가 방전 종지 전압까지 된 상태에서 충전시
③ 레귤레이터 불량
④ 축전지 내부 격판 단락

> 자기방전의 원인
> • 구조상 부득이한 것
> • 불순물에 의한 것
> • 단락에 의한 것

21 MF(Maintenance Free) 축전지에 대한 설명으로 적절하지 않은 것은?

① 증류수를 보충해야 한다.
② 장기간 보관이 가능하다.
③ 격자의 재질은 납과 저안티몬 또는 칼슘의 합금이다.
④ 촉매 마개를 사용한다.

> MF 축전지는 점검 및 정비를 줄이기 위해 개발된 것으로 증류수를 점검하거나 보충하지 않아도 된다.

22 축전지를 오랫동안 방전 상태로 두면 못쓰게 되는 이유는?

① 극판이 영구 황산납이 되기 때문이다.
② 극판에 산화납이 형성되기 때문이다.
③ 극판에 수소가 형성되기 때문이다.
④ 산화납과 수소가 형성되기 때문이다.

> 음극판의 작용물질(해면상납)이 황산과의 화학작용으로 영구 황산납이 되기 때문이다.

23 과충전 기간에 양극판이 부풀어 오는 원인은 무엇 때문인가?

① 황산납이 많기 때문이다.
② 격자가 산화하기 때문이다.
③ 격리판이 움직이기 때문이다.
④ 전해액이 많아지기 때문이다.

> 축전지를 과충전시키면 양극판 격자의 산화가 촉진된다.

24 축전지 취급상 가장 좋지 않는 것은?

① 과방전은 축전지의 충전을 위해 필요하다.
② 자연 소모된 전해액은 증류수로 보충한다.
③ 필요시 급속 충전시켜 사용할 수 있다.
④ 사용하지 않은 축전지도 2주에 1회 정도 보충전한다.

> 축전지는 과방전되면 사용할 수 없게 되므로 사용하지 않은 축전지도 2주에 1회 정도 보충전해야 한다.

25 기관을 크랭킹시켜봤더니 시동 모터가 돌지 않는다. 이 때 헤드라이트 스위치를 켜고 다시 시동 모터 스위치를 켰더니 라이트 빛이 꺼져 버렸다. 고장 원인은?

① 축전지 방전
② 솔레노이드스위치 고장
③ 회로의 단선
④ 시동 모터의 단선

> 축전지는 기동 전동기의 전기적 부하 및 점등장치 등에 전원을 공급하기 위해 사용된다.

26 축전지의 음극판(negative plate)의 주성분은?

① 염화납
② 황산납($PbSO_4$)
③ 과산화납(PbO_2)
④ 해면상납(Pb)

> 납산 축전지의 양극판은 과산화납, 음극판은 해면상납을 사용하고 전해액은 묽은 황산을 사용한다.

 19 ① 20 ③ 21 ① 22 ① 23 ② 24 ① 25 ① 26 ④

27 축전지를 충전할 때 주의사항으로 맞지 않는 것은?

① 충전시 전해액 주입구 마개는 모두 닫는다.
② 축전지는 사용하지 않아도 1개월 2회 보충전을 한다.
③ 축전지가 단락하여 불꽃이 발생하지 않게 한다.
④ 과충전하지 않는다.

> 축전지 충전시 전해액 및 증류수 보충을 위한 마개인 각 셀의 벤트 플러그는 모두 열어 두어야 한다.

28 배터리(battery)의 과충전으로 전해액이 부족할 경우 보충해야 될 것은?

① 황산 용액
② 탄산나트륨 용액
③ 에틸알코올 용액
④ 증류수

> 전해액이 부족할 경우 증류수를 극판 위로부터 10~13mm 정도 보충한다.

29 배터리를 충전할 때 배터리 내에 수소가스가 발생되는데 그 성질은 어떠한가?

① 중성 가스
② 소화 가스
③ 불연성 가스
④ 가연성 가스

> 충전 중인 축전지 근처에 불꽃을 가까이해서는 안되는 데 이는 가연성의 수소가스가 발생하기 때문이다.

30 전해액을 만들 때는 반드시 해야 할 일은?

① 황산을 물에 부어야 한다.
② 물을 황산에 부어야 한다.
③ 철제의 용기를 사용한다.
④ 황산을 가열하여야 한다.

> 전해액을 만들 때는 반드시 질그릇이나 고무그릇과 같은 절연체의 용기를 사용하여 물(증류수)에 황산을 부어서 혼합하도록 한다. 이 때 혼합비율은 물 60%와 황산 40%가 적당하다.

31 건설기계에서 많이 사용하는 축전지는?

① 납산 축전지이다.
② 알칼리 축전지이다.
③ 분젠 전지이다.
④ 건전지이다.

> 건설기계에 주로 사용되는 축전지는 가격이 저렴한 납산 축전지이다.

32 축전지 커버에 묻은 전해액을 세척하는 데 어느 것이 가장 좋은가?

① 비눗물
② 걸레
③ 물
④ 베이킹 소다

> 축전지의 전해액이 묽은 황산이므로 소다를 사용하여 중화시킨다.

33 축전지 케이스와 커버 세척에 가장 알맞은 것은?

① 솔벤트와 물
② 소금과 물
③ 소다와 물
④ 가솔린과 물

> 축전지 커버와 케이스 청소는 탄산소다(탄산나트륨)와 물 또는 암모니아수로 한다.

34 축전지의 용량은 어떻게 결정되는가?

① 극판의 크기, 극판의 수 및 황산의 양에 의해 결정된다.
② 전해액의 비중, 셀의 수에 따라 결정된다.
③ 극판의 수, 셀의 수 및 발전기의 충전 능력에 따라 결정된다.
④ 극판의 수와 발전기의 충전능력에 따라 결정된다.

> 축전지 용량의 크기를 결정하는 요소는 극판의 크기(또는 면적), 극판의 수, 전해액의 양 등이 있다.

35 축전지 셀의 극판수를 늘리면?

① 전압이 증가 또는 감소한다.
② 이용 전류 즉, 용량이 커진다.
③ 저항이 증가한다.
④ 방전 종지 전압이 낮아진다.

> 축전지 셀의 극판수를 늘리면 축전지의 용량이 커진다.

정답 27 ① 28 ④ 29 ④ 30 ① 31 ① 32 ④ 33 ③ 34 ① 35 ②

36 배터리의 (+)극판, (−)극판 매수에 대해 맞는 것은?

① (+)극판이나 (−)극판이나 매수는 똑같다.
② (−)극판이 (+)극판보다 1매가 더 많다.
③ (+)극판이 (−)극판보다 1매가 더 많다.
④ (+)극판, (−)극판 매수는 상관없다.

🔍 축전지의 양극판이 음극판보다 더 활성적이기 때문에 화학적 평형을 고려하여 음극판이 1장 더 많다.

37 12V 축전지의 구성은?

① 6개의 셀이 병렬로 접속되었다.
② 6개의 셀이 직렬로 접속되었다.
③ 6개의 셀이 직 · 병렬로 접속되었다.
④ 3개는 직렬, 나머지 3개는 병렬로 되었다.

🔍 축전지를 직렬로 연결하면 전압은 배가되고, 용량은 같다. 따라서, 6개의 셀이 직렬로 연결되면 전압이 12V인 축전지를 구성할 수 있다.

38 같은 축전지를 병렬로 접속하면?

① 전압은 개수배가 되고 용량은 1개 때와 같다.
② 전압은 1개 때와 같고 용량은 개수배가 된다.
③ 전압과 용량은 변화 없다.
④ 전압과 용량 모두 개수배가 된다.

🔍 직렬로 연결하면 전압이 배가되고, 병렬로 연결하면 용량이 배가 된다.

39 6V의 축전지 4개로 24V의 기능을 발휘시키려면?

① 병렬로 연결한다.
② 직렬로 연결한다.
③ 직 · 병렬로 연결한다.
④ 24V가 되게 할 수 없다.

🔍 축전지를 직렬로 연결하면 전압이 개수배만큼 증가한다.

40 용량이 적은 배터리에서 충분한 전류를 얻으려면 다음 중 맞는 것은?

① 직렬 연결법   ② 병렬 연결법
③ 직 · 병렬 연결법 ④ 관계없다.

🔍 축전지를 병렬로 연결하면 용량(전류)는 배가되고 전압은 1개일 때와 동일하다.

41 축전지 용량의 단위는?

① WS
② Ah
③ V
④ A

🔍 축전지의 용량은 "일정 방전 전류(A) × 방전 종지 전압까지의 연속방전시간(h)" 으로 나타내며, 암페어시(Ah)라고 읽는다.

42 다음은 축전지 터미널의 식별법이다. 관계 없는 것은?

① 크기로 표시한다.
② (+), (−)의 문자로 표시한다.
③ 색깔로 표시한다.
④ 모양을 달리하여 표시한다.

🔍 축전지 터미널(단자 기둥)의 식별
· 양극은 (+), 음극은 (−)의 부호로 구분한다.
· 양극은 적색, 음극은 흑색으로 구분한다.
· 양극은 지름이 굵고, 음극은 가늘다.
· 양극은 POS, 음극은 NEG의 문자로 분별한다.
· 부식물이 많은 쪽이 양극이다.

43 축전지 터미널에 녹이 슬었을 때의 조치 요령은?

① 물걸레로 닦아낸다.
② 뜨거운 물로 닦고 소량의 그리스를 바른다.
③ 터미널을 신품으로 교환한다.
④ 아무런 조치를 하지 않아도 무방하다.

🔍 단자기둥(터미널)이 부식되었을 경우에는 뜨거운 물로 깨끗이 닦아 내고 그리스를 얇게 발라준다.

44 24V 축전지에 24V 12W의 전구 1개를 연결하면 흐르는 전류는?

① 0.25A   ② 0.5A
③ 2A   ④ 12A

🔍 전류 = $\dfrac{\text{전력}}{\text{전압}} = \dfrac{12}{24} = 0.5A$

정답 36 ② 37 ② 38 ② 39 ② 40 ② 41 ② 42 ④ 43 ② 44 ②

45 24V의 축전지에 2Ω, 6Ω의 저항을 직렬 연결할 때 회로에 흐르는 전류의 세기는?

① 1A ② 2A
③ 3A ④ 4A

🔍 전류 = $\frac{전압}{저항}$ = $\frac{24}{2+6}$ = 3A

46 장비에 사용되는 12V 축전지를 전압계를 사용하여 측정하려 할 때 몇 볼트 이하이면 완전 방전되었다고 보는가?

① 8.4V ② 9.6V
③ 10.5V ④ 12.0V

🔍 셀당 방전 종지 전압이 1.75V 이므로, 6셀로 구성되는 12V 축전지의 완전 방전값은 6셀 × 1.75V = 10.5V이다.

47 축전지의 셀당 방전 종지전압(V)에 해당하는 것은?

① 1.65V ② 1.75V
③ 1.85V ④ 1.95V

🔍 방전 종지 전압이란 축전지를 어떤 전압 이하로 방전해서는 안 되는 것을 말하며, 그 값은 1셀당 평균 1.75V 이다.

48 20시간 동안 2.5A로 계속 사용하였더니 1.75V가 되었다. 축전지의 용량은 얼마인가?

① 20Ah ② 50Ah
③ 70Ah ④ 87Ah

🔍 용량 = 전류 × 시간 = 2.5 × 20 = 50Ah

49 0℃에서 양호한 상태인 100Ah 축전지는 300A의 전류로 방전시킬 때 이론상 얼마 동안 방전시킬 수 있는가?

① 5분   ② 10분
③ 15분 ④ 20분

🔍 시간 = $\frac{용량}{전류}$ = $\frac{100}{300}$ = 0.33시간 = 20분

50 완전 충전된 축전지를 방전 종지전압까지 방전하는데 20A로 6시간 걸렸다. 다음에 이것을 완전 충전하는데 10A로 15시간 걸렸다면 이 축전지의 효율은?

① 70% ② 80%
③ 90% ④ 95%

🔍 축전지효율 = $\frac{방전용량}{충전용량}$ × 100 = $\frac{20 \times 6}{10 \times 15}$ × 100 = 80%

51 120Ah의 축전지가 매일 3%의 자기방전을 할 때 이것을 보존하기 위하여 미전류 충전기로 충전할 때 충전전류는 몇 (A)로 조정하여 두면 되는가?

① 0.05A ② 0.1A
③ 0.15A ④ 0.20A

🔍 충전전류 = $\frac{방전전류}{24시간}$ = $\frac{120 \times 0.03}{24}$ = 0.15A

52 다음 중 배터리의 충전 상태를 측정할 수 있는 게이지는?

① 그라울러 테스터 ② 압력계
③ 비중계   ④ 멀티 테스터

🔍 전해액의 비중은 방전량에 비례하여 저하된다. 따라서, 배터리의 충전 상태는 비중계로 측정할 수 있다.

53 축전지에 충전할 때 전해액의 온도가 몇 도를 넘어서는 안되는가?

① 10℃ ② 20℃
③ 30℃ ④ 45℃

🔍 충전 중 전해액의 온도를 45℃ 이상으로 상승시키지 않아야 한다.

54 축전지는 얼마간의 간격으로 충전하는가(단, 보관시)?

① 7일   ② 15일
③ 60일 ④ 30일

🔍 사용하지 않고 보관중인 축전지는 15일에 한번씩 보충전을 하여야 한다.

정답 45 ③ 46 ③ 47 ② 48 ② 49 ④ 50 ② 51 ③ 52 ③ 53 ④ 54 ②

55 축전지 케이블을 떼어낼 때 바른 작업 방법은?

① 아무거나 먼저 떼어내도 무방하다.
② 두 케이블을 동시에 떼어 낸다.
③ 접지 터미널을 먼저 떼어 낸다.
④ (+)극 케이블을 먼저 떼어 낸다.

> 축전지 단자 기둥으로부터 케이블을 분리할 경우에는 반드시 접지 단자의 케이블을 먼저 분리하고, 설치할 경우에는 나중에 연결하여야 한다.

56 건설기계에 축전지를 설치할 때 가장 안전한 작업방법은?

① 절연 케이블을 나중에 연결한다.
② 접지 케이블을 나중에 연결한다.
③ 음극 케이블을 프레임에 연결한다.
④ 두 케이블을 동시에 연결한다.

> 축전지를 설치할 때 접지 케이블을 나중에 연결하여야 한다.

57 건설기계의 축전지가 충전 부족이 되는 원인이 아닌 것은?

① 전압 조정기의 조정전압이 너무 낮을 때
② 전압 조정기의 조정전압이 너무 높을 때
③ 충전회로에 누전이 있을 때
④ 전기의 사용이 너무 많을 때

> 전압조정기기의 조정전압이 높으면 축전지가 과충전되는 원인이 된다.

58 축전지 비중은 30℃에서 1.273이었다. 20℃에서의 비중은 얼마인가?

① 1.254 ② 1.260
③ 1.268 ④ 1.280

> S_{20} = St + 0.0007(t−20) = 1.273 + 0.0007(30 − 20)
> = 1.280

59 지금 축전지 비중을 측정한 결과 23℃일 때 1.275였다면 20℃일 때의 비중은 얼마인가?

① 1.296 ② 1.254
③ 1.277 ④ 1.273

2. 시동장치

01 건설기계에서 기관 시동에 사용되는 기동 전동기는?

① 직류 직권식   ② 직류 분권식
③ 교류 직권식   ④ 교류 복권식

> 직류전동기에는 전기자 코일과 계자 코일의 연결방법에 따라 직권식, 분권식, 복권식 전동기로 분류하며, 건설기계에서는 축전지를 전원으로 하는 직류 직권식 전동기를 사용하고 있다.

02 기동 전동기의 충분한 기동 출력을 얻으려면 기동 전동기 회로 상태는?

① 회로에 저항이 많아야 한다.
② 회로에 저항이 적어야 한다.
③ 회로에 접속부를 용접한다.
④ 회로를 3선식으로 하여야 한다.

> 기동전동기의 회전력은 계자철심의 자력과 전기자에 흐르는 전류와의 곱에 비례한다. 따라서, 저항이 적어야 충분한 기동출력을 얻을 수 있다.(전류 = 전압/저항)

03 직권식 기동전동기의 전기자 코일과 계자 코일은?

① 각각(혼형)의 단자에 연결되어 있다.
② 병렬로 연결되어 있다.
③ 직렬, 병렬로 연결되어 있다.
④ 직렬로 연결되어 있다.

> 직권식은 전기자 코일과 계자 코일이 직렬로 접속되어 있으며, 분권식은 병렬, 복권식은 직·병렬로 연결되어 있다.

04 기동 전동기 스위치에는 축전지로부터 많은 전류가 흐른다. 무엇을 고려해야 하는가?

① 발로 작동되도록 한다.
② 접촉 면적을 크게 해야 한다.
③ 운전석 바닥에 설치한다.
④ 릴레이를 사용한다.

> 기동전동기(시동 모터)는 건설기계 차량에서 가장 큰 전류가 흐르는 곳으로 접촉 면적을 크게 해야 한다.

 55 ③ 56 ② 57 ② 58 ④ 59 ③ [2. 시동장치] 01 ① 02 ② 03 ④ 04 ②

05 시동 모터의 마그넷 스위치는?

① 전자석으로 작동하는 시동 모터용 스위치이다.
② 시동 모터의 전류 조절기이다.
③ 시동 모터의 전압 조절기이다.
④ 시동 모터와는 관계없는 것이다.

> 마그넷 스위치를 솔레노이드 스위치라고도 부르며 전자력으로 작동하는 기동 전동기용 스위치이다.

06 주파수 60Hz, 6극 교류전동기의 1분당 동기 회전수는 얼마인가?

① 1200   ② 1500
③ 800   ④ 3600

> 동기 회전수 R = (120 × 60) / 극수
> ∴ R = (120 × 60) / 6 = 1200rpm

07 8극 60Hz, 500kW인 유도 전동기가 있다. 전부하 슬립이 10%일 때 전동기의 실제 회전수는 몇 rpm인가?

① 710   ② 810
③ 900   ④ 1000

> 회전수 = $\dfrac{120 \times Hz}{극수}$ × 전달효율
> = $\dfrac{120 \times 60}{8}$ × $\dfrac{90}{100}$ = 810rpm

08 링기어 잇수 213, 피니언 잇수 18이고, 3000cc급 엔진의 회전 저항이 12m-kg이라고 하면, 기동 전동기가 필요로 하는 회전력은?

① 1.18m-kg   ② 1.20m-kg
③ 1.01m-kg   ④ 2.02m-kg

> 12 × $\dfrac{18}{213}$ = 1.01m-kg

09 링기어 이의 수가 113, 피니언 이의 수가 9이고, 1200cc 엔진 회전저항이 6m-kg일 때 기동 전동기가 이 엔진을 회전시킬 최소 회전력은 얼마인가?

① 0.48m-kg   ② 48m-kg
③ 480m-kg   ④ 4800m-kg

> 6 × $\dfrac{9}{113}$ = 0.48m-kg

10 기동 전동기의 전압은 24V, 출력이 5.5kW일 경우 최대 전류는 몇 A인가?

① 30A
② 20A
③ 229A
④ 502A

> 전류 = $\dfrac{출력}{전압}$ = $\dfrac{5500}{24}$ = 229A

11 기관 시동시 스타팅 버튼은?

① 30초 이상 계속 눌러서는 안 된다.
② 3분 이상 눌러서는 관계없다.
③ 2분 정도 눌러서는 관계없다.
④ 계속하여 눌러도 된다.

> 기동 전동기 연속 사용시간은 10초 정도로 하고, 최대 연속 운전시간은 30초 이내로 하여야 한다.

12 엔진이 기동되었을 때 시동 스위치를 계속 ON 위치로 할 때 미치는 영향으로 맞는 것은?

① 시동 전동기의 수명이 단축된다.
② 캠이 마멸된다.
③ 클러치 디스크가 마멸된다.
④ 크랭크 축 저널이 마멸된다.

> 엔진이 기동되었음에도 시동 스위치를 계속 ON 위치로 하면 시동 전동기의 수명이 단축된다.

13 시동 모터는 1회 몇 초 정도까지 돌리는 것이 적당한가?

① 10~15초 이내   ② 25~35초 이내
③ 40~50초 이내   ④ 50~60초 이내

> 기동 전동기 연속 사용시간은 10초 정도로 하고, 최대 연속 운전시간은 30초 이내로 하여야 한다.

정답 05 ① 06 ① 07 ② 08 ③ 09 ① 10 ③ 11 ① 12 ① 13 ①

14 시동 전동기의 전기자나 계자를 오일로 세척하면 안되는 이유는?

① 계자 철심이 손상된다.
② 전기자 축이 손상된다.
③ 절연 부분이 손상된다.
④ 구리의 연결부가 손상된다.

15 기관을 크랭킹시켰을 경우 시동모터가 너무 천천히 회전한다. 다음 중 고장 원인과 관계없는 것은?

① 시동 회로에 저항이 생김
② 축전지가 방전됨
③ 시동 모터 브러시 또는 정류자의 소손
④ 시동 모터 구동 장치의 결함

16 기동 모터가 작동이 안 되는 원인이다. 틀린 것은?

① 배터리의 출력 저하
② 회로 스위치에 결함
③ 솔레노이드의 결함
④ 팬 벨트의 간극이 느슨함

> 기동전동기가 회전하지 않는 원인
> • 기동 스위치 접촉 및 배선 불량
> • 계자코일 손상
> • 브러시가 정류자에 밀착 불량
> • 축전지 전압이 낮음
> • 전기자 코일 단선

17 엔진의 링 기어와 전동기 피니언의 기어비는?

① 5~10:1   ② 10~15:1
③ 15~20:1   ④ 20~25:1

> 플라이 휠 링 기어와 전동기 피니언의 감속비는 10~15:1 정도이며, 피니언을 링 기어에 물리는 방식으로는 벤딕스식, 피니언 섭동식, 전기자섭동식이 있다.

18 시동 모터 구동시 암 미터가 동작하지 않는 이유는?

① 알터네이터가 고장났기 때문
② 시동 모터를 배터리와 직선 연결했기 때문
③ 배터리가 과방전되었다.
④ 레귤레이터의 접점이 붙었기 때문에

19 시동 모터의 피니언 기어는 시동할 때 어디와 치합되는가?

① 플라이 휠 링 기어
② 피니언 베벨 기어
③ 변속기 내부의 1단 기어
④ 캠 축 기어

> 기동전동기에서 발생한 회전력은 엔진 플라이 휠 링 기어로 전달되어 크랭킹 된다.

20 솔레노이드 · 피니언 섭동 형식에서는 무엇에 의해 피니언이 섭동되고 또 전동기 스위치로 작동하게 되어 있는가?

① 플런저   ② 푸시 버튼
③ 솔레노이드   ④ 피니언

> 피니언 섭동식은 피니언의 미끄럼 운동과 기동 전동기 스위치의 개폐를 전자력으로 작동하는 솔레노이드 스위치를 두고 있다.

21 기동 전동기 브러시의 재질이다. 맞는 것은?

① 전기 흑연계   ② 금속 흑연계
③ 구리   ④ 흑연

> 브러시는 정류자를 통하여 전기자 코일에 전류를 출입시키는 일을 하며, 큰 전류가 흐르므로 재질은 금속 흑연계이다.

22 사용 중인 브러시는 새 브러시에 비해 얼마가 마모되면 교환해야 하나?

① 1/2   ② 1/3
③ 1/4   ④ 3/4

> 브러시는 표준 길이에서 1/3 정도 마모되면 교환하여야 한다.

23 다음 중 기동 전동기의 시험 항목으로 맞지 않는 것은?

① 무부하 시험   ② 저항 시험
③ 과부하 시험   ④ 회전력 시험

> 기동 전동기의 시험 항목으로는 무부하 시험, 저항 시험, 회전력 시험이 있다. 특히 회전력 시험에서의 회전력은 전기자가 회전되지 않기 때문에 정지회전력이라고 부른다.

 14 ③ 15 ④ 16 ④ 17 ② 18 ② 19 ① 20 ③ 21 ② 22 ② 23 ③

24 전기자 코일이 자주 단선되는 이유는?

① 과대한 속도 회전
② 과도한 토크의 발생
③ 불충분한 윤활
④ 과대한 전류의 흐름

🔍 전기자 코일은 큰 전류가 흐르기 때문에 단면적이 큰 평각선이 사용된다.

25 기동 전동기를 다룰 때의 주의 사항으로 틀린 것은?

① 기동 전동기 연속 사용시간은 10초 정도로 한다.
② 엔진이 기동된 후에는 기동 스위치를 닫아서는 안된다.
③ 최대 연속 운전 시간은 60초 이내로 한다.
④ 배선용 케이블이나 굵기가 규정 이하의 것은 사용하지 않는다.

🔍 기동 전동기의 최대 연속 운전 시간은 30초 이내로 하여야 한다.

3. 충전장치

01 다음의 기구 중 플레밍의 오른손 법칙을 이용한 기구는?

① 전동기
② 발전기
③ 축전기
④ 점화 코일

🔍 발전기는 전류의 자기작용을 이용한 것으로 플레밍의 오른손 법칙을 따른다.

02 다음은 발전기에 대한 설명이다. 틀린 것은 어느 것인가?

① 직류 발전기 전기자에서 나오는 전류는 교류이다.
② 발전기와 관계있는 법칙은 플레밍의 오른손법칙이다.
③ 직류 발전기는 직권식으로 회전수가 일정하다.
④ 교류(AC)발전기의 정류기는 다이오드로 교류를 직류로 바꾼다.

🔍 직류(DC) 발전기는 계자로 출력을 제어하기 때문에 전기자 코일과 계자 코일이 병렬로 결선된 분권식을 사용한다. 참고로 직권식은 부하변동에 따른 단자전압의 변동이 심하기 때문에 발전기로 사용되지 않는다.

03 급속 충전기를 사용할 때 가장 조심하여야 할 점의 하나는?

① 축전지의 높은 온도를 피하는 것이다.
② 자기방전을 피하는 것이다.
③ 큰 저항을 피하는 것이다.
④ 테이퍼 충전을 피하는 것이다.

04 충전계기의 확인 점검은 어느 때 해야 하는가?

① 기관 가동 중에
② 주간 및 월간 점검시에
③ 감독관 입회시에
④ 필요시에

05 엔진을 고속 회전시켜도 전류계(amperemeter)가 움직이지 않는 이유가 아닌 것은?

① 전류계가 불량일 때
② 배터리가 완전 방전되었을 때
③ 배선이 불량할 때
④ 발전기 조정기가 불량할 때

🔍 직류(DC) 발전기 조정기는 계자 코일에 흐르는 전류의 크기를 조절하여 발생되는 전압과 전류를 조정하는 장치이다.

06 직류 발전기 조정기의 3유닛에 속하지 않는 것은 어느 것인가?

① 컷 아웃 릴레이
② 전류 조정기
③ 솔레노이드 조정기
④ 전압 조정기

🔍 직류(DC) 발전기 조정기에는 컷 아웃 릴레이, 전압 조정기, 전류 조정기의 3유닛으로 되어 있다.

정답 24 ④ 25 ③ [3. 충전장치] 01 ② 02 ③ 03 ① 04 ① 05 ④ 06 ③

07 모든 발전기 조정기가 공통으로 가지고 있는 단자는?

① 전압 조정기
② 전류 조정기
③ 컷 아웃 릴레이
④ 전력 조정기

🔍 직류 발전기 조정기는 컷 아웃 릴레이, 전압 조정기, 전류 조정기의 3유닛으로 되어 있으며, 교류 발전기 조정기는 전압 조정기만 필요하다.

08 다음 중 교류 발전기의 정류기로 사용되는 것은?

① 셀렌 정류기
② 마그네틱 정류기
③ 실리콘 다이오드
④ 벌브 정류기

🔍 교류(AC) 발전기의 정류기는 스테이터 코일에서 발생한 교류를 직류로 정류하여 외부로 공급하는 것으로 실리콘 다이오드를 사용한다.

09 DC발전기에서 전류가 흐를 때의 전자석이 되는 것은?

① 전기자
② 계자 철심
③ 계자 코일
④ 전기자 코일

🔍 직류(DC) 발전기에서 계자 철심은 계자 코일에 전류가 흐르면 각각 강력한 전자석으로 되어 N극과 S극을 형성한다.

10 직류 발전기에서 전류가 발생되는 곳은?

① 로터
② 스테이터
③ 아마추어
④ 정류자

🔍 직류(DC) 발전기의 전기자(아마추어)는 계자 내에서 회전하면서 전류를 발생시키는 곳이다.

11 직류 발전기에서 교류를 직류로 바꾸어 주는 것은?

① 정류자와 브러시
② 실리콘 다이오드
③ 아마추어 코일
④ 필드 코일

🔍 직류(DC) 발전기에서 브러시는 정류자와 접촉하여 전기자에서 발생한 교류를 직류로 정류하여 외부로 공급하는 일을 한다.

12 AC 발전기에서 다이오드의 역할은?

① 여자 전류를 조정하고 역류를 방지한다.
② 전류를 조정한다.
③ 교류를 정류하고 역류를 방지한다.
④ 전압을 조정한다.

🔍 교류(AC) 발전기에서는 실리콘 다이오드를 정류기로 사용하며, 이 정류기는 스테이터 코일에서 발생한 교류를 직류로 정류하여 외부로 공급하고, 축전지에서 발전기로 전류가 역류하는 것을 방지한다.

13 DC발전기 조정기의 컷 아웃 릴레이의 작용은?

① 전압을 조정한다.
② 전류를 제한한다.
③ 전류가 역류하는 것을 방지한다.
④ 교류를 정류한다.

🔍 직류(DC) 발전기 조정기의 유닛 중 하나인 컷 아웃 릴레이는 발전기가 정지되어 있거나 발생 전압이 낮을 때 축전지에서 발전기로 전류가 역류하는 것을 방지하는 장치이다.

14 엔진시동 후 충전 램프에 계속 불이 켜져 있을 때는?

① 전기계통에 이상이 있다.
② 엔진 출력이 부족한 것이다.
③ 연료가 충분하지 않은 것이다.
④ 엔진 오일이 부족하다.

🔍 엔진이 정상 작동 중에 축전지를 중심으로 한 충전 계통에 이상이 있으면 점등되어 경고한다.

15 건설기계의 AC 발전기에서 전류를 발생하는 곳은?

① 다이오드
② 로터
③ 스테이터
④ 전기자

🔍 교류(AC) 발전기에서는 스테이터, 직류(DC) 발전기에서는 전기자(아마추어)에서 전류를 발생시킨다.

16 직류 발전기의 전기자 코일과 계자 코일은?

① 제3브러시와 연결되어 있다.
② 직렬로 연결되어 있다.

 정답 ▶ 07 ① 08 ③ 09 ② 10 ③ 11 ① 12 ③ 13 ③ 14 ① 15 ③ 16 ③

③ 병렬로 연결되어 있다.
④ 직·병렬로 연결되어 있다.

> 직류(DC) 발전기는 계자로 출력을 제어하기 때문에 전기자 코일과 계자 코일이 병렬로 분산된 분권식을 사용한다.

17 다음에서 중기용 AC 발전기의 정류기로 사용되는 것은 어느 것인가?

① 마이카 정류기　② 셀렌 정류기
③ 텅어 벌브 정류기　④ 실리콘 다이오드

> 교류(AC) 발전기의 정류기는 스테이터 코일에서 발생한 교류를 직류로 정류하여 외부로 공급하는 것으로 실리콘 다이오드를 사용한다.

18 교류 발전기에서 교류를 직류로 바꾸어 주는 것은?

① 계자　② 슬립 링
③ 다이오드　④ 브러시

19 AC 발전기의 출력은 무엇을 변화시켜 조정하는가?

① 발전기의 회전 속도
② 축전지 전압
③ 로터 전류
④ 스테이터 전류

> 교류(AC) 발전기의 로터는 직류 발전기의 계자 코일과 철심에 해당되며 자극을 형성한다.

20 일반적으로 교류 발전기 내의 다이오드는 몇 개인가?

① 3개　② 6개
③ 7개　④ 8개

> 일반적으로 교류(AC) 발전기의 정류기로 사용되는 실리콘 다이오드는 (+)쪽에 3개, (-)쪽에 3개씩 6개를 두며, 최근에는 여자 다이오드를 3개 더 두고 있기도 한다.

21 교류(AC) 발전기에 대한 설명 중 틀린 것은 어느 것인가?

① 다이오드는 교류를 정류하고 역류를 방지한다.
② 저속 회전시에도 충전이 가능하고 출력이 크다.
③ 플레밍의 왼손법칙과 관계가 있다.
④ 스테이터는 고정되어 있으며 전류가 나오는 곳이다.

> 발전기는 플레밍의 오른손 법칙과 관계가 있다.

22 건설기계의 충전장치는 주로 어떤 발전기를 사용하고 있는가?

① 직류 발전기
② 단상 교류 발전기
③ 3상 교류 발전기
④ 와전류 발전기

> 건설기계는 주로 3상 교류 발전기를 사용한다. 3상 교류 발전기는 단상 교류 3개를 조합한 것으로 권수가 같은 3개의 코일을 120° 간격으로 두고 철심을 감은 후 자석을 일정 속도로 회전시켜 각 코일에 기전력을 발생시킨다.

23 교류 발전기 부품이다. 관련 없는 부품은?

① 다이오드　② 슬립 링
③ 스테이터 코일　④ 전류 조정기

> 교류(AC) 발전기는 고정부인 스테이터(고정자)와 회전하는 부분인 로터(회전자), 로터의 양 끝을 지지하는 엔트 프레임과 스테이터 코일에서 유기된 교류를 정류하는 실리콘 다이오드로 구성되어 있다. 슬립링은 로터의 구성품이다.

24 다음 중 AC 발전기와 관계가 없는 것은?

① 다이오드　② 전압 조정기
③ 컷 아웃 릴레이　④ 전압 릴레이

> 컷 아웃 릴레이는 직류(DC) 발전기 조정기의 3유닛 중 하나로 교류(AC) 발전기 조정기에는 불필요하다.

25 축전기의 용량 단위가 아닌 것은?

① μF　② pF
③ nF　④ cF

> 축전기의 용량 단위는 패럿(F)을 사용하며, 마이크로 패럿(μF)은 $10^{-6}F$, 나노 패럿(nF)은 $10^{-9}F$, 피코 패럿(pF)은 $10^{-12}F$을 의미한다.

정답　17 ④　18 ③　19 ③　20 ②　21 ③　22 ③　23 ④　24 ③　25 ④

26 직류 발전기와 비교한 교류 발전기의 특징으로 틀린 것은?

① 소형, 경량이다.
② 브러시의 수명이 길다.
③ 전류 조정기가 필요하다.
④ 저속 시에도 충전이 가능하다.

> 교류(AC) 발전기의 특징
> • 저속에서도 충전이 가능하다.
> • 회전 부분에 정류자가 없어 허용 회전속도가 한계가 높다.
> • 실리콘 다이오드로 정류하기 때문에 전기적 용량이 크다.
> • 소형 경량이며, 브러시 수명이 길다.
> • 전압 조정기만 필요하다.

4. 등화 · 계기 · 냉난방장치

01 다음의 조명에 관련된 용어의 설명으로 틀린 것은?

① 광도의 단위는 캔들이다.
② 피조면의 밝기는 조도이다.
③ 빛의 세기는 광도이다.
④ 조도의 단위는 루멘이다.

> 조도는 빛을 받는 면의 밝기를 말하며, 단위는 룩스(lux) 기호는 Lx 이다.

02 건설기계용 전조등에 사용되는 조도에 관한 설명 중 맞는 것은?

① 조도는 전조등의 밝기를 나타내는 척도이다.
② 조도의 단위는 암페어이다.
③ 조도는 광도에 반비례하고, 광원과 피조면 사이의 거리에 비례한다.
④ 조도(Lx) = $\dfrac{\text{피조면 단면적}(m^2)}{\text{피조면에 입사되는 광속}(lm)}$ 로 나타낸다.

> • 조도의 단위는 룩스(Lx)이다.
> • 조도는 광원의 광도에 비례하고, 광원의 거리의 2승에 반비례한다.
> • 조도(Lx) = 광도(cd) / 거리($m)^2$

03 헤드라이트 광도 측정시 틀린 것은?

① 타이어 공기압과는 무관하다.
② 라이트를 깨끗이 닦고 검사한다.
③ 전구는 규정 용량을 쓴다.
④ 안전 검사 기준에 맞춘다.

> 전조등 광도 측정 시 타이어 공기압은 표준 공기압으로 하여 측정하여야 한다.

04 전조등의 광도가 광원에서 25,000cd의 밝기일 경우 전방 100m지점에서의 조도는?

① 250Lx   ② 50Lx
③ 12.5Lx ④ 2.5Lx

> $\dfrac{25{,}000cd}{100^2} = 2.5Lx$

05 전기 배선을 점검하는데 저항을 측정하고자 한다. 어느 장비를 사용하여야 하는가?

① 점퍼 와이어
② 테스트 램프
③ 멀티 미터
④ 오실로스코프

> 멀티미터는 전압, 전류, 전기 저항 등 여러 가지 측정 기능을 결합한 전자 계측기이다.

06 전기 장치의 배선 작업에서 작업 시작 전에 다음 중 제일 먼저 조치하여야 할 사항은?

① 점화 스위치를 끈다.
② 고압 케이블을 제거한다.
③ 접지선을 제거한다.
④ 배터리 비중을 측정한다.

07 배선 회로도에서 표시된 0.85RW의 W는 무엇을 나타내는가?

① 단면적   ② 바탕색
③ 줄색   ④ 커넥트 수

> 앞의 숫자는 전선의 굵기(단면적, cm^2)를 의미하고, 뒤의 영문 표기에서 앞 문자는 바탕색, 뒤의 문자는 줄색을 의미한다. 참고로 R은 적색(Red), W는 흰색(White)이다.

26 ③ [4. 등화 · 계기 · 냉난방장치] **01** ④ **02** ① **03** ① **04** ④ **05** ③ **06** ③ **07** ③

08 건설기계 전기 회로의 보호 장치로 맞는 것은?

① 안전 밸브
② 캠버
③ 퓨저블 링크
④ 시그널 램프

🔍 퓨저블 링크(fusible link)는 회로의 보호를 담당하는 도체 사이즈의 작은 전선으로 회로에 삽입되어 있다.

09 실드빔식 전조등에 대한 설명으로 맞지 않는 것은?

① 대기조건에 따라 반사경이 흐려지지 않는다.
② 내부에 불활성 가스가 들어있다.
③ 필라멘트를 갈아 끼울 수 있다.
④ 사용에 따른 광도의 변화가 적다.

🔍 실드빔식은 반사경, 렌즈, 필라멘트가 일체로 된 형식으로 필라멘트가 끊어지면 렌즈나 반사경에 이상이 없더라도 전조등 전체를 교환하여야 한다.

10 전조등의 좌우 램프간 회로에 대한 설명으로 맞는 것은?

① 직렬로 되어 있다.
② 직렬 또는 병렬로 되어 있다.
③ 병렬로 되어 있다.
④ 병렬과 직렬로 되어 있다.

🔍 전조등 회로는 퓨즈, 라이트 스위치, 디머 스위치 등으로 구성되어 있으며, 양쪽의 전조등은 하이빔과 로우빔 별로 병렬 접속되어 있다.

11 야간 작업시 헤드라이트가 한 쪽만 점등되었다. 고장 원인으로 가장 거리가 먼 것은(단, 헤드 램프 퓨즈가 좌·우측으로 구성됨)?

① 헤드라이트 스위치 불량
② 전구접지 불량
③ 회로의 퓨즈 단선
④ 전구 불량

🔍 전조등이 한 쪽만 점등되는 경우의 원인
• 전구의 접지 불량
• 한 쪽 회로의 퓨즈 단선
• 전구 불량

12 건설기계의 전조등 성능을 유지하기 위하여 가장 좋은 방법은?

① 축전지와 직결시킨다.
② 복선식으로 한다.
③ 굵은 선으로 갈아 끼운다.
④ 단선으로 한다.

🔍 복선식은 접지 쪽에도 전선을 사용하는 방식으로 전조등과 같이 큰 전류가 흐르는 회로에서 사용한다.

13 작업 중 갑자기 전조등이 꺼졌을 경우 관계가 없는 것은?

① 퓨즈 단선
② 배선의 부착 불량
③ 축전지 용량 부족
④ 필라멘트 단선

14 전조등의 필라멘트가 끊어진 경우 렌즈나 반사경에 이상이 없어도 전조등 전부를 교환하여야 하는 형식은?

① 전구형
② 분리형
③ 세미 실드빔형
④ 실드빔형

🔍 실드빔식은 반사경, 렌즈, 필라멘트가 일체로 된 형식으로 필라멘트가 끊어지면 렌즈나 반사경에 이상이 없더라도 전조등 전체를 교환하여야 한다.

15 헤드라이트에서 세미 실드빔형은?

① 렌즈와 반사경을 분리하여 제작한 것
② 렌즈, 반사경 및 전구를 분리하여 교환이 가능한 것
③ 렌즈, 반사경 및 전구가 일체인 것
④ 렌즈와 반사경은 일체이고, 전구는 교환이 가능한 것

🔍 세미실드빔형은 렌즈와 반사경은 일체이고, 전구는 별개로 설치하여 교환이 가능한 형식으로 전구 설치 부분으로 공기 유통이 있어 반사경이 흐려지기 쉽다.

정답 08 ③ 09 ③ 10 ③ 11 ① 12 ② 13 ③ 14 ④ 15 ④

16 세미 실드빔 형식을 사용하는 건설기계 장비에서 전조등이 점등되지 않을 때 가장 올바른 조치 방법은?

① 렌즈를 교환한다.
② 반사경을 교환한다.
③ 전구를 교환한다.
④ 전조등을 교환한다.

🔍 세미실드빔형은 전구만 교환 가능하다.

17 현재 널리 사용되는 할로겐 램프에 대하여 운전사 두 사람(A, B)이 서로 주장하고 있다. 다음 중 어느 운전자의 말이 옳은가?

| 운전자 A : 실드빔형이다. |
| 운전자 B : 세미실드빔형이다. |

① A가 맞다.　　② B가 맞다.
③ A, B 모두 맞다.　　④ A, B 둘 다 틀리다.

🔍 현재 널리 사용되는 할로겐 램프는 렌즈와 반사경이 일체이고, 전구는 교환이 가능한 세미실드빔형이다.

18 방향지시등 스위치를 작동시 한 쪽은 정상이고, 다른 한쪽은 점멸 작용이 정상과 다르게(빠르게 또는 느리게) 작용한다. 고장 원인이 아닌 것은?

① 좌측 램프 교체시 규정용량의 전구를 사용하지 않았을 때
② 전구 1개가 단선되었을 때
③ 한쪽 전구 소켓에 녹이 발생하여 전압 강하가 있을 때
④ 플래셔 유닛 고장

🔍 방향지시등의 한쪽이 접촉 불량되거나 전구가 불량하면 전압강하가 발생하여 다른 쪽으로 많은 전류가 흘러가고 점멸이 빨라지게 된다.

19 방향지시등의 한쪽 등 점멸이 빠르게 작동하고 있을 때 가장 먼저 점검하여야 할 곳은?

① 플래셔 유닛　　② 콤비네이션 스위치
③ 전구(램프)　　④ 배터리

🔍 방향지시등의 한쪽 등 점멸이 빠르게 작동하고 있다면 전구의 접촉 상태나 불량 여부를 먼저 점검하도록 한다.

20 냉매 사이클의 순환 작용의 주기로 맞는 것은?

① 증발 → 팽창 → 압축 → 응축
② 증발 → 응축 → 팽창 → 압축
③ 증발 → 압축 → 응축 → 팽창
④ 증발 → 압축 → 팽창 → 응축

🔍 냉매 사이클은 4가지의 작용을 순환 반복함으로써 한 주기를 이루는 카르노 사이클을 이용하였으며 "증발(액체가 기체로 변함) → 압축(외기에 의해 기체가 액체로 변함) → 응축(기체가 액체로 변 함) → 팽창(냉매의 압축을 낮춤)"순이다.

21 에어컨 장치에서 환경보존을 위한 대체물질로 신냉매가스에 해당하는 것은?

① R-12　　② R-22
③ R-12a　　④ R-134a

🔍 구냉매인 R-12는 염소에 의한 오존층 파괴 및 지구 온난화 유발 물질로 판명됨에 따라 신냉매인 R-134a로 대체되었다.

22 냉방장치의 구성 부품 중 압축기의 종류에 해당하지 않는 것은?

① 크랭크식　　② 사판식
③ 베인식　　④ 볼-베어링식

🔍 압축기는 증발기에서 저압 기체로 된 냉매를 고압으로 압축하여 응축기로 보내는 작용을 하는 것으로 크랭크식, 사판식, 베인식 등이 있다.

정답　16 ③　17 ②　18 ④　19 ③　20 ③　21 ④　22 ④

CHAPTER

03

Craftsman **Construction Equipment Operator**

건설기계 차체

Section 01 동력전달장치
Section 02 조향장치
Section 03 제동장치
Section 04 건설기계 차체 출제예상문제

SECTION 01 동력전달장치

Craftsman Construction Equipment Operator

STEP 01 휠형 동력전달장치

1. 클러치(clutch)

클러치는 변속기와 기관 사이에 설치된다. 기관을 시동하거나 기어변속을 할 때는 기관과의 연결상태를 차단하고, 출발할 때에는 기관의 동력을 변속기로 서서히 전달하는 일을 한다.

1) 클러치 일반
   ① 클러치의 필요성 및 특징
      ㉮ 기관 시동시 기관을 무부하상태로 하기 위하여
      ㉯ 변속시 기관의 회전력을 차단하기 위하여
      ㉰ 정차 및 기관의 동력을 서서히 전달하기 위하여
   ② 클러치의 구비조건
      ㉮ 동력차단이 신속히 될 것
      ㉯ 동력전달 및 절단이 원활할 것
      ㉰ 작동이 확실할 것
      ㉱ 구조가 간단하며 점검 및 취급이 용이할 것
      ㉲ 동력이 절단된 후 수동부분에 회전타성이 적을 것
      ㉳ 방열이 잘 되고 과열되지 않을 것
      ㉴ 회전부분의 평형이 좋을 것
   ③ 클러치 용량
      클러치가 전달할 수 있는 회전력의 크기는 엔진 회전력의 1.5~2.3배이며 출력이 커지면 클러치 판도 증가시켜 주어야 미끄럼 현상이 생기지 않는다.

2) 클러치 구조 및 작용
   ① 마찰 클러치
      ㉮ 클러치판 : 토션 스프링, 쿠션 스프링, 페이싱으로 구성된 원판으로 플라이 휠과 압력 판 사이에 설치되어 있으며, 클러치축을 통하여 변속기에 동력을 전달하는 역할을 한다.
      ㉯ 압력판 : 클러치 스프링의 장력을 이용하여 클러치 판을 플라이 휠에 밀착시키는 일을 한다.
      ㉰ 릴리스 레버 : 릴리스 베어링의 힘을 받아 압력판을 움직이는 역할을 한다.
      ㉱ 클러치 스프링 : 클러치 커버와 압력판 사이에 설치되어 압력판에 압력을 발생시킨다.
      ㉲ 릴리스 베어링 : 릴리스 포크에 의해 클러치 축의 길이 방향으로 움직이며, 회전 중인 릴리스 레버를 눌러 동력을 차단시키는 일을 하며 솔벤트나 액체의 세척제로 닦아서는 안 된다.

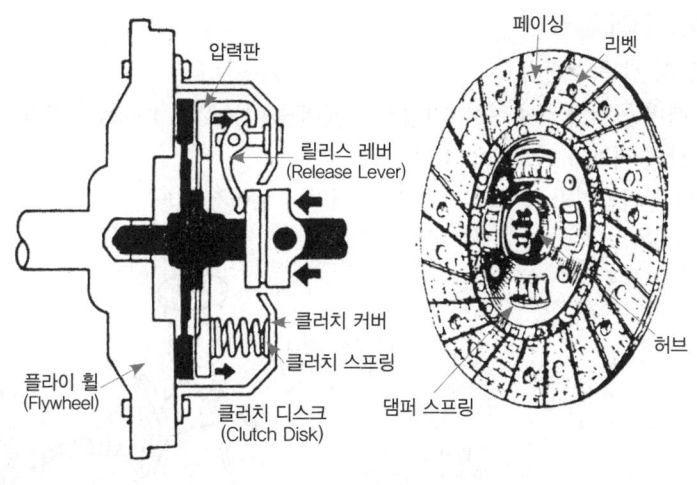

[마찰 클러치의 구성]   [클러치 디스크]

② 유체 클러치와 토크 컨버터
　㉮ 펌프 임펠러, 터빈, 가이드 링으로 구성된다.
　㉯ 가이드 링이 유체 충돌방지를 한다.
　㉰ 동력전달 효율이 1:1(유체 클러치식)이다.
　㉱ 토크 컨버터는 스테이터가 토크를 전달한다.
　㉲ 스테이터(토크 컨버터만 해당) : 오일의 흐름 방향을 바꾸어 준다.

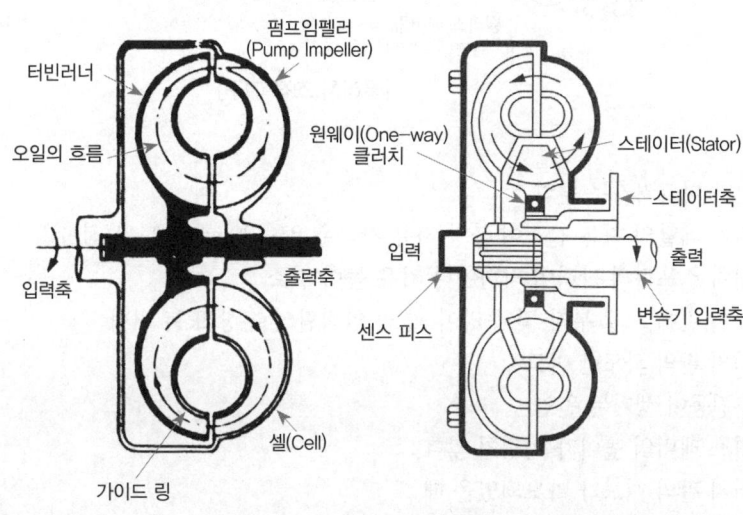

[유체 클러치의 구조]   [토크 컨버터(Torque Convertor) 구조]

3) 클러치의 조작기구
　① 기계식 : 클러치 페달의 밟는 힘을 로드나 케이블을 통하여 릴리스 포크에 전달하는 형식
　② 유압식 : 클러치 페달의 밟는 힘에 의해서 발생된 유압으로 릴리스 포크를 움직이는 형식

4) 클러치의 고장원인과 점검
  ① 클러치 연결시 진동의 원인
    ㉮ 릴리스 레버 높이가 불평형할 때(릴리스 레버 높이는 25~40mm 정도가 정상)
    ㉯ 클러치 판의 허브가 마모되었을 때
    ㉰ 플라이휠 장착압력판 및 클러치 커버의 체결이 풀어졌을 때

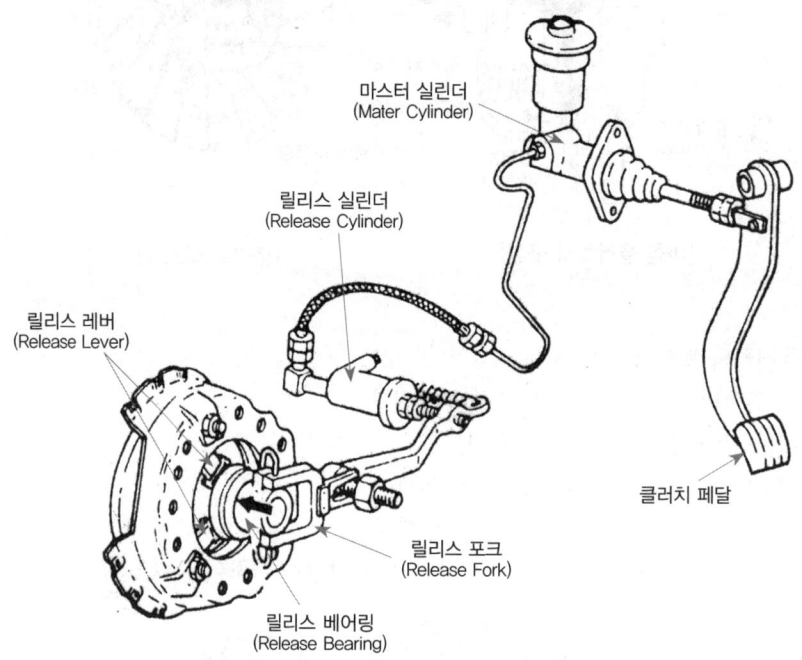

[클러치 조작 기구]

  ② 클러치가 미끄러지는 원인
    ㉮ 클러치 페달의 자유 간격이 불량(자유 간극은 25~30mm 정도가 적당)
    ㉯ 클러치 스프링의 장력이 약하거나 자유 높이 감소
    ㉰ 클러치 판에 오일 부착 및 플라이 휠 및 압력판의 손상 또는 변형
    ㉱ 클러치 판의 과도한 마모시
  ③ 출발시 진동이 생기는 원인
    ㉮ 릴리스 레버의 높이가 일정치 않다.
    ㉯ 클러치 판의 허브가 마모되었을 때
    ㉰ 클러치 판 커버 볼트의 이완
  ④ 클러치 페달에 유격을 주는 이유
    ㉮ 클러치가 잘 끊기도록 해서 변속시 치차의 물림을 쉽게 한다.
    ㉯ 미끄러짐을 방지한다.
    ㉰ 클러치 페이싱(클러치의 마찰재)의 마멸을 작게 한다.

⑤ 클러치 유격이 작을 때의 영향
㉮ 클러치 미끄럼이 발생하여 동력 전달이 불량하다.
㉯ 클러치 판이 소손된다.
㉰ 릴리스 베어링이 빨리 마모된다.
㉱ 클러치 소음이 발생한다.
⑥ 클러치의 끊어짐이 불량한 원인
㉮ 클러치 페달의 유격이 너무 클 때(릴리스 베어링과 레버 사이가 멀 때)
㉯ 클러치판이 흔들리거나 비틀어졌을 때
㉰ 베어링 급유 부족으로 파일럿 부시부가 고착되었을 때

2. 변속기

변속기는 클러치와 추진축(propeller shaft) 사이에 설치되어 있으면서 클러치를 통해서 전달된 기관의 회전력을 건설기계의 작업이나 주행상태에 따라 증대시키거나 감소시켜 구동바퀴에 전달하는 기능을 가졌고 장비를 후진시키는 역전장치도 갖추고 있다.

1) 변속기 일반

① 변속기의 필요성
㉮ 기관 회전속도와 바퀴 회전속도와의 비를 주행 저항에 대응하여 변경한다.
㉯ 바퀴의 회전방향을 역전시켜 차의 후진을 가능하게 한다.
㉰ 기관과의 연결을 끊을 수도 있다.(엔진 가동시 엔진을 무부하 상태로 한다.)
② 변속기의 구비 조건
㉮ 단계가 없이 연속적인 변속조작이 가능할 것
㉯ 변속조작이 용이하고 신속, 정확하게 이루어질 것
㉰ 전달효율이 좋을 것
㉱ 소형, 경량으로서 고장이 없고 다루기가 용이할 것
③ 동력 인출장치(PTO)
㉮ 엔진의 동력을 주행 외의 용도에 이용하기 위한 장치이다.
㉯ 변속기 케이스 옆면에 설치되어 부축상의 동력 인출 구동 기어에서 동력을 인출한다.
④ 오버 드라이브의 특징
㉮ 차의 속도를 30% 정도 빠르게 할 수 있다.
㉯ 엔진 수명을 연장한다.
㉰ 평탄 도로에서 약 20%의 연료가 절약된다.
㉱ 엔진 운전이 조용하게 된다.

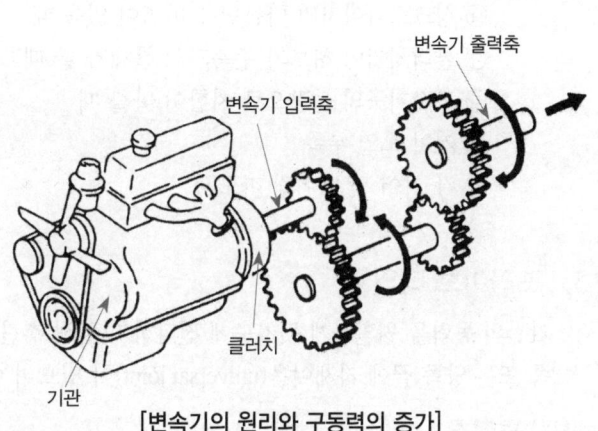

[변속기의 원리와 구동력의 증가]

2) 변속기의 구조 및 작용
① 섭동기어식 변속기 : 변속 레버가 기어 자체를 움직여서 상대 기어에 물려 변속하는 방식이다. 구조는 간단하지만 원활한 물림을 위해서는 양쪽기어의 회전속도를 제어해야 하는 번거로움이 있다.
② 상시물림식 변속기 : 서로 물리는 기어끼리의 마찰을 방지하기 위해 기어는 항상 물려있는 상태에서 각 출력 기어 사이의 도그 클러치(dog clutch)가 맞물리면서 출력 축에 동력을 전달하는 방식으로 작동한다.
③ 동기물림식 변속기 : 상시물림식과 같은 방식에서 동기 물림 기구를 두어 기어가 물릴 때 작용한다.
④ 유성기어식 변속기 : 유성기어변속장치(panetary gear unit)는 토크 변환기의 뒷부분에 결합되어 있으며, 다판 클러치, 브레이크 밴드, 프리휠링 클러치, 유성기어 등으로 구성되어 토크변환 능력을 보조하고 후진 조작기능을 함께 한다.

3) 변속기의 고장 원인과 점검
① 변속기어가 잘 물리지 않을 때
  ㉮ 클러치가 끊어지지 않을 때
  ㉯ 동기물림링과의 접촉이 불량할 때
  ㉰ 변속레버선단과 스플라인홈 마모
  ㉱ 스플라인키나 스프링 마모
② 기어가 빠질 때
  ㉮ 싱크로나이저 클러치기어의 스플라인이 마멸되었을 때
  ㉯ 메인 드라이브 기어의 클러치기어가 마멸되었을 때
  ㉰ 클러치축과 파일럿 베어링의 마멸
  ㉱ 메인 드라이브 기어의 마멸
  ㉲ 시프트링의 마멸
  ㉳ 로크볼의 작용 불량
  ㉴ 로크스프링의 장력이 약할 때
③ 변속기어의 소음
  ㉮ 클러치가 잘 끊기지 않을 때
  ㉯ 싱크로나이저의 마찰면에 마멸이 있을 때
  ㉰ 클러치기어 허브와 주축과의 틈새가 클 때
  ㉱ 조작기구의 불량으로 치합이 나쁠 때
  ㉲ 기어 오일 부족
  ㉳ 각 기어 및 베어링 마모시

3. 드라이브 라인
기관의 동력을 원활하게 뒷차축에 전달하기 위해 추진축의 중간부분에 슬립이음(slip joint), 추진축의 앞쪽 또는 양쪽 끝에 자재이음(universal joint)이 있으며 이를 합쳐서 드라이브 라인이라고 부른다.

1) 추진축
변속기의 회전력을 종감속장치에 전달하여 바퀴를 회전시키며, 강한 비틀림을 받으면서 고속 회전하기 때문에 속이 빈 강관을 사용한다.

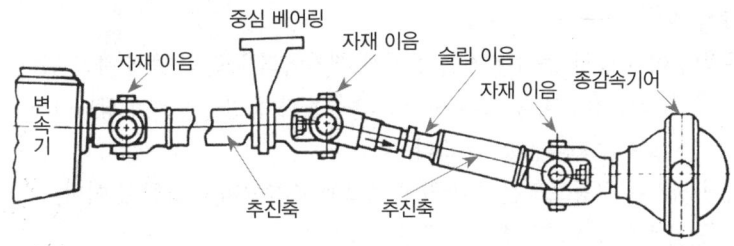

[드라이브 라인의 구성(2분할식)]

2) 자재 이음
자재 이음은 각도를 가진 2개의 축 사이에 설치되어 원활한 동력을 전달할 수 있도록 사용되며, 추진축의 각도 변화를 가능케 한다.
① 부등속 자재이음
 ㉮ 십자형 자재 이음 : 각도 변화를 12~18° 이하로 하고 있다.
 ㉯ 플렉시블 이음 : 설치 각도는 3~5°이다.
② 등속(CV) 자재 이음 : 설치 각도는 29~30°이다.

3) 슬립 이음
변속기 출력축의 스플라인에 설치되어 주행 중 추진축의 길이 변화를 가능케 하며(50~70mm) CG(섀시 그리스)가 주유된다.

4. 최종 감속 및 차동 기어

1) 최종 구동 기어(종감속 기어)
추진축의 회전력을 직각의 각도로 바꾸어 뒷차축에 감속해 전달하는 역할을 한다.

$$종감속비 = \frac{링\ 기어\ 잇수(또는\ 회전수)}{구동\ 기어\ 잇수(또는\ 회전수)}$$

2) 최종 구동 기어의 종류
① 하이포이드기어 : 링 기어의 중심보다 구동 피니언의 중심이 10~20% 정도 낮게 설치된 스파이럴 베벨기어의 오프셋 기어이다.
② 웜기어 : 감속비가 크지만 전동효율이 낮다.
③ 스파이럴 베벨 : 베벨 기어의 형태가 매우 경사진 것이다.

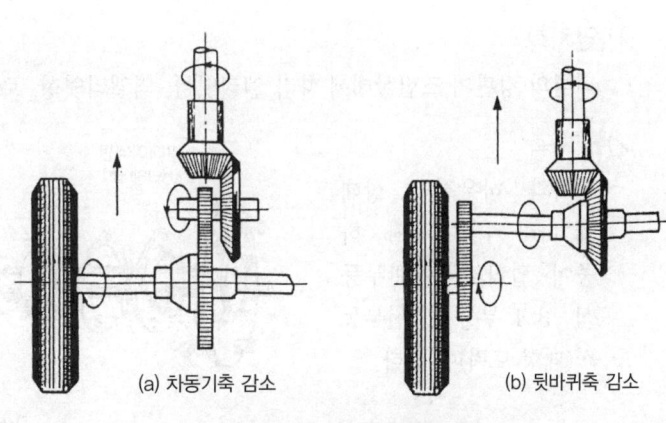

(a) 차동기축 감소 (b) 뒷바퀴축 감소

[2단 감속의 최종구동기어]

④ 스퍼 기어 2단 감속식 : 최종 감속을 차동기축과 바퀴축의 2곳에서 하는 것이다.

3) 총 감속비와 구동력

감속비는 특정의 이가 항상 물리는 것을 방지하고 기어의 물림을 좋게 하기 위하여 나누어 떨어지지 않는 수치로 하며, 최종감속비를 크게 하면 가속성능과 등판성능은 향상되나 고속성능이 저하된다.
따라서, 변속비 × 최종감속비 = 총감속비다.
또 구동바퀴에 생기는 구동토크는 기관의 축토크에 총감속비를 곱한 값이며,
구동토크 = 기관의 축토크 × 총감속비 × 전달효율이다.
따라서, 구동력(구동바퀴가 자동차를 추진하는 힘)은 다음 식으로 구한다.

$$구동력(kg) = \frac{구동\ 토크(kg-m)}{구동바퀴의\ 유효\ 반지름(m)}$$

4) 차동 기어장치

주행시 커브길에서 양쪽 바퀴가 미끄러지지 않고 원활히 회전되도록 바깥 바퀴를 안쪽 바퀴보다 더 많이 회전시킨다. 따라서 요철부분의 길을 통과할 때 양쪽 바퀴의 회전수를 다르게 하여 원활한 회전을 가능하게 하는 장치이다. 이는 랙과 피니언의 원리를 이용한 것이다.

$$N = \frac{n_1 + n_2}{2}$$

여기서, n_1 : 저항이 많은 바퀴의 움직인 양
n_2 : 저항이 작은 바퀴의 움직인 양
N : 피니언 기어의 움직인 양

5. 차축과 타이어

차축(액슬 축, Axle shaft)은 기관에서 발생된 동력을 전달할 수 있는 구동륜 차축과 구동력을 바퀴로 전달하지 못하는 유동륜 차축으로 나누어지며 어느 형식이든 바퀴를 통해 차량이나 장비의 무게를 지지하는 부분이다. 구조상으로는 현가방식에 따라 일체 차축식과 분할 차축식으로 나눌 수 있다.

1) 앞차축

너클의 킹핀의 조립상태에 따라 엘리엇형, 역엘리엇형, 로모아형, 마몬형이 있다.

2) 뒷차축

차축과 하우징의 상태에 따라 수직·수평·하중이 달라지며, 반부동식·3/4 부동식·전부동식(대형 트럭)이 있다.

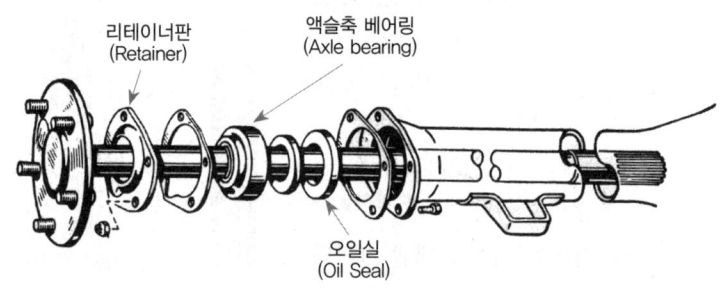

[반부동식 액슬축]

3) 휠과 타이어

휠은 타이어를 지지하는 림과 허브, 포크부로 되어 제동시의 토크, 선회시의 원심력에 견디며 타이어는 사용 공기 압력에 따라 고압 타이어, 저압 타이어, 초저압 타이어 등으로 구분하며, 튜브(tube)의 유무에 따라 튜브 타이어와 튜브가 없는 튜브리스(tubeless) 타이어로 나뉜다. 타이어는 나일론과 레이온 등의 섬유와 양질의 고무를 합쳐 코드(cord)를 만들고 이것을 겹쳐서 유황을 첨가하여 성형으로 제작한 것이다.

① 타이어의 구조
   ㉮ 카커스(carcass) : 목면 · 나일론 코드를 내열성 고무로 접착
   ㉯ 비드(bead) : 타이어와 림에 접하는 부분
   ㉰ 브레이커(breaker) : 트레드와 카커스 사이의 코드층
   ㉱ 트레드(tread) : 노면과 접촉하는 부분으로 미끄럼 방지 · 열발산

② 타이어 주행현상과 호칭법
   ㉮ 스탠딩 웨이브 : 고속 주행시 도로바닥과 접지면과의 마찰력에 의해 고무가 물결모양으로 늘어나 타이어가 찌그러지는 현상
   ㉯ 수막현상(하이드로 플래닝) : 비 올 때 노면의 빗물에 의해 공중에 뜬 상태

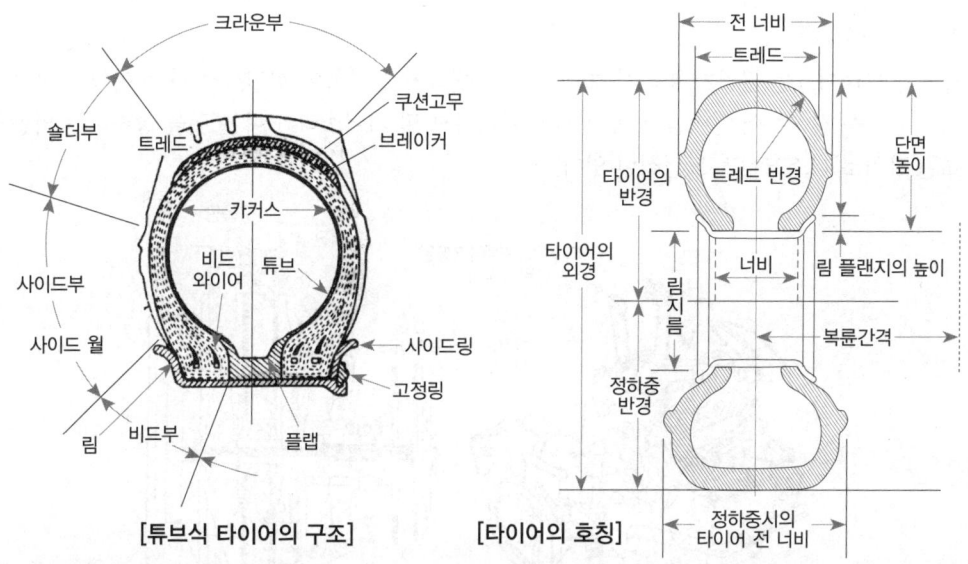

[튜브식 타이어의 구조]   [타이어의 호칭]

   ㉰ 고압 타이어 호칭 방법 : 외경×폭-플라이 수
   ㉱ 저압 타이어 호칭 방법 : 폭-내경-플라이 수

③ 타이어 트레드 패턴의 필요성
   ㉮ 타이어 옆 방향, 전진 방향 미끄러짐 방지
   ㉯ 타이어 내부의 열 발산
   ㉰ 트레드부에 생긴 절상 등의 확대 방지
   ㉱ 구동력이나 선회 성능 향상

STEP 02 크롤러형 동력전달장치

1. 메인 클러치(플라이휠 클러치)

기관의 동력을 변속기측으로 전달하거나 차단시키는 것을 목적으로 하는 클러치로, 구조에 따라 스프링식과 오버센터식으로 구분된다. 보통, 클러치 레버의 조작은 30~32kg 정도의 힘으로 연결되면 양호한 상태이며, 클러치 작용시 충격을 완화시키기 위하여 고무링크가 5개 설치되는데 그 중 1개라도 손상되면 모두 교환해야 된다.

1) 동력전달 순서

① 기관 → 메인 클러치변속기(기계식) / 토크컨버터 파워 시프트 변속기(유압식) → 베벨기어 → 조향클러치 → 최종 감속(구동) 기어 → 스프로킷 → 트랙

② 기관 → 메인 유압펌프 → 컨트롤밸브 → 주행모터 → 최종 감속(구동) 기어 → 스프로킷 → 트랙

2) 클러치 브레이크

클러치 브레이크는 클러치 분리시 클러치 축과 변속기 상부축이 회전하려 하는 여력을 잡아서 변속기 상부축을 잡아주어 변속을 신속히 하고 기어마모 및 기어소리가 나는 것을 방지하는 역할을 담당하는 장치로 디스크식과 드럼식이 있다.

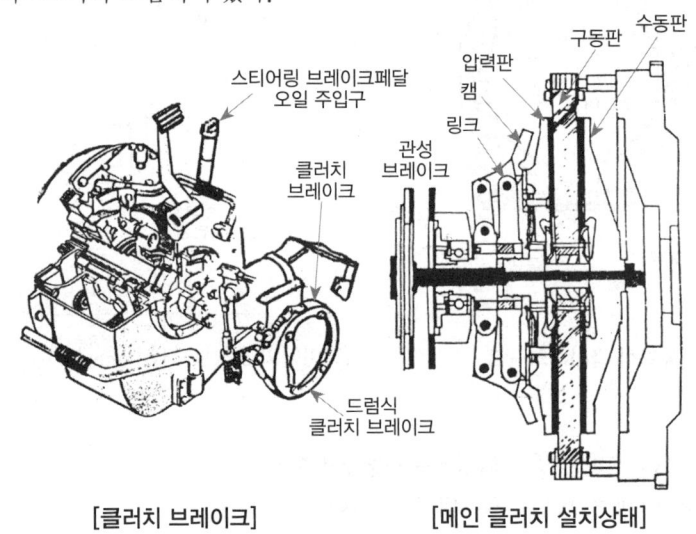

[클러치 브레이크]   [메인 클러치 설치상태]

2. 변속기(트랜스미션)

클러치에서 전달된 동력을 받아서 기관의 회전속도와 바퀴 회전속도와의 주행저항에 알맞게 바꾼다. 종류로는 대표적인 변속기의 종류로는 선택기어식과 유성기어식을 들 수 있으며, 최근에는 유성기어식 변속기가 일반적으로 사용되고 있다.

3. 피니언 및 베벨기어

베벨기어는 클러치를 통하여 변속기(트랜스미션)에서 나오는 동력을 직접 받은 피니언기어와 맞물려서 회전하며, 그 동력을 좌우 90° 방향으로 전달하는 장치이다. 링(ring)형으로 되어 있는 베벨기어는 그 기어축의 플랜지(flange)에 볼트로 고정되어 있으며 스티어링 클러치의 하우징 중앙에 설치되어 있다. 또 여기는 견인력을 시키기 위하여 회전속도를 감속하는 역할을 하는데, 보통 감속비는 18~28:1이다.

1) 조향클러치

구동드럼, 구동판, 수동드럼, 수동판으로 된 다판식 클러치로 좌우 각 1개씩 설치되어 방향전환을 해 준다.

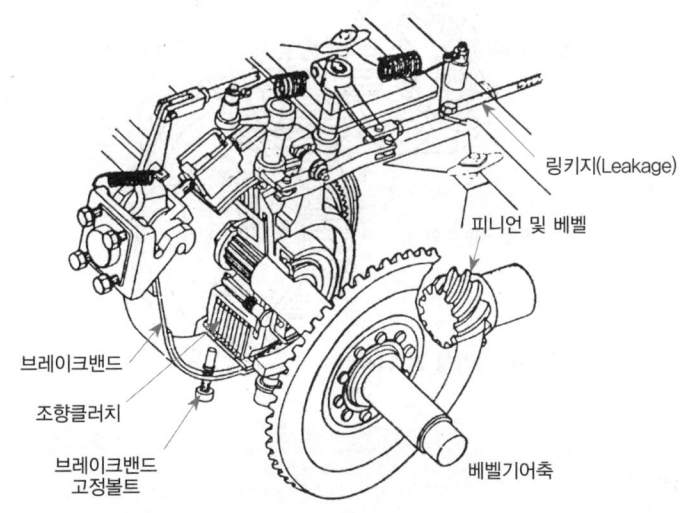

[피니언 베벨기어와 조향클러치]

2) 조향클러치 브레이크

조향클러치 수동드럼에 설치된 외부 수축식 브레이크로 좌우 각 1개씩 있다.

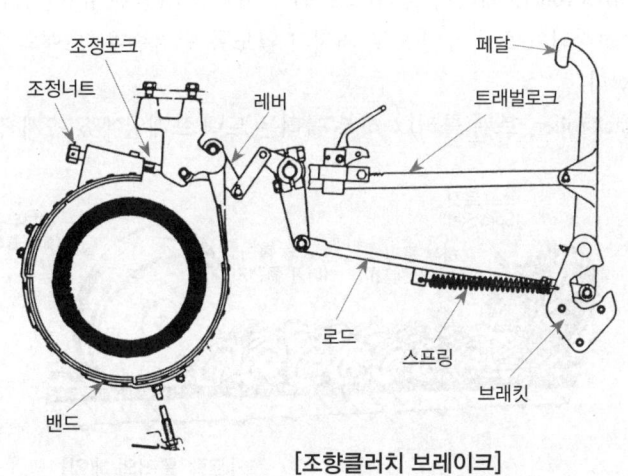

[조향클러치 브레이크]

4. 최종감속과 구동륜

동력전달계통에서 전달된 동력을 최종 감속하여 구동륜을 구동시키는 장치이며, 현재 트랙터에서 평기어로 이중감속을 하며, 대형 트랙터에서는 유성기어식 감속장치를 사용하여 더 큰 감속을 얻는다. 또한, 내부에는 벨로즈 실(bellows seal)이 설치되어 있는데 벨로즈 실은 최종 감속장치 하우징 내의 기어오일이 외부로 유출되지 않도록 한다.

1) 최종 감속 기어(최종 구동 기어)

동력전달 계통의 최종 감속을 하며 스퍼 기어식과 유성 기어식이 있고 약 10:1 정도 감속한다.

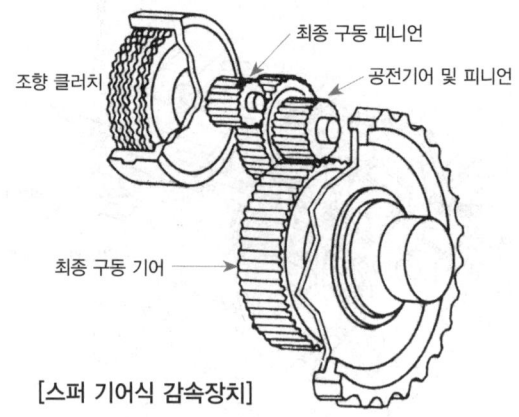

[스퍼 기어식 감속장치]

2) 스프로킷(구동륜)

최종 감속 기어축에 끼워져서 트랙을 돌려주며 일체식, 분해식, 분할식이 있으며 최근에는 교환·정비가 용이한 분할식이나 분해식이 주로 사용된다. 스프로킷을 분리할 때는 30ton의 힘이 요구된다.

3) 언더캐리지의 구성

① 트랙(track) : 트랙은 작업 지역의 토질이나 작업 내용에 따라 여러 형태의 것이 사용되며 트랙 링크(Track link), 슈(Shoe), 부싱(Bushing), 핀(Pin)으로 구성되어 있다.

② 상부 롤러(Carrier roller, 캐리어 롤러) : 프런트 아이들러(전부 유동륜)와 스프로킷(구동륜) 사이에 1~2개가 설치되어 트랙이 밑으로 처지지 않도록 받쳐주며, 트랙의 회전을 바르게 유지하는 역할을 담당한다.

③ 하부 롤러(Track roller, 트랙 롤러) : 하부 롤러는 트랙 프레임에 5~7개 정도가 설치되며, 트랙터

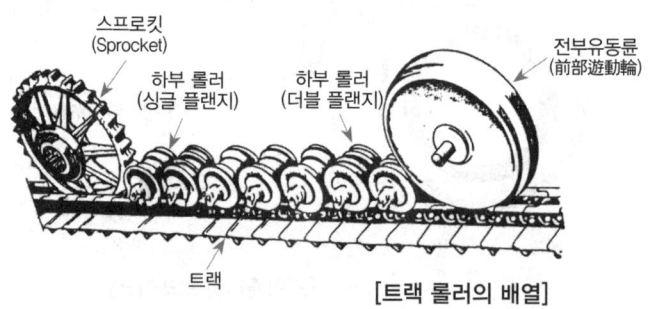

[트랙 롤러의 배열]

의 전체 중량을 지지하고, 전체 중량을 균일하게 트랙에 배분한다. 또한, 트랙의 회전 위치를 바르게 유지하게 함으로써 상부 롤러와 함께 트랙의 회전을 바르게 유지하는데 관여한다.

④ 프런트 아이들러(Front idler, 전부 유동륜) : 프런트 아이들러는 트랙 프레임의 앞쪽에 설치되며, 프레임 위에서 미끄럼 운동을 할 수 있는 요크(yoke)에 설치되어 있다. 주된 기능은 트랙의 장력을 조정하면서 트랙의 진행 방향을 유도한다.

⑤ 롤러 가드(Roller guard) : 암석이나 자갈 등이 하부 롤러에 직접 충돌하는 것으로부터 보호하고, 트랙이 벗겨지는 것을 방지하기 위해 양쪽에 여러 개의 볼트로 고정되어 있다.

⑥ 평형 바(Equalizer bar) : 여러 장의 판 스프링을 겹쳐서 사용하는 형식과 상자형으로 된 형식이 있으며, 지면에서 전달되는 충격을 완화하고 좌우 트랙의 하중분포를 같게 하여 균형을 잡아준다.

⑦ 리코일 스프링(Recoil spring) : 안쪽의 이너 스프링과 바깥쪽의 아우터 스프링의 2중으로 된 구조로 주행 중 프런트 아이들러가 받은 충격을 완화시켜 트랙 장치의 파손을 방지하는 일을 한다.

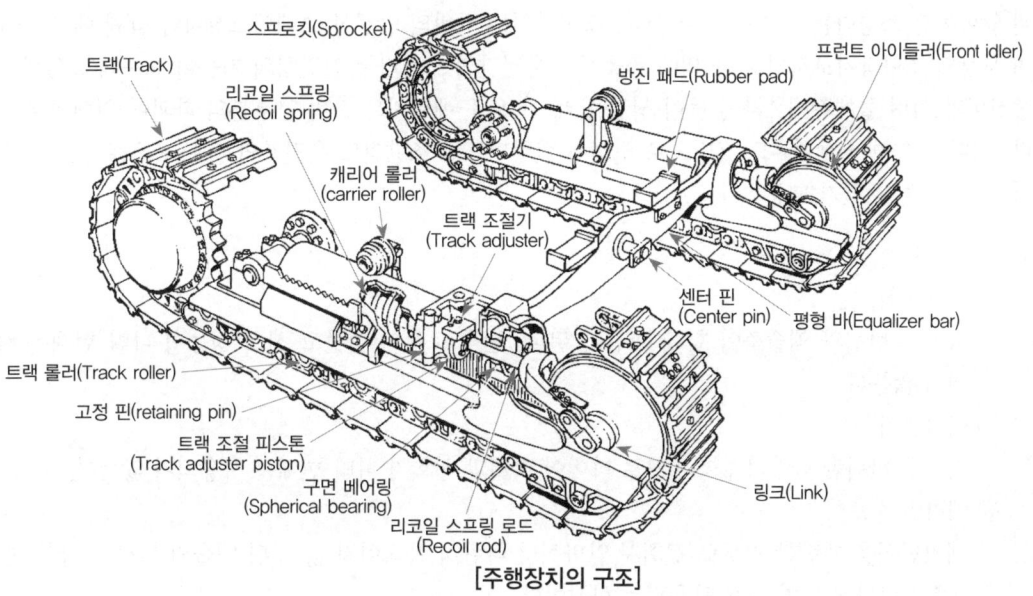

[주행장치의 구조]

⑧ 트랙장력의 조정 : 점검커버를 벗긴 다음 조정렌치를 사용하여 좌측트랙인 경우 장력조정 푸시로드를 아래에서 위 방향으로 돌리면 장력이 커지고, 위에서 아래로 돌리면 장력이 적어진다. 우측 트랙조정은 서로 반대이다. 이 방식은 나사조정식이며 최근에는 유압실린더에 그리스를 주입하는 방법이 활용되고 있고 트랙의 늘어짐은 25~40mm가 되면 정상이다.

⑨ 트랙이 잘 벗겨지는 이유
   ㉮ 고속주행시 급한 방향 전환
   ㉯ 트랙과 롤러 사이에 돌이 끼었을 때 조향하는 경우
   ㉰ 롤러의 심한 마모
   ㉱ 아이들러, 스프로킷 기어의 중심이 맞지 않을 경우
   ㉲ 트랙의 장력이 현저히 작을 때
   ㉳ 경사면을 측면으로 주행하는 경우
   ㉴ 트랙의 정렬이 맞지 않을 때

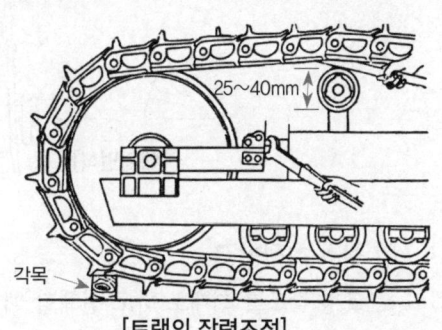

[트랙의 장력조정]

SECTION 02 조향장치

Craftsman Construction Equipment Operator

STEP 01 조향장치 일반

1. 조향원리와 중요성

조향(환향) 장치는 건설기계의 주행방향을 바꾸기 위한 조종장치로 조향핸들(steering wheel)을 회전시켜 앞바퀴를 조향하는 구조로 되어 있다. 조향장치는 장비의 안전상 브레이크장치와 함께 매우 중요하며 통상의 조향장치로서의 기능 외에 충돌시에 운전자의 보호라는 안전성의 기능이 요구되고 있다. 즉, 중장비와 어떤 물체간에 1차 충돌이 생겼을 때 이 운동 에너지는 장비 앞부분의 파괴에 의해서 흡수된다. 이때 조향기어 장치부도 후방으로 밀려서 변형되므로 조향휠도 운전자의 시트 쪽으로 돌출하여 인명 피해를 줄 수 있기 때문이다.

1) 조향원리

① 전차대식
   좌·우 바퀴와 액슬축이 함께 회전이 된다. 핸들 조작이 힘들고 선회 성능이 나빠 현재는 사용되지 않는다.

② 애커먼식
   좌·우 바퀴만 나란히 움직이므로 타이어 마멸과 선회가 나빠 현재는 사용되지 않는다.

③ 애커먼 장토식
   애커먼식을 개량한 것으로 선회시 앞바퀴가 나란히 움직이지 않고 뒤 액슬의 연장 선상의 한 점 0에서 만나게 되며 현재 사용되는 형식이다.

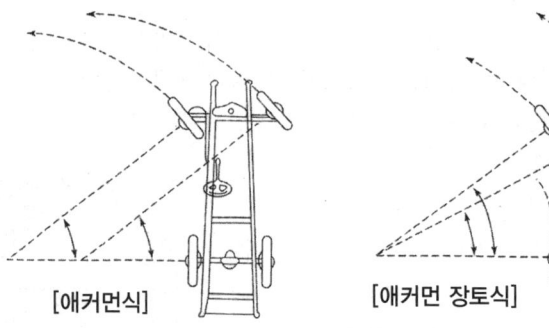

[애커먼식]   [애커먼 장토식]

2) 최소 회전반경

조향 각도를 최대로 하고 선회할 때 그려지는 동심원 가운데 가장 바깥쪽 원의 회전반경을 말한다.

$$\text{최소 회전반경}(R) = \frac{L}{\sin\alpha} + r$$

여기서, R : 최소회전반경(m)
L : 축간 거리(휠 베이스, m)
$\sin \alpha$: 바깥쪽 바퀴의 조향 각도
r : 킹핀 중심에서부터 타이어 중심간의 거리(m)
[참고] 통상적으로 r의 계산은 생략하는 경우가 많다.

3) 조향 기어비
조향 핸들이 회전한 각도와 피트먼 암이 회전한 각도의 비를 말한다.

$$\text{조향기어비} = \frac{\text{조향핸들이 회전한 각도}}{\text{피트먼 암이 회전한 각도}}$$

4) 조향 장치가 갖추어야할 조건
① 조향 조작이 주행 중의 충격에 영향받지 않을 것
② 조작하기 쉽고 방향 변환이 원활하게 행하여 질 것
③ 회전 반경이 작을 것
④ 조향 핸들의 회전과 바퀴의 선회 차가 크지 않을 것
⑤ 수명이 길고 다루기가 쉬우며, 정비하기 쉬울 것
⑥ 고속 주행에서도 조향 핸들이 안정될 것

5) 조향 장치의 형식
① 비가역식 : 핸들의 조작력이 바퀴에 전달되지만 바퀴의 충격이 핸들에 전달되지 않는다.
② 가역식 : 핸들과 바퀴쪽에서의 조작력이 서로 전달된다.
③ 반가역식 : 조향기어의 구조나 기어비로 조정하여 비가역과 가역성의 중간을 나타낸다.

2. 앞바퀴 정렬
앞바퀴는 조향조작을 할 때에는 확실하면서 경쾌하여야 주행 중 언제나 방향이 안정되어 노면으로부터 충격을 받아서 움직여도 즉각 가볍게 되돌아오는 복원성이 좋아진다. 또한 타이어의 마찰도 되도록 적은 것이 좋다. 이와 같은 이유로 앞바퀴를 장치하는 데는 일정한 관계가 정해져 있으며, 이것을 앞바퀴 정렬(front wheel alignment)이라고 한다.

1) 토인(toe-in)
앞바퀴를 위에서 볼 때 좌우 바퀴의 중심선 사이의 거리가 앞쪽이 뒤쪽보다 조금 좁게 되어 있는데 이를 토인이라 한다. 일반적으로 그 수치는 2~8mm 정도로 토인의 역할은 다음과 같다.
① 앞바퀴를 주행 중에 평행하게 회전시킨다.
② 조향할 때 바퀴가 옆방향으로 미끄러지는 것을 방지한다.
③ 타이어의 마멸을 방지한다.

④ 조향 링키지의 마멸에 따른 토아웃(toe-out)을 방지한다.

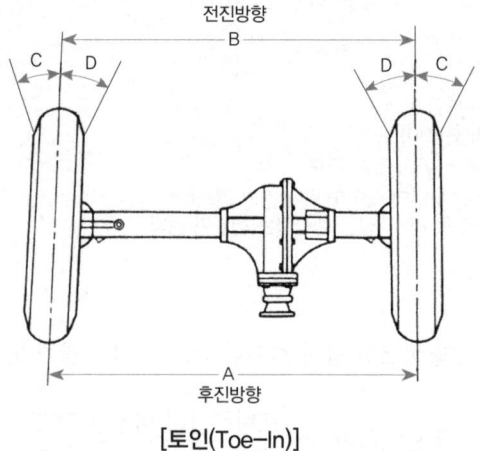

[토인(Toe-In)]

2) 캠버(camber)

앞바퀴를 앞에서 보았을 때 윗부분이 바깥쪽으로 약간 벌어져 상부가 하부보다 넓게 되어 있는 것으로 역할은 다음과 같다.
① 조향 조작력을 가볍게 한다.
② 수직 하중에 의한 차축의 휨을 방지한다.
③ 타이어의 이상 마멸을 방지한다.
④ 정(+), 부(−), 영(0)의 캠버가 있고 0.5~2°를 둔다.

3) 캐스터(caster)

앞바퀴를 옆에서 보았을 때 앞바퀴가 차축에 설치되어 있는 킹핀의 중심선이 노면에 수직인 직선에 대하여 어느 한쪽으로 기울어져 있는 상태를 말하며, 그 각도를 캐스터 각이라 한다.
① 주행 중 조향 바퀴에 방향성을 준다.
② 조향 핸들의 직진 복원성을 준다.
③ 안전성을 준다.

4) 킹핀 경사각

앞바퀴를 앞에서 볼 때 킹핀 중심이 수직선에 대하여 경사각을 이루고 있는 것을 말한다(6~9°).
① 조향력을 가볍게 한다.
② 앞바퀴에 복원성을 준다.
③ 저속시 원활한 회전이 되도록 한다.

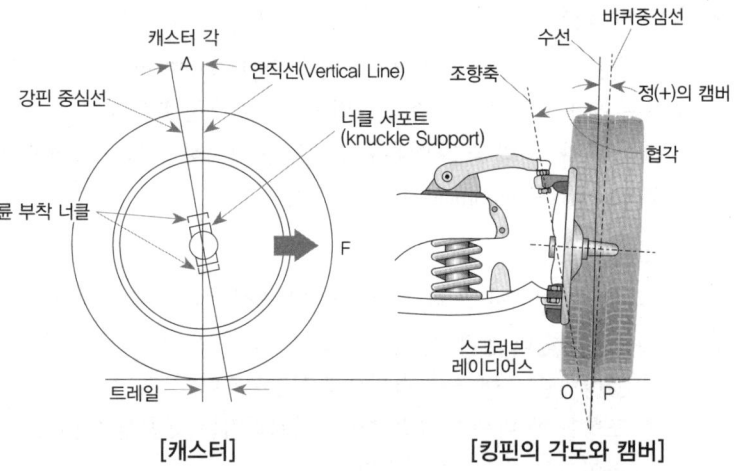

[캐스터]   [킹핀의 각도와 캠버]

STEP 02 구성 및 작용

1. 기계식 조향기구

조향장치는 운전자의 조작력을 조향기어에 전달하기 위한 조작기구와 조작력의 방향을 바꾸어줌과 동시에 회전력을 증대하여 조향링크쪽으로 전달하는 조향기어 기구 그리고, 조향력을 앞바퀴에 전달함과 동시에 좌우의 앞바퀴를 일정하게 유지시키기 위한 조향링크 기구가 있다.

1) 조향핸들과 축

조향핸들은 허브, 스포크 휠과 노브로 구성되어 있으며 조향축의 세레이션(serration) 홈에 끼워져 있다. 일반적으로 직경 500mm 이내의 것이 많이 사용되며 25~50mm 정도의 유격이 있다.

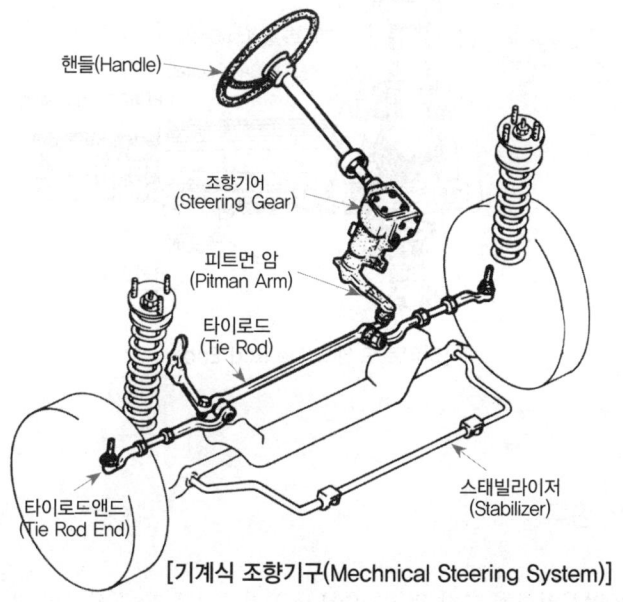

[기계식 조향기구(Mechnical Steering System)]

2) 조향기어

조향기어는 조향 조작력을 증대시켜 앞바퀴에 전달하는 장치이다. 소형이나 중차량에서는 10~20:1로 하고 건설기계 등에서는 20~30:1의 비율로 핸들의 동력을 감속해 피트먼 암으로 전달하며 기어 상자에는 기어오일이 주입되었고 유격조정 나사가 부착되었다. 종류로는 웜섹터 롤러형, 볼너트형, 캠레버형, 랙과 피니언형 등 다양하다.

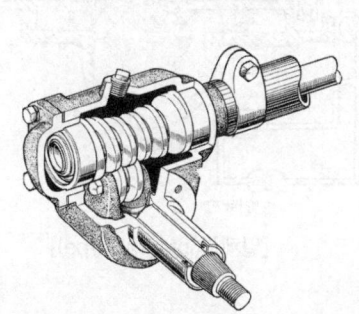 

[웜섹터 롤러형(Warm Sector Roller Type)]　　[랙과 피니언형(Rack and Pinion Type)]

3) 피트먼암

한쪽 끝은 세레이션을 이용해 섹터 축에 설치되고 다른 쪽 끝은 링크 기구로 연결된다.

4) 드래그 링크와 너클암

피트먼암과 너클암을 연결하는 로드이며, 양쪽 끝은 볼 조인트에 의해 암과 연결되었으며, 너클암은 타이로드 엔드와 너클 스핀들 사이에 연결되거나 드래그 링크와 연결되어 조향력을 전달해 준다.

5) 타이로드와 타이로드 엔드(tie rod and tie rod end)

좌우의 너클암과 연결되어 너클암의 작동을 다른 쪽 너클암에 전달한다. 좌우바퀴의 관계 위치를 정확하게 유지하는 역할을 하며, 타이로드 엔드로 토인을 조정한다.

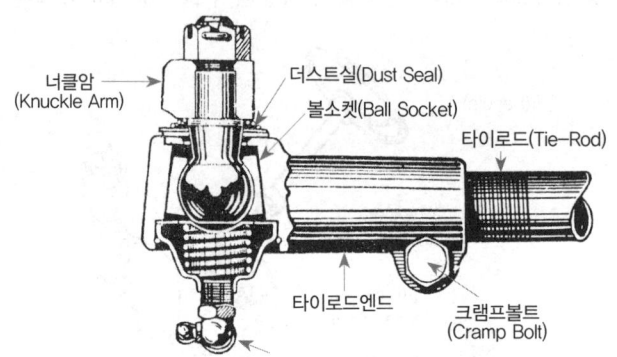

[타이로드 엔드(Tie Rod End)]

2. 동력식 조향기구

1) 동력 조향 장치의 종류

① 링키지형

작동장치인 동력실린더가 조향 링키지(linkage) 기구의 중간에 설치된 형식이며 제어밸브와 동력실린더가 일체로 결합된 조합식과 각각 분리된 분리식이 있다.

② 일체형

이 형식은 동력실린더, 동력피스톤, 제어밸브 등으로 구성된 주요 기구가 조향기어 하우징 안에 일체로 결합되어 있으며 오일통로를 전환하는 제어밸브는 핸들에 조립된 웜 축 끝에 설치되어 있으며, 제어밸브의 밸브스풀을 웜축으로 직접 조작시켜 주므로서 작동이 된다.

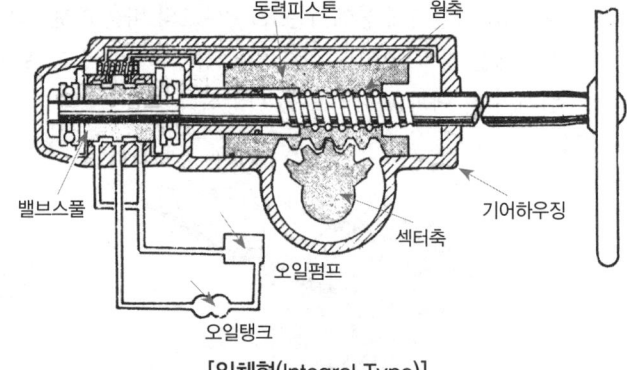

[일체형(Integral Type)]

2) 동력식의 주요 구성
   ① 동력부
   이 장치는 기관에 의해서 구동되는 오일펌프와 최고 유압을 규제하는 압력조절밸브 및 오일통로의 유량(流量)을 조정하는 유량제어밸브를 포함한 밸브유닛 등으로 구성되어 동력원이 되는 유압을 발생하는 장치이다.
   ② 작동장치
   유압을 기계적인 힘으로 바꾸어 앞바퀴의 조향력을 발생하게 하는 부분으로 복동식 동력실린더를 사용하며 유압은 별도의 조향유압펌프에서 전달된다.
   ③ 제어장치
   작동장치에 이르는 유압유통로를 개폐하는 밸브이며, 핸들의 조작으로 제어밸브가 오일회로를 바꾸어 동력실린더의 작동상태와 작동방향을 제어한다. 또한 유압계통에 고장이 생겼을 때에도 핸들조작을 할 수 있도록 안전체크밸브가 설치되어 있다.

3) 동력조향장치의 장점
   ① 조향 조작력을 가볍게 할 수 있다.
   ② 조향 조작력에 관계없이 조향 기어비를 설정할 수 있다.
   ③ 불규칙한 노면에서 조향 핸들을 빼앗기는 일이 없다.
   ④ 충격을 흡수하여 충격이 핸들에 전달되는 것을 방지한다.

3. 조향장치 관련 사항

1) 조향 핸들이 무거운 원인
   ① 타이어의 공기 압력이 부족하다.
   ② 조향 기어의 백래시가 작다.
   ③ 조향 기어 박스 내의 오일이 부족하다.
   ④ 앞바퀴 정렬 상태가 불량하다.
   ⑤ 타이어의 마멸이 과다하다.

2) 조향 핸들이 한쪽으로 치우치는 원인
   ① 타이어의 공기 압력이 불균일하다.
   ② 앞바퀴 정렬 상태가 불량하다.
   ③ 쇽업소버의 작동 상태가 불량하다.
   ④ 앞 차축 한쪽 스프링이 파손되었다.
   ⑤ 뒷차축이 차량 중심선에 대하여 직각이 되지 않았다.
   ⑥ 허브 베어링의 마멸이 과다하다.

SECTION 03 제동장치

Craftsman Construction Equipment Operator

STEP 01 제동장치 일반

1. 제동의 목적 및 필요성

제동장치라 함은 주행중에 감속 또는 정지시키며 주차 상태를 계속 유지할 수 있는 장치로 접촉면의 마찰에 의하여 바퀴의 회전을 정지시키고, 바퀴의 노면 마찰이 차량의 동력에 저항을 해서 차의 진행을 막는 것이다. 즉 운동에너지를 열에너지로 바꾸는 작용을 제동작용이라 하며, 그것을 대기 속으로 방출시켜 제동작용을 하는 마찰식 브레이크를 사용하고 있다.

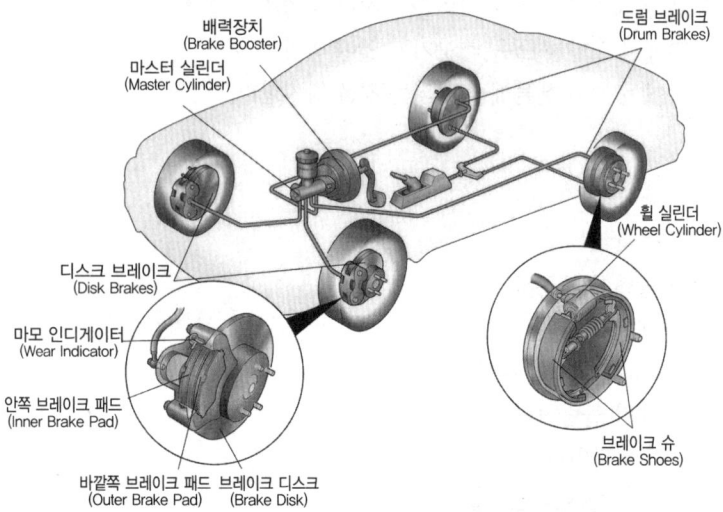

[제동장치의 구성]

1) 브레이크 이론

① 페이드 현상 : 브레이크가 연속적으로 반복 작용되면 드럼과 라이닝 사이에 마찰열이 발생되며, 이 열로 인해 마찰계수가 떨어지고 이에 따라 일시적으로 제동이 되지 않는 현상이다.

② 베이퍼 록 현상(증기폐쇄) : 연료나 브레이크 오일이 과열되면 브레이크액에 기포가 발생하여 브레이크가 제대로 작동하지 않는 현상을 말하며, 그 원인은 다음과 같다.

㉮ 과도한 브레이크 사용시
㉯ 드럼과 라이닝 끌림에 의한 과열시

㉰ 마스터 실린더 체크 밸브의 소손에 의한 잔압 저하
㉱ 불량 오일 사용시
㉲ 오일의 변질에 의한 비점 저하

2) 브레이크 오일

피마자기름(40%)과 에틸렌글리콜(알코올)(60%)로 된 식물성 오일이므로 정비시 경유 · 가솔린 등과 같은 광물성 오일에 주의해야 한다.

① 브레이크 오일의 구비조건
㉮ 비등점이 높고 빙점이 낮아야 한다.
㉯ 농도의 변화가 적어야 한다.
㉰ 화학변화를 잘 일으키지 말아야 한다.
㉱ 고무나 금속을 변질시키지 말아야 한다.

② 브레이크 오일 교환 및 보충시 주의 사항
㉮ 지정된 오일만 사용할 것
㉯ 제조 회사가 다른 것을 혼용치 말 것
㉰ 빼낸 오일은 다시 사용하지 말 것
㉱ 브레이크 부품 세척시 알코올 또는 세척용 오일로 세척할 것

2. 브레이크의 분류

제동장치에는 주차할 때 사용하는 주차브레이크와 주행할 때 사용하는 주브레이크가 있으며 주브레이크는 운전자의 발로 조작하기 때문에 풋브레이크(foot brake)라 하고, 주차브레이크는 보통 손으로 조작하기 때문에 핸드브레이크(hand brake)라 한다. 브레이크장치의 조작기구는 로드나 와이어를 사용하는 기계식과 유압을 이용하는 유압식이 있으며 풋브레이크는 유압식 외에 압축공기를 이용하는 공기 브레이크가 사용된다.

이상과 같은 브레이크장치의 종류를 나누면 다음과 같다.

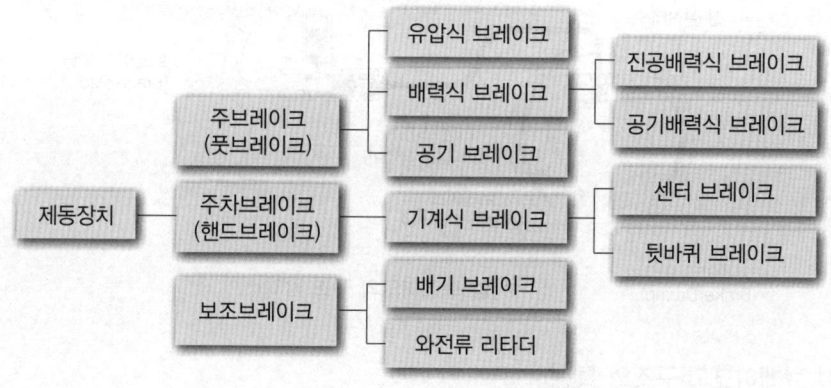

STEP 02 구성 및 작용

1. 유압 브레이크의 구성

1) 유압식 조작기구

① 마스터 실린더(master cylinder)

㉮ 브레이크 페달을 밟아서 필요한 유압을 발생시키는 부분으로, 피스톤과 피스톤 1차컵·2차컵, 체크 밸브로 구성되어 있어 $0.6 \sim 0.8 kg/cm^2$의 잔압을 유지시킨다.

㉯ 잔압을 두는 이유는 브레이크의 작용을 원활히 하고 휠 실린더의 오일 누출 방지와 베이퍼록 방지를 위해서이다.

② 브레이크 페달 : 지렛대 원리를 이용하여 마스터 실린더에 힘을 가한다.

③ 브레이크 파이프 및 호스

㉮ 방청 처리된 3~8mm 강파이프를 사용한다.

㉯ 요동이 심한 곳은 플렉시블 호스를 사용한다.

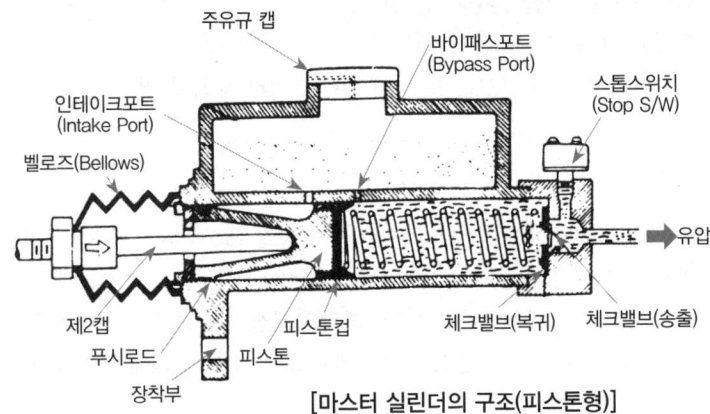

[마스터 실린더의 구조(피스톤형)]

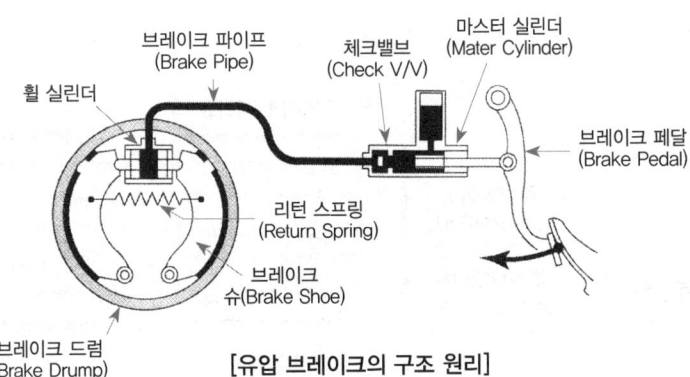

[유압 브레이크의 구조 원리]

2) 드럼식 브레이크의 구조와 특징

① 휠실린더 : 마스터 실린더의 유압으로 브레이크슈를 드럼에 밀착시킨다.

② 브레이크 슈 : T자로 된 반달형으로 석면제나 금속제 라이닝이 부착된다.

③ 브레이크 드럼 : 특수 주철제로써 냉각과 강성을 돕기 위해 원둘레에 리브(rib)가 있고 휠과 타이어가 부착된다.
④ 브레이크 라이닝의 구비조건
　㉮ 고열에 견디고 내마멸성이 우수할 것
　㉯ 마찰계수가 클 것
　㉰ 온도의 변화나 물 등에 의해 마찰계수 변화가 적고 기계적 강도가 클 것
　㉱ 마찰계수 : 0.3~0.5μ
　㉲ 라이닝과 드럼의 간극 : 0.3~0.4mm
⑤ 브레이크 드럼의 구비조건
　㉮ 정적, 동적 평형이 잡혀 있을 것
　㉯ 충분한 강성이 있을 것
　㉰ 마찰 면에 충분한 내마멸성이 있을 것
　㉱ 방열이 잘 될 것
　㉲ 무게가 가벼울 것

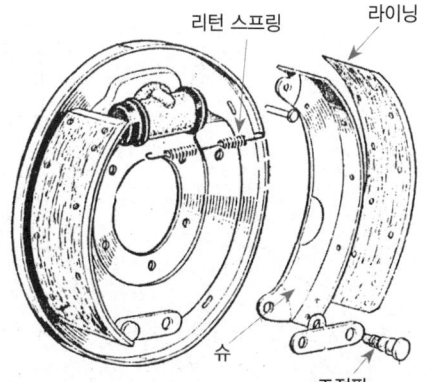

[드럼식 브레이크의 구조]

3) 디스크식 브레이크의 구조와 특징
① 디스크(disk) : 특수주철로 만들어 휠 허브에 결합되어 바퀴와 함께 회전한다.
② 캘리퍼(caliper) : 캘리퍼란 브레이크실린더와 패드를 구성하고 있는 한 뭉치이다.
③ 브레이크 실린더 및 피스톤 : 실린더는 캘리퍼의 좌우에 있고, 피스톤에는 패드가 부착된다.
④ 패드 : 석면과 레진을 혼합하여 소성한 것으로 피스톤에 부착된다.

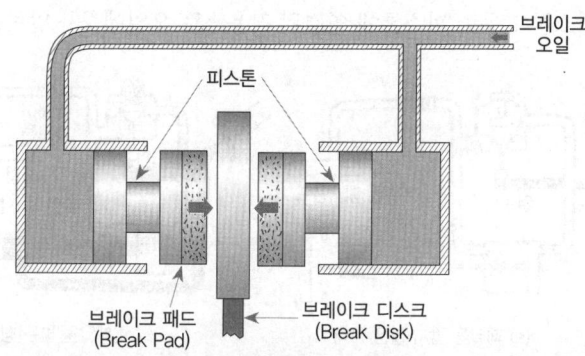

[디스크 브레이크의 원리]

⑤ 디스크브레이크의 특징
　㉮ 증기폐쇄현상(베이퍼록)이 적고, 오일누출이 없다.
　㉯ 디스크가 노출되어 회전하기 때문에 열변형(熱變形)에 의한 제동력의 저하가 없다.
　㉰ 디스크와 패드의 마찰면적이 적기 때문에 패드의 누르는 힘을 크게 할 필요가 있다.
　㉱ 자기배력작용이 없기 때문에 필요한 조작력이 커진다.
　㉲ 패드는 강도가 큰 재료를 사용해야 한다.

⑭ 부품수가 적다.
⑮ 중량이 가볍다.

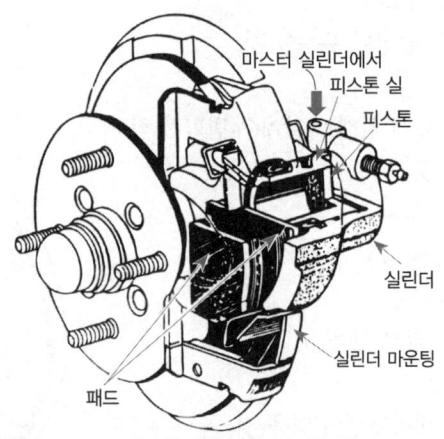

[디스크 브레이크의 구조]

4) 배력식 브레이크의 구조
① 배력 장치의 분류
㉮ 진공 배력식 : 흡입 다기관 진공력과 대기압 이용
㉯ 공기 배력식 : 압축공기와 대기압 이용
② 동력 피스톤 : 두 장의 철판과 가죽 패킹으로 구성되어 있다.
③ 릴레이 밸브 및 밸브 피스톤 : 마스터 실린더에서 전달된 유압으로 공기 통로를 개폐한다.
④ 유압 실린더·피스톤 : 동력 피스톤에 연결된 작용으로 오일에 2차 압력을 가한다.

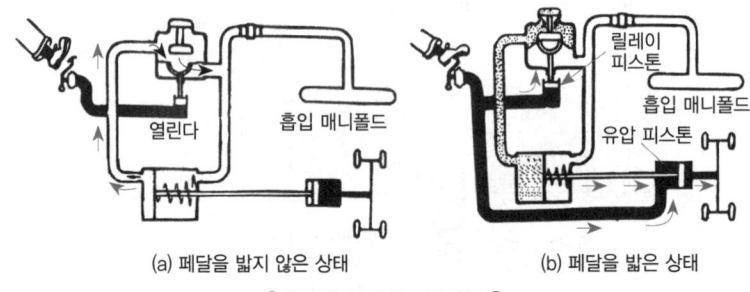

[배력식 브레이크의 원리]

2. 공기 브레이크의 구성

1) 계통별 구분
① 공기 압축 계통 : 공기 압축기, 공기 탱크, 압력 조정기
② 제동 계통 : 브레이크 밸브, 릴레이 밸브, 브레이크 체임버
③ 안전 계통 : 저압 표시기, 안전 밸브, 체크 밸브
④ 조정 계통 : 슬랙 조정기, 브레이크 밸브, 압력 조정기

2) 공기 브레이크의 주요 구조

① 공기 압축기 : 압축 공기를 생산하며, 왕복 피스톤식이다.
② 공기 탱크 : 압축된 공기를 저장하며 안전밸브가 내부 압력을 $7kg/cm^2$ 정도로 유지시킨다.
③ 브레이크 밸브 : 브레이크 페달을 밟는 정도에 따라 압축공기를 릴레이 밸브로 보낸다.
④ 릴레이 밸브 : 압축공기를 브레이크 체임버에 공급·단속한다.
⑤ 브레이크 체임버 : 공기압력을 기계적 운동으로 변환한다.
⑥ 슬랙 조정기 : 웜기어와 웜축에 물리는 캠축을 회전시켜 라이닝과 드럼의 간극을 조정한다.
⑦ 슈 및 브레이크 드럼 : 캠의 작용에 의하여 브레이크 슈를 확장하고 리턴 스프링에 의하여 수축된다.
⑧ 체크 밸브·안전 밸브 : 공기탱크 입구 부근에 설치되어서 공기의 역류(逆流)를 방지하는 것은 체크 밸브, 탱크 내의 압력을 방출시켜 주는 것은 안전 밸브이다.

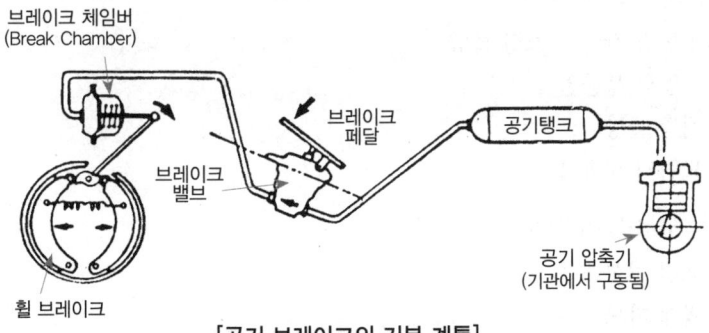

[공기 브레이크의 기본 계통]

3. 브레이크 고장 점검

1) 브레이크 라이닝과 드럼과의 간극이 클 때

① 브레이크 작용이 늦어진다.
② 브레이크 페달의 행정이 길어진다.
③ 브레이크 페달이 발판에 닿아 브레이크 작용이 어렵게 된다.

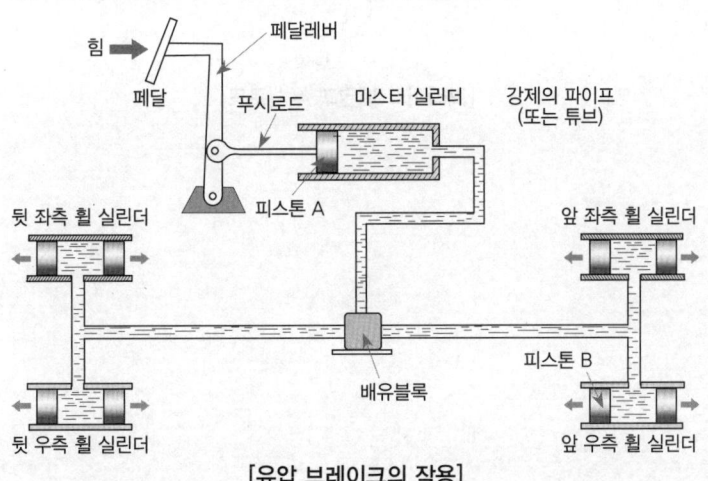

[유압 브레이크의 작용]

2) 브레이크 라이닝과 드럼과의 간극이 작을 때
　① 라이닝과 드럼의 마모가 촉진된다.
　② 베이퍼 록의 원인이 된다.
　③ 라이닝이 타서 늘어붙는 원인이 된다.

3) 브레이크가 잘 듣지 않는 경우
　① 회로 내의 오일 누설 및 공기의 혼입이 있을 때
　② 라이닝에 기름, 물 등이 묻어 있을 때
　③ 라이닝 또는 드럼의 과다한 편마모가 발생하였을 때
　④ 라이닝과 드럼과의 간극이 너무 큰 경우
　⑤ 브레이크 페달의 자유 간극이 너무 큰 경우

4) 브레이크가 한쪽만 듣는 원인
　① 브레이크의 드럼 간극의 조정 불량
　② 타이어 공기압의 불균일
　③ 라이닝의 접촉 불량
　④ 브레이크 드럼의 편마모

5) 브레이크 작동시 소음이 발생하는 원인
　① 라이닝의 표면 경화
　② 라이닝의 과대 마모

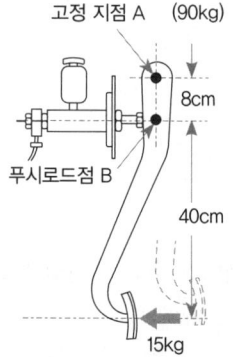

[브레이크 페달과 푸시로드]

제03장_ 건설기계 차체
출제예상문제

1. 동력전달계통

01 다음은 클러치(cluch)가 갖추어야 할 조건들이다. 틀리는 것은?

① 동력차단이 신속히 될 것
② 구조가 간단하고 취급이 용이할 것
③ 회전부분의 평형성이 좋을 것
④ 마찰열에 대한 응집성이 좋을 것

> 클러치의 구비조건
> · 동력차단이 신속히 될 것
> · 작동이 확실할 것
> · 구조가 간단하며 점검 및 취급이 용이할 것
> · 동력이 절단된 후 수동부분에 회전타성이 적을 것
> · 방열이 잘 되고 과열되지 않을 것
> · 회전부분의 평형이 좋을 것

02 클러치 취급상의 주의사항이 아닌 것은?

① 운전 중 클러치 페달 위에 발을 얹어 놓지 말 것
② 기어 변속시 가능한 한 반클러치를 사용할 것
③ 출발할 때 클러치를 서서히 연결할 것
④ 클러치 페달을 밟고 탄력으로 주행하지 말 것

> 반 클러치를 자주 사용하면 클러치 마모가 빨라져 클러치 슬립이 일어나게 된다.

03 메인 클러치의 구성품에 해당되지 않는 것은?

① 클러치 디스크 ② 릴리스 레버
③ 어저스팅 암   ④ 릴리스 베어링

> 메인 클러치(단판인 경우)의 구성품은 클러치 디스크, 클러치 커버, 릴리스 레버, 릴리스 베어링, 와셔 등이다.

04 클러치 부품 중에서 세척유로 씻어서는 안되는 것은?

① 플라이 휠
② 압력판
③ 릴리스 레버
④ 릴리스 베어링

> 릴리스 베어링은 스러스트 볼 베어링이 내장되어 있는 케이스로 되어 있으며, 영구 주유식이므로 솔벤트 등의 세척제 속에 넣고 세척해서는 안된다.

05 클러치판의 비틀림 코일스프링의 역할은?

① 클러치판이 더욱 세게 부착되게 한다.
② 클러치가 작동시 충격을 흡수한다.
③ 클러치의 회전력을 증가시킨다.
④ 클러치판과 압력판의 마멸을 방지한다.

> 비틀림 코일 스프링(토션 스프링, 댐퍼 스프링)은 클러치 판이 플라이 휠에 접속될 때 회전충격을 흡수하는 일을 한다.

06 기계식 변속기가 장착된 건설기계에서 클러치 스프링의 장력이 약하면 어떤 현상이 발생되는가?

① 주행속도가 빨라진다.
② 기관의 회전속도가 빨라진다.
③ 기관이 정지된다.
④ 클러치가 미끄러진다.

> 클러치 스프링은 클러치 커버와 압력판 사이에 설치되어 있으며 압력판에 압력을 발생시키는 작용을 하므로 장력이 약해지면 클러치가 미끄러진다.

07 클러치 판(clutch plate)의 변형을 방지하는 것은?

① 압력판(pressure plate)
② 쿠션(cushion) 스프링
③ 토션(torsion) 스프링
④ 릴리스 레버 스프링

> 쿠션 스프링은 클러치 판의 편마멸, 변형, 파손 등의 방지를 위해 두는 것이다.

 [1. 동력전달계통] 01 ④ 02 ② 03 ③ 04 ④ 05 ② 06 ④ 07 ②

08 클러치에서 압력판의 역할로 맞는 것은?

① 클러치판을 밀어서 플라이휠에 압착시키는 역할을 한다.
② 제동 역할을 위해 설치한다.
③ 릴리스 베어링의 회전을 용이하게 한다.
④ 엔진의 동력을 받아 속도를 조절한다.

> 압력판은 클러치 스프링의 장력으로 클러치판을 플라이 휠에 압착시키는 일을 한다.

09 클러치의 작동에서 스러스트 베어링과 릴리스 레버는 어느 때 작용하는가?

① 클러치가 요동할 때만
② 클러치가 연결되는 순간에만
③ 클러치가 분리되어 있는 동안
④ 클러치가 연결되어 있는 동안

> 릴리스 레버는 릴리스 베어링에 의해 한쪽 끝 부분이 눌리면 반대쪽이 클러치판을 누르고 있는 압력판을 분리시키는 레버를 말하는 것으로 클러치가 분리되어 있는 동안 작용한다.

10 클러치 끊음이 불량한 이유가 될 수 없는 것은?

① 릴리스 레버의 마멸
② 클러치판의 흔들림
③ 페달 유격이 과대
④ 토션 스프링의 파손

> 토션 스프링(비틀림 코일 스프링, 댐퍼 스프링)은 클러치판이 플라이 휠에 접속될 때 회전 충격을 흡수하는 역할을 하는 것으로 클러치 끊음이 불량한 이유가 되지 않는다.

11 클러치 페달에 유격을 두는 이유는?

① 클러치 용량을 크게 하기 위해
② 클러치의 미끄럼을 방지하기 위해
③ 엔진출력을 증가시키기 위해
④ 엔진마력을 증가시키기 위해

> 클러치 페달의 유격(자유간극)은 페달을 밟은 후부터 릴리스 베어링(스러스트 볼 베어링이 내장되어 있는 케이스로 되어 있다.)이 릴리스 레버에 닿을 때까지 페달이 이동한 거리를 말하는 것으로 유격이 너무 적으면 클러치가 미끄러지고 이 미끄러짐으로 인해 클러치판이 파열되어 손상된다.

12 페달에 20kg의 힘을 주었을 때 푸시로드에는 몇 kg의 힘이 작용하는가?

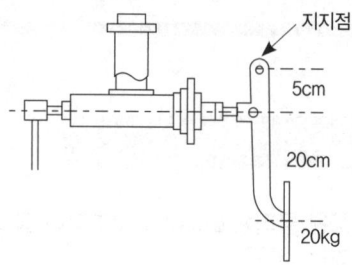

① 100kg
② 80kg
③ 62kg
④ 25kg

> $5 \times x = (20 + 5) \times 20$
> $5x = 500$
> $\therefore x = 100kg$

13 마찰판식 플라이휠 클러치가 미끄러지는 원인과 관계없는 것은?

① 클러치면에 오일이 묻었다.
② 플라이휠 면이 마모되었다.
③ 클러치 페달의 유격이 없다.
④ 클러치 페달의 유격이 너무 많다.

> 클러치 페달의 유격이 적으면 미끄러짐이 일어나고, 너무 크면 클러치 차단이 불량하여 변속기의 기어를 변속할 때 소음이 발생하고 기어가 손상된다.

14 클러치를 밟아도 동력이 차단되지 않는 이유는?

① 클러치 페달의 유격이 적을 때
② 클러치 압력판의 진동이 없을 때
③ 압력판의 압력 스프링 쇠약
④ 클러치 페달의 유격 과대

> 클러치 페달의 유격이 크면 클러치 차단이 불량해진다.

15 주행 중 급가속시 기관 회전은 상승하는데 차속은 증속이 안될 때의 원인으로 틀린 것은?

① 압력 스프링의 쇠약
② 클러치 디스크 판에 기름 부착
③ 클러치 페달의 유격 과대
④ 클러치 디스크 판 마모

정답 08 ① 09 ③ 10 ④ 11 ② 12 ① 13 ③ 14 ④ 15 ③

> 출발 또는 주행 중 가속 시 엔진의 회전속도는 상승하지만 출발이 잘 안되거나 주행속도가 증속되지 않는 경우는 클러치의 미끄러짐이 있기 때문이다.

16 플라이휠 클러치판의 마모가 심하면 페달의 유격은?

① 적어진다. ② 커진다.
③ 변화없다. ④ 관계없다.

> 클러치 판의 마멸이 심하면 클러치가 미끄러지는 원인이 되며, 이는 페달의 유격이 적어지기 때문이다.

17 클러치의 미끄러짐은 언제 가장 현저하게 나타나는가?

① 가속시 ② 고속시
③ 공전시 ④ 저속시

> 클러치의 미끄러짐은 출발 또는 주행 중 가속 시 나타난다.

18 클러치가 연결된 상태에서 기어변속을 하면 일어나는 현상은?

① 기어에서 소리가 나고 기어가 상한다.
② 변속레버가 마모된다.
③ 클러치 디스크가 마멸된다.
④ 변속이 원활하다.

19 클러치 접속시 회전충격이 매우 큰 데 그 원인으로 다음 중 가장 적당한 것은?

① 클러치 스프링의 불량이다.
② 쿠션 스프링의 불량이다.
③ 리턴 스프링의 불량이다.
④ 댐퍼 스프링의 불량이다.

> 댐퍼 스프링(비틀림 코일 스프링, 토션 스프링)은 클러치 접속시 회전충격을 흡수하는 일을 하며, 쿠션 스프링은 클러치 판의 파손을 방지하기 위해 둔다.

20 유체 클러치에서 구동축과 피동축의 속도의 증가에 따라 현저하게 달라지는 것은?

① 와류가 증가한다.
② 와류가 감소한다.
③ 안전효율이 적어진다.
④ 클러치 효율이 높아진다.

> 유체 클러치는 오일을 사용하여 엔진의 회전력을 전달하는 매체로 엔진 동력은 회전이 낮을 때 약하고 회전수가 높을 때는 강하게 전달된다.

21 동력전달장치에서 클러치 판은 어떤 축의 스플라인에 끼어져 있는가?

① 추진축
② 차동기어 장치
③ 크랭크축
④ 변속기 입력축

> 클러치 판(클러치 디스크)은 원형 강판의 가장자리에 라이닝이 리벳으로 설치되어 있고, 중심부에는 허브가 있으며 그 내부에 변속기 입력축을 끼우기 위한 스플라인이 파져 있다.

22 유체 클러치 오일의 구비조건이 아닌 것은?

① 착화점이 높을 것   ② 비중이 클 것
③ 비점이 높을 것   ④ 점도가 클 것

> 유체 클러치 오일의 구비조건
> • 점도가 낮고, 비중이 클 것
> • 착화점이 높을 것
> • 내산성이 클 것
> • 유동성이 좋을 것
> • 비등점이 높을 것
> • 응고점이 낮을 것
> • 윤활성이 클 것

23 다음에서 토크 변환기 오일의 구비조건 중 알맞은 것은?

① 점도가 낮을 것   ② 비중이 작을 것
③ 착화점이 낮을 것 ④ 비점이 낮을 것

24 스프링 상수가 5kg/mm인 코일스프링을 2cm 압축하는데 필요한 힘은?

① 60kg   ② 120kg
③ 100kg ④ 200kg

> 힘 = 상수 × 거리 = 5 × 20 = 100kg

정답 16 ① 17 ① 18 ① 19 ④ 20 ④ 21 ④ 22 ④ 23 ① 24 ③

25 유체 클러치의 슬립(slip) 현상에서 유속의 차는 얼마 정도인가?

① 5~10% 정도
② 2~3% 정도
③ 50% 정도
④ 20% 정도

> 유체 클러치의 펌프와 터빈 사이의 토크 비율은 미끄럼 때문에 1:1이 되지 못한다. 이에 따라 미끄럼 값(유속의 차)은 2~3% 정도이며, 전달 효율 η는 최대 98%정도이다.

26 펌프와 터빈의 회전속도가 같을 때의 유체 클러치의 토크 변환율은?

① 1:0.7
② 1:0.5
③ 1:1
④ 1:1.5

> 펌프와 터빈의 회전속도가 같을 때 유체 클러치의 토크 변환율은 1:1 이다.

27 토크 변환기는 엔진의 회전력을 몇 배로 변화하는가?

① 1~1.5배
② 1.5~2배
③ 2~3배
④ 3~4배

> 토크 변환기(토크 컨버터)의 회전력 변환율은 2~3:1 이며, 오일의 충돌에 의한 효율 저하를 방지하기 위해 가이드 링을 두고 있다.

28 유체 클러치에서 유체충돌(맴돌이 흐름)을 방지하는 장치는?

① 임펠러
② 터빈
③ 플라이휠
④ 가이드링

> 유체 클러치는 엔진 크랭크 축에 펌프 또는 임펠러를, 변속기 입력 축에 터빈 또는 러너를 설치하고, 오일의 맴돌이 흐름(와류)을 방지하기 위해 가이드 링을 두고 있다.

29 유체 클러치(Fluid coupling)에서 가이드링의 역할은?

① 와류를 감소시킨다.
② 터빈(Turbine)의 손상을 줄이는 역할을 한다.
③ 마찰을 증대시킨다.
④ 플라이 휠(fly wheel)의 마모를 감소시킨다.

30 유체 클러치에서 변속기의 입력축에 연결된 것은?

① 펌프
② 임펠러
③ 스테이터
④ 터빈

> 크랭크 축에 펌프(또는 임펠러), 변속기 입력 축에 터빈(또는 러너)가 연결된다.

31 토크 컨버터에서 장비에 부하가 걸리면?

① 터빈속도가 빨라지고 회전력이 증가된다.
② 터빈속도가 느리고 회전력이 증가된다.
③ 터빈속도가 빨라지고 회전력이 감소된다.
④ 터빈속도가 느리고 회전력이 감소된다.

> 토크 컨버터는 오일에 의해 엔진의 동력을 변속기로 전달하는 클러치로 작동하며, 장비에 부하가 걸리면 터빈 속도는 느려지고 회전력은 증가된다. 즉, 토크 컨버터의 경우 터빈의 속도와 회전력은 반비례 관계이다.

32 토크 컨버터의 온도 지시기는 무엇을 가리키나?

① 냉각수 온도
② 대기온도
③ 오일온도
④ 엔진 작동 온도

> 트크 컨버터는 오일에 의해 엔진의 동력을 변속기로 전달하는 클러치로 온도 지시기는 오일의 온도를 가리킨다.

33 토크 컨버터 구성요소 중 기관에 의해 직접 구동되는 것은?

① 터빈
② 펌프
③ 스테이트
④ 가이드 링

> 펌프는 엔진에 의해 기동되면 엔진의 동력에 의해 오일을 배출하는 원심 펌프로 작동한다.

34 장비에 부하가 걸릴 때 토크 컨버터의 터빈 속도는?

① 빨라진다.
② 느려진다.
③ 일정하다.
④ 관계없다.

> 장비에 부하가 걸릴 때 토크 컨버터의 터빈 속도는 느려지고 회전력은 증가한다.

 25 ② 26 ③ 27 ③ 28 ④ 29 ① 30 ④ 31 ② 32 ③ 33 ② 34 ②

35 클러치 페달의 자유간극이다. 다음 중 가장 적절한 것은?

① 0.5~1.0cm
② 2.5~5.0mm
③ 25~30mm
④ 50~70mm

🔍 클러치 페달의 자유간극은 기계식 페달의 경우 대체로 25~30mm 정도이다.

36 유압식 조작 클러치의 공기빼기 작업에 대한 설명 중 가장 알맞은 것은?

① 마스터 실린더에서 파이프를 빼고 공기를 뺀다.
② 슬레이브 실린더의 피스톤을 밀어서 공기를 뺀다.
③ 마스터 실린더의 오일탱크로 공기를 뺀다.
④ 슬레이브 실린더의 블리더 스크루를 돌려서 공기를 뺀다.

🔍 유압식 조작 클러치에서 슬레이브 실린더는 마스터 실린더에서 보내 준 유압을 피스톤과 푸시로드에 작용하여 릴리스 포크로 미는 작용을 하며, 유압 회로 내에 침입한 공기를 배출하기 위한 공기 블리더 스크루가 있다.

37 마스터 실린더 푸시로드에 작용하는 힘이 300kg이고 마스터 실린더 내에 있는 피스톤의 면적이 $6cm^2$이다. 이 때 발생하는 유압은 몇 kg/cm^2인가?

① $30kg/cm^2$
② $40kg/cm^2$
③ $50kg/cm^2$
④ $60kg/cm^2$

🔍 유압 = 작용하는 힘 / 피스톤의 면적 = 300 / 6 = $50kg/cm^2$

38 클러치 허브와 축의 스플라인 부분이 마멸되면 어떠한 현상이 생기는가?

① 클러치 페달의 유격이 커진다.
② 클러치 페달의 유격이 작아진다.
③ 클러치에서 소음이 난다.
④ 클러치에 슬립이 발생한다.

39 토크 컨버터에서 오일의 흐름 방향을 바꾸어 주는 것은?

① 스테이터
② 터빈
③ 펌프
④ 변속기 축

🔍 토크 컨버터는 크랭크 축에 펌프, 변속기 입력 축에 터빈을 두고 있으며, 오일의 흐름 방향을 바꾸어주는 스테이터로 구성된다.

40 구동력에 대한 설명으로 옳은 것은?

① 구동 바퀴의 반지름에 반비례하고, 바퀴 회전력에 비례한다.
② 구동 바퀴의 반지름에 비례하고, 바퀴 회전력에 반비례한다.
③ 구동 바퀴의 반지름과 바퀴 회전력에 모두 비례한다.
④ 구동 바퀴의 반지름과 바퀴 회전력에 모두 반비례한다.

🔍 구동력은 바퀴가 차량을 미는 힘을 말하는 것으로 구동 바퀴의 반지름에 반비례하고, 바퀴 회전력에 비례한다.

41 다음 중 변속기의 필요성에 대한 설명으로 틀린 것은?

① 환향을 신속하게 할 수 있도록 한다.
② 엔진 기동 시 장비를 무부하 상태로 한다.
③ 장비의 후진 시 필요하다.
④ 기관의 회전력을 증대시킨다.

🔍 환향은 조향장치와 관련이 있다.

42 운행 중 변속 레버가 빠지는 원인에 해당되는 것은?

① 기어가 충분히 물리지 않을 때
② 클러치 조정이 불량할 때
③ 릴리스 베어링이 파손되었을 때
④ 클러치 연결이 분리되었을 때

🔍 기어가 충분히 물리지 않으면 변속 레버가 빠지는 원인이 된다.

정답 35 ③ 36 ④ 37 ③ 38 ③ 39 ① 40 ① 41 ① 42 ①

43 변속기를 저속으로 변속하면 관계되는 사항에 알맞은 것은?

① 출력축의 회전속도가 빠르게 된다.
② 출력축의 회전력은 변함이 없다.
③ 구동바퀴의 회전력은 가장 크게 된다.
④ 종감속비가 크게 된다.

🔍 변속기를 저속으로 하면 구동바퀴의 회전력은 커지고 이에 따라 구동력이 커진다.

44 변속기에서 기어의 백래시가 크면 다음 중 어떤 경우가 되겠는가?

① 변속시 기어의 바꿈이 잘 안된다.
② 변속시 기어의 변속이 잘된다.
③ 물린 기어가 빠지기 쉽다.
④ 물린 기어가 잘 빠지지 않는다.

🔍 변속기에서 기어의 백래시가 크면 기어 물림이 적어 기어가 빠지기 쉽다.

45 건설기계장비의 변속기에서 기어의 마찰소리가 나는 이유가 아닌 것은?

① 기어 백래시의 과다
② 변속기 베어링의 마모
③ 변속기의 오일 부족
④ 워엄과 워엄기어의 마모

🔍 변속기에 사용되는 기어는 피니언과 베벨 기어이다.

46 변속기의 싱크로메시 기구장치는?

① 고속에서 작용한다.
② 기어가 물릴 때 작용한다.
③ 저속에서 작용한다.
④ 기어가 빠질 때 작용한다.

🔍 동기 물림식 변속기에서 사용되는 싱크로메시 기구는 기어를 변속할 때 기어의 원뿔 부분에서 마찰력을 일으켜 주축에서 공전하는 기어의 회전속도와 주축의 회전속도를 일치시켜 기어 물림이 원활하게 이루어지도록 한다.

47 상시물림식 변속기에 대한 설명 중 알맞은 것은?

① 기어가 물리면 동력이 전달된다.
② 기어가 섭동하여 변속된다.
③ 도그(dog) 클러치가 설치되어 있다.
④ 변속시에 소음이 크다.

🔍 상시 물림식은 도그 클러치, 동기 물림식은 싱크로메시 기구를 두고 있다.

48 기온이 낮은 겨울에 처음 변속기어를 넣을 때 기어가 뻑뻑하게 조작되는 이유는?

① 클러치가 미끄러진다.
② 로킹볼 스프링이 약하다.
③ 기어오일이 굳어 있어서
④ 카운트 샤프트기어의 고장

49 변속 중 기어가 이중으로 물리는 것을 방지하는 것은?

① 셀렉터   ② 로크 핀
③ 인터로크   ④ 록킹 볼

🔍 변속기 조작 기구에는 기어가 빠지는 것을 방지하기 위해 록킹 볼과 스프링을 두고 있으며, 기어의 이중 물림을 방지하는 인터로크가 설치 되어 있다.

50 자동 변속기의 특징에 대한 설명으로 틀린 것은?

① 클러치 조작없이 출발이 가능하고, 주행 기어 변속이 불필요하다.
② 각 부분의 진동을 오일이 흡수한다.
③ 엔진의 동력 전달을 오일로 한다.
④ 연료 소비율이 수동 변속기에 비해 적다.

🔍 자동 변속기는 연료 소비율이 수동 변속기에 비해 크다.

51 유성기어 장치의 주요 부품은?

① 유성기어, 베벨기어, 선기어
② 선기어, 클러치기어, 헬리컬기어
③ 유성기어, 베벨기어, 클러치기어
④ 선기어, 유성기어, 링기어, 유성캐리어

 43 ③ 44 ③ 45 ④ 46 ② 47 ③ 48 ③ 49 ③ 50 ④ 51 ④

> 유성기어는 바깥쪽에 링기어, 중앙에는 선기어, 링기어와 선기어 사이에 유성기어가 들어가며 유성기어를 구동시키기 위한 유성기어캐리어로 구성된다.

52 동력전달장치에서 추진축의 밸런스 웨이트에 대한 설명으로 맞는 것은?

① 추진축의 비틀림을 방지한다.
② 변속조작 시 변속을 용이하게 한다.
③ 추진축의 회전수를 높인다.
④ 추진축의 회전 시 진동을 방지한다.

> 추진축은 강한 비틀림을 받으면서 고속 회전하는 부분으로 이에 견딜 수 있도록 속이 빈 강관을 사용하며, 회전평형을 유지하고 회전 시 진동을 방지하기 위해 밸런스 웨이트(평형추)가 부착되어 있다.

53 추진축의 스플라인부가 마모되었을 때 두드러지게 나타나는 현상은?

① 신축작용시 추진축이 구부러진다.
② 주행 중 소음을 내고 추진축이 진동한다.
③ 차동기어의 물림이 불량하게 된다.
④ 미끄럼 현상이 일어난다.

> 드라이브 라인의 슬립이음은 추진축의 길이 변화를 가능하도록 두는 것으로 슬립 이음이 설치되는 스플라인 부가 마모되면 주행 중 소음을 내고 추진축이 진동한다.

54 변속기의 분류 중 선택 기어식에 속하지 않는 것은?

① 활동 기어식   ② 상시 물림식
③ 점진 기어식   ④ 동기 물림식

> 일정 기어비 변속기의 종류로는 점진 기어식, 선택 기어식, 유성 기어식이 있으며 이 중 선택 기어식에는 활동 기어식, 상시 물림식, 동기 물림식이 포함된다.

55 십자축 자재이음을 추진축 앞뒤에 둔 이유를 가장 적합하게 설명한 것은?

① 추진축의 진동을 방지하기 위하여
② 회전 각속도의 변화를 상쇄하기 위하여
③ 추진축의 굽음을 방지하기 위하여
④ 길이의 변화를 다소 가능케 하기 위하여

> 유니버설 조인트(자재이음)는 변속기와 종감속 기어 사이의 구동 각도 변화를 주는 장치로 종류로는 십자형 자재이음, 플렉시블 이음, 볼 엔드 트러니언 자재이음, 등속 자재이음 등이 있다.

56 동력전달장치에서 두 축 간의 충격 완화와 각도 변화를 융통성 있게 동력 전달하는 기구는?

① 슬립 이음(slip joint)
② 유니버설 조인트(universal joint)
③ 파워 시프트(power shift)
④ 크로스 멤버(cross member)

57 슬립이음이나 유니버설 조인트에 윤활 주입으로 가장 좋은 것은?

① 유압유
② 기어오일
③ 그리스
④ 엔진오일

> 드라이브 라인의 구성 요소인 슬립이음이나 자재이음(유니버설 조인트)의 윤활에는 그리스를 사용한다.

58 동력전달장치에서 슬립이음(슬립 조인트)이 변화를 가능하게 하는 것은?

① 축의 길이
② 회전속도
③ 드라이브 각
④ 축의 진동

> 슬립이음은 변속기 주축 뒤끝에 스플라인을 통하여 설치되며, 추진축의 길이 변화를 가능하도록 하기 위해 둔다.

59 기계식 변속기가 부착된 건설기계에서 작업장 이동을 위한 주행방법으로 잘못된 것은?

① 주차 브레이크를 해제한다.
② 브레이크를 서서히 밟고 변속레버를 4단에 넣는다.
③ 클러치 페달을 밟고 변속레버를 1단에 넣는다.
④ 클러치 페달에서 발을 천천히 떼면서 가속페달을 밟는다.

정답 52 ④ 53 ② 54 ③ 55 ② 56 ② 57 ③ 58 ① 59 ②

60 차동기어장치의 목적은?

① 선회할 때 반부동식 축이 바깥쪽 바퀴에 힘을 주도록 하기 위해서이다.
② 기어조작을 쉽게 하기 위해서이다.
③ 선회할 때 힘이 양쪽바퀴에 작용되도록 하기 위해서이다.
④ 선회할 때 바깥쪽 바퀴의 회전속도를 안쪽 바퀴보다 빠르게 하기 위해서이다.

> 차동기어장치는 랙과 피니언의 원리를 이용한 것으로 선회 시 바깥쪽 바퀴의 회전속도를 안쪽 바퀴보다 빠르게 하기 위해 둔다.

61 커브를 회전할 때에만 소음이 난다. 그 원인은?

① 차동 피니언의 스러스트 와셔가 너무 얇다.
② 구동 피니언의 프리로드가 크다.
③ 구동 피니언의 축방향의 유격이 크다.
④ 사이드 베어링의 마모가 심하다.

62 종감속비에 대한 설명으로 옳지 않은 것은?

① 종감속비는 구동피니언의 잇수를 링기어의 잇수로 나눈 값이다.
② 종감속비가 크면 가속 성능이 향상된다.
③ 종감속비가 크면 등판 능력이 향상된다.
④ 종감속비를 나누어 떨어지지 않은 값으로 하는 것은 이의 편 마멸을 방지하기 위한 것이다.

> 종감속비는 링기어의 잇수를 구동피니언의 잇수로 나눈 값으로, 종감속비를 크게 하면 가속 성능과 등판 능력은 향상되지만 고속 성능이 떨어진다.

63 변속비가 2:1, 종감속비가 5:1일 때 기관이 3200rpm이면 바퀴의 회전수는 얼마인가?

① 3200rpm
② 640rpm
③ 1600rpm
④ 320rpm

> 바퀴회전수 = $\dfrac{\text{엔진회전수}}{\text{변속비} \times \text{종감속비}}$ = $\dfrac{3200}{2 \times 5}$ = 320rpm

64 타이어식 건설기계의 종감속장치에서 열이 발생하고 있다. 그 원인으로 틀린 것은?

① 윤활유의 부족
② 오일의 오염
③ 종감속기어의 접촉상태 불량
④ 종감속기어의 플랜지부 과도한 조임

65 동력전달계통에서 최종적으로 구동력 증가를 하는 것은?

① 트랙모터
② 종감속기어
③ 스프로킷
④ 변속기

> 종감속기어는 추진축의 회전력을 직각으로 전달하며 엔진의 회전력을 최종적으로 감속시켜 구동력을 증가시킨다.

66 피니언 잇수가 6, 링기어 잇수가 30이고 추진축이 1200rpm, 왼쪽 바퀴가 200회전시 오른쪽 바퀴는 몇 회전하는가?

① 400rpm   ② 240rpm
③ 280rpm   ④ 140rpm

> 오른쪽 바퀴회전수
> = 추진축 × $\dfrac{\text{피니언잇수}}{\text{링기어 잇수}}$ × 2 − 왼쪽바퀴회전수
> = 1200 × $\dfrac{6}{30}$ × 2 − 200 = 280 rpm

67 차축(액슬축)에 대한 설명으로 틀린 것은?

① 차축은 바퀴를 통하여 차량의 중량을 지지하는 축이다.
② 차축의 종류에는 전부동식, 반부동식, 3/4부동식 등이 있다.
③ 유동축은 종감속기어에서 전달된 동력을 바퀴로 전달한다.
④ 3/4 부동식은 차축이 차량 하중의 1/3을 지지한다.

> 구동축은 종감속기어에서 전달된 동력을 바퀴로 전달하고 노면에서 받은 힘을 지지하고, 유동축은 차량을 중량만 지지한다.

정답 60 ④ 61 ① 62 ① 63 ④ 64 ④ 65 ② 66 ③ 67 ③

68 튜브리스 타이어의 장점이 아닌 것은?

① 펑크 수리가 간단하다.
② 못이 박혀도 공기가 잘 새지 않는다.
③ 고속 주행하여도 발열이 적다.
④ 타이어 수명이 길다.

> 튜브리스 타이어의 장점
> • 튜브가 없어 조금 가볍다.
> • 못 등이 박혀도 공기가 잘 새지 않는다.
> • 펑크 수리가 간단하다.
> • 고속 주행 시 발열이 적다.

69 타이어에 9.00-20-14PR로 표시된 경우 20이 의미하는 것은?

① 외경
② 내경
③ 폭
④ 높이

> 저압 타이어의 호칭 치수는 폭(inch) – 내경(안지름, inch) – 플라이 수로 표시한다.

70 타이어식 건설기계의 타이어에서 저압타이어의 안지름이 20인치, 바깥지름이 32인치, 폭이 12인치, 플라이 수가 18인 경우 표시방법은?

① 20.00-32-18PR
② 20.00-12-18PR
③ 12.00-20-18PR
④ 32.00-12-18PR

71 레이디얼 타이어에 "195/60 R14 85H" 로 표시된 경우 14가 의미하는 것은?

① 타이어 폭   ② 편평비
③ 하중지수   ④ 타이어 내경

> 레이디얼 타이어의 표시
> • 195 : 타이어 폭(mm)
> • 60 : 편평비(%)
> • R : 레이디얼 타이어
> • 14 : 타이어 내경(inch)
> • 85 : 하중지수
> • H : 속도기호(H는 최고속도 210km/h)

72 타이어 트레드 패턴의 필요성과 관계 없는 것은?

① 타이어가 옆방향으로 미끄러지는 것을 방지한다.
② 타이어에서 발생한 열을 발산한다.
③ 트레드부에서 생긴 절상 등의 확산을 방지한다.
④ 주행 중 진동을 흡수하고 소음을 방지한다.

> 타이어 트레드 패턴의 필요성
> • 타이어 옆 방향, 전진 방향 미끄러짐 방지
> • 타이어 내부의 열 발산
> • 트레드부에 생긴 절상 등의 확대 방지
> • 구동력이나 선회 성능 향상

73 타이어식 건설기계 장비에서 평소에 비하여 조작력이 더 요구될 때(핸들이 무거울 때) 점검해야 할 사항으로 가장 거리가 먼 것은?

① 기어박스 내의 오일
② 타이어의 공기압
③ 타이어 트레드 모양
④ 앞바퀴 정렬

74 타이어의 공기압력에 관한 설명이다. 알맞은 것은?

① 공기압이 너무 낮으면 트레드 중앙부의 마멸이 많게 된다.
② 공기압력이 낮으면 수명이 길게 된다.
③ 온도가 높게 되면 공기압력도 높게 된다.
④ 공기압력이 높으면 조향핸들이 무겁게 된다.

> 공기압이 높으면 조향이 가볍고, 트레드 중앙부의 마멸이 많게 된다. 또한, 타이어 공기압이 적정수준에서 10% 떨어지면 수명은 15% 정도 줄어든다.

75 다음 중 타이어의 강도와 내마멸성이 급격히 감소되는 임계온도는?

① 50~60℃
② 70~80℃
③ 90~100℃
④ 120~130℃

> 타이어의 임계온도는 120~130℃ 이다.

정답 68 ④ 69 ② 70 ③ 71 ④ 72 ④ 73 ③ 74 ③ 75 ④

76 타이어에서 고무로 피복된 코드를 여러 겹으로 겹친 층으로 타이어의 뼈대를 이루는 부분은?

① 카커스(carcass)
② 비드부(bead section)
③ 브레이커(breaker)
④ 숄더부(shoulder section)

> 카커스는 타이어의 뼈대가 되는 분으로 공기 압력을 견디어 일정한 체적을 유지하고 하중이나 충격에 따라 변형하여 완충작용을 한다.

77 비오는 날 고속도로에서 80km 이상으로 주행하면 무엇이 발생하여 가장 위험한가?

① 타이어 과열현상이 일어난다.
② 기관에 물이 들어가서 엔진상태가 나빠진다.
③ 별다른 이상이 생기지 않는다.
④ 노면에 수막현상이 생겨 제동조향의 효과를 상실하므로 위험하다.

> 하이드로 플래닝(수막현상)은 물이 고인 도로를 고속으로 달릴 때 일정 속도 이상이 되면 나타나는 현상이다.

78 타이어의 구조에서 노면과 직접 접촉하여 마모에 견디고 적은 슬립으로 견인력을 증대시키는 부위는?

① 브레이커(breaker)
② 비드부(bead section)
③ 트레드(tread)
④ 숄더부(shoulder section)

> 트레드는 노면과 직접 접촉하는 고무 부분이며, 카커스와 브레이커를 보호하는 부분이다.

79 무한궤도식 건설기계에서 트랙의 구성품으로 맞는 것은?

① 슈, 조인트, 실(seal), 핀, 슈볼트
② 스프로킷, 트랙롤러, 상부롤러, 아이들러
③ 슈, 스프로킷, 하부롤러, 상부롤러, 감속기
④ 슈, 링크, 부싱, 핀

> 무한궤도식 건설기계의 트랙은 링크, 핀, 부싱, 슈 등으로 구성되어 있으며 스프로킷에서 동력을 받아 구동된다.

80 트랙 프레임 위에 한쪽만 지지하거나 양쪽을 지지하는 브래킷에 1~2개가 설치되어 트랙 아이들러와 스프로킷 사이에서 트랙이 처지는 것을 방지하는 동시에 트랙의 회전위치를 정확하게 유지하는 역할을 하는 것은?

① 브레이스
② 아우터 스프링
③ 스프로킷
④ 캐리어 롤러

> 하부 주행체의 구성
> • 트랙(track) : 트랙은 작업 지역의 토질이나 작업 내용에 따라 여러 형태의 것이 사용되며 트랙 링크(Track link), 슈(Shoe), 부싱(Bushing), 핀(Pin)으로 구성되어 있다.
> • 상부 롤러(Carrier roller, 캐리어 롤러) : 프런트 아이들러(전부 유동륜)와 스프로킷(구동륜) 사이에 1~2개가 설치되어 트랙이 밑으로 처지지 않도록 받쳐주며, 트랙의 회전을 바르게 유지하는 역할을 담당한다.
> • 하부 롤러(Track roller, 트랙 롤러) : 하부 롤러는 트랙 프레임에 5~7개 정도가 설치되며, 트랙터의 전체 중량을 지지하고, 전체 중량을 균일하게 트랙에 배분한다. 또한, 트랙의 회전 위치를 바르게 유지하게 함으로써 상부 롤러와 함께 트랙의 회전을 바르게 유지하는데 관여한다.
> • 프런트 아이들러(Front idler, 전부 유동륜) : 프런트 아이들러는 트랙 프레임의 앞쪽에 설치되며, 프레임 위에서 미끄럼 운동을 할 수 있는 요크(yoke)에 설치되어 있다. 주된 기능은 트랙의 장력을 조정하면서 트랙의 진행 방향을 유도한다.
> • 롤러 가드(Roller guard) : 암석이나 자갈 등이 하부 롤러에 직접 충돌하는 것으로부터 보호하고, 트랙이 벗겨지는 것을 방지하기 위해 양쪽에 여러 개의 볼트로 고정되어 있다.
> • 평형 바(Equalizer bar) : 여러 장의 판 스프링을 겹쳐서 사용하는 형식과 상자형으로 된 형식이 있으며, 지면에서 전달되는 충격을 완화하고 좌우 트랙의 하중분포를 같게 하여 균형을 잡아준다.
> • 리코일 스프링(Recoil spring) : 안쪽의 이너 스프링과 바깥쪽의 아우터 스프링의 2중으로 된 구조로 주행 중 프런트 아이들러가 받은 충격을 완화시켜 트랙 장치의 파손을 방지하는 일을 한다.

81 무한궤도식(굴착기)에서 트랙을 분리하여야 할 경우가 아닌 것은?

① 트랙 교환시
② 트랙 롤러 교환시
③ 스프로킷 교환시
④ 아이들러 교환시

> 트랙을 분리하여야 하는 경우
> • 트랙이 벗겨졌을 때
> • 트랙을 교환하여야 할 때
> • 핀, 부싱 등을 교환하고자 할 때
> • 프런트 아이들러 및 스프로킷을 교환하고자 할 때

 76 ① 77 ④ 78 ③ 78 ③ 79 ④ 80 ④ 81 ②

82 무한궤도식 건설기계와 관련하여 트랙 전면에서 오는 충격을 완화시키기 위해 설치한 것은?

① 하부 롤러
② 프론트 롤러
③ 상부 롤러
④ 리코일 스프링

> 리코일 스프링은 안쪽과 바깥쪽 스프링의 2중 구조로 주행 중 프런트 아이들러(전부 유동륜)가 받은 충격을 완화시켜 트랙 장치의 파손을 방지하는 역할을 담당한다.

83 하부 롤러, 링크 등 트랙 부품이 조기 마모되는 원인으로 가장 맞는 것은?

① 일반 객토에서 작업을 하였을 때
② 트랙장력이 너무 헐거울 때
③ 겨울철에 작업을 하였을 때
④ 트랙장력이 너무 팽팽했을 때

> 트랙의 장력이 너무 팽팽하면 각종 롤러 및 트랙 구성 부품의 마멸이 촉진된다.

84 무한궤도식 건설기계에서 트랙의 장력을 너무 팽팽하게 조정했을 때 미치는 영향으로 가장 거리가 먼 것은?

① 트랙 링크의 마모
② 프런트 아이들러의 마모
③ 트랙의 이탈
④ 스프로킷의 마모

> 일반적인 트랙의 유격은 25~40mm 정도가 정상으로, 트랙의 장력이 현저히 작으면 트랙이 이탈 될 수 있다.

85 주행장치의 스프로킷이 이상 마멸하는 원인에 해당되는 것은?

① 작동유의 부족
② 트랙의 장력 과대
③ 라이닝의 마모
④ 트랙의 유격이 클 때

> 트랙의 장력이 너무 크면 스프로킷의 이상 마멸이 초래된다.

86 굴착기의 스프로킷에 가까운 쪽의 롤러는 어떤 형식을 사용하는가?

① 싱글 플랜지형
② 더블 플랜지형
③ 플랫형
④ 옵셋형

> 하부 롤러(트랙 롤러)는 싱글 플랜지형과 더블 플랜지형이 있으며, 프런트 아이들러와 스프로킷이 있는 쪽에는 반드시 싱글 플랜지형을 사용하여야 한다.

87 무한궤도식 장비에서 프런트 아이들러의 작용에 대한 설명으로 가장 적당한 것은?

① 회전력을 발생하여 트랙에 전달한다.
② 트랙의 진로를 조정하면서 주행방향으로 트랙을 유도한다.
③ 구동력을 트랙으로 전달한다.
④ 파손을 방지하고 원활한 운전을 할 수 있도록 하여 준다.

> 프런트 아이들러(Front idler, 전부 유동륜)는 트랙 프레임의 앞쪽에 설치되며, 프레임 위에서 미끄럼 운동을 할 수 있는 요크(yoke)에 설치되어 있다. 주된 기능은 트랙의 장력을 조정하면서 트랙의 진행 방향을 유도한다.

88 무한궤도식 건설기계에서 트랙을 조정할 때 유의할 사항으로 가장 적절하지 않은 것은?

① 2~3회 반복 조정한다.
② 트랙을 들고 늘어지는 것을 점검한다.
③ 브레이크가 있는 장비는 브레이크를 사용한다.
④ 장비를 평지에 정차시킨다.

> 트랙 유격 조정 시 유의 사항
> • 평탄한 지면에서 한다.
> • 브레이크가 있는 경우 브레이크를 사용해서는 안 된다.
> • 전진하다가 정지시켜야 한다.(후진하다가 세우면 트랙이 팽팽해진다.)
> • 2~3회 반복 조정하여 양쪽 트랙의 유격을 동일하게 조정하여야 한다.
> • 트랙을 들고 늘어지는 양을 점검한다.

89 무한궤도식 건설기계에서 트랙 장력 조정은?

① 스프로킷의 조정볼트로 한다.
② 긴도 조정 실린더로 한다.
③ 상부 롤러의 베어링으로 한다.
④ 하부 롤러의 시임을 조정한다.

> 프런트 아이들러 요크 축에 설치된 조정 실린더에 그리스를 주유하면 트랙의 유격이 적어지고, 그리스를 배출시키면 트랙의 유격이 커진다.

정답 82 ④ 83 ④ 84 ③ 85 ② 86 ① 87 ② 88 ③ 89 ②

90 무한궤도식 건설기계에서 트랙의 조정은 어느 것으로 하는가?

① 아이들러의 이동
② 하부 롤러의 이동
③ 상부 롤러의 이동
④ 스프로킷의 이동

> 무한궤도식 건설기계에서 트랙의 조정은 프런트 아이들러를 전진 및 후진시켜 실시한다.

2. 조향장치

01 건설기계의 조향장치란 무엇인가?

① 배기가스를 환기시키는 장치
② 방향전환시 동력의 원활한 전달을 위한 장치
③ 작업 중 방향을 바꾸는 장치
④ 불완전 연소가스를 순환시키는 장치

> 조향장치란 차량의 진행 방향을 운전자가 의도하는 바에 따라서 임의로 조작할 수 있는 장치를 말한다.

02 조향장치에 애커먼 장토식을 사용하는 이유를 설명한 것 중 옳은 것은?

① 바퀴가 옆으로 미끄러짐을 방지하기 위해서
② 바퀴가 동심원을 그리면서 회전할 수 있게 하기 위해서
③ 바퀴가 한쪽으로 마멸되는 것을 방지하기 위해서
④ 회전반경을 작게 하기 위해서

> 애커먼 장토식은 조향각도를 최대로 하고 선회할 때 뒷차축 연장선상의 한 점을 중심으로 동심원을 그리면서 선회하여 사이드 슬립 방지와 조향핸들 조작에 따른 저항을 감소시킬 수 있는 방식이다.

03 조향장치에 요구되는 사항이 아닌 것은?

① 주행 중 노면의 충격에 영향을 받지 않아야 한다.
② 조작이 쉽고 방향 전환이 원활하게 이루어져야 한다.
③ 고속 주행에서도 조향 핸들이 안정되어야 한다.
④ 조향 핸들의 회전과 바퀴 선회 차이가 커야 한다.

> 조향 핸들의 회전과 바퀴 선회 차이가 크지 않아야 하며, 회전 반지름이 작아 좁은 곳에서도 방향 전환을 할 수 있어야 한다.

04 조향핸들의 조작을 가볍게 하는 방법이다. 틀리는 것은?

① 타이어의 공기압을 높인다.
② 앞바퀴의 정렬을 정확히 한다.
③ 조향휠을 크게 한다.
④ 가급적 저속으로 주행한다.

> 저속 주행 시 노면과의 마찰력이 크기 때문에 상대적으로 조향 핸들의 조작이 무거워 진다.

05 다음 중 핸들이 무거울 때 점검해야 할 사항이 아닌 것은?

① 기어박스 내의 오일
② 타이어의 공기압
③ 타이어 트레드 모양
④ 앞바퀴 얼라인먼트의 불량

> 조향핸들이 무거운 이유
> • 타이어 공기압이 부족하다.
> • 조향 기어의 백래시가 작다.
> • 조향기어박스 내의 오일이 부족하다.
> • 앞바퀴 정렬 상태가 불량하다.
> • 타이어의 마멸이 과대하다.

06 다음은 건설기계의 조향 휠이 정상보다 돌리기 힘들 때 원인이다. 가장 거리가 먼 것은?

① 오일 펌프 벨트 파손
② 파워 스티어링 오일 부족
③ 오일 호스 파손
④ 타이어 공기압 과다

07 동력 조향장치의 장점으로 적합하지 않는 것은?

① 작은 조작력으로 조향 조작을 할 수 있다.
② 조향 기어비는 조작력에 관계없이 선정할 수 있다.

 90 ① [2. 조향장치] 01 ③ 02 ② 03 ④ 04 ④ 05 ③ 06 ④ 07 ④

③ 굴곡 노면에서의 충격을 흡수하여 조향핸들에 전달되는 것을 방지한다.
④ 조작이 서툴러도 엔진이 정지되지 않는다.

> **동력조향장치의 장점**
> • 조향 조작력이 작아도 된다.
> • 조향 조작력과 관계없이 조향 기어비를 선정할 수 있다.
> • 노면으로부터 충격 및 진동을 흡수한다.
> • 앞바퀴의 시미(shimmy)현상을 방지할 수 있다.
> • 조향 조작이 경쾌하고 신속하다.

08 지게차 조향핸들에서 바퀴까지의 조작력 전달순서로 다음 중 가장 적합한 것은?

① 핸들 – 피트먼 암 – 드래그 링크 – 조향기어 – 타이로드 – 조향암 – 바퀴
② 핸들 – 드래그 링크 – 조향기어 – 피트먼 암 – 타이로드 – 조향암 – 바퀴
③ 핸들 – 조향암 – 조향기어 – 드래그 링크 – 피트먼 암 – 타이로드 – 바퀴
④ 핸들 – 조향기어 – 피트먼 암 – 드래그 링크 – 타이로드 – 조향암 – 바퀴

> 조향핸들을 돌리면 그 조작력이 조향 축을 거쳐 조향기어 박스로 전달된다. 조향기어 박스에서는 감속하여 섹터 축을 회전시키고 이에 따라 피트먼 암이 원호운동을 하여 드래그 링크를 앞뒤 방향으로 이동시킨다. 이에 따라 오른쪽 바퀴나 왼쪽 바퀴가 조향 너클에 의해 선회하게 되고 타이로드를 통해 반대쪽 바퀴를 선회시켜 진행 방향을 변환시킨다.

09 기계식 조향 장치에서 조향 기어의 구성품이 아닌 것은?

① 웜 기어
② 섹터 기어
③ 조정 스크루
④ 하이포이드 기어

> 하이포이드 기어는 링 기어의 중심보다 구동 피니언의 중심이 10~20% 정도 낮게 설치된 스파이럴 베벨기어의 오프셋 기어로 최종감속장치에 사용된다.

10 타이어식 장비에서 앞바퀴 정렬의 역할과 거리가 먼 것은?

① 브레이크의 수명을 길게 한다.
② 타이어 마모를 최소로 한다.
③ 방향 안전성을 준다.
④ 조향핸들의 조작을 작은 힘으로 쉽게 할 수 있다.

> **앞바퀴 정렬의 역할**
> • 조향핸들의 조작을 확실하게 하고 안전성을 준다.(캐스터)
> • 조향핸들에 복원성을 부여한다.(캐스터와 킹 핀 경사각)
> • 조향핸들의 조작력을 가볍게 한다.(캠버)
> • 타이어 마모를 최소로 한다.(토인)

11 일반적으로 피트먼암은 무엇을 통하여 섹터축에 설치되어 있는가?

① 볼트
② 부싱
③ 스플라인
④ 세레이션

> 피트먼 암은 조향핸들의 움직임을 드래그 링크로 전달하는 것으로 테이퍼의 세레이션을 통하여 섹터 축에 설치되고, 반대편은 드래그 링크라 센터 링크에 연결하기 위한 볼 이음으로 되어 있다.

12 너클에 요크가 설치된 것으로 킹핀이 액슬에 고정되어 너클의 상하쪽에 베어링과 같이 움직이는 형은?

① 역엘리엇형
② 엘리엇형
③ 르모앙형
④ 마몬형

> **앞 차축과 조향너클의 설치방식**
> • 엘리웃형 : 요크에 조향너클이 설치
> • 역엘리웃형 : 조향너클에 요크가 설치
> • 마몬형 : 앞 차축 윗부분에 조향너클이 설치
> • 르모앙형 : 앞 차축 아랫부분에 조향너클이 설치

13 앞액슬과 너클스핀들을 연결하는 것을 무엇이라 하는가?

① 킹핀
② 드래그링크
③ 타이로드
④ 스티어링암

> 킹핀은 일체 차축 조향기구에서 앞 차축과 조향너클을 연결하며 고정 볼트에 의해 앞 차축에 고정되어 있다.

정답 08 ④ 09 ④ 10 ① 11 ④ 12 ① 13 ①

14 조향핸들이 떨리는 원인과 관계없는 것은?
① 휠 베어링이 마모되었다.
② 조향기어의 백래시가 크다.
③ 킹핀과 부싱의 결합이 세다.
④ 캐스터가 규정값보다 크다.

> 조향핸들이 떨리는 원인
> • 휠 밸런스의 불평형
> • 바퀴의 비정상적인 마모
> • 쇽업쇼버의 불량
> • 조향 링키지의 헐거움
> • 현가 스프링의 쇠약함
> • 조향기어의 백래시 과다
> • 앞바퀴 정렬의 불량

15 축거 4m, 외측바퀴의 최대 회전각 30°, 내측바퀴의 최대 회전각은 32°이다. 이때 최소회전 반경은?
① 8m   ② 12m
③ 28m   ④ 7.5m

> $R = \dfrac{L}{\sin\alpha} + r$
> • R : 최소회전반경
> • L : 축거
> • sinα : 바깥쪽 바퀴의 조향 각도
> $R = \dfrac{4}{\sin 30°} = \dfrac{4}{0.5} = 8m$

16 타이어식 건설기계에서 조향핸들을 1회전시켰을 때 피트먼암이 60° 움직였다면 조향기어비는?
① 6 : 1
② 1.6 : 1
③ 3 : 1
④ 9 : 1

> 조향기어비 = $\dfrac{조향핸들이\ 움직인\ 각}{피트먼\ 암이\ 움직인\ 각}$ 이며, 조향핸들을 1회전시켰을 때 움직인 각은 360° 이므로 조향기어비는 6:1이 된다.

17 차의 떨림이 앞바퀴에서 생길 때 무슨 조정을 하여야 하는가?
① 앞바퀴 얼라인먼트
② 좌측바퀴 얼라인먼트
③ 뒷바퀴 얼라인먼트
④ 우측바퀴 얼라인먼트

18 타이어식 건설기계 장비에서 토인에 대한 설명으로 틀린 것은?
① 토인은 좌·우 앞바퀴의 간격이 앞보다 뒤가 좁은 것이다.
② 토인은 직진성을 좋게 하고 조향을 가볍도록 한다.
③ 토인은 반드시 직진상태에서 측정해야 한다.
④ 토인 조정이 잘못되면 타이어가 편마모된다.

> 토인은 차량의 앞바퀴를 내려다보면 바퀴 중심선 상이의 거리가 앞쪽이 뒤쪽보다 약간 작게 되어 있는 것이다. 즉, 뒤보다 앞이 좁은 것이다.

19 타이어식 건설기계에서 조향 바퀴의 토인을 조정하는 곳은?
① 핸들   ② 타이로드
③ 웜 기어   ④ 드래그 링크

> 토인은 타이로드의 길이로 조정한다.

20 정(+)의 캠버이면 바퀴의 위쪽이 어느 쪽으로 기우는가?
① 바깥으로   ② 안으로
③ 뒤로   ④ 앞으로

> 바퀴의 윗부분이 바깥쪽으로 기울어진 상태를 정(+)의 캠버, 바퀴의 중심선이 수직일 때를 0의 캠버, 바퀴의 윗부분이 안쪽으로 기울어진 상태를 부(-)의 캠버라 한다.

21 캠버가 과도할 때의 마멸상태는?
① 트레드의 한쪽 모서리가 마멸된다.
② 트레드의 중심부가 마멸된다.
③ 트레드의 전반에 걸쳐 마멸된다.
④ 트레드의 양쪽 모서리가 마멸된다.

22 앞바퀴 정렬 중 캠버의 필요성에서 가장 거리가 먼 것은?
① 앞차축의 휨을 적게 한다.
② 조향휠의 조작을 가볍게 한다.
③ 조향시 바퀴의 복원력이 발생한다.

 14 ③ 15 ① 16 ① 17 ① 18 ① 19 ② 20 ① 21 ① 22 ③

④ 토(toe)와 관련성이 있다.

🔍 조향 시 바퀴의 복원성은 캐스터와 킹핀 경사각의 역할이다.

23 캐스터의 단위로 알맞은 것은?
① inch이다. ② mm이다.
③ g이다 ④ °이다.

🔍 캐스터는 앞바퀴를 옆에서 보았을 때 수직선에 대해 조향축이 앞 또는 뒤로 기울여 설치되는 것으로 캐스터 각은 일반적으로 +1~3° 정도이다.

24 타이어식 건설기계가 평탄한 도로를 주행할 때 직진성이 떨어진다. 다음 중 가장 적당한 수정방법은?
① 캠버를 0으로 한다.
② 토인을 조정한다.
③ 부(-)의 캐스터로 한다.
④ 정(+)의 캐스터로 한다.

🔍 캐스터의 역할은 조향 바퀴에 직진성을 부여하고, 조향 시 직진 방향으로의 복원력을 주는 것으로 주행 중 직진성이 떨어진다면 정(+)의 캐스터로 수정하여야 한다.

25 타이어식 건설기계장비에서 앞바퀴 정렬 요소와 관계가 없는 것은?
① 캠버(camber) ② 캐스터(caster)
③ 토인(toe-in) ④ 트레드(tread)

🔍 앞바퀴 정렬 요소는 캠버, 캐스터, 토인이다.

● **3. 제동장치**

01 장비의 유압 브레이크는 무슨 원리를 이용한 것인가?
① 베르누이 원리 ② 아르키메데스의 원리
③ 파스칼의 원리 ④ 상대성 원리

🔍 파스칼의 원리는 "밀폐된 공간 속의 유체에 압력을 주면, 그 힘은 모든 방향으로 동일하게 작용한다."는 것으로 유압 브레이크의 작동 원리로 이용되었다.

02 브레이크의 페이드(fade) 현상이란?
① 유압이 감소되는 현상
② 브레이크오일이 회로 내에서 비등하는 현상
③ 마스터 실린더 내에서 발생하는 현상
④ 브레이크 조작을 반복할 때 마찰열의 축적으로 일어나는 현상

🔍 브레이크를 자주 사용하면 브레이크 드럼과 라이닝 사이에 과도한 마찰열이 축적되어 마찰계수가 떨어지고 브레이크가 잘 듣지 않는 현상을 페이드 현상이라 한다.

03 배기가스의 압력차를 이용한 브레이크 형식은?
① 배기 브레이크 ② 제3 브레이크
③ 유압식 브레이크 ④ 진공식 배력장치

🔍 배기 브레이크는 배기의 통로를 차단하여 엔진 브레이크의 효과를 높이는 일종의 감속기이다.

04 브레이크 파이프 내부에 베이퍼 로크(vapor lock)가 생기는 원인은?
① 라이닝과 드럼 간극이 클 때
② 긴 내리막길에서 계속 브레이크를 사용 드럼이 과열되었을 때
③ 브레이크 라인이 과도하게 냉각되었을 때 과도한 냉각
④ 드럼이 편마모되었을 때

🔍 베이퍼 로크는 브레이크 회로 내의 오일이 기화하여 오일의 압력 전달 작용을 방해하는 현상으로 주로 긴 내리막길에서 과도하게 풋 브레이크를 사용할 때 나타난다.

05 브레이크 파이프 내에 베이퍼 로크가 발생하는 원인과 가장 거리가 먼 것은?
① 지나친 브레이크 조작
② 드럼의 과열
③ 잔압의 저하
④ 라이닝과 드럼의 간극 과대

🔍 베이퍼 로크의 발생원인
• 지나친 브레이크 조작
• 브레이크 드럼의 과열
• 잔압의 저하
• 브레이크 오일 변질 및 불량 오일 사용 시

정답 23 ④ 24 ④ 25 ④ [3. 제동장치] 01 ③ 02 ④ 03 ① 04 ② 05 ④

06 유압 브레이크 회로 내의 잔압과 관계가 없는 것은?

① 베이퍼 로크를 방지한다.
② 유압회로 내에 공기가 새어드는 것을 방지한다.
③ 휠실린더에서 오일이 새는 것을 방지한다.
④ 페이드(fade) 현상이 생기는 것을 방지한다.

> 유압 브레이크 회로 내의 잔압은 마스터 실린더, 브레이크 슈 리턴 스프링의 소손에 의해 주로 나타나며 이는 베이퍼 로크 현상의 원인이 된다.

07 유압 브레이크에서 잔압을 유지시키는 것과 가장 관계가 깊은 것은?

① 피스톤   ② 실린더
③ 체크 밸브   ④ 부스터

> 체크 밸브는 브레이크 페달을 밟으면 오일이 마스터 실린더에서 휠 실린더로 나가게 하고, 페달을 놓으면 파이프 내의 유압과 피스톤 리턴 스프링의 장력이 평형이 될 때까지만 오일이 마스터 실린더 내로 복귀하도록 하여 회로 내에 잔압을 유지시켜 준다.

08 유압식 브레이크의 잔압과 관계가 있는 부품은?

① 마스터 실린더의 피스톤
② 마스터 실린더의 오일탱크
③ 마스터 실린더의 체크밸브
④ 마스터 실린더의 피스톤컵

09 브레이크를 연속하여 자주 사용하면 브레이크 드럼이 과열되어, 마찰계수가 떨어지고 브레이크가 잘 듣지 않는 것으로 짧은 시간 내에 반복조작이나, 내리막길을 내려갈 때 브레이크 효과가 나빠지는 현상은?

① 자기작동
② 페이드
③ 하이드로 플레이닝
④ 와전류

10 브레이크에 페이드(fade) 현상이 발생했을 때의 올바른 조치 방법은?

① 브레이크를 자주 밟아 준다.
② 속도를 가속한다.
③ 엔진 브레이크를 사용한다.
④ 작동을 멈추고 열을 식힌다.

> 페이드 현상은 드럼과 라이닝 사이의 마찰열로 인해 브레이크가 잘 듣지 않는 현상으로 작동을 멈추고 열을 식히는 것이 올바른 조치 방법이다.

11 대기압과 압력차를 이용한 브레이크 형식은?

① 배기 브레이크   ② 제3브레이크
③ 유압식 브레이크   ④ 진공식 배력장치

> 배력식 브레이크는 대기압과의 압력 차이를 이용한 형식으로 흡입 행정에서 발생하는 진공(부압)과 대기 압력 차이를 이용하는 진공배력식, 압축공기의 압력과 대기압 차이를 이용하는 공기배력식으로 나뉜다.

12 공기 브레이크의 장점이 아닌 것은?

① 베이퍼 로크가 일어나지 않는다.
② 브레이크 페달의 조작에 큰 힘이 든다.
③ 차량의 중량이 커도 사용할 수 있다.
④ 파이프에 누설이 있을 때 유압 브레이크보다 위험도가 적다.

> 공기 브레이크의 장점
> • 차량 중량에 제한받지 않는다.
> • 공기가 다소 누출되더라도 제동 성능이 현저하게 저하되지 않는다.
> • 베이퍼로크가 일어나지 않는다.
> • 페달 밟는 양에 따라 제동력이 조절된다.

13 브레이크에서 하이드로 백에 관한 설명으로 틀린 것은?

① 대기압과 흡기다기관 부압과의 차를 이용하였다.
② 하이드로 백에 고장이 나면 브레이크가 전혀 작동 안 된다.
③ 외부에 누출이 없는데도 브레이크 작동이 나빠지는 것은 하이드로 백 고장일 수도 있다.
④ 하이드로 백은 브레이크 계통에 설치되어 있다.

> 진공 배력식(하이드로 백) 브레이크 형식은 흡기다기관 진공과 대기 압력과의 차이를 이용한 것으로 배력 장치에 이상이 발생해도 일반적인 유압 브레이크로 작동할 수 있다.

 정답 06 ④ 07 ③ 08 ③ 09 ② 10 ④ 11 ④ 12 ② 13 ②

14 공기 브레이크에서 공기압축기의 공기압력을 제어하는 곳은?

① 언로더 밸브
② 오리피스
③ 체크 밸브
④ 릴레이 밸브

🔍 공기 압축기 입구 쪽에 설치되어 있는 언로더 밸브가 압력 조정기와 함께 공기 압축기가 과도하게 작동하는 것을 방지하고, 공기 탱크 내의 공기 압력을 일정하게 제어한다.

15 공기 브레이크에서 탱크 내의 압력이 얼마 이상이 되면 압축공기가 밸브를 밀어 올리는가?

① 1~3kgf/cm² 정도
② 5~7kgf/cm² 정도
③ 10~13kgf/cm² 정도
④ 20~25kgf/cm² 정도

🔍 공기 탱크 내의 압력이 5~7kgf/cm² 이상이 되면 공기 탱크에서 들어온 압축공기가 스프링 장력을 이기고 밸브를 밀어 올린다.

16 브레이크 오일의 조건으로 적절하지 않은 것은?

① 점도가 적당하고 점도 지수가 클 것
② 윤활성이 있을 것
③ 화학적 안정성이 클 것
④ 빙점과 비등점이 낮을 것

🔍 브레이크 오일은 ①, ②, ③번 항목 외에 다음과 같은 조건을 갖추어야 한다.
- 빙점이 낮고, 비등점이 높을 것
- 고무 또는 금속제품을 부식, 연화시키거나 팽창시키지 않을 것
- 침전물 발생이 없을 것

17 제동계통에서 마스터 실린더를 세척하는데 가장 좋은 세척액은?

① 경유
② 가솔린
③ 합성세제
④ 알코올

🔍 브레이크 부품인 마스터 실린더 및 휠 실린더 등은 분해 후 알코올 또는 세척용 오일을 사용한다.

18 브레이크 마스터 실린더의 푸시로드 길이를 길게 하면 일어나는 현상은?

① 라이닝이 팽창하여 풀리지 않는다.
② 브레이크가 듣지 않는다.
③ 브레이크에서 오일이 샌다.
④ 페달의 높이가 낮아진다.

🔍 푸시로드의 길이가 길어지게 되면 페달자유간극이 작아지며 라이닝이 팽창하여 풀리지 않을 수 있다.

19 유압식 브레이크 마스터 실린더의 푸시로드에 작용하는 힘이 400kg이고 마스터 실린더 내 피스톤의 단면적이 2cm²일 때 유압은 몇 kg/cm²인가?

① 100kg/cm²
② 200kg/cm²
③ 400kg/cm²
④ 800kg/cm²

🔍 유압 = $\dfrac{힘}{단면적} = \dfrac{400}{2} = 200\text{kg/cm}^2$

20 브레이크 페달의 유격이 크게 되는 원인으로 적절치 않은 것은?

① 브레이크 오일에 공기가 들어 있다.
② 브레이크 페달 리턴 스프링이 약하다.
③ 브레이크 라이닝이 마멸되었다.
④ 브레이크 파이프에서 오일이 많다.

🔍 브레이크 페달의 유격이 크게 되는 원인
- 페달 링크기구의 접속부 마모 시
- 브레이크 라이닝과 드럼의 마모 시
- 브레이크 오일 과다 시
- 푸시로드를 짧게 조정했을 때
- 브레이크 오일에 공기가 들어 있을 때

21 브레이크 페달의 유격은 보통 몇 mm 정도가 적당한가?

① 5~10mm　　② 10~15mm
③ 15~20mm　　④ 20~30mm

🔍 브레이크 페달의 유격은 20~30mm가 적당하며 유격이 규정보다 초과하거나 적으면 고장의 원인이 된다.

정답 14 ① 15 ② 16 ④ 17 ④ 18 ① 19 ② 20 ② 21 ④

22 브레이크를 밟았을 때 금속성 마찰음이 생기는 원인이 아닌 것은?

① 리벳 머리의 돌출
② 마스터 실린더 오일구멍의 막힘
③ 브레이크 드럼의 풀림, 편심
④ 드럼 커버의 변형

🔍 마스터 실린더의 오일 구멍이 막히면 브레이크가 풀리지 않는다.

23 브레이크 작동시 핸들이 한쪽으로 쏠리는 원인이 아닌 것은?

① 브레이크 조정이 불량
② 타이어 공기압이 같지 않음
③ 마스터 실린더의 체크 밸브 작동 불량
④ 라이닝 접촉이 불량

🔍 마스터 실린더의 체크 밸브는 유압 브레이크에서 잔압을 유지시키는 역할을 하는 것으로 핸들이 한쪽으로 쏠리는 원인과는 관련이 없다.

24 브레이크 슈의 리턴 스프링이 약하면 휠 실린더 내의 잔압은?

① 일정하다.
② 낮아진다.
③ 알 수 없다.
④ 높아진다.

🔍 브레이크 슈 리턴 스프링의 장력이 약해지거나 소손되면 잔압이 저하되고 이에 따라 베이퍼 로크 현상이 발생할 수 있다.

25 브레이크를 밟았을 때 차가 한쪽 방향으로 쏠리는 원인으로 가장 거리가 먼 것은?

① 브레이크 오일회로에 공기 혼입
② 타이어의 좌·우 공기압이 틀릴 때
③ 드럼 슈에 그리스나 오일이 붙었을 때
④ 드럼의 변형

🔍 브레이크 오일이 부족하거나 오일 라인에 공기가 혼입되면 브레이가 듣지 않는 원인이 된다.

26 유압식 브레이크에 있어서 오일회로 내의 잔압은 얼마가 되겠는가?

① $0.1 \sim 0.3 kg/cm^2$
② $0.6 \sim 0.8 kg/cm^2$
③ $1.4 \sim 2.0 kg/cm^2$
④ $1.8 \sim 3.0 kg/cm^2$

🔍 피스톤 리턴 스프링은 항상 체크 밸브를 밀고 있기 때문에 이 스프링의 장력과 회로 내의 유압이 평형이 되면 체크 밸브가 시트에 밀착되어 남게되는 압력을 잔압이라 하며, 그 크기는 $0.6 \sim 0.8 kg/cm^2$이다.

27 디스크 브레이크의 장점으로 보기 힘든 것은?

① 방열성이 커 제동 성능이 안정된다.
② 부품의 평형이 좋고, 한쪽만 제동되는 일이 없다.
③ 구조가 복잡하지만 정비는 쉽다.
④ 디스크에 물이 묻어도 제동력 회복이 크다.

🔍 디스크 브레이크는 구조가 간단하고 부품 수가 적어 차량 무게가 줄어들 뿐 아니라 정비가 쉽다. 또한, 고속에서 반복적으로 사용해도 제동력의 변화가 적다.

28 브레이크 페달을 두 세번 밟아야만 제동이 될 때의 주요 고장 요인은?

① 체크 밸브의 고착
② 리턴 스프링의 쇠약
③ 브레이크 파이프 내에 기포 발생
④ 브레이크 오일의 과다

29 브레이크 회로 내의 공기빼기 요령이다. 틀리는 것은?

① 마스터 실린더에서 먼 바퀴의 휠 실린더로부터 순차적으로 공기를 뺀다.
② 브레이크 장치를 수리하였을 때 공기빼기를 하여야 한다.
③ 베이퍼 로크가 생기면 공기빼기를 한다.
④ 브레이크 페달을 밟으면서 공기빼기를 한다.

🔍 베이퍼 로크는 브레이크 회로 내의 오일이 기화하여 오일의 압력 전달 작용을 방해하는 현상으로 주로 긴 내리막길에서 과도하게 풋 브레이크를 사용할 때 나타난다.

 정답 22 ② 23 ③ 24 ② 25 ① 26 ② 27 ③ 28 ③ 29 ③

30 브레이크가 완전히 풀리지 않을 때의 이유 중 틀린 것은?

① 부스터의 기능 불량
② 브레이크 라이닝과 드럼 간격이 좁음
③ 브레이크 레버 주차 브레이크가 걸리어 있음
④ 엔진 플라이 휠의 편마모

🔍 엔진 플라이 휠은 동력전달장치에 속한다.

31 유압 브레이크에서 브레이크 페달이 작용한 후 오일이 마스터 실린더로 되돌아오게 하는 것은?

① 리턴 스프링
② 브레이크 라이닝
③ 브레이크 드럼
④ 푸시로드

🔍 브레이크 페달을 놓으면 마스터 실린더 내의 유압이 저하되고 브레이크 슈는 리턴 스프링의 장력으로 제자리로 복귀되고 휠 실린더 내의 오일은 마스터 실린더 오일 탱크로 되돌아가 제동 작용이 풀린다.

32 브레이크가 미끄러지는 원인은 어느 것인가?

① 라이닝 마모로 간격이 많기 때문
② 부하가 크기 때문
③ 라이닝 간격이 적기 때문
④ 부하가 적기 때문

🔍 브레이크 슈에 리벳이나 접착제로 부착되어 있는 라이닝이 마모되어 간격이 많아지면 브레이크가 미끄러지는 원인이 된다.

33 공기 브레이크에서 브레이크 슈를 직접 작동시키는 것은 무엇인가?

① 릴레이 밸브
② 캠
③ 브레이크 페달
④ 브레이크 챔버

🔍 공기 브레이크에서는 푸시로드가 슬랙 조정기를 거쳐 캠을 회전시켜 브레이크 슈가 드럼에 밀착됨으로써 제동이 이루어진다.

34 브레이크가 잘 작용되지 않고 페달을 밟는데 힘이 드는 원인이 아닌 것은?

① 피스톤 로드의 조정 불량
② 타이어의 공기압의 고르지 못함
③ 라이닝에 오일 부착
④ 라이닝의 간극 조정 불량

35 제동장치에서 브레이크 드럼이 갖추어야 할 조건과 관계가 없는 것은?

① 무거워야 한다.
② 방열이 잘 되어야 한다.
③ 강성과 내마모성이 있어야 한다.
④ 정적, 동적 평형이 잡혀 있어야 한다.

🔍 브레이크 드럼의 조건
• 가벼워야 한다.
• 방열이 잘 되어야 한다.
• 강성과 내마모성이 있어야 한다.
• 정적·동적 평형이 잡혀 있어야 한다.

정답 30 ④ 31 ① 32 ① 33 ② 34 ② 35 ①

CHAPTER
04

Craftsman Construction Equipment Operator

건설기계 유압

Section 01 유압의 기초
Section 02 유압 기기 및 회로
Section 03 건설기계 유압 출제예상문제

SECTION 01 유압의 기초

Craftsman Construction Equipment Operator

STEP 01 유압 일반

1. 유압장치의 필요성

유압은 건설기계뿐 아니라 하역운반기계, 공작기계, 항공기, 자동차, 선박 등 각 방면에 널리 이용되며, 그 용도나 응용분야는 확대되어 가고 있다.

1) 유체의 성질

① 파스칼의 원리

밀폐된 용기 중에서 정지되어 있는 유체의 일부에 가해진 압력은 유체의 모든 부분에 그대로의 세기로 전달되어 진다. 즉, 밀폐된 용기 중에 액체를 충만시키고 상부로부터 힘 F를 가할 때 피스톤의 단면적을 A라고 하면, 액체에 가해지는 압력 $P=\dfrac{F}{A}$이다.

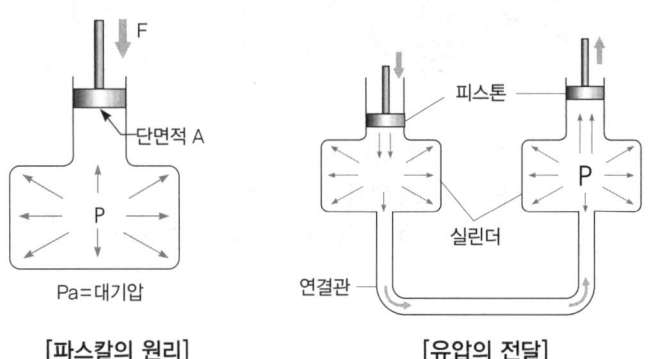

[파스칼의 원리]   [유압의 전달]

② 유압의 전달
  ㉮ 각 점에 작용하는 압력은 모든 방향이 같다.
  ㉯ 액체는 작용력을 감소시킬 수 있다.
  ㉰ 단면적을 변화시키면 힘을 증대시킬 수 있다.
  ㉱ 액체는 운동을 전달할 수 있다.
  ㉲ 공기는 압축되나 오일은 압축되지 않는다.
  ㉳ 유체의 압력은 면에 대해서 직각으로 작용한다.

③ 압력의 단위 : 압력의 단위는 공학에서는 일반적으로 공학기압으로서 kg/cm^2가 쓰이며, 표준기압(atm)이라 하여 수은주 760mm에 상당하는 압력 또는 바(bar) 및 밀리바(mbar) 등이 있다.
  ㉮ 1atm(표준기압) = 760mmHg = 1.01325mbar = 1.332kgf/cm^2 = 1013.25bar
  ㉯ 1at(공학기압) = 1kgf/cm^2 = 0.9678atm = 0.980665bar

2) 유압 장치의 특징
　① 유압 장치의 장점
　　㉮ 적은 동력을 이용하여 큰 힘을 얻는다.
　　㉯ 과부하의 염려가 없다.
　　㉰ 속도조절이 용이하며 무단변속이 가능하다.
　　㉱ 부하의 변동에 대해 안정하다.
　　㉲ 동력전달을 원활히 할 수 있다.
　② 유압장치의 단점
　　㉮ 오일누설의 염려가 있다.
　　㉯ 화재의 위험이 있다.
　　㉰ 온도변화에 의해 영향을 받기 쉽다.
　　㉱ 배관작업이 번잡하다.
　　㉲ 공기가 혼입되기 쉽다.

2. 유압유(작동유)

1) 유압유의 필요성과 역할
　① 작동유의 구비조건
　　㉮ 넓은 온도 범위에서 점도의 변화가 적어야 한다.
　　㉯ 점도 지수가 높아야 한다.
　　㉰ 산화에 대한 안정성이 있어야 한다.
　　㉱ 윤활성과 방청성이 있어야 한다.
　　㉲ 착화점이 높고 내부식성이어야 한다.
　　㉳ 적당한 점도, 즉 유동성을 가지고 있어야 한다.
　　㉴ 유막 끊임이 일어나기 어려워야 한다.
　　㉵ 물리적, 화학적인 변화가 없고 비압축성이어야 한다.
　　㉶ 유압 장치에 사용되는 재료에 대하여 불활성이어야 한다.
　　㉷ 거품이 적고 실(seal) 재료와의 적합성이 좋아야 한다.
　　㉸ 물, 쓰레기 등의 불순물을 신속하게 분리할 수 있는 성질을 가져야 한다.
　② 유압 회로 내의 공기 영향
　　㉮ 실린더 숨돌리기 현상이 생긴다.
　　㉯ 유압유의 열화촉진이 된다.
　　㉰ 공동현상으로 소음발생, 온도상승, 포화상태가 된다.
　③ 캐비테이션 현상(공동현상)이 발생되었을 때의 영향
　　㉮ 체적 효율이 저하된다.
　　㉯ 소음과 진동이 발생된다.
　　㉰ 저압부의 기포가 과포화 상태가 된다.
　　㉱ 기관 내에서 부분적으로 매우 높은 압력이 발생된다.

㉮ 급한 압력파가 형성된다.
㉯ 액추에이터의 효율이 저하된다.

2) 유압 작동유의 종류
① 석유계 유압유 : 윤활성과 방청성이 우수하여 일반 유압유로 많이 사용한다.
② 난연성 유압유
㉮ 물-글리콜계 : 물과 글리콜이 주성분이다.
㉯ 유화계 : 석유계 유압유에 유화제에 의해 물이 혼합된다.
㉰ 인산에스테르계 : 화학적으로 합성되었으며 패킹 및 호스를 침식한다.

3) 유압유의 온도와 사용상 주의할 점
① 작동유의 온도
㉮ 난기 운전시 오일의 온도 : 30℃
㉯ 최고 허용 오일의 온도 : 80℃
㉰ 정상적인 오일의 온도 : 40~60℃
㉱ 열화되는 오일의 온도 : 80~100℃
② 현장에서 오일의 열화를 찾아내는 방법
㉮ 유압유 색깔의 변화나 수분 및 침전물의 유무를 확인한다.
㉯ 유압유를 흔들었을 때 거품이 발생되는가를 확인한다.
㉰ 유압유에서 자극적인 악취가 발생되는가를 확인한다.
㉱ 유압유의 외관 판정 요소 : 색채, 냄새, 점도
③ 유압유의 온도가 상승(과열)하는 원인
㉮ 펌프의 효율이 불량할 때
㉯ 유압유의 노화가 있을 때
㉰ 오일 냉각기의 성능이 불량할 때
㉱ 탱크 내에 유압유가 부족할 때
㉲ 유압유의 점도가 불량할 때
㉳ 안전 밸브의 작동 압력이 너무 낮을 때
㉴ 높은 열을 갖는 물체에 유압유가 접촉될 때
㉵ 과부하로 연속 작업을 할 때
㉶ 유압유에 캐비테이션(공동현상)이 발생할 때
㉷ 유압 회로에서 유압 손실이 클 때
④ 유압유 오염의 원인
㉮ 각종 부품의 마찰에 의해 마모된 쇳조각과 작업 시 실린더로 유입된 미세 먼지
㉯ 혹한기 작동유의 급격한 온도 변화로 인한 열화 및 노화로 화학적 성질 변화
㉰ 작동유의 온도 변화로 공기와 함께 흡입된 수분과 유압유 탱크 내의 수분 유입

STEP 02 유압기호 및 용어

1. 유압 · 공기압 기호(KS B0054-1987)

※ 표시된 것의 출제빈도가 높음.

명칭	기호	용도	명칭	기호	용도
실선	———	• 주관로 • 파일럿 밸브에의 공급관로 • 전기신호선	곡선		회전운동
파선	- - - - -	• 파일러 조작관로 • 드레인관로 • 필터 • 밸브의 과도위치	사선		가변조작 또는 조정수단
1점쇄선	—·—·—	포위선	기타		전기
정삼각형 흑	▶	유압			온도지시 또는 온도조정
					원동기
정삼각형 백	▷	공기압 또는 기타의 기체압			스프링
					교축

명칭	기호	명칭	기호
인력조작	※	당김버튼	※
누름버튼	※	누름·당김버튼	※
레버	※	기름탱크 (밀폐식)	
페달	※	전동기	M
2방향페달	※	원동기	M
롤러		어큐뮬레이터	
회전형전기 액추에이터	M	보조 가스용기	

명칭	기호	명칭	기호
펌프 및 모터		공기탱크	
유압펌프		래치	
정용량형 모터		유압모터 (가변용량형)	
기름탱크 (통기식)		공기압모터	
압력 표시기		감압 밸브	
압력계		체크 밸브	
차압계		카운터 밸런스 밸브	
유면계		필터	
온도계		드레인 배출기	
단동 실린더		드레인 배출기 붙이 필터	

명칭	기호	명칭	기호
복동 실린더		가열기	
릴리프 밸브		온도조절기	
시퀀스 밸브		압력스위치	
무부하 밸브			
스톱밸브		가변 교축밸브	

2. 유압 관계 용어

용어	용어의 뜻
관로	작동유체를 연결하여 주는 역할을 하는 관 또는 그 계통
광물성 유압유	유압장치에 사용되는 유압유이며 석유계 유압을 말한다.
그랜드 패킹	패킹상자에 넣어 누출을 방지하는 패킹의 총칭이다.
감압 밸브	유량 또는 입구쪽 압력에 관계없이 출력쪽 압력을 입구쪽 압력보다 작은 설정 압력으로 조정하는 압력 제어 밸브
규제 흐름	유량이 미리 설정된 값으로 제어된 흐름. 다만, 펌프의 토출 이외의 것에 사용한다.
난류	유체의 점도가 적으며 치수가 비교적 큰 경우에 존재하며 수많은 불규칙한 맴돌이 등을 포함한 것과 같은 흐름이고, 유체의 마찰저항이 커지며 고체와 유체 사이의 열전도 등도 급증한다.
내압력	정격압력 이상의 압력에 견디는 것을 표시하는 압력
난연성 유압유	잘 타지 않아서 화재의 위험을 최대한 예방하는 것. 물-글리콜계, 인산에스테르계, 염소화탄화수소계, 지방산
노이즈	회로에 가해지는 신호 이외에 남아도는 불규칙 신호
데텐트	방향전환 밸브의 스풀을 전환위치 또는 중립위치에 멈추어 둘 때 외력이 가해지지 않는 한 움직이지 않게 하는 정지장치

용어	용어의 뜻
디셀러레이션 밸브	작동기를 감속 또는 증속시키기 위하여 캠 조작 등으로 유량을 서서히 변화시키는 밸브
드레인	기기의 통로나 관로에서 탱크나 매니폴드 등으로 돌아오는 액체 또는 액체가 돌아오는 현상
랩	몸체와 스풀이 겹치는 정도를 말하며, 언더랩(under lap)과 오버랩(over lap)이 있다.
릴리프 밸브	회로의 압력이 밸브의 설정값에 달하였을 때 유체의 일부 또는 전량을 빼돌려서 회로내의 압력을 설정값으로 유지시키는 압력 제어 밸브
리시트 압력	릴리프 밸브가 닫히는 압력
릴리프 붙이 감압 밸브	한쪽 방향의 흐름에는 감압 밸브를 작동하고, 역방향의 흐름에는 그 유입쪽의 압력을 감압 밸브로서의 설정 압력으로 유지시켜 주는 릴리프 밸브로서 작동하는 밸브
블리드오프방식	액추에이터로 흐르는 유량의 일부를 탱크로 분리함으로써 작동 속도를 조절하는 방식
벤트 포트	대기로 개방되어 있는 뽑기 구멍
배압	배위 또는 배위 라인의 저항(배관·기기 저항) 등으로 발행한 저항
백업링	습동부의 실에 O링 등을 사용하면 마찰저항으로 O링이 O링 홈에서 빠져나와 파손되는 일이 있다. 이를 방지할 목적으로 O링과 함께 같은 홈에 넣는 테프론 피혁 나일론제 등의 O링 보호기구를 말한다.
서보 밸브	전기 그 밖의 입력 신호에 따라 유량 또는 압력을 제어하여 주는 밸브
서보 기구	물체의 위치, 방향, 자세 등을 제어량으로 하여 목표값에 대한 임의의 변화에 따를 수 있도록 구성한 제어기구이다. 제어량이 기계적 위치일 것, 목표값이 광범위하게 변화할 것, 입력의 에너지는 적고 힘의 증폭이 될 수 있을 것, 원방제어가 많을 것 등의 특징이 있다.
시퀀스 밸브	2개 이상의 분기 회로를 갖는 회로 내에서 그의 작동순서를 회로의 압력 등에 의하여 제어하는 밸브
스로틀 밸브	조임 작용에 따라서 유량을 규제하는 밸브. 보통 압력 보상이 없는 것을 말한다.
스위블 이음	선회 가능한 관의 이음(돌림 이음)
스풀	원통 모양의 밸브
스틱	스풀이 밸브 본체에 강하게 접촉하여 작동이 무거워지는 현상
슬리브	속이 빈 원통형으로 피스톤 스풀을 등을 안내하는 라이너
서지 압력	과도적으로 상승한 압력의 최대값
어큐뮬레이터	작용유를 가압 상태에서 저장하는 용기(축압기)
액추에이터	유압 실린더나 유압 모터와 같이 유압을 기계적으로 변화시키는 작동기
오리피스	교축 통로(관에 구멍을 뚫어서 통로를 연결하는 구조가 많다.)
유량조정 밸브	배압 또는 부압에 의하여 생긴 압력의 변화에 관계없이 유량을 설정된 값으로 유지시켜 주는 유량 제어 밸브
언로더 밸브	일정한 조건으로 펌프를 무부하로 하여 주기 위하여 사용되는 밸브. 보기를 들면 계통의 압력이 설정의 값에 달하면 펌프를 무부하로 하고, 또한 계통 압력이 설정값까지 저하되면 다시 계통으로 압력 유체를 공급하여 주는 압력 제어 밸브

용어	용어의 뜻
압력제어 밸브	압력을 제어하는 밸브의 총칭
안전 밸브	기기나 관 등의 파괴를 방지하기 위하여 회로의 최고압력을 한정시키는 밸브
채터링	밸브 시트를 타격하여 소음을 발생시키는 진동 현상
체크 밸브	한쪽 방향으로만 흐름을 허용하는 밸브
파일럿 밸브	다른 밸브를 조작하기 위한 보조용 밸브
플로컨트롤 밸브	압력의 대소에 관계없이 일정한 유량을 유지하기 위한 밸브(유량제어 밸브)
포트	작동 유체 통로의 열린 부분
캐비테이션	유압이 진공에 가깝게 되어 기포가 생기며, 이것이 파괴되어 국부적 고압이나 소음을 발생시키는 현상
카운터 밸런스 밸브	추의 낙하를 방지하기 위한 밸브로서 유압을 가하여 하강시킬 경우에도 열리며, 유압을 제거하면 폐쇄된다.
크랭킹 압력	릴리프 밸브가 열리기 시작하는 압력
컷오프	펌프 출구측 압력이 설정압력에 가깝게 되었을 때 가변 토출량 제어가 작용하여 유량을 감소시키는 것

SECTION 02 유압기기 및 회로

Craftsman Construction Equipment Operator

STEP 01 유압 회로

1. 회로의 원리와 회로도

유압유에 압력을 가해 압력유를 만들거나 압력유가 지닌 에너지를 변화시키기 위해서는 여러 가지의 기기와 그들이 배관에 의해 연결되는 장치가 필요하다. 이를 유압 회로라고 하고 기관이나 모터에 의해 작동되는 펌프가 있어야 한다.

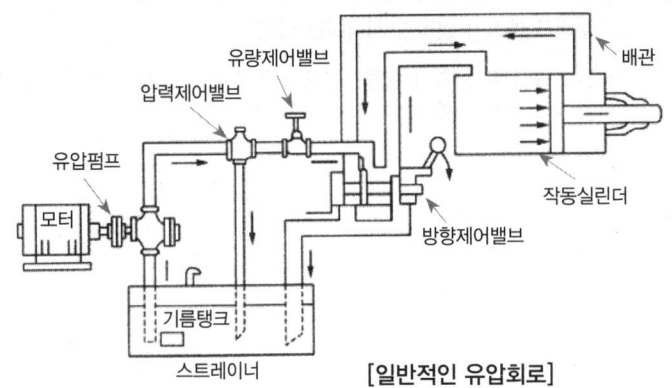

[일반적인 유압회로]

1) 단면 회로도

   기기와 관로를 단면도로 나타낸 회로도로서 기기의 작동을 설명하는데 편리하다.

2) 회식(외관) 회로도

   기기의 외형도를 배치한 회로도로서 견적도, 승인도 등 상용(商用)에 널리 사용되었다.

3) 기호 회로도

   유압기기의 제어와 기능을 간단히 표시할 수 있으며 배관이나 회로, 설계, 제작, 판매 등에 편리하다.

2. 유압 기본 회로

1) 압력 설정 회로

   모든 유압 회로의 기본이며 회로 내의 압력이 설정 압력 이상시는 릴리프 밸브가 열려 탱크로 귀환시키는 회로로서 안전측면에서도 필수적인 회로이다.

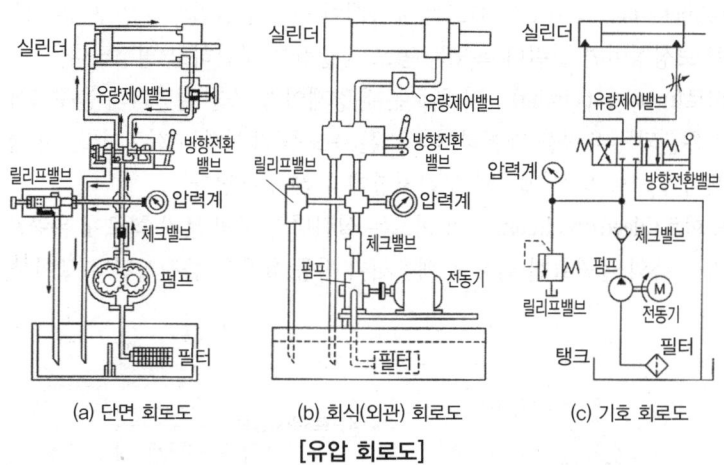

(a) 단면 회로도　　(b) 회식(외관) 회로도　　(c) 기호 회로도

[유압 회로도]

2) 무부하 회로

회로에서 어떤 일을 하지 않을 때 작동유를 탱크로 귀환시켜 펌프를 무부하로 만드는 회로를 말한다.
① 전환 밸브에 의한 무부하 회로 : 이 회로는 중립위치가 탠덤센터(tandem center)형인 3위치 전환 밸브를 사용하여 비교적 간단히 무부하시킬 수 있는 회로이다.
② 단락에 의한 무부하 회로(short circuit) : 펌프 송출량의 전량을 저압 그대로 탱크로 귀환시키는 회로이다.

3. 기능별 유압 회로

1) 압력제어 회로

회로의 최고압을 제어하든가 또는 회로의 일부 압력을 감압해서 작동 목적에 알맞은 압력을 얻는 회로이다. 즉, 일의 크기를 결정한다.
① 최대 압력제한 회로 : 고압과 저압의 2종류 릴리프 밸브를 사용하며 실제로 일을 하는 하강행정에는 고압용 릴리프 밸브가, 상승행정에는 저압용 릴리프 밸브가 압력을 제어하며 프레스에 잘 응용되는 회로이다.
② 감압 밸브에 의한 2압력 회로 : 2개의 실린더가 있는 유압 계통에서 1개의 실린더가 유압 회로의 계통압력보다 낮은 압력이 필요할 경우에는 감압 밸브를 사용하여 설정압력을 릴리프 밸브의 설정압력보다 낮게 조정하여 사용되는 회로이다.

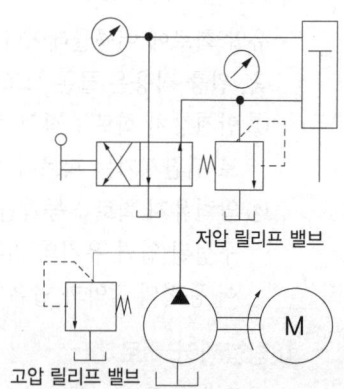

[최대 압력제한 회로]

2) 속도제어 회로

유압 모터나 유압 실린더의 속도를 임의로 쉽게 제어할 수 있는 회로로서 속도는 실린더의 크기, 유량, 부하 등에 의하여 달라지며 속도제어에는 유량제어 밸브를 사용하는 것 이외에 여러 가지 방법이 있다.

① 미터인 회로(meter in circuit) : 이 회로는 유량제어 밸브를 실린더의 입구측에 설치한 회로로서, 이 밸브가 압력 보상형이면 실린더 속도는 펌프 송출량에 무관하고 일정하다.
② 미터아웃 회로(meter out circuit) : 이 회로는 유량제어 밸브를 실린더의 출구측에 설치한 회로로서 실린더에서 유출되는 유량을 제어하여 피스톤 속도를 제어하는 회로이다. 이 경우 펌프의 송출압력은 유량제어 밸브에 의한 배압과 부하저항에 따라 정해진다.
③ 블리드오프 회로(bleed off circuit) : 이 회로는 실린더 입구의 분기 회로에 유량제어 밸브를 설치하여 실린더 입구측의 불필요한 압유를 배출시켜 작동 효율을 증진시킨 회로이다.

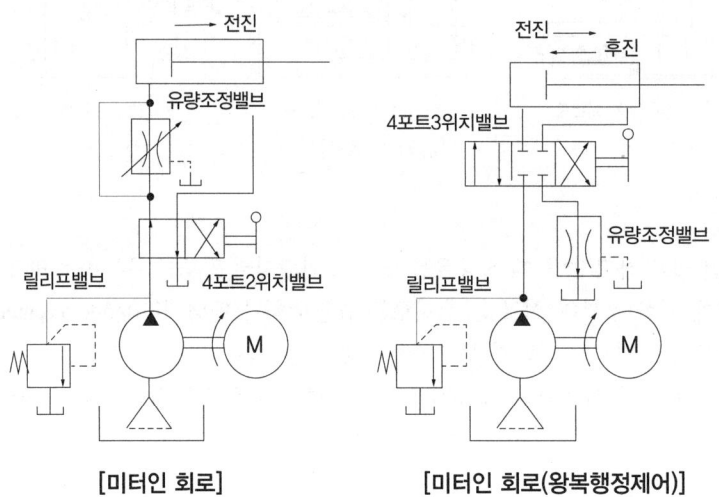

[미터인 회로]   [미터인 회로(왕복행정제어)]

3) 어큐뮬레이터 회로

유압 회로에 어큐뮬레이터를 이용하면 압력 유지 이외에 동력의 절약, 회로의 안전, 사이클 시간 단축, 완충 작용은 물론 보조 동력원으로 사용하여 효율을 증진시킬 수 있다.
① 안전장치 회로 : 작업 실패가 발생했을 경우 어큐뮬레이터에 의하여 유압 실린더를 안전한 위치로 귀환시키는 회로이다.
② 압력유지 회로 : 동력원, 체크 밸브, 수동 조작, 4방향 밸브, 압력 스위치, 유압 실린더, 축압기로 구성된 압력 유지의 기본 회로를 말하며 압력이 설정 압력보다 낮아질 경우 펌프가 작동하게 되어 동력의 절약과 압유의 가열을 막을 수 있다.

4) 방향제어 회로

방향제어 회로는 일반적으로 압유의 흐름 방향을 제어하는 조작 끝의 회로로서 실린더나 피스톤을 임의 위치에서 고정하는 로킹 회로나 압력 스위치의 리밋 스위치 등을 사용하여 방향전환 밸브 등을 조작하는 회로를 말한다.
① 로킹 회로 : 실린더 행정 중의 임의의 위치 또는 행정 끝에서 실린더를 고정시켜 놓을 필요가 있을 때 장치 내의 압력 저하에 의하여 실린더 피스톤이 이동되는 것을 방지하는 회로를 말한다.
② 완전 로크 회로 : 유압 실린더를 로크시키고 펌프를 무부하시켰어도 피스톤 로드에 큰 외력이 가해지면 내부 누유로 인해 완전 로크가 안되므로 파일럿 조작 체크 밸브를 사용하여 확실히 정지하도록 하는 회로이다.

STEP 02 유압 기기

1. 유압유 탱크

유압유 탱크는 오일을 회로 내에 공급하거나 되돌아오는 오일을 저장하는 용기를 말하며 개방형식과 가압식(예압식)이 있다. 개방형은 탱크 안의 공기가 통기용 필터를 통해 대기와 연결되어 있는 상태로 탱크의 오일이 자유표면을 유지하기 때문에 압력의 상승이나 저하를 피할 수 있는 형식이며, 예압형은 탱크 안이 완전히 밀폐되어 압축공기나 또는 그 밖의 방법으로 언제나 일정한 압력을 가하는 형식으로 캐비테이션이나 기포발생을 막을 수 있다.

1) 탱크의 역할
① 유압 회로 내에 필요한 유량 확보
② 오일의 기포발생 방지와 기포의 소멸
③ 작동유의 온도를 적정하게 유지

2) 유압 탱크와 구비조건
① 유면은 적정위치 "F"에 가깝게 유지하여야 한다.
② 정상적인 작동에서 발생한 열을 발산할 수 있어야 한다.
③ 공기 및 이물질을 오일로부터 분리할 수 있는 구조여야 한다.
④ 배유구와 유면계가 설치되어 있어야 한다.
⑤ 흡입관과 복귀관(리턴 파이프) 사이에 격판이 설치되어 있어야 한다.
⑥ 흡입 오일을 여과시키기 위한 스트레이너가 설치되어야 한다.
⑦ 탱크의 크기는 중력에 의하여 복귀하는 유압장치 내의 모든 작동유를 받아들일 수 있는 크기로 하여야 한다.(일반적으로 유압 토출량의 2~3배)

3) 탱크에 수분이 혼입되었을 때의 영향
① 공동 현상이 발생된다.
② 작동유의 열화가 촉진된다.
③ 유압 기기의 마모를 촉진시킨다.

2. 유압 펌프

유압 펌프는 기관의 앞이나 플라이휠 및 변속기 부축에 연결되어 작동되며, 기계적 에너지를 받아서 압력을 가진 오일의 유체 에너지로 변환작용을 하는 유압 발생원으로서의 중요한 요소이다. 작업 중 큰 부하가 걸려도 토출량의 변화가 적고, 유압토출시 맥동이 적은 성능이 요구된다.

> **참고** 토출량(배출량) : 펌프 1회전당 배출량은 유량($ℓ$/rev 또는 cc/rev)으로 표시하거나, 분당 토출하는 유량($ℓ$/min)으로 표시한다.

1) 기어 펌프(gear pump)의 특징
① 구조가 간단하다.
② 다루기 쉽고 가격이 저렴하다.

③ 오일의 오염에 비교적 강한 편이다.
④ 펌프의 효율은 피스톤 펌프에 비하여 떨어진다.
⑤ 가변 용량형으로 만들기가 곤란하다.
⑥ 흡입 능력이 가장 크다.

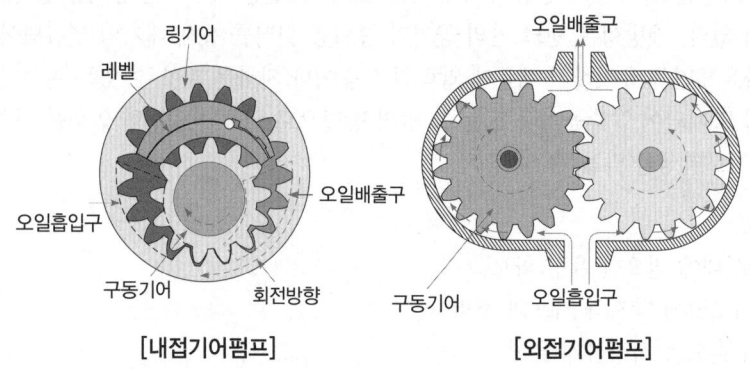

[내접기어펌프]   [외접기어펌프]

2) 베인 펌프(vane pump)의 특징
   ① 토출량은 이론적으로 회전속도에 비례하지만 내부 누출이 압력 및 작동유의 절대 점도의 역수에 거의 비례해서 늘어나므로 그 분량만큼 토출량은 감소한다.
   ② 내부 섭동 부분의 마찰에 의한 토크 손실에 의해 필요동력이 그 분량만큼 증대한다.
   ③ 토출 압력의 맥동이 적다.
   ④ 보수가 용이하다.
   ⑤ 운전음이 낮다.

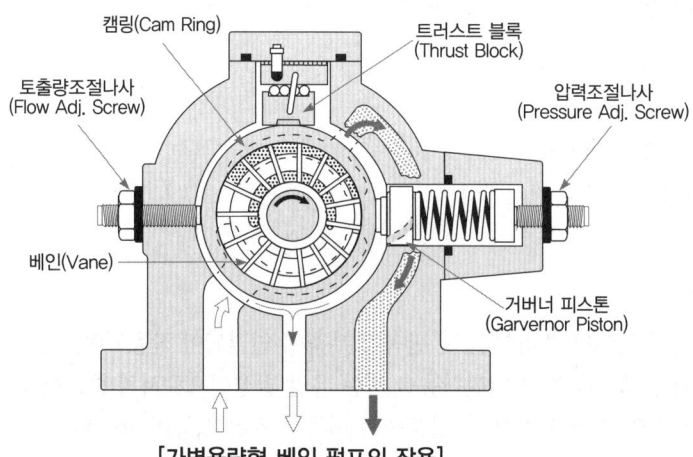

[가변용량형 베인 펌프의 작용]

3) 플런저 펌프(plunger pump)의 특성
   ① 고압에 적합하며 펌프 효율이 가장 높다.
   ② 가변 용량형에 적합하며, 각종 토출량 제어장치가 있어서 목적 및 용도에 따라 조정할 수 있다.
   ③ 구조가 복잡하고 비싸다.

④ 오일의 오염에 극히 민감하다.
⑤ 흡입능력이 가장 낮다.

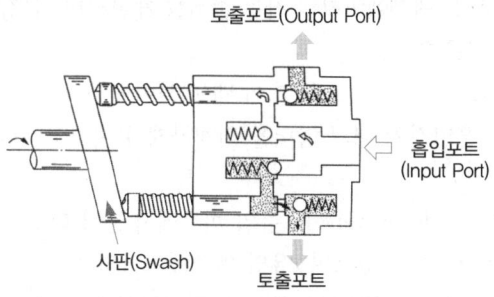

[사판식 플런저 펌프]

4) 나사 펌프(screw pump)의 특징
① 한 쌍의 나사 달린 축의 나사부 외주가 상대 나사바닥에 접촉되어 작동된다.
② 연속적인 펌프 작용이 된다.
③ 토출량이 고르다.

5) 각종 펌프별 전효율
① 기어식 펌프 : 내접 기어식 75~85%, 외접 기어식 80~88%
② 베인식 펌프 : 보통형 80~85%, 고압형 80~88%
③ 플런저식 펌프 : 엑셀형 90~95%, 레이디얼형 90%
④ 나사형 펌프 : 80%

6) 유압 펌프의 비교

구분	기어 펌프	베인 펌프	플런저 펌프
구조	간단하다	간단하다	가변 용량이 가능
최고 압력(kgf/cm²)	140~210	140~175	150~350
최고 회전수(rpm)	2,000~3,000	2,000~2,700	1,000~5,000
럼프의 효율(%)	80~88	80~88	90~95
소음	중간 정도	적다	크다
자체 흡입 성능	우수	보통	약간 나쁘다
수명	중간 정도	중간 정도	같다

3. 유압제어 밸브

유압제어 밸브란 장비 작업장치의 유압 실린더와 유압 모터가 하는 일의 목적에 따라 이에 알맞은 기계적 작동을 하기 위해서 작동유의 흐름을 조절(control)하는 밸브이다.

1) 압력제어 밸브(pressure control valve, 일의 크기 제어)

    압력제어 밸브는 유압 회로 내의 유압을 일정하게 유지하고 최고 압력으로 되지 않도록 제한하여 회로 내에 유압으로 인한 유압 액추에이터의 작동 순서를 제한하며, 일정한 배압을 액추에이터에 공급하는 등 유압에 관한 제어를 한다.

    ① 릴리프 밸브(relief valve) : 유압 펌프와 제어 밸브 사이에 설치되어 회로 내의 압력을 규정값으로 유지시키는 역할 즉, 유압장치 내의 압력을 일정하게 유지하고 최고 압력을 제어하여 회로를 보호한다.
    ② 리듀싱 밸브(감압 밸브, reducing valve) : 유압 회로에서 분기 회로의 압력을 주회로의 압력보다 감압시켜 다른 압력으로 나눌 수 있으며, 유압 액추에이터의 작동 순서를 제어한다.
    ③ 시퀀스 밸브(sequence valve) : 2개 이상의 분기 회로에서 유압 회로의 압력에 의하여 작동 순서를 제어하는 역할을 한다.
    ④ 언로더 밸브(unloader valve) : 유압 회로 내의 압력이 규정 압력에 도달하면 펌프에서 송출되는 모든 유량을 탱크로 리턴시켜 유압 펌프를 무부하가 되도록 하는 역할을 한다.
    ⑤ 카운터 밸런스 밸브(counter balance valve) : 유압 실린더 등이 자유 낙하되는 것을 방지하기 위하여 배압을 유지시키는 역할을 한다.

2) 유량제어 밸브(flow control valve, 일의 속도 제어)

    유량제어 밸브는 회로에 공급되는 유량을 조절하여 액추에이터의 작동 속도를 제어하는 역할을 한다.

    ① 스로틀 밸브(교축 밸브) : 밸브 내 오일 통로의 단면적을 외부로부터 변환하여 점도가 달라져도 유량이 변화되지 않도록 설치한 밸브이다.
    ② 압력 보상 유량제어 밸브 : 밸브의 입구와 출구의 압력차가 변하여도 조정 유량은 변하지 않도록 보상 피스톤 출입구의 압력 변화를 민감하게 감지하여 미세한 운동으로 유량을 조정한다.
    ③ 디바이더 밸브(분류 밸브) : 디바이더 밸브는 2개의 액추에이터에 동등한 유량을 분배하여 그 속도를 제어하는 역할을 한다.
    ④ 슬로 리턴 밸브 : 붐 또는 암이 자중에 의해 영향을 받지 않도록 하강 속도를 제어하는 역할을 한다.

3) 방향제어 밸브(directional control valve, 일의 방향 제어)

    ① 체크밸브(check valve) : 작동유의 흐름을 한쪽 방향으로만 흐르도록 하고 역류를 방지하는 역할을 한다.
        ㉮ 인라인형 체크 밸브 : 작동유의 역류를 방지하기 위하여 회로의 중간에 설치되어 있다.
        ㉯ 앵글형 체크 밸브 : 작동유의 흐름을 90° 방향으로 변환시키는 역할을 한다.
    ② 스풀 밸브(spool valve) : 하나의 밸브 보디 외부에 여러 개의 홈이 있는 밸브로 축방향으로 이동하여 작동유의 흐름 방향을 변환시키는 역할을 한다.
    ③ 디셀러레이션 밸브(감속 밸브, deceleration valve) : 유압 모터, 유압 실린더의 운동 위치에 따라 캠에 의해서 작동되어 회로를 개폐시켜 속도와 방향을 변환시키는 역할을 한다.

4) 특수 밸브

    ① 압력 온도 보상 유량제어 밸브 : 압력 보상 유량제어 밸브와 방향 밸브를 조합한 것으로 변환 레

버의 경사각에 따라 유량이 조정되며, 중립에서는 전량이 유출된다.
② 브레이크 밸브 : 브레이크 밸브는 부하의 관성이 큰 곳에 사용하며, 관성체가 가지고 있는 관성 에너지를 오일의 열에너지로 변화하여 관성체에 제동 작용의 역할을 한다. 제동력의 조정은 릴리프 밸브의 설정 압력을 변화시켜 조정하며, 체크 밸브는 유압 모터의 캐비테이션 현상을 방지하는 역할을 한다.
③ 리모트 컨트롤 밸브(원격 조작 밸브) : 대형 건설기계에서 간편하게 조작하도록 설계된 밸브로 2차 압력을 제어하는 여러 개의 감압 밸브가 1개의 케이스에 내장된 것으로 360°의 범위에서 임의의 방향으로 경사시켜 동시에 2개의 2차 압력을 별도로 제어할 수 있다.
④ 클러치 밸브 : 기중기의 권상 드럼 등의 클러치를 조작하기 위한 밸브로 기능상 체크 밸브의 누출이 없어야 한다. 만약 오일의 누출이 있으면 클러치가 느슨해져 권상 상태의 화물이 낙하하게 되므로 위험하다.
⑤ 메이크업 밸브 : 체크 밸브와 같은 작동으로 유압 실린더 내의 진공이 형성되는 것을 방지하기 위하여 유압 실린더에 부족한 오일을 공급하는 역할을 한다.

4. 액추에이터(Actuator)

액추에이터(actuator)는 유압의 에너지를 기계적 에너지로 변화시키는 장치로 직선 왕복 운동을 하는 유압 실린더와 회전 운동을 하는 유압 모터가 있다.

1) 유압 실린더(hydraulic cylinder)

유압 실린더는 유압 펌프에서 공급되는 유압에 의해서 직선 왕복 운동으로 변환시키는 역할을 한다.
① 단동(單動) 실린더 : 유압 펌프에서 피스톤의 한쪽에만 유압이 공급되어 작동하고 리턴은 자중 또는 외력에 의해서 이루어진다.
② 복동(復動) 실린더 : 유압 펌프에서 피스톤의 양쪽에 유압이 공급되어 작동되는 실린더로 건설기계에서 가장 많이 사용되며, 피스톤의 양쪽에 유압이 동시에 공급되면 작동되지 않는다.

2) 유압 모터(hydraulic motor)

유압 모터는 유압 펌프에 의해서 공급되는 유압에 의해서 회전 운동으로 변환시키는 역할을 한다.
① 기어형 모터
　㉮ 구조가 간단하고 값이 싸며, 작동유의 공급 위치를 변화시키면 정방향의 회전이나 역방향의 회전이 자유롭다.
　㉯ 모터의 효율은 70~90% 정도이다.
② 베인형 모터
　㉮ 정용량형 모터로 캠링에 날개가 밀착되도록 하여 작동되며, 무단 변속기로 내구력이 크다.
　㉯ 모터의 효율은 95% 정도이다.
③ 레이디얼 플런저 모터
　㉮ 플런저가 회전축에 대하여 직각 방사형으로 배열되어 있는 모터로 굴착기의 스윙 모터로 사용된다.
　㉯ 모터의 효율은 95~98% 정도이다.

④ 액시얼 플런저 모터
  ㉮ 플런저가 회전축 방향으로 배열되어 있는 모터이다.
  ㉯ 모터의 효율은 95~98% 정도이다.

5. 어큐뮬레이터(Accumulator)

어큐뮬레이터(accumulator, 축압기)는 유체 에너지를 일시 저장하여 주는 것으로 용기 내에 고압유를 압입한 것이다. 고압유를 저장하는 방법에 따라 중량에 의한 것, 스프링에 의한 것, 공기나 질소가스 등의 기체 압축성을 이용한 것이 있다.

1) 어큐뮬레이터의 용도
  ① 대유량의 작동유를 순간적으로 공급한다.
  ② 유압 펌프의 맥동을 제거한다.
  ③ 충격 압력을 흡수한다.
  ④ 압력을 보상해 준다.

2) 어큐뮬레이터의 종류(가스 오일식)
  ① 피스톤형 : 실린더 내의 피스톤으로 기체실과 유체실을 구분한다.
  ② 블래더형(고무 주머니형) : 본체 내부에 고무 주머니가 있어 기체실과 유체실을 구분한다.
  ③ 다이어프램형 : 본체 내부에 고무와 가죽의 막이 있어 기체실과 유체실을 구분한다.

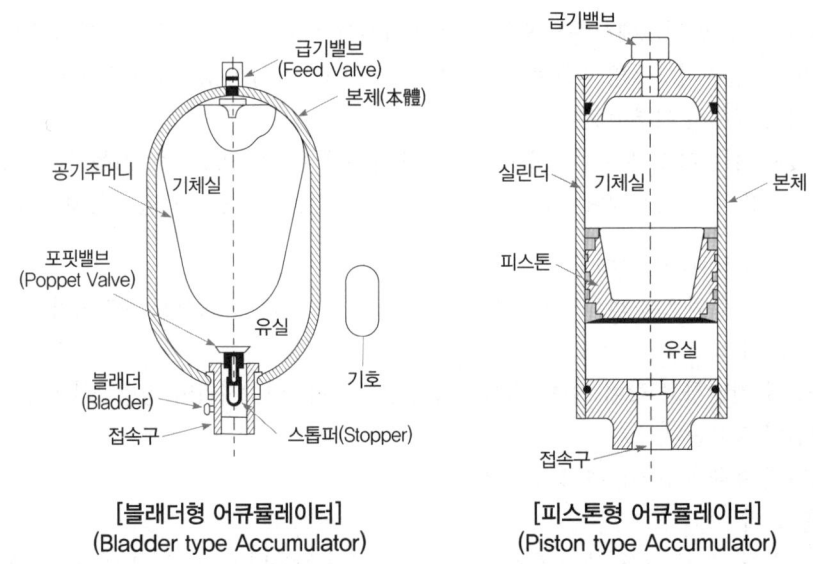

[블래더형 어큐뮬레이터]
(Bladder type Accumulator)

[피스톤형 어큐뮬레이터]
(Piston type Accumulator)

6. 부속기기

1) 여과기
  ① 흡입 스트레이너 : 유압 탱크에서 비교적 큰 불순물을 제거한다.

② 필터 : 배관과 복귀 및 바이패스 회로의 미세한 불순물을 제거한다.
  ㉮ 여과지식 엘리먼트
  ㉯ 적층식 엘리먼트
  ㉰ 다공체식 엘리먼트
  ㉱ 흡착식 엘리먼트
  ㉲ 자기식 엘리먼트

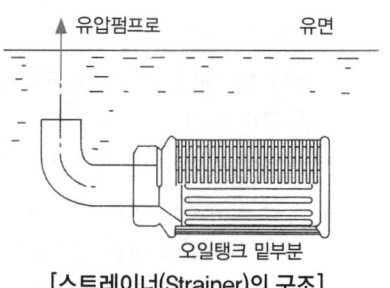

[스트레이너(Strainer)의 구조]

2) 오일 냉각기

공랭식과 수랭식으로 작동유를 냉각시키며 일정 유온을 유지토록 한다.

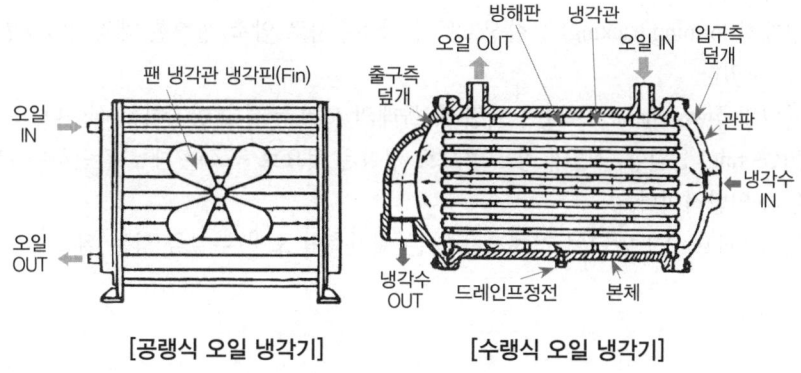

[공랭식 오일 냉각기]　　　[수랭식 오일 냉각기]

3) 배관의 구분과 이음

강관, 고무 호스, 이음으로 구성되어 각 유압기기를 연결하여 회로를 구성한다.

① 강관 : 금속관에는 강관, 스테인리스강관, 알루미늄관, 구리관 등이 있으며 주로 강관이 사용되고 일반적으로는 저압($100kg/cm^2$ 이하), 중압($100kg/cm^2$ 정도), 고압($100kg/cm^2$ 이상)의 압력 단계로 분류된다.

② 고무호스 : 건설기계에 사용되는 고무 호스는 합성고무로 만든 플렉시블 호스이며 금속관으로는 배관이 어려운 부위나 장치부 상대위치가 변하는 경우 그리고 진동의 영향을 방지하고자 할 경우에 사용된다.

③ 이음
  ㉮ 나사 이음(screw joint) : 나사 이음은 유압이 $70kg/cm^2$ 이하인 압송유 관로, 복귀 관로, 드레인 관로, 흡입 관로 등에서 저압용으로 사용된다.
  ㉯ 용접 이음(welded joint) : 용접 이음은 관을 삽입하여 용접 접속하는 이음이다. 용접 작업이 완전하면 유밀성이 확실하므로 고압용의 관로용으로 사용된다.
  ㉰ 플랜지 이음(flange joint) : 플랜지 이음은 관의 끝을 플랜지에 삽입하여 용접하고 두 개의 플랜지를 볼트로 결합하는 이음인데 고압이나 저압에 상관없이 직경이 큰 관의 관로용으로서 확실한 작업을 할 수 있다.
  ㉱ 플레어 이음(flare joint) : 플레어 이음은 관의 끝부분을 원추형의 펀치로 나팔형으로 펴서 원추면에 슬리브와 너트로 조여 유밀성을 확실하게 한다.

4) 오일 실(패킹)

오일 실(seal)은 각 오일 회로에서 오일이 외부로 누출되는 것을 방지하는 역할을 한다.

① 구비 조건
- ㉮ 압력에 대한 저항력이 클 것
- ㉯ 작동면에 대한 내열성이 클 것
- ㉰ 작동면에 대한 내마멸성이 클 것
- ㉱ 정밀 가공된 금속면을 손상시키지 않을 것
- ㉲ 작동 부품에 걸리는 일이 없이 잘 끼워질 것
- ㉳ 피로 강도가 클 것

② 실(seal)의 종류
- ㉮ 성형패킹(forming packing) : 합성고무와 합성수지로 압축 성형한 패킹이며 V형, U형, L형, J형 등이 있다.
- ㉯ 메커니컬 실(mechanical seal) : 회전 축 둘레의 오일 누설을 방지하는 실이다.
- ㉰ O링(O-ring) : 원형 단면의 링 모양으로 성형된 것으로 구조는 매우 간단하며, 재질은 니트릴 고무가 일반적이다.
- ㉱ 오일 실(oil seal) : 압력이 가해지지 않는 회전축의 오일 누설을 막는 실로서 합성 고무의 재질이다.

제04장_ 건설기계 유압
출제예상문제

1. 유압의 기초

01 밀폐된 용기 내의 액체 일부에 가해진 압력은 어떻게 전달되나?

① 유체의 압력이 돌출 부분에서 더 세게 작용된다.
② 유체 각 부분에 다르게 전달된다.
③ 유체의 압력이 홈부분에서 더 세게 작용된다.
④ 유체 각 부분에 동시에 같은 크기로 전달된다.

> 파스칼의 원리에 따르면 밀폐된 용기 내에 액체를 가득 채우고 그 용기에 힘을 가하면 그 내부의 압력은 각면에 수직으로 작용하며, 용기 내의 어느 곳이든지 똑같은 압력으로 작용한다.

02 파스칼(pascal)의 원리 중 틀린 것은?

① 유체의 압력은 면에 대하여 직각으로 작용한다.
② 각 점의 압력은 모든 방향으로 같다.
③ 정지해 있는 유체에 힘을 가하면 단면적이 적은 곳은 속도가 느리게 전달된다.
④ 밀폐된 용기 속의 유체 일부에 가해진 압력은 각부에 똑같은 세기로 전달된다.

03 밀폐된 용기 중에 채워진 비압축성 유체의 일부에 가해진 압력은 유체의 모든 부분에 그대로의 세기로 전달되는 원리는?

① 파스칼의 원리   ② 베르누이의 원리
③ 보일샤를의 원리 ④ 아르키메데스의 원리

04 다음 중 유압의 단점이 아닌 것은?

① 고압 사용으로 인한 위험성 및 이물질에 민감하다.
② 유온의 영향에 따라 정밀한 속도와 제어가 곤란하다.
③ 전기, 전자의 조합으로 자동제어가 곤란하다.
④ 폐유에 의해 주변환경이 오염될 수 있다.

> 유압장치의 단점
> • 작동유의 누설 염려가 있다.
> • 화재의 위험이 있다.
> • 작동유는 온도의 영향에 따라 정밀한 속도와 제어가 곤란하다.
> • 배관 작업이 복잡하다.
> • 공기가 유입되기 쉽다.
> • 폐유에 의해 주변환경이 오염될 수 있다.
> • 고장 원인의 발견이 어렵고 구조가 복잡하다.
> • 고압 사용으로 인해 위험성 및 이물질에 민감하다.

05 다음은 유압장치의 장점을 기술하였다. 틀린 것은?

① 소형장치로 큰 출력을 발생한다.
② 무단변속이 가능하고 정확한 위치 제어를 할 수 있다.
③ 유온의 영향이 있어도 정밀한 속도와 제어가 가능하다.
④ 과부하에 대한 안전장치가 간단하고 정확하다.

> 유압장치의 장점
> • 과부하에 대한 안전장치가 간단하고 정확하다.
> • 무단 변속이 가능하고 정확한 위치 제어가 가능하다.
> • 부하의 변화에 대한 안정성이 크다.
> • 동력 전달이 원활하고 저속에서 큰 회전력의 기동이 용이하다.
> • 공기의 압력 · 유압 및 전기 신호 등으로 쉽게 원격조정이 가능하다.
> • 진동이 적고 작동이 원활하다.
> • 작동유에는 윤활성 · 방청성이 있어 마멸이 적고 내구성이 크다.
> • 동력의 분배와 집중이 쉽다.
> • 소형 장치로 큰 출력을 발생한다.
> • 에너지의 저장이 가능하다.

06 유압기기에 대한 단점이다. 설명 중 틀린 것은?

① 오일은 가연성 있어 화재에 위험하다.
② 회로 구성이 어렵고 누설되는 경우가 있다.
③ 오일의 온도에 따라서 점도가 변하므로 기계의 속도가 변한다.
④ 에너지의 손실이 적다.

> 유압장치의 장점 중 하나는 에너지의 저장이 가능하다는 점이다.

 [1. 유압의 기초] 01 ④ 02 ③ 03 ① 04 ③ 05 ③ 06 ④

07 유압 시스템에서 오일 제어 기능이 아닌 것은?

① 유온 제어　② 유량 제어
③ 방향 제어　④ 압력 제어

> 유압장치는 유체의 압력 에너지를 이용하여 기계적인 일을 하도록 하는 장치로 이는 유량 제어, 방향 제어, 압력 제어 등을 통해 이루어진다.

08 압력의 단위가 아닌 것은?

① psi　② kgf/cm²
③ N·m　④ kPa

> 압력의 단위로는 psi, kgf/cm², kPa, mmHg, bar, atm 등이 있다. 참고로 N·m은 토크 단위에 해당된다.

09 다음 중 압력, 힘, 면적의 관계식으로 올바른 것은?

① 압력 = 힘/면적
② 압력 = 면적 × 힘
③ 압력 = 부피/면적
④ 압력 = 부피 × 힘

> 유압은 단위 면적당 작용하는 힘의 세기를 나타내는 것으로 P = F/A 로 정의될 수 있다.(P : 유압, F : 힘, A : 단면적)

10 오리피스가 설치된 다음 그림에서 압력에 대한 설명으로 맞는 것은?

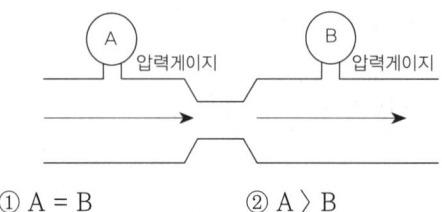

① A = B　② A > B
③ A < B　④ A와 B는 무관

> 베르누이의 정리를 이용한 것으로 A실의 압력이 B실의 압력보다 높다.

11 압력의 단위가 아닌 것은?

① GPM　② bar
③ kgf/cm²　④ psi

> GPM(gallons per minute, gal/min)이란 계통 내에서 이동되는 유체의 양을 표시할 때 사용하는 단위이다.

12 작용면적이 10cm²인 서보기구의 피스톤이 5kg/cm²의 압력으로 작용되고 있다. 이 때 서보의 작용력은?

① 45kg
② 50kg
③ 55kg
④ 60kg

> 압력 = 힘/단면적
> ∴ 힘 = 압력 × 단면적 = 5 × 10 = 50kg

13 피스톤 지름이 15mm인 유압 실린더에서 유압이 70kg/cm² 작용할 때 실린더에서 발생되는 힘은?

① 19.6kg
② 29.6kg
③ 39.6kg
④ 123.7kg

> 단면적 = πD²/4 = 3.14 × 15²/4 = 176.625 = 1.76625cm²
> ∴ 힘 = 1.76625 × 70 ≒ 123.7kg

14 다음 중에서 작동유(유압유) 속에 용해 공기가 기포로 되어 있는 상태를 무엇이라고 하는가?

① 인화 현상
② 노킹현상
③ 조기착화 현상
④ 공동현상

> 공동현상(캐비테이션)이란 유동하고 있는 액체의 압력이 국부적으로 저하되어 포화 증기 압력 또는 공기 분리 압력에 대하여 증기를 발생시키거나 용해 공기 등이 분리되어 기포를 일으키는 현상을 말한다.

15 유압장치 내에 국부적인 높은 압력과 소음·진동이 발생하는 현상은?

① 채터링　② 오버 랩
③ 캐비테이션　④ 하이드로 록킹

> 공동현상(캐비테이션)의 결과 유압장치 내부에 국부적인 높은 압력이 발생하여 소음과 진동 등이 발생한다.

정답　07 ①　08 ③　09 ①　10 ②　11 ①　12 ②　13 ④　14 ④　15 ③

16 유압 펌프의 흡입구에서 캐비테이션(cavitation)을 방지하기 위한 방법으로 적절하지 않은 것은?

① 흡입구의 양정을 1m 이하로 한다.
② 흡입관의 굵기를 유압 본체의 연결구의 크기와 같은 것을 사용한다.
③ 펌프의 운전속도를 규정속도 이상으로 하지 않는다.
④ 하이드로릭 실린더에 부하가 걸리지 않도록 한다.

17 유체의 관로에 공기가 침입할 때 일어나는 현상이 아닌 것은?

① 공동 현상
② 유격 현상
③ 열화 촉진
④ 숨돌리기 현상

🔍 유체의 관로에 공기의 유입 양이 증가하면 실린더의 숨돌리기 현상, 열화 촉진, 공동현상 등을 일으킨다.

18 유압 실린더의 숨돌리기 현상이 생겼을 때 일어나는 현상이 아닌 것은?

① 시간의 지연이 생긴다.
② 피스톤 작동이 불안정하게 된다.
③ 기름의 공급이 과대해진다.
④ 서지압이 발생한다.

🔍 실린더의 숨돌리기 현상은 유압이 낮고 작동유의 공급량이 부족할 때 많이 일어난다.

19 유압 회로 내에서 서지압(Surge Pressure)이란?

① 과도적으로 발생하는 이상 압력의 최대값
② 정상적으로 발생하는 압력의 최대값
③ 정상적으로 발생하는 압력의 최소값
④ 과도적으로 발생하는 이상 압력의 최소값

🔍 유체의 흐름이 제어밸브 등의 조작에 의해 급격하게 변할 때, 그 유체의 운동 에너지가 압력 에너지로 변하기 때문에 급격한 압력변동이 발생하는 데 이때 과도적으로 상승한 압력의 최대치를 서지압이라 한다.

20 유압 회로 내에 공동현상이 생길 때 어떻게 하는가?

① 유압장치의 오일온도를 높여준다.
② 유압장치의 압력변화를 없게 한다.
③ 유압장치의 과포화 상태로 한다.
④ 유압장치의 압력을 높여준다.

🔍 공동현상(캐비테이션)이란 유압장치 내부에 국부적인 높은 압력이 발생하는 것으로 압력변화를 없게 해야 한다.

21 다음 중 유압 회로 내에 공기혼입이 생기는 주요 원인은?

① 고압관로의 접속부의 이완
② 온도 상승
③ 흡입라인 접속부의 이완
④ 공기 빼기 플러그의 잠김

🔍 유압회로 내에 공기가 유입되는 주된 원인은 유압펌프 흡입라인의 연결부 이완 때문이다.

22 유압 회로 내에 잔압을 설정해 두는 이유로 가장 적절한 것은?

① 제동 해제 방지
② 유로 파손 방지
③ 오일 산화 방지
④ 작동 지연 방지

🔍 유압회로 내에 잔압을 두는 이유
• 작동 지연을 방지한다.
• 오일의 누출을 방지한다.
• 회로 내 베이퍼 로크 발생을 방지한다.
• 회로 내로 공기 유입을 방지한다.

23 유압 작동유가 갖추어야 할 성질이 아닌 것은?

① 온도에 의한 점도 변화가 적을 것
② 거품이 적을 것
③ 방청, 방식성이 있을 것
④ 물, 먼지 등의 불순물과 혼합이 잘 될 것

🔍 작동유는 물, 공기, 먼지 등을 신속하게 분리할 수 있어야 한다.

24 유압유에 요구되는 성질이 아닌 것은?

① 넓은 온도범위에서 점도변화가 적을 것
② 윤활성과 방청성이 있을 것
③ 산화 안정성이 있을 것
④ 사용되는 재료에 대하여 불활성이 아닐 것

🔍 유압유는 유압장치에 사용되는 재료에 대하여 불활성이어야 한다.

25 다음에서 유압 작동유가 갖추어야 할 조건으로 맞는 것은?

㉠ 압축성이 작을 것
㉡ 밀도가 작을 것
㉢ 열팽창계수가 작을 것
㉣ 체적탄성계수가 작을 것
㉤ 점도지수가 낮을 것
㉥ 발화점이 높을 것

① ㉠, ㉡, ㉢, ㉣
② ㉡, ㉢, ㉤, ㉥
③ ㉡, ㉣, ㉤, ㉥
④ ㉠, ㉡, ㉢, ㉥

🔍 작동유(유압유)의 구비 조건
· 강인한 오일막(유막)을 형성하여야 한다.
· 적당한 점도와 유동성이 있어야 한다.
· 비중이 적당하여야 하고, 비압축성이어야 한다.
· 인화점 및 발화점이 높아야 한다.
· 내부식성, 점도지수, 체적 탄성계수가 커야 한다.
· 기포 발생이 적고, 실(seal) 재료와의 적합성이 좋아야 한다.
· 물, 공기, 먼지 등을 신속하게 분리할 수 있어야 한다.
· 밀도가 적고, 독성과 휘발성이 없어야 한다.
· 열팽창계수가 작아야 한다.
· 유압장치에 사용되는 재료에 대하여 불활성이어야 한다.

26 다음 작동유에 관한 사항 중 틀리는 것은?

① 유압작동유의 점검, 급유작업은 평탄한 장소에서 한다.
② 먼지나 이물질 등이 혼합되지 않도록 주의한다.
③ 다른 제품의 작동유를 혼합 사용하지 않는다.
④ 작동유 교환시는 엔진을 공회전 상태로 하고 교환한다.

🔍 작동유는 난기운전을 실시한 다음 엔진을 가동을 정지하고 작동유가 냉각되기 전에 교환하여야 한다.

27 유압유의 취급에 대한 설명으로 틀린 것은?

① 오일의 선택은 운전자가 경험에 따라 임의 선택한다.
② 유량은 알맞게 하고 부족 시 보충한다.
③ 오염, 노화된 오일은 교환한다.
④ 먼지, 모래, 수분에 의한 오염방지 대책을 세운다.

🔍 건설기계 장비 해당 정비지침서나 제작사에서 추천하는 유압 작동유를 선택하여야 한다.

28 유압 작동유의 중요 역할이 아닌 것은?

① 일을 흡수한다.
② 부식을 방지한다.
③ 습동부를 윤활시킨다.
④ 압력에너지를 이송한다.

🔍 유압 작동유의 역할
· 압력에너지를 이송하여 동력을 전달한다.
· 윤활 및 냉각작용을 한다.
· 부식을 방지한다.
· 필요한 요소 사이를 밀봉(seal)한다.

29 작동유에 대한 설명으로 틀린 것은?

① 마찰부분의 윤활작용 및 냉각작용도 한다.
② 공기가 혼입되면 유압기기의 성능은 저하된다.
③ 점도지수가 낮을수록 좋다.
④ 점도는 압력 손실에 영향을 미친다.

🔍 점도지수란 온도 변화에 따른 오일의 점도 변화를 표시하는 지수로 작동유는 점도지수가 커야 한다.

30 유압 작동유의 주요 기능이 아닌 것은?

① 윤활 작용
② 냉각 작용
③ 압축 작용
④ 동력전달 작용

🔍 유압 작동유의 기능 : 윤활 작용, 냉각 작용, 동력전달 작용

31 유압유의 점검과 관계없는 것은?

① 점도
② 윤활성
③ 소포성
④ 마멸성

 24 ④ 25 ④ 26 ④ 27 ① 28 ① 29 ③ 30 ③ 31 ④

32 온도 변화에 따라 점도 변화가 큰 오일의 점도지수는?

① 크다.
② 작다.
③ 불변이다.
④ 점도 변화와 점도지수는 무관하다.

🔍 유체는 온도가 상승하면 점도는 저하되고, 온도가 내려가면 점도는 높아진다. 이러한 온도변화에 대해 점도 변화가 적으면 점도지수가 크고, 점도 변화가 크면 점도지수는 작다.

33 유압오일에서 온도에 따른 점도변화 정도를 표시하는 것은?

① 윤활성　　② 점도
③ 점도 지수　④ 점도 분포

🔍 온도 변화에 따른 점도 변화의 정도를 점도지수로 나타내며, 점도지수는 40℃, 100℃에서의 동점도(動粘度)의 측정 결과에서 구한다.

34 유압유의 첨가제가 아닌 것은?

① 소포제　　　② 유동점 강하제
③ 산화 방지제　④ 점도지수 방지제

🔍 유압유의 첨가제 : 소포제, 유동점 강하제, 산화 방지제, 점도지수 향상제, 방청제, 유성 향상제

35 다음 중 건설기계에 사용하는 유압 작동유의 성질을 향상시키기 위하여 사용되는 첨가제 종류가 아닌 것은?

① 점도지수 향상제
② 산화방지제
③ 소포제
④ 유동점 향상제

🔍 유압유의 첨가제로는 유동점 강하제를 사용한다.

36 현장에서 오일의 오염도 판정 방법 중 가열한 철판 위에 오일을 떨어뜨리는 방법은 오일의 무엇을 판정하기 위한 방법인가?

① 산성도　　　　② 수분 함유
③ 오일의 열화　　④ 먼지나 이물질 함유

🔍 유압 작동유에 수분이 함유되면 윤활성 및 방청성이 저하되고, 산화와 열화가 촉진되며, 공동현상(캐비테이션)이 발생할 수 있다. 현장에서 이를 확인하기 위해 가열한 철판 위에 오일을 떨어뜨려 수분 함유 여부를 파악한다.

37 유압 회로 내의 유압유 점도가 너무 낮을 때 생기는 현상이 아닌 것은?

① 오일 누설에 영향이 있다.
② 펌프 효율이 떨어진다.
③ 시동 저항이 커진다.
④ 회로 압력이 떨어진다.

🔍 유압유의 점도가 증가하면 시동 저항이 커져서 유압펌프의 시동이 저하되고, 마찰 손실이 증가한다.

38 유압 작동유에 수분이 미치는 영향이 아닌 것은?

① 작동유의 윤활성을 저하시킨다.
② 작동유의 방청성을 저하시킨다.
③ 작동유의 내마모성을 향상시킨다.
④ 작동유의 산화와 열화를 촉진시킨다.

🔍 유압 작동유에 수분이 함유되면 윤활성 및 방청성이 저하되고, 산화와 열화가 촉진되며, 공동현상(캐비테이션)이 발생할 수 있다.

39 유압 작동유를 교환하고자 할 때 선택 조건으로 가장 적합한 것은?

① 유명 정유회사의 제품
② 가장 가격이 비싼 유압 작동유
③ 건설기계 장비 해당 정비지침서나 제작사에서 추천하는 유압 작동유
④ 시중에서 쉽게 구입할 수 있는 유압 작동유

40 유압유의 점도를 틀리게 설명한 것은?

① 온도가 상승하면 점도는 저하된다.
② 점성의 정도를 나타내는 척도이다.
③ 온도가 내려가면 점도는 높아진다.
④ 점성계수를 밀도로 나눈 값이다.

🔍 유압유의 점도는 점성의 정도(유체의 끈끈한 성질)를 나타내는 척도로 온도가 상승하면 점도는 저하되고, 온도가 내려가면 점도는 높아진다.

정답　32 ②　33 ③　34 ④　35 ④　36 ②　37 ③　38 ③　39 ③　40 ④

41 유압유에 점도가 서로 다른 2종류의 오일을 혼합하였을 경우 설명으로 맞는 것은?

① 오일첨가제의 좋은 부분만 작동하므로 오히려 더욱 좋다.
② 점도가 달라지나 사용에는 전혀 지장이 없다.
③ 혼합하여도 전혀 지장이 없다.
④ 열화 현상을 촉진시킨다.

🔍 유압유에 서로 다른 2종류의 오일을 혼합하면 오일의 열화현상이 촉진되므로 혼합하지 않아야 한다.

42 유압 작동유의 점도가 너무 높을 때 발생되는 현상으로 적합한 것은?

① 동력 손실의 증가 ② 내부 누설의 증가
③ 펌프 효율의 증가 ④ 마찰, 마모 감소

🔍 유압 작동유의 점도가 너무 높으면 작동유의 유동 저항이 증가하고 관 내의 마찰 손실이 커지기 때문에 유압 기기 들의 작동이 불량해지고 동력 손실이 증가한다. 이와 더불어 너무 높은 점도는 열 발생의 원인이 되고 유압이 높아지는 원인이 된다.

43 다음 [보기] 항에서 유압계통에 사용되는 오일의 점도가 너무 낮을 경우 나타날 수 있는 현상으로 모두 맞는 것은?

ㄱ. 펌프 효율 저하
ㄴ. 실린더 및 컨트롤 밸브에서 누출 현상
ㄷ. 계통(회로) 내의 압력저하
ㄹ. 시동시 저항 증가

① ㄱ, ㄴ, ㄷ   ② ㄱ, ㄴ, ㄹ
③ ㄴ, ㄷ, ㄹ   ④ ㄱ, ㄷ, ㄹ

🔍 시동 시 저항 증가 및 동력 손실의 증가는 점도가 너무 높을 때 나타날 수 있는 현상이다.

44 현장에서 오일의 열화를 찾아내는 방법이 아닌 것은?

① 색깔의 변화나 수분, 침전물의 유무 확인
② 흔들었을 때 생기는 거품이 없어지는 양상 확인
③ 자극적인 악취의 유무 확인
④ 오일을 가열했을 때 냉각되는 시간 확인

🔍 오일의 열화를 찾아내는 방법은 보기 중 ①, ②, ③항이다.

45 유압유의 노화촉진 원인이 아닌 것은?

① 유온이 높을 때
② 다른 오일이 혼입되었을 때
③ 수분이 혼입되었을 때
④ 플러싱을 했을 때

🔍 플러싱이란 유압계통의 오일장치 내에 이물질이나 슬러지 등이 생겼을 때 이를 용해하여 깨끗하게 하는 작업을 말한다.

46 플러싱 후의 처리방법으로 틀린 것은?

① 잔류 플러싱 오일을 반드시 제거하여야 한다.
② 작동유 보충은 24시간 경과 후 하는 것이 좋다.
③ 작동유 탱크 내부를 다시 청소한다.
④ 라인필터 엘리먼트를 교환한다.

🔍 플러싱 후에는 가능한 빨리 작동유를 넣고 수 시간 운전하여 전체 유압라인에 작동유가 공급되도록 한다.

47 유압 오일 내에 공기 기포(거품)가 형성되는 이유로 가장 적합한 것은?

① 오일 속의 수분 혼입
② 오일의 열화
③ 오일 속의 공기 혼입
④ 오일의 누설

🔍 유압 오일 내의 기포는 오일 속의 공기 혼입이 그 원인으로 공기의 유입량이 증가하면 실린더의 숨돌리기 현상, 열화 촉진, 공동현상(캐비테이션) 등을 일으킨다.

48 유압장치의 부품을 교환 후 다음 중 가장 우선 시행하여야 할 작업은?

① 최대부하 상태의 운전
② 유압을 점검
③ 유압장치의 공기빼기
④ 유압 오일쿨러 청소

🔍 유압장치의 부품 교환 후 가장 먼저 공기빼기를 해주어야 한다. 공기빼기 작업은 "엔진 기동 → 난기 운전 실시 → 각 유압 모터와 실린더를 5분 정도 천천히 반복 작동"시키는 순서로 한다.

 41 ④ 42 ① 43 ① 44 ④ 45 ④ 46 ② 47 ③ 48 ③

49 유압 회로에서 작동유의 정상온도는?

① 10~20℃
② 40~60℃
③ 112~115℃
④ 125~140℃

🔍 작동유의 사용온도와 위험온도
• 적정 온도 : 40~60℃(난기 운전 시 30℃ 이상)
• 최고 사용온도 : 80℃ 이하
• 위험 온도 : 80~100℃ 이상

50 오일 탱크 내 오일의 적정온도 범위는?

① 10~20℃   ② 30~50℃
③ 80~110℃   ④ 100~150℃

51 오일의 무게를 맞게 계산한 것은?

① 부피 ℓ에 비중을 곱하면 kg가 된다.
② 부피 ℓ에 질량을 곱하면 kg가 된다.
③ 부피 ℓ에 비중을 나누면 kg가 된다.
④ 부피 ℓ에 질량을 나누면 kg가 된다.

🔍 오일의 무게는 부피(L)에 비중을 곱하면 kg 단위로 환산된다.

52 유압장치가 작동 중 과열이 발생할 때의 원인으로 가장 적절한 것은?

① 오일의 양이 부족하다.
② 오일 펌프의 속도가 느리다.
③ 오일 압력이 낮다.
④ 오일의 증기압이 낮다.

🔍 작동유의 양이 부족하거나 점도 등이 불량하면 온도가 상승하게 되며, 과열 시에는 먼저 오일 냉각기를 점검하도록 한다.

53 그림의 유압 기호는 무엇을 표시하는가?

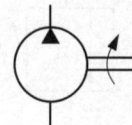

① 오일 쿨러   ② 유압 탱크
③ 유압 펌프   ④ 유압 모터

🔍 유압 펌프는 원 안에 작동유의 흐름 방향을 흑색삼각형으로 붙여서 나타낸다.

54 그림에서 요동형 액추에이터의 기호는?

① 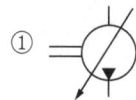　②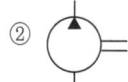

③ 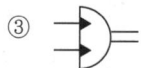　④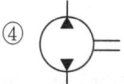

🔍 ① 가변용량형 유압펌프, ② 정용량형 유압펌프, ③ 요동형 액추에이터

55 그림에서 체크 밸브를 나타낸 것은?

① 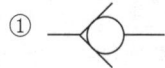　②

③ 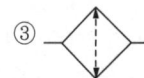　④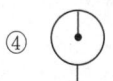

🔍 ① 체크밸브, ④ 오일탱크

56 그림의 유압기호에서 어큐뮬레이터는?

① 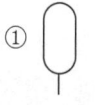　②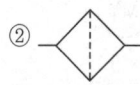

③ 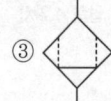　④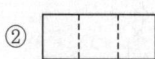

🔍 ① 어큐뮬레이터(축압기), ② 필터(일반기호), ④ 온도계

57 그림에서 드레인 배출기의 기호 표시는?

🔍 ② 밸브, ③ 드레인 배출기(수동배출)

정답 49 ②　50 ②　51 ①　52 ①　53 ③　54 ③　55 ①　56 ①　57 ③

58 정용량형 유압 펌프의 기호는?

① 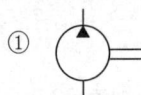 ②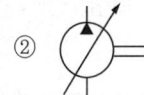

③ 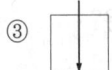 ④

🔍 ① 정용량형 유압펌프, ② 가변용량형 유압펌프, ④ 전동기

59 가변용량형 유압 펌프의 기호 표시는?

① 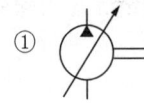 ②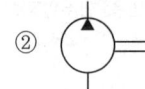

③ 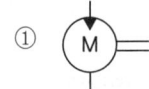 ④

🔍 ① 가변용량형 유압펌프, ② 정용량형 유압펌프, ④ 원동기 스프링

60 유압 압력계의 기호는?

①  ②

③  ④

🔍 ④ 압력계

61 압력 스위치를 나타내는 것은?

① 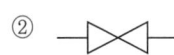 ②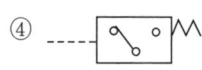

③ ④

🔍 ① 압력계, ② 스톱밸브, ③ 어큐뮬레이터, ④ 압력 스위치

62 방향전환 밸브의 조작방식에서 솔레노이드 조작 기호는?

① 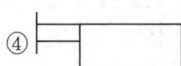 ②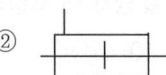

③ 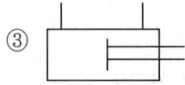 ④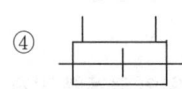

🔍 ① 단동 솔레노이드 조작, ② 스프링 조작, ③ 레버 조작, ④ 인력 조작

63 복동 실린더 양 로드형을 나타내는 유압 기호는?

① 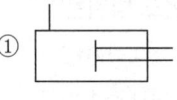 ②

③ ④

🔍 ① 단동 실린더 편로드형, ② 단동 실린더 양로드형, ③ 복동 실린더 편로드형, ④ 복동 실린더 양로드형

64 그림과 같은 실린더의 명칭은?

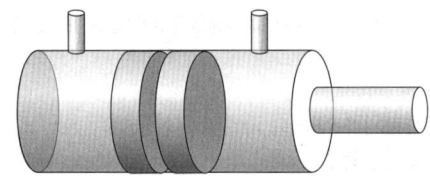

① 단동 실린더   ② 단동 다단 실린더
③ 복동 실린더   ④ 복동 다단 실린더

🔍 그림은 복동 실린더 편로드형이다.

65 다음 그림에서 일반적으로 사용하는 유압 기호로 맞는 것은?

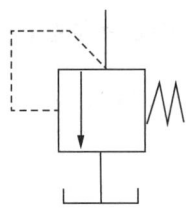

① 체크 밸브   ② 시퀀스 밸브
③ 릴리프 밸브   ④ 리듀싱 밸브

정답 58 ① 59 ① 60 ④ 61 ④ 62 ① 63 ④ 64 ③ 65 ③

2. 유압기기 및 회로

01 유압장치의 기본적인 구성요소가 아닌 것은?

① 유압발생장치
② 유압축적장치
③ 유압제어장치
④ 유압구동장치

> 유압장치의 기본 구성요소
> · 유압발생장치 : 유압 펌프, 오일탱크 및 배관 등
> · 유압제어장치 : 방향전환밸브, 압력제어밸브, 유량조절밸브
> · 유압구동(작동)장치 : 유압 모터, 유압 실린더

02 유압장치에서 오일탱크의 구비 요건이 아닌 것은?

① 유면은 적정위치 "F"에 가깝게 유지하여야 한다.
② 발생한 열을 발산할 수 있어야 한다.
③ 공기 및 이물질을 오일로부터 분리할 수 있어야 한다.
④ 탱크의 크기는 정지할 때 되돌아오는 오일량의 용량과 동일하게 한다.

> 오일탱크의 구비 요건
> · 유면은 적정위치 "F"에 가깝게 유지하여야 한다.
> · 정상적인 작동에서 발생한 열을 발산할 수 있어야 한다.
> · 공기 및 이물질을 오일로부터 분리할 수 있는 구조여야 한다.
> · 배유구와 유면계가 설치되어 있어야 한다.
> · 흡입관과 복귀관(리턴 파이프) 사이에 격판이 설치되어 있어야 한다.
> · 흡입 오일을 여과시키기 위한 스트레이너가 설치되어야 한다.
> · 탱크의 크기는 중력에 의하여 복귀하는 유압장치 내의 모든 작동유를 받아들일 수 있는 크기로 하여야 한다.(일반적으로 유압 토출량의 2~3배)

03 다음 보기 중 유압 오일탱크의 기능으로 모두 맞는 것은?

ㄱ. 계통 내의 필요한 유량 확보
ㄴ. 격판에 의한 기포 분리 및 제거
ㄷ. 계통 내의 필요한 압력 설정
ㄹ. 스트레이터 설치로 회로 내 불순물 혼입 방지

① ㄱ, ㄴ, ㄷ
② ㄱ, ㄴ, ㄹ
③ ㄴ, ㄷ, ㄹ
④ ㄱ, ㄷ, ㄹ

04 오일탱크 내의 오일을 전부 배출시킬 때 사용하는 것은?

① 리턴 라인
② 어큐뮬레이터
③ 배플
④ 드레인 플러그

> 오일 탱크는 작동유를 모두 배출시킬 수 있는 드레인 플러그를 탱크 아래쪽에 설치하여야 한다.

05 오일탱크 관련 설명으로 틀린 것은?

① 유압유 오일을 저장한다.
② 흡입구와 리턴구는 최대한 가까이 설치한다.
③ 탱크 내부에는 격판(배플 플레이트)을 설치한다.
④ 흡입 스트레이너가 설치되어 있다.

> 흡입구는 탱크로의 리턴구(복귀구)로부터 될 수 있는 한 멀리 떨어진 위치에 설치한다.

06 일반적인 오일 탱크 내의 구성품이 아닌 것은?

① 압력 조절기
② 스트레이너
③ 드레인 플러그
④ 배플

> 작동유 탱크의 역할은 적정 유량의 확보, 적정 유온의 유지, 작동유 중의 기포 발생 및 소멸 등으로 압력 조절기는 없다.

07 유압장치의 수명 연장을 위해 가장 중요한 요소는?

① 오일 탱크의 세척 및 교환
② 오일 필터의 점검 및 교환
③ 오일 펌프의 점검 및 교환
④ 오일 쿨러의 점검 및 세척

> 유압기기 고장의 75% 정도가 작동유 속의 불순물에 의한 것으로 오일 필터의 점검 및 교환은 유압장치 수명 연장을 위해 가장 중요한 요소이다.

08 다음 중 여과기를 설치위치에 따라 분류할 때 관로용 여과기에 포함되지 않는 것은?

① 라인 여과기
② 리턴 여과기
③ 압력 여과기
④ 흡입 여과기

> 관로용 여과기는 관 계통에 사용하는 여과기이며, 펌프의 흡입 측에 설치하는 흡입 여과기는 스트레이너이다.

 [2. 유압기기 및 회로] 01 ② 02 ④ 03 ② 04 ④ 05 ② 06 ① 07 ② 08 ④

09 유압장치의 금속가루 또는 불순물을 제거하기 위한 것으로 맞게 짝지어진 것은?

① 여과기와 어큐뮬레이터
② 스크레이퍼와 필터
③ 필터와 스트레이너
④ 어큐뮬레이터와 스트레이너

> 유압회로의 경우 작동유를 유압펌프의 흡입 관로에 보내는 것을 스트레이너, 유압펌프의 토출관로나 작동유 탱크로 되돌아오는 통로(드레인 회로)에 사용되는 것을 필터라 한다.

10 유압 건설기계의 고압 호스가 자주 파열되는 원인으로 가장 적합한 것은?

① 유압 펌프의 고속 회전
② 오일의 점도 저하
③ 릴리프 밸브의 설정 압력 불량
④ 유압 모터의 고속 회전

> 릴리프 밸브는 압력 제어 밸브의 하나로 유압 회로의 압력을 설정된 압력으로 제어한다. 따라서, 릴리프 밸브의 설정 압력이 불량하면 고압 호스가 자주 파열된다.

11 필터의 여과 입도수(mesh)가 너무 높을 때 발생할 수 있는 현상으로 가장 적절한 것은?

① 캐비테이션 현상이 생긴다.
② 블로우바이 현상이 생긴다.
③ 맥동 현상이 생긴다.
④ 베이퍼 록 현상이 생긴다.

> 오일 여과기의 여과 입도가 너무 조밀하면(여과 입도수가 너무 높으면) 공동현상(캐비테이션)이 발생한다.

12 유압기기 장치에 사용하는 유압 호스로 가장 큰 압력에 견딜 수 있는 것은?

① 고무 호스
② 나선 와이어 브레이드
③ 와이어리스 고무 브레이드
④ 직물 브레이드

> 고무 호스는 압력에 따라 저압용, 중압용, 고압용으로 구분하며 유압이 증가함에 따라 와이어 브레이드 층수를 증가시킨다. 특히, 나선 와이어 브레이드는 가장 높은 압력에 견딜 수 있다.

13 호이스트형 유압 호스 연결부에 가장 많이 사용하는 것은?

① 엘보 조인트
② 니들 조인트
③ 소켓 조인트
④ 유니온 조인트

> 유니온 조인트는 관과 관의 연결 시 널리 사용되는 관 이음쇠의 한 종류로 호이스트형 유압호스의 연결부에 가장 많이 사용된다.

14 일반적으로 건설기계의 유압 펌프는 무엇에 의해 구동되는가?

① 엔진의 플라이 휠에 의해 구동된다.
② 변속기 P.T.O 장치에 의해 구동된다.
③ 에어 컴프레셔에 의해 구동한다.
④ 캠축에 의해 구동된다.

> 유압 펌프는 기관의 앞이나 플라이휠 및 변속기 축에 연결되어 작동되며, 기계적 에너지를 받아서 압력을 가진 오일의 유체 에너지로 변환작용을 하는 유압 발생원으로서의 중요한 요소이다.

15 유압 펌프의 기능을 설명한 것 중 맞는 것은?

① 유압에너지를 동력으로 전환한다.
② 원동기의 기계적 에너지를 유압에너지로 전환한다.
③ 어큐뮬레이터와 동일한 기능이다.
④ 유압 회로 내의 압력을 측정하는 기구이다.

16 유압 펌프의 토출량을 나타내는 단위는?

① ft · lb
② LPM
③ kPa
④ psi

> LPM은 liter/min의 뜻을 말한다.

17 단위 시간에 이동하는 유체의 체적을 무엇이라 하는가?

① 토출압
② 드레인
③ 언더랩
④ 유량

> 단위 시간 당 이동하는 유체의 체적을 유량이라 한다.

 정답 09 ③ 10 ③ 11 ① 12 ② 13 ④ 14 ① 15 ② 16 ② 17 ④

18 다음 중에서 유압장치에 주로 사용되지 않는 것은?

① 베인 펌프   ② 피스톤 펌프
③ 분사 펌프   ④ 기어 펌프

> 유압장치에 주로 사용되는 펌프는 기어 펌프, 베인 펌프, 플런저 펌프(피스톤 펌프) 이다.

19 건설기계에 사용되는 유압 펌프의 종류가 아닌 것은?

① 베인 펌프   ② 플런저 펌프
③ 포막 펌프   ④ 기어 펌프

20 회전수가 같을 때 펌프의 토출량이 변할 수 있는 것은?

① 기어 펌프
② 정용량형 베인 펌프
③ 프로펠러 펌프
④ 가변 용량형 피스톤 펌프

> 토출량에 변화를 줄 수 있는 것을 가변 용량형 펌프라 하며, 베인 펌프와 플런저 펌프(피스톤 펌프)가 가변 용량형 펌프로 사용 된다.

21 구동되는 기어 펌프의 회전수가 변하였을 때 가장 적합한 것은?

① 오일 흐름의 양이 바뀐다.
② 오일 압력이 바뀐다.
③ 오일 흐름 방향이 바뀐다.
④ 회전 경사판의 각도가 바뀐다.

> 기어 펌프의 회전수가 변하면 오일 흐름의 양이 바뀐다. 참고로 유압 펌프의 토출량은 펌프 1회전당 배출량은 유량(ℓ/rev 또는 cc/rev)으로 표시하거나 분당 토출하는 유량(ℓ/min)으로 표시한다.

22 유압장치에서 기어 펌프의 특징이 아닌 것은?

① 구조가 다른 펌프에 비해 간단하다.
② 유압 작동유의 오염에 비교적 강한 편이다.
③ 피스톤 펌프에 비해 효율이 떨어진다.
④ 가변 용량형 펌프로 적당하다.

> 기어 펌프의 특징
> • 구조가 간단하다.
> • 다루기 쉽고 가격이 저렴하다.
> • 오일의 오염에 비교적 강한 편이다.
> • 펌프의 효율은 피스톤 펌프(플런저 펌프)에 비하여 떨어진다.
> • 가변 용량형으로 만들기가 곤란하다.
> • 흡입 능력이 가장 크다.

23 외접식 기어 펌프에서 토출된 유량 일부가 입구 쪽으로 귀환하여 토출량 감소, 축동력 증가 및 케이싱 마모 등의 원인을 유발하는 현상은?

① 폐입 현상
② 공동 현상
③ 숨돌리기 현상
④ 열화촉진 현상

24 안쪽 로터가 회전하면 바깥쪽 로터도 동시에 회전하는 유압 펌프는?

① 레이디얼 피스톤 펌프
② 사판형 피스톤 펌프
③ 액시얼 피스톤 펌프
④ 트로코이드 펌프

> 로터리 펌프는 기어 펌프와 같은 장점을 갖고 있는 펌프로 바깥 로터의 잇수가 1개 더 많아 내측 로터 회전 시 체적의 변화가 발생하여 펌핑작용을 할 수 있을 뿐 아니라 소형화할 수 있어 현재 가장 널리 사용되는 펌프로 일명 트로코이드 펌프라고도 한다.

25 베인 펌프의 특징 중 틀린 것은?

① 싱글형과 더블형이 있다.
② 토크(torque)가 안정되어 소음이 적다.
③ 마모가 일어나는 곳은 캠링면과 베인 선단 부분이다.
④ 베인을 캠링면에 밀착시키는 방식 중 원심력식은 소용량형에, 스프링식은 대용량형에 사용한다.

> 베인은 회전할 때마다 캠링 외벽에 완전밀착되어 회전저항이 적어야 펌프 수명을 연장시킬 수 있다. 이러한 이유로 원심력식은 대용량형에, 스프링식은 소용량형에 사용한다.

정답 18 ③ 19 ③ 20 ④ 21 ① 22 ④ 23 ① 24 ④ 25 ④

26 다음에서 베인 펌프의 주요 구성요소로 모두 맞는 것은?

> ㉠ 베인(vane)
> ㉡ 경사판(swash plate)
> ㉢ 격판(baffle plate)
> ㉣ 캠 링(cam ring)
> ㉤ 회전자(rotor)

① ㉠, ㉡, ㉢, ㉣
② ㉠, ㉢, ㉣
③ ㉠, ㉢, ㉣, ㉤
④ ㉠, ㉣, ㉤

> 베인 펌프의 주요 구성요소 : 포트(port), 로터(rotor), 베인(vane), 캠링(cam ring)

27 다음 유압 펌프 중 가장 높은 압력에서 사용할 수 있는 펌프는?

① 기어 펌프   ② 로터리 펌프
③ 플런저 펌프   ④ 베인 펌프

> 최고 압력은 베인 펌프 175kgf/cm², 기어 펌프 210kgf/cm², 플런저 펌프 350kgf/cm² 정도로 플런저 펌프가 가장 높은 압력에서 사용할 수 있다.

28 플런저식 유압 펌프의 특징이 아닌 것은?

① 기어펌프에 비해 최고 압력이 높다.
② 피스톤이 회전운동한다.
③ 축은 회전 또는 왕복 운동을 한다.
④ 가변용량이 가능하다.

> 플런저 펌프의 특징
> • 고압에 적합하며, 펌프 효율이 가장 높다.
> • 피스톤은 왕복운동, 축은 회전 또는 왕복운동을 한다.
> • 가변 용량에 적합하다.
> • 고압에서 작동유 누출이 적다.
> • 수명이 길지만, 구조가 복잡하고 가격이 비싸다.
> • 작동유의 오염에 매우 민감하다.
> • 흡입 능력이 가장 낮다.

29 다음에서 가장 높은 압력을 발생시키는 유압 펌프의 형식은?

① 기어 펌프   ② 베인 펌프
③ 나사 펌프   ④ 피스톤 펌프

> 실린더 속에서 피스톤과 흡사한 플런저를 실린더 내에서 왕복운동시키는 방식으로 피스톤 펌프라고도 한다.

30 맥동적 토출을 하지만 다른 펌프에 비해 일반적으로 최고압 토출이 가능하고, 펌프 효율에서도 전압력 범위가 높아 최근에 많이 사용되고 있는 펌프는?

① 피스톤 펌프   ② 베인 펌프
③ 나사 펌프   ④ 기어 펌프

31 유압 펌프 관련 용어에서 GPM이 나타내는 것은?

① 복동 실린더의 치수
② 계통 내에서 형성되는 압력의 크기
③ 흐름에 대한 저항
④ 계통 내에서 이동되는 유체(오일)의 양

> GPM은 gallons per minute의 약자로 계통 내에서 이동되는 오일의 양을 분당 갤런 단위로 표현한 것이다.

32 피스톤 펌프의 장점이 아닌 것은?

① 효율이 가장 높다.
② 발생 압력이 고압이다.
③ 토출량의 범위가 넓다.
④ 구조가 간단하고 수리가 쉽다.

> 피스톤 펌프(플런저 펌프)는 수명이 길지만, 구조가 복잡하고 가격이 비싸다.

33 플런저 펌프의 장점과 가장 거리가 먼 것은?

① 효율이 양호하다.
② 높은 압력에 잘 견딘다.
③ 구조가 간단하다.
④ 토출량의 변화 범위가 크다.

> 플런저 펌프(피스톤 펌프)는 구조가 복잡하고 가격이 비싸다.

34 유압 펌프에서 토출량은?

① 펌프가 어느 체적당 용기에 가하는 체적
② 펌프가 단위 시간당 토출하는 액체의 체적

 26 ④ 27 ③ 28 ② 29 ④ 30 ① 31 ④ 32 ④ 33 ③ 34 ②

③ 펌프가 어느 체적당 토출하는 액체의 체적
④ 펌프가 최대시간 내에 토출하는 액체의 최대 체적

🔍 토출량이란 단위시간 동안의 유체 배출량을 말한다.

35 유압 펌프의 용량을 나타내는 방법은?
① 주어진 압력과 그 때의 오일 무게로 표시
② 주어진 속도와 그 때의 토출압력으로 표시
③ 주어진 압력과 그 때의 토출량으로 표시
④ 주어진 속도와 그 때의 점도로 표시

36 유압 펌프에서 회전수가 같을 때 토출량이 변하는 펌프는?
① 가변용량형 플런저펌프
② 정용량형 베인펌프
③ 프로펠러 펌프
④ 기어펌프

🔍 회전수가 같을 때 토출량이 변하는 펌프는 가변용량형으로 기어펌프는 가변용량형으로 만들기 곤란하고, 가변용량형이 가능한 펌프는 플런저펌프와 베인펌프이다.

37 건설기계 운전 시 갑자기 유압이 발생되지 않을 때 점검내용으로 가장 거리가 먼 것은?
① 오일 개스킷 파손 여부 점검
② 유압 실린더의 피스톤 마모 점검
③ 오일 파이프 및 호스가 파손되었는지 점검
④ 오일량 점검

🔍 유압 실린더의 피스톤이 마모되면 압축 압력이 저하되는 등의 현상이 일어나지만 갑자기 유압이 발생되지 않을 때와는 거리가 멀다.

38 펌프가 오일을 토출하지 않을 때의 원인으로 틀린 것은?
① 오일 탱크의 유면이 낮다.
② 흡입관으로 공기가 유입된다.
③ 토출측 배관 체결 볼트가 이완되었다.
④ 오일이 부족하다.

🔍 유압펌프가 오일을 토출하지 않을 때의 점검 사항
• 오일탱크에 오일이 규정량 있는지 점검
• 흡입 스트레이너 막힘 점검
• 흡입관로로 공기가 유입되는지를 점검

39 유압 펌프에서 오일이 토출될 수 있는 것은?
① 회전방향이 반대로 되어 있다.
② 흡입관 측은 스트레이너가 막혀 있다.
③ 펌프 입구에서 공기를 흡입하지 않는다.
④ 회전수가 너무 낮다.

🔍 흡입 관로에서 공기가 유입되면 오일이 토출되지 않는다.

40 펌프에서 오일은 토출되나 압력이 상승하지 않는 원인이 아닌 것은?
① 유압 회로 중 밸브나 작동체의 누유가 발생할 때
② 엔진으로부터 구동력을 전달받는 커플링이 파손되었을 때
③ 릴리프 밸브(relief valve)의 설정압이 낮거나 작동이 불량할 때
④ 펌프 내부 이상으로 누유가 발생할 때

41 펌프에서 흐름(flow ; 유량)에 대해 저항(제한)이 생기면?
① 펌프 회전수의 증가 원인이 된다.
② 압력 형성의 원인이 된다.
③ 밸브 작동 속도의 증가 원인이 된다.
④ 오일 흐름의 증가 원인이 된다.

🔍 펌프에서 유량에 대한 저항이 생기면 압력이 형성되는 원인이 된다.

42 유압 펌프의 고장 현상이 아닌 것은?
① 샤프트 실(seal)에서 오일 누설이 있다.
② 오일의 배출압력이 높다.
③ 소음이 크게 된다.
④ 오일의 흐르는 양이나 압력이 부족하다.

정답 35 ③ 36 ① 37 ② 38 ③ 39 ③ 40 ② 41 ② 42 ②

43 유압 펌프가 작동 중 소음이 발생할 때의 원인으로 틀린 것은?

① 릴리프 밸브(relief valve)에서 오일이 누유하고 있다.
② 스트레이터(strainer) 용량이 너무 작다.
③ 흡입관 접합부로부터 공기가 유입된다.
④ 엔진과 펌프축 간의 편심 오차가 크다.

> 유압 펌프에서 소음 발생의 원인
> • 오일의 양이 부족할 때
> • 오일 속에 공기가 있을 때
> • 오일의 점도가 너무 높을 때
> • 필터의 여과입도수가 너무 높을 때
> • 펌프의 회전속도가 너무 빠를 때
> • 스트레이너가 막혀 흡입용량이 너무 작을 때
> • 흡입관 접합부로부터 공기가 유입될 때
> • 엔진과 펌프축 간의 편심 오차가 클 때

44 유압 펌프에서 소음이 발생하는 원인이 아닌 것은?

① 오일의 양이 적을 때
② 펌프의 속도가 느릴 때
③ 오일 속에 공기가 들어 있을 때
④ 오일의 점도가 너무 높을 때

45 유압 펌프 내의 내부 누설은 무엇에 반비례하여 증가하는가?

① 작동유의 오염 ② 작동유의 점도
③ 작동유의 압력 ④ 작동유의 온도

> 점도가 너무 낮은 경우 내부 오일의 누설이 증가한다.

46 펌프에서 진동과 소음이 발생하고 양정과 효율이 급격히 저하되며 날개차 등에 부식을 일으키는 등 수명을 단축시키는 것은?

① 펌프의 비속도 ② 펌프의 공동현상
③ 펌프의 동력저하 ④ 펌프의 서징현상

> 공동현상(캐비테이션) : 유동하고 있는 액체의 압력이 국부적으로 저하되어 포화증기압력 또는 공기분리압력에 대하여 증기를 발생시키거나 용해공기 등이 분리되어 기포를 일으키는 현상을 말하는 것으로 펌프에서 진동과 소음이 발생하고 양정과 효율이 급격히 저하되며 날개차 등에 부식을 일으키는 등 수명을 단축시킨다.

47 유압장치에서 유압의 제어방법이 아닌 것은?

① 압력제어 ② 방향제어
③ 속도제어 ④ 유량제어

> 유압장치에서 작동유의 흐름을 조절하는 역할을 제어밸브가 담당하며, 제어밸브에는 압력제어밸브, 유량제어밸브, 방향제어밸브의 3가지 밸브가 기본회로를 이룬다.

48 유압 회로의 최고 압력을 제한하고 회로 내의 과부하를 방지하는 밸브는?

① 안전 밸브(릴리프 밸브)
② 감압 밸브(리듀싱 밸브)
③ 순차 밸브(시퀀스 밸브)
④ 무부하 밸브(언로딩 밸브)

> 릴리프 밸브는 유압회로의 압력을 설정된 압력으로 제어하는 것으로, 과잉 압력이 되면 작동유의 일부 또는 전량을 복귀 측으로 토출시켜 압력을 낮추어 유압장치의 안정과 출력조정을 겸한다. 릴리프 밸브는 유압펌프와 제어밸브 사이에 병렬로 연결된다.

49 유압 회로의 최고압력을 제어하는 밸브로서 회로의 압력을 일정하게 유지시키는 밸브는?

① 감압 밸브 ② 카운터 밸런스 밸브
③ 릴리프 밸브 ④ 무부하 밸브

50 유압으로 작동되는 작업장치에서 작업 중 힘이 떨어지는 원인으로 가장 관계가 있는 것은?

① 메인 릴리프 밸브
② 로드 체크 밸브
③ 방향 전환 밸브
④ 메이크업 밸브

> 유압으로 작동되는 작업장치에서 작업 중 힘이 떨어지는 원인은 메인 릴리프 밸브의 이상에서 비롯된다.

51 유압기기의 과부하 방지를 위한 밸브로 맞는 것은?

① 분류 밸브 ② 방향제어 밸브
③ 릴리프 밸브 ④ 스로틀 밸브

정답 43 ① 44 ② 45 ② 46 ② 47 ③ 48 ① 49 ③ 50 ① 51 ③

52 펌프의 토출 측에 위치하여 회로 전체의 압력을 제어하는 밸브는?

① 감압 밸브
② 카운터 밸런스 밸브
③ 릴리프 밸브
④ 무부하 밸브

🔍 릴리프 밸브는 유압장치의 과부하 방지와 유압기기의 보호를 위하여 최고 압력을 규제하고 유압회로 내의 필요한 압력을 유지하도록 하는 압력제어 밸브이다.

53 직동형, 평형, 피스톤형 등의 종류가 있으며 회로의 압력을 일정하게 유지시키는 밸브는?

① 릴리프 밸브
② 메이크업 밸브
③ 시퀀스 밸브
④ 무부하 밸브

54 다음 보기에서 회로 내의 압력을 설정치 이하로 유지하는 밸브로만 조합된 것은?

㉠ 릴리프 밸브(relief valve)
㉡ 리듀싱 밸브(reducing valve)
㉢ 시퀀스 밸브(sequence valve)
㉣ 언로더 밸브(unloader valve)

① ㉠, ㉡, ㉣
② ㉡, ㉢
③ ㉢, ㉣
④ ㉠, ㉡, ㉢

🔍 시퀀스 밸브는 두 개 이상의 분기회로에서 유압회로의 압력에 의해 유압 액추에이터의 작동 순서를 제어한다.

55 압력제어 밸브는 어느 위치에서 작동하는가?

① 탱크와 펌프
② 펌프와 방향전환 밸브
③ 방향전환 밸브와 실린더
④ 실린더 내부

🔍 압력제어 밸브는 펌프와 제어 밸브 사이에서 작동한다.

56 유압 회로의 압력을 점검하는 위치로 가장 적당한 것은?

① 유압오일 탱크에서 유압 펌프 사이
② 유압 펌프에서 컨트롤 밸브 사이
③ 실린더에서 유압오일 탱크 사이
④ 유압오일 탱크에서 직접 점검

🔍 릴리프 밸브는 유압펌프와 제어밸브(컨트롤 밸브) 사이에 병렬로 연결되어 있으며, 압력을 점검하는 가장 적당한 위치는 유압 펌프와 제어밸브 사이이다.

57 유압장치에서 유압조정 밸브의 조정방법은?

① 압력조정 밸브가 열리도록 하면 유압이 높아진다.
② 밸브 스프링의 장력이 커지면 유압이 낮아진다.
③ 조정 스크루를 조이면 유압이 높아진다.
④ 조정 스크루를 풀면 유압이 높아진다.

🔍 조정 스크루를 조이면 유압이 높아진다.

58 유압 회로 내 압력이 비정상적으로 올라가는 원인에 해당되는 것은?

① 오일 파이프 파손
② 오일의 점도 묽음
③ 오일 압력게이지 고장
④ 유압조정 밸브 고착

🔍 유압이 높아지는 원인
• 유압 조절 밸브가 고착되었다.
• 유압 조절 밸브 스프링의 장력이 너무 크다.
• 오일의 점도가 높거나 회로가 막혔다.
• 각 저널과 베어링의 간극이 적다.

59 유압 펌프의 압력조절 밸브 스프링 장력이 높은 것을 사용하면 나타나는 현상으로 가장 적정한 것은?

① 유압이 높아진다.
② 유압이 낮아진다.
③ 토출량이 증가한다.
④ 토출량이 감소한다.

🔍 압력조절 밸브 스프링 장력이 높으면 유압이 높아지고, 장력이 약하면 유압은 낮아진다.

60 2개 이상의 분기 회로가 있을 때 순차적인 작동을 하기 위한 압력제어 밸브는?

① 감압 밸브
② 릴리프 밸브
③ 시퀀스 밸브
④ 리듀싱 밸브

정답 52 ③ 53 ① 54 ① 55 ② 56 ② 57 ③ 58 ④ 59 ① 60 ③

61 다음 중 분기 회로에 사용되는 밸브로 가장 적합한 항은?

> ㉠ 릴리프 밸브　　㉡ 리듀싱 밸브
> ㉢ 시퀀스 밸브　　㉣ 언로더 밸브
> ㉤ 카운터 밸런스 밸브

① ㉠, ㉡　　② ㉡, ㉢
③ ㉢, ㉣　　④ ㉣, ㉤

🔍 시퀀스 밸브는 두 개 이상의 분기회로에서 유압회로의 압력에 의해 유압 액추에이터의 작동 순서를 제어하며, 리듀싱 밸브(감압밸브)는 유량이나 1차측의 압력과 무관하게 분기회로에서 2차측 압력을 설정값까지 감압하여 사용하는 제어 밸브이다.

62 유압 회로의 압력에 의해 유압 액추에이터의 작동 순서를 제어하는 밸브는?

① 언로더 밸브　　② 시퀀스 밸브
③ 감압 밸브　　　④ 릴리프 밸브

63 두 개 이상의 분기회로에서 실린더나 모터의 작동순서를 결정하는 자동제어 밸브는?

① 리듀싱 밸브　　② 릴리프 밸브
③ 시퀀스 밸브　　④ 파일럿 체크 밸브

🔍 작동 순서를 결정하는 데 사용되는 제어밸브는 시퀀스 밸브(순차밸브)이다.

64 유압장치에서 고압 소용량, 저압 대용량 펌프를 조합 운전할 때, 작동압이 규정 압력 이상으로 상승시 동력 절감을 하기 위해 사용하는 밸브는?

① 감압 밸브　　② 릴리프 밸브
③ 시퀀스 밸브　④ 무부하 밸브

🔍 언로더 밸브(무부하 밸브)는 일반적으로 고압 소용량의 유압펌프와 저압 대용량의 유압펌프를 조합하여 사용하는 경우에 사용되는 것으로 유압회로의 압력이 설정 압력에 도달하면 밸브가 열려 저압펌프를 무부하로 하여 작동유 탱크로 보내 동력 절감과 동시에 작동유의 온도 상승을 방지하는 작용을 한다.

65 실린더가 중력으로 인하여 제어속도 이상으로 낙하하는 것을 방지하는 밸브는?

① 방향 제어 밸브
② 리듀싱 밸브
③ 시퀀스 밸브
④ 카운터 밸런스 밸브

🔍 카운터 밸런스 밸브는 유압회로의 한쪽 방향의 흐름에 대해 설정된 배압을 발생시키고, 다른 방향의 흐름은 자유롭게 흐르도록 하는 밸브로 체크 밸브가 내장되어 있다.

66 유압 실린더의 작동 속도가 정상보다 느릴 경우 예상되는 원인으로 가장 적절한 것은?

① 계통 내의 흐름 용량이 부족하다.
② 작동유의 점도가 약간 낮아짐을 알 수 있다.
③ 작동유의 점도지수가 높다.
④ 릴리프 밸브의 조정 압력이 너무 높다.

🔍 유압의 제어방법
• 압력 제어 : 일의 크기 제어
• 방향 제어 : 일의 방향 제어
• 유량 제어 : 일의 속도 제어

67 유압기기의 작동속도를 높이기 위하여 무엇을 변화시켜야 하는가?

① 유압 펌프의 토출유량을 증가시킨다.
② 유압 모터의 압력을 높인다.
③ 유압 모터의 토출압력을 높인다.
④ 유압 모터의 크기를 작게 한다.

🔍 유압의 제어방법 중 유압기기의 작동 속도는 유량의 제어를 통해 조절한다.

68 액추에이터의 운동속도를 조정하기 위하여 사용되는 밸브는?

① 방향제어 밸브　　② 온도제어 밸브
③ 유량제어 밸브　　④ 압력제어 밸브

69 유압장치에서 작동체의 속도를 바꿔주는 밸브는?

① 속도제어 밸브　　② 압력제어 밸브
③ 방향제어 밸브　　④ 유량제어 밸브

🔍 유압의 제어방법
• 압력 제어 : 크기 제어
• 방향 제어 : 방향 제어
• 유량 제어 : 속도 제어

정답 61 ② 62 ② 63 ③ 64 ④ 65 ④ 66 ① 67 ① 68 ③ 69 ④

70 내경이 작은 파이프에서 미세한 유량을 조정하는 밸브는?

① 바이패스 밸브　② 스로틀 밸브
③ 니들 밸브　　　④ 압력보상 밸브

> 유량 제어 밸브는 유압기기의 속도를 임의로 또는 무단계로 조정할 수 있는 밸브로 스로틀 밸브(교축밸브), 니들 밸브, 분류 밸브 등이 있으며, 이 중 니들 밸브는 미세한 유량을 조정하는 밸브이다.

71 유량 제어 밸브가 아닌 것은?

① 속도제어 밸브　② 체크 밸브
③ 교축 밸브　　　④ 급속배기 밸브

> 체크밸브(check valve)는 작동유의 흐름을 한쪽 방향으로만 흐르도록 하고 역류를 방지하는 역할을 하는 방향 제어 밸브 중의 하나이다.

72 회로 내 유체의 흐르는 방향을 조절하는데 쓰이는 밸브는?

① 압력제어 밸브　② 유량제어 밸브
③ 방향제어 밸브　④ 유압 액추에이터

73 유압장치에서 방향제어밸브에 해당하는 것은?

① 셔틀 밸브　　　② 릴리프 밸브
③ 시퀀스 밸브　　④ 언로더 밸브

> 릴리프 밸브, 시퀀스밸브, 언로더 밸브는 모두 압력제어 밸브에 해당한다.

74 방향제어 밸브를 동작시키는 방식이 아닌 것은?

① 수동식　　　　② 유압 파일럿식
③ 전자식　　　　④ 스프링식

> 방향 제어 밸브를 조작 방식에 따라 분류하면 수동식, 기계식(캠식), 전자식, 파일럿식(유압식) 등으로 나눌 수 있다.

75 유압 회로에서 오일의 흐름이 한 쪽 방향으로 흐르도록 하는 것은?

① 릴리프 밸브(relief valve)
② 파이롯 밸브(pilot valve)
③ 체크 밸브(check valve)
④ 오리피스 밸브(orifice valve)

> 체크밸브(check valve)는 작동유의 흐름을 한쪽 방향으로만 흐르도록 하고 역류를 방지하는 역할을 하는 방향 제어 밸브 중의 하나이다.

76 다음 유압기기 중 방향제어 밸브에 속하지 않는 것은?

① 매뉴얼 밸브(로터리형)
② 체크 밸브
③ 릴리프 밸브
④ 디셀러레이션 밸브

> 릴리프 밸브는 유압회로의 압력을 설정된 압력으로 제어하는 압력제어 밸브에 속한다.

77 유압 회로에서 역류를 방지하고 회로 내의 잔류 압력을 유지하는 밸브는?

① 체크 밸브　　　② 셔틀 밸브
③ 매뉴얼 밸브　　④ 스로틀 밸브

> 체크 밸브는 방향 제어 밸브의 하나로 작동유의 흐름을 한쪽 방향에 한정하거나 회로 내의 잔압을 유지하기 위해 사용된다.

78 오일을 한쪽 방향으로만 흐르게 하는 밸브는?

① 릴리프 밸브　　② 체크 밸브
③ 파일럿 밸브　　④ 로터리 밸브

79 일반적인 유압 실린더의 종류에 해당하지 않는 것은?

① 단동 실린더 피스톤(piston)형
② 단동 실린더 램(ram)형
③ 단동 실린더 레이디얼(radial)형
④ 복동 실린더 양로드(double rod)형

> 유압 실린더의 분류
> • 단동식 : 피스톤형, 램(플런저)형
> • 복동식 : 편로드형(싱글로드형), 양로드형(더블로드형)
> • 다단식 : 행정이 긴 엘리베이터나 덤프 차량 등에 사용

정답 70 ③　71 ②　72 ③　73 ①　74 ④　75 ③　76 ③　77 ①　78 ②　79 ③

80 유압 실린더의 움직임이 느리거나 불규칙할 때의 원인이 아닌 것은?

① 피스톤 링이 마모되었다.
② 유압유의 점도가 너무 높다.
③ 회로 내에 공기가 혼입 되고 있다.
④ 체크 밸브의 방향이 반대로 설치되어 있다.

> 유압 실린더의 속도는 유량에 의해 달라진다. 참고로 체크 밸브는 방향제어 밸브에 해당된다.

81 다음 중 유압 실린더의 내부 구성품이 아닌 것은?

① 피스톤   ② 쿠션기구
③ 유압밴드 ④ 실린더

> 유압 실린더의 구성품 : 피스톤, 피스톤 로드, 실린더, 실(seal), 쿠션기구

82 유압 실린더에서 피스톤 행정이 끝날 때 발생하는 충격을 흡수하기 위해 설치하는 장치는?

① 쿠션 기구
② 감압 장치
③ 서보 밸브
④ 안전 밸브

> 유압 실린더의 구성품 중 쿠션기구는 피스톤 행정이 끝날 때 발생하는 충격을 흡수하기 위해 설치하는 장치이다.

83 건설기계 작업장치의 유압 실린더에 충격을 방지하기 위한 실린더 쿠션장치가 설치되지 않은 것은?

① 붐 상승   ② 암(스틱) 오므림
③ 암(스틱) 펼침 ④ 버킷 펼침(덤프)

84 건설기계에 사용되는 유압 실린더의 구성 부품이 아닌 것은?

① 어큐뮬레이터 ② 로드
③ 피스톤   ④ 실(seal)

> 유압 실린더의 구성품 : 피스톤, 피스톤 로드, 실린더, 실(seal), 쿠션기구

85 유압 실린더의 로드 쪽으로 오일이 누유되는 결함이 발생하였다. 그 원인이 아닌 것은?

① 실린더 로드 패킹 손상
② 더스트 실(seal) 손상
③ 실린더 피스톤 로드의 손상
④ 실린더 피스톤 패킹 손상

86 다음 보기 중 유압 실린더에서 발생되는 실린더 자연하강현상의 발생원인으로 모두 맞는 것은?

> ㄱ. 작동압력이 높을 때
> ㄴ. 실린더 내부 마모
> ㄷ. 컨트롤 밸브의 스풀 마모
> ㄹ. 릴리프 밸브의 불량

① ㄱ, ㄴ, ㄷ
② ㄱ, ㄴ, ㄹ
③ ㄴ, ㄷ, ㄹ
④ ㄱ, ㄷ, ㄹ

> 유압 실린더 자연하강현상의 원인
> • 실린더 내부 마모
> • 컨트롤(제어) 밸브의 스풀 마모
> • 릴리프 밸브의 불량
> • 실린더 내의 피스톤 실(seal)의 마모

87 유압 실린더의 누유 검사 방법 중 틀린 것은?

① 얇은 종이를 펴서 로드에 대고 앞뒤로 움직여 본다.
② 정상적인 작동온도에서 실시한다.
③ 각 유압 실린더를 몇 번씩 작동 후 점검한다.
④ 얇은 가죽이나 V패킹으로 교환한다.

88 유압 모터와 유압 실린더의 설명으로 맞는 것은?

① 둘 다 회전운동을 한다.
② 모터는 직선운동, 실린더는 회전운동을 한다.
③ 둘 다 왕복운동을 한다.
④ 모터는 회전운동, 실린더는 직선운동을 한다.

> 유압 액추에이터는 유압펌프로부터 공급된 작동유의 유압에너지를 이용하여 기계적인 일, 즉 직선운동이나 회전운동으로 변환시키는 장치로 유압 모터는 회전운동, 유압 실린더는 직선운동을 한다.

정답 80 ④ 81 ③ 82 ① 83 ④ 84 ① 85 ④ 86 ③ 87 ④ 88 ④

89 유압장치에 사용되는 액추에이터(actuator) 중 회전운동을 하는 것은?

① 전기 모터　② 유압 펌프
③ 유압 모터　④ 축압기

90 보기 중 유압유의 압력에너지(힘)를 기계적 에너지(일)로 변화시키는 작용을 하는 것은?

① 유압 펌프　② 유압 밸브
③ 어큐뮬레이터　④ 액추에이터

🔍 설명은 액추에이터(작동기구)의 일반적인 내용으로 액추에이터에는 유압 모터와 유압 실린더가 있다.

91 유압 실린더를 정비할 때 주의해야 할 사항과 거리가 먼 것은?

① 분해 및 조립할 때 무리한 힘을 가하지 않는다.
② 도면을 보고 순서에 따라 분해 및 조립을 한다.
③ 쿠션기구의 작은 유압회로는 압축공기를 불어 막힘 여부를 검사한다.
④ 조립할 때 O링, 패킹에는 그리스를 발라야 한다.

🔍 조립할 때 O링, 패킹에 그리스를 발라서는 안 된다.

92 유압 모터의 용량을 나타내는 것은?

① 입구압력당(kgf/cm²) 토크
② 유압작동부 압력당(kgf/cm²) 토크
③ 주입된 동력(HP)
④ 체적(cm³)

🔍 유압 모터의 용량은 입구압력당 토크로 나타낸다.

93 유압 모터의 회전속도가 규정속도보다 느릴 경우의 원인에 해당하지 않는 것은?

① 유압 펌프의 오일 토출량 과다
② 유압유의 유입량 부족
③ 각 습동부의 마모 또는 파손
④ 오일의 내부누설

94 유압 모터의 장점이 될 수 없는 것은?

① 소형경량으로서 큰 출력을 낼 수 있다.
② 공기와 먼지 등이 침투하여도 성능에는 영향이 없다.
③ 변속, 역전의 제어도 용이하다.
④ 속도나 방향의 제어가 용이하다.

🔍 유압 모터의 장점
• 무단 변속이 용이하다.
• 소형·경량으로서 큰 출력을 낼 수 있다.
• 변속·역전 제어도 용이하다.
• 속도나 방향의 제어가 용이하다.

95 유압 모터의 속도는 무엇에 의해 결정되는가?

① 오일의 압력　② 오일의 점도
③ 오일의 흐름 양　④ 오일의 온도

🔍 유압의 제어방법 중 속도 제어는 유량을 제어함으로써 이루어진다.

96 피스톤 모터의 특징으로 맞는 것은?

① 효율이 낮다.
② 내부 누설이 많다.
③ 고압 작동에 적합하다.
④ 구조가 간단하다.

🔍 피스톤형(플런저형) 모터의 특징
• 구조가 복잡하고 대형이며 가격이 비싸다.
• 펌프의 최고 토출압력 및 평균효율이 가장 좋아 고압·대출력에 사용한다.
• 레이디얼형과 액시얼형이 있다.

97 유압 모터의 단점에 해당되지 않는 것은?

① 작동유에 먼지나 공기가 침입하지 않도록 특히 보수에 주의해야 한다.
② 작동유가 누출되면 작업성능에 지장이 있다.
③ 작동유의 점도 변화에 의하여 유압 모터의 사용에 제약이 있다.
④ 릴리프 밸브를 부착하여 속도나 방향 제어하기가 곤란하다.

🔍 유압 모터의 단점
• 작동유의 점도변화에 의하여 유압 모터의 사용에 제약이 있다.
• 작동유가 인화하기 쉽다.
• 작동유에 먼지나 공기가 침입하지 않도록 특히 보수에 주의해야 한다.
• 공기와 먼지 등이 침투하면 성능에 영향을 준다.

정답 89 ③　90 ④　91 ④　92 ①　93 ①　94 ②　95 ③　96 ③　97 ④

98 유압 모터의 감속기 오일 수준 점검 시 유의사항을 설명한 것이다. 다음 중 틀린 것은?

① 오일 수준을 점검하기 전에 항상 오일 수준 점검 게이지 주변을 깨끗하게 청소한다.
② 오일 수준 점검 시는 오일의 정상적인 작업 온도에서 점검해야 한다.
③ 오일량이 너무 적으면 모터 유닛(unit)이 올바르게 작동하지 않거나 손상될 수 있다.
④ 오일량이 너무 많으면 모터 유닛(unit)이 과냉될 수 있다.

99 유압 구성품을 분해하기 전에 내부 압력을 제거하려면 어떻게 하는 것이 좋은가?

① 압력 밸브를 밀어 준다.
② 너트를 서서히 푼다.
③ 엔진 정지 후 조정 레버를 모든 방향으로 작동하여 압력을 제거한다.
④ 엔진 정지 후 상관없이 개방해도 좋다.

> 엔진을 정지한 후에도 유압 회로에는 상당기간 압력이 남아있을 수 있으며, 엔진 정지 후 조정 레버를 모든 방향으로 작동하여 압력을 제거하도록 한다. 또한 압력을 완전히 제거하기 전에는 유압 구성품이나 부품을 제거하지 않아야 한다.

100 유압 액추에이터(작업장치)를 교환하였을 경우, 반드시 해야 할 작업이 아닌 것은?

① 오일 교환
② 공기빼기 작업
③ 누유점검
④ 공회전 작업

101 유압 에너지의 저장, 충격흡수 등에 이용되는 것은?

① 축압기(accumulator)
② 스트레이너(strainer)
③ 펌프(pump)
④ 오일 탱크(oil tank)

> 어큐뮬레이터(accumulator, 축압기)는 유체 에너지를 일시 저장하여 주는 것으로 용기 내에 고압유를 압입한 것이다.

102 가스 압축형 축압기에 사용되는 가스는?

① 산소
② 질소
③ 아세틸렌
④ 이산화탄소

> 가스 압축형 축압기에 사용되는 가스로 질소로 작동유에 공기 또는 질소가스 등의 기체가 직접 접촉한다.

103 축압기의 용도로 맞지 않는 것은?

① 충격 압력의 흡수
② 보조적 압력원
③ 서지 압력(surge pressure) 발생 유도
④ 맥동류의 감쇄

> 축압기(어큐뮬레이터)의 용도
> • 대유량의 작동유를 순간적으로 공급한다.
> • 유압 펌프의 맥동을 제거한다.
> • 충격 압력을 흡수한다.
> • 압력을 보상해 준다.

104 어큐뮬레이터(축압기)의 사용 목적이 아닌 것은?

① 유압 회로 내의 압력 상승
② 충격압력 흡수
③ 유체의 맥동 감쇄
④ 압력 보상

105 유압계통에서 오일의 누설 점검시 유의사항이 아닌 것은?

① 오일의 윤활성
② 실(seal)의 마모
③ 실(seal)의 파손
④ 볼트의 이완

> 유압 작동부에서 오일 누설 시 가장 먼저 점검해야 할 곳은 실(seal)이며, 그외 볼트 이완 상태 등을 확인하여야 한다.

정답 98 ④ 99 ③ 100 ① 101 ① 102 ② 103 ③ 104 ① 105 ①

CHAPTER 05

Craftsman Construction Equipment Operator

법규 및 안전관리

Section 01 건설기계 관리법규
Section 02 안전관리
Section 03 법규 및 안전관리 출제예상문제

SECTION 01 건설기계 관련법규

STEP 01 건설기계 관리법

1. 총칙

1) 건설기계관리법의 목적
건설기계의 등록·검사·형식승인 및 건설기계사업과 건설기계조종사면허 등에 관한 사항을 정하여 건설기계를 효율적으로 관리하고 건설기계의 안전도를 확보하여 건설공사의 기계화를 촉진함을 목적으로 한다.

2) 용어의 정의

용어	용어의 정의
건설기계	건설공사에 사용할 수 있는 기계로서 대통령령이 정하는 것을 말한다.
건설기계사업	건설기계대여업·건설기계정비업·건설기계매매업 및 건설기계해체재활용업을 말한다.
건설기계대여업	건설기계의 대여를 업(業)으로 하는 것을 말한다.
건설기계정비업	건설기계를 분해·조립 또는 수리하고 그 부분품을 가공제작·교체하는 등 건설기계의 원활한 사용을 위한 일체의 행위(경미한 정비행위 등 국토교통부령이 정하는 것을 제외한다)를 함을 업으로 하는 것을 말한다.
건설기계매매업	중고건설기계의 매매 또는 매매의 알선과 그에 따른 등록사항에 관한 변경신고의 대행을 업으로 하는 것을 말한다.
건설기계해체재활용업	폐기 요청된 건설기계의 인수(引受), 재사용 가능한 부품의 회수, 폐기 및 그 등록말소 신청의 대행을 업으로 하는 것을 말한다.
중고건설기계	건설기계를 제작·조립 또는 수입한 자로부터 법률행위 또는 법률의 규정에 의하여 건설기계를 취득한 때부터 사실상 그 성능을 유지할 수 없을 때까지의 건설기계를 말한다.
건설기계형식	건설기계의 구조·규격 및 성능 등에 관하여 일정하게 정한 것을 말한다.

2. 등록·등록번호표와 운행

1) 등록
건설기계의 소유자는 대통령령이 정하는 바에 따라 건설기계 소유자의 주소지 또는 건설기계의 사용본거지를 관할하는 특별시장·광역시장 또는 시·도지사에게 건설기계 취득일로부터 2월(전시, 사변, 기타 이에 준하는 국가비상사태 하에서는 5일) 이내에 등록신청을 하여야 한다.

2) 등록의 말소
    ① 소유자의 신청으로 등록말소
        ㉮ 건설기계가 천재지변 또는 이에 준하는 사고 등으로 사용할 수 없게 되거나 멸실된 경우
        ㉯ 건설기계의 차대가 등록 시의 차대와 다른 경우
        ㉰ 건설기계가 법 규정에 따른 건설기계안전기준에 적합하지 아니하게 된 경우
        ㉱ 건설기계를 수출하는 경우
        ㉲ 건설기계를 도난당한 경우
        ㉳ 건설기계해체재활용업자에게 폐기를 요청한 경우
        ㉴ 구조적 제작결함 등으로 건설기계를 제작자 또는 판매자에게 반품한 경우
        ㉵ 건설기계를 교육·연구목적으로 사용하는 경우
        ㉶ 건설기계를 횡령 또는 편취당한 경우
    ② 시·도지사의 직권으로 등록말소
        ㉮ 거짓이나 그 밖의 부정한 방법으로 등록을 한 경우
        ㉯ 정기검사 명령, 수시검사 명령 또는 정비 명령에 따르지 아니한 경우
        ㉰ 건설기계를 폐기한 경우
        ㉱ 내구연한(정밀진단을 받아 연장된 경우에는 그 연장기간)을 초과한 건설기계
    ③ 소유자가 신청하는 경우 등록말소의 신청 기한
        ㉮ 건설기계를 도난당한 경우 : 도난당한 날부터 2개월 이내
        ㉯ 건설기계를 수출하는 경우 : 수출하는 자가 수출하기 전까지
        ㉰ 그 밖의 경우 : 사유가 발생한 날부터 30일 이내

3) 임시운행
건설기계는 등록을 한 후가 아니면 이를 사용하거나 운행하지 못한다. 다만, 등록하기 전에 일시적으로 운행할 필요가 있을 경우에는 국토교통부령이 정하는 바에 따라 임시번호표를 제작·부착하여야 하며, 이 경우 건설기계를 제작·수입·조립한 자가 번호표를 제작·부착하며 임시운행 기간은 15일을 초과할 수 없다. 단, 신개발 건설기계를 시험·연구의 목적으로 운행하는 경우 임시운행 허가기간은 3년 이내이며, 임시 운행 사유는 다음과 같은 경우이다.
① 등록신청을 하기 위하여 건설기계를 등록지로 운행하는 경우
② 신규등록검사 및 확인검사를 받기 위하여 건설기계를 검사장소로 운행하는 경우
③ 수출을 하기 위하여 건설기계를 선적지로 운행하는 경우
④ 수출을 하기 위하여 등록말소한 건설기계를 점검·정비의 목적으로 운행하는 경우
⑤ 신개발 건설기계를 시험·연구의 목적으로 운행하는 경우
⑥ 판매 또는 전시를 위하여 건설기계를 일시적으로 운행하는 경우

참고 벌칙 : 미등록 건설기계를 사용하거나 운행한 자는 2년 이하의 징역이나 2천만원 이하의 벌금을 내야 한다.

4) 건설기계 등록번호표
    ① 등록된 건설기계에는 국토교통부령이 정하는 바에 의하여 시·도지사의 등록번호표 봉인자 지정을 받은 자에게서 등록번호표의 제작, 부착과 등록번호를 새김한 후 봉인을 받아야 한다.

② 또한, 건설기계 등록이 말소되거나 등록된 사항 중 대통령령이 정하는 사항이 변경된 때에는 등록번호표의 봉인을 뗀 후 그 번호표를 10일 이내에 시·도지사에게 반납하여야 하고 누구라도 시·도지사의 새김 명령을 받지 않고 건설기계 등록번호표를 지우거나 그 식별을 곤란하게 하는 행위를 하여서는 안된다.

5) 등록의 표지

건설기계 등록번호표에는 등록관청, 용도, 기종 및 등록번호를 표시하여야 한다. 또한, 번호표에 표시되는 모든 문자 및 외곽선은 1.5mm 튀어나와야 한다.

구분	색칠	등록번호
자가용	녹색판에 흰색 문자	1001 ~ 4999
영업	주황색판에 흰색 문자	5001 ~ 8999
관용	흰색판에 검은색 문자	9001 ~ 9999

6) 기종별 기호표시

표시	기종	표시	기종
01	불도저	15	콘크리트 펌프
02	굴착기	16	아스팔트 믹싱 플랜트
03	로더	17	아스팔트 피니셔
04	지게차	18	아스팔트 살포기
05	스크레이퍼	19	골재 살포기
06	덤프 트럭	20	쇄석기
07	기중기	21	공기 압축기
08	모터 그레이더	22	천공기
09	롤러	23	항타 및 항발기
10	노상 안정기	24	사리 채취기
11	콘크리트 뱃칭 플랜트	25	준설선
12	콘크리트 피니셔	26	특수 건설기계
13	콘크리트 살포기	27	타워크레인
14	콘크리트 믹서 트럭		

7) 대형 건설기계의 특별표지

다음에 해당되는 대형 건설기계는 특별표지를 부착하여야 한다.
① 길이가 16.7m를 초과하는 건설기계
② 너비가 2.5m를 초과하는 건설기계
③ 높이가 4.0m를 초과하는 건설기계

④ 최소 회전 반경이 12m를 초과하는 건설기계
⑤ 총중량이 40톤을 초과하는 건설기계
⑥ 총중량 상태에서 축하중이 10톤을 초과하는 건설기계

3. 검사와 구조변경

1) 건설기계검사

건설기계의 소유자는 다음의 구분에 따른 검사를 받은 후 검사증을 교부받아 항상 당해 건설기계에 비치하여야 한다.

① 신규등록검사 : 건설기계를 신규로 등록할 때 실시하는 검사
② 정기검사 : 건설공사용 건설기계로서 3년의 범위 내에서 국토교통부령이 정하는 검사유효기간이 끝난 후에 계속하여 운행하고자 할 때 실시하는 검사와 대기환경보전법에 따른 운행차의 정기검사
③ 구조변경검사 : 등록된 건설기계의 주요 구조나 원동기, 동력전달장치, 제동장치 등 주요 장치를 변경 또는 개조하였을 때 실시하는 검사(사유 발생일로부터 20일 이내에 검사를 받아야 한다)
④ 수시검사 : 성능이 불량하거나 사고가 빈발하는 건설기계의 안전성 등을 점검하기 위하여 수시로 실시하는 검사와 건설기계 소유자의 신청에 의하여 실시하는 검사

참고 정기검사 유효기간

기종	구분	검사 유효기간
1. 굴착기	타이어식	1년
2. 로더	타이어식	2년
3. 지게차	1톤 이상	2년
4. 덤프 트럭	–	1년
5. 기중기	타이어식 · 트럭 적재식	1년
6. 모터 그레이더	–	2년
7. 콘크리트 믹서 트럭	–	1년
8. 콘크리트 펌프	트럭 적재식	1년
9. 아스팔트 살포기	–	1년
10. 천공기	트럭 적재식	2년
11. 타워크레인	–	6개월
12. 그 밖의 건설기계	–	3년

2) 정기검사의 신청

① 검사 유효기간의 만료일 전후 각각 31일 이내의 기간에 신청한다.
② 건설기계 검사증 사본과 보험가입을 증명하는 서류를 시 · 도지사에게 제출하여야 한다.
③ 다만, 규정에 의하여 검사 대행을 하게 한 경우에는 검사 대행자에게 이를 제출하여야 한다.

3) 정기검사의 연기
　① 검사신청기간 만료일까지 정기검사 연기 신청서를 제출한다.
　② 연기 신청은 시·도지사 또는 검사 대행자에게 한다.
　③ 검사 연기를 하는 경우 그 연기 기간은 6월 이내로 한다.

4) 검사소에서 검사를 받아야 하는 건설기계
　① 덤프 트럭
　② 콘크리트 믹서 트럭
　③ 트럭 적재식 콘크리트 펌프
　④ 아스팔트 살포기
　⑤ 트럭지게차(국토교통부장관이 정하는 특수건설기계인 트럭지게차)

5) 건설기계가 위치한 장소에서 검사를 받아야 하는 건설기계
　① 도서지역에 있는 경우
　② 자체 중량이 40톤을 초과하는 경우
　③ 축중이 10톤을 초과하는 경우
　④ 너비가 2.5m를 초과하는 경우
　⑤ 최고 속도가 35km/h 미만인 건설기계

6) 건설기계의 구조변경 및 범위
　① 건설기계의 기종 변경, 육상 작업용 건설기계의 규격 증가 또는 적재함의 용량 증가를 위한 구조변경은 할 수 없다.
　② 주요 구조의 변경 및 개조의 범위
　　㉠ 원동기의 형식 변경　　　　　　㉡ 동력전달 장치의 형식 변경
　　㉢ 제동 장치의 형식 변경　　　　　㉣ 주행 장치의 형식 변경
　　㉤ 유압 장치의 형식 변경　　　　　㉥ 조종 장치의 형식 변경
　　㉦ 조향 장치의 형식 변경　　　　　㉧ 작업 장치의 형식 변경
　　㉨ 건설기계의 길이·너비·높이 등의 변경
　　㉩ 수상작업용 건설기계의 선체의 형식 변경

4. 건설기계 조종사

1) 조종사 면허
　① 건설기계를 조종하려는 사람은 시장·군수 또는 구청장에게 건설기계조종사면허를 받아야 한다. 다만, 국토교통부령으로 정하는 건설기계를 조종하려는 사람은 도로교통법의 관련 조항에 따른 운전면허를 받아야 한다.
　② 건설기계조종사면허는 국토교통부령으로 정하는 바에 따라 건설기계의 종류별로 받아야 한다.
　③ 건설기계조종사면허를 받으려는 사람은 국가기술자격법에 따른 해당 분야의 기술자격을 취득하고 적성검사에 합격하여야 한다.
　④ 국토교통부령으로 정하는 소형 건설기계의 건설기계조종사면허의 경우에는 시·도지사가 지정한

교육기관에서 실시하는 소형 건설기계의 조종에 관한 교육과정의 이수로 위 ③항의 국가기술자격법에 따른 기술자격의 취득을 대신할 수 있다.

 벌칙 : 조종사 면허를 받지 않고 건설기계를 조종한 자는 1년 이하의 징역 또는 1천만원 이하의 벌금에 처한다.

2) 운전면허로 조종하는 건설기계(1종 대형면허)
   ① 덤프 트럭
   ② 아스팔트 살포기
   ③ 노상 안정기
   ④ 콘크리트 믹서 트럭
   ⑤ 콘크리트 펌프
   ⑥ 천공기(트럭 적재식)
   ⑦ 특수 건설기계 중 국토교통부장관이 지정하는 건설기계

3) 건설기계 조종사 면허의 종류

면허의 종류	조종할 수 있는 건설기계
1. 불도저	불도저
2. 5톤 미만의 불도저	5톤 미만의 불도저
3. 굴착기	굴착기
4. 3톤 미만의 굴착기	3톤 미만의 굴착기
5. 로더	로더
6. 3톤 미만의 로더	3톤 미만의 로더
7. 5톤 미만의 로더	5톤 미만의 로더
8. 지게차	지게차
9. 3톤 미만의 지게차	3톤 미만의 지게차
10. 기중기	기중기
11. 롤러	롤러, 모터그레이더, 스크레이퍼, 아스팔트피니셔, 콘크리트피니셔, 콘크리트살포기 및 골재살포기
12. 이동식 콘크리트펌프	이동식 콘크리트펌프
13. 쇄석기	쇄석기, 아스팔트믹싱플랜트 및 콘크리트뱃칭플랜트
14. 공기압축기	공기압축기
15. 천공기	천공기(타이어식, 무한궤도식 및 굴진식 포함. 다만, 트럭적재식은 제외), 항타 및 항발기
16. 5톤 미만의 천공기	5톤 미만의 천공기(트럭적재식은 제외)
17. 준설선	준설선 및 자갈채취기
18. 타워크레인	타워크레인
19. 3톤 미만의 타워크레인	3톤 미만의 타워크레인

4) 건설기계조종사면허의 결격사유

① 18세 미만인 사람
② 건설기계 조종상의 위험과 장해를 일으킬 수 있는 정신질환자 또는 뇌전증환자로서 국토교통부령으로 정하는 사람
③ 앞을 보지 못하는 사람, 듣지 못하는 사람, 그 밖에 국토교통부령으로 정하는 장애인
④ 건설기계 조종상의 위험과 장해를 일으킬 수 있는 마약·대마·향정신성의약품 또는 알코올중독자로서 국토교통부령으로 정하는 사람
⑤ 건설기계조종사면허가 취소된 날부터 1년(거짓이나 그 밖의 부정한 방법으로 건설기계조종사면허를 받은 경우와 건설기계조종사면허의 효력정지기간 중 건설기계를 조종한 경우의 사유로 인해 취소된 경우에는 2년)이 지나지 아니하였거나 건설기계조종사면허의 효력정지처분 기간 중에 있는 사람

5) 건설기계조종사면허의 취소·정지처분 기준

위반행위	처분기준
가. 거짓이나 그 밖의 부정한 방법으로 건설기계조종사면허를 받은 경우	취소
나. 건설기계조종사면허의 효력정지기간 중 건설기계를 조종한 경우	취소
다. 건설기계조종사면허의 결격사유에 해당하게 된 경우	취소
라. 건설기계의 조종 중 고의 또는 과실로 중대한 사고를 일으킨 경우	
1) 인명피해	
① 고의로 인명피해(사망·중상·경상 등을 말한다)를 입힌 경우	취소
② 과실로 산업안전보건법에 따른 다음의 중대재해가 발생한 경우 (1) 사망자가 1명 이상 발생한 재해 (2) 3개월 이상의 요양이 필요한 부상자가 동시에 2명 이상 발생한 재해 (3) 부상자 또는 직업성질병자가 동시에 10명 이상 발생한 재해	취소
③ 그 밖의 인명피해를 입힌 경우	
(1) 사망 1명마다	면허효력정지 45일
(2) 중상 1명마다	면허효력정지 15일
(3) 경상 1명마다	면허효력정지 5일
2) 재산피해 : 피해금액 50만원마다	면허효력정지 1일 (90일을 넘지 못함)
3) 건설기계의 조종 중 고의 또는 과실로 가스공급시설을 손괴하거나 가스공급시설의 기능에 장애를 입혀 가스의 공급을 방해한 경우	면허효력정지 180일
마. 건설기계조종사면허증을 다른 사람에게 빌려 준 경우	취소
사. 법 규정을 위반하여 술에 취하거나 마약 등 약물을 투여한 상태에서 조종한 경우	
1) 술에 취한 상태(혈중알콜농도 0.03% 이상 0.08% 미만)에서 건설기계를 조종한 경우	면허효력정지 60일
2) 술에 취한 상태에서 건설기계를 조종하다가 사고로 사람을 죽게 하거나 다치게 한 경우	취소
3) 술에 만취한 상태(혈중알콜농도 0.08% 이상)에서 건설기계를 조종한 경우	취소
4) 2회 이상 술에 취한 상태에서 건설기계를 조종하여 면허효력정지를 받은 사실이 있는 사람이 다시 술에 취한 상태에서 건설기계를 조종한 경우	취소

위반행위	처분기준
5) 약물(마약, 대마, 향정신성 의약품 및 환각물질)을 투여한 상태에서 건설기계를 조종한 경우	취소
아. 정기적성검사를 받지 않고 1년이 지난 경우	취소
자. 정기적성검사 또는 수시적성검사에서 불합격한 경우	취소

6) 적성검사 기준
① 두 눈을 동시에 뜨고 잰 시력(교정시력을 포함)이 0.7 이상이고 두 눈의 시력이 각각 0.3 이상일 것
② 55데시벨(보청기를 사용하는 사람은 40데시벨)의 소리를 들을 수 있고, 언어분별력이 80퍼센트 이상일 것
③ 시각은 150도 이상일 것
④ 정신병자·지적장애인·뇌전증환자, 마약·대마·향정신성의약품, 알코올 중독자가 아닐 것

7) 건설계조종사면허증의 반납
① 건설기계조종사면허를 받은 자가 다음의 사유가 발생하는 때에는 그 사유가 발생한 날부터 10일 이내에 주소지를 관할하는 시장·군수 또는 구청장에게 그 면허증을 반납하여야 한다.
② 면허증의 반납 사유
　㉮ 면허가 취소된 때
　㉯ 면허의 효력이 정지된 때
　㉰ 면허증의 재교부를 받은 후 잃어버린 면허증을 발견한 때

5. 벌칙

1) 2년 이하의 징역 또는 2천만원 이하의 벌금
① 등록되지 아니한 건설기계를 사용하거나 운행한 자
② 등록이 말소된 건설기계를 사용하거나 운행한 자
③ 시·도지사의 지정을 받지 않고 등록번호표를 제작하거나 등록번호를 새긴 자
④ 검사대행자 또는 그 소속 직원에게 재물이나 그 밖의 이익을 제공하거나 제공 의사를 표시하고 부정한 검사를 받은 자
⑤ 건설기계의 주요 구조나 원동기, 동력전달장치, 제동장치 등 주요 장치를 변경 또는 개조한 자
⑥ 무단 해체한 건설기계를 사용·운행하거나 타인에게 유상·무상으로 양도한 자
⑦ 제작결함에 따른 시정명령을 이행하지 아니한 자
⑧ 등록을 하지 아니하고 건설기계사업을 하거나 거짓으로 등록을 한 자
⑨ 등록이 취소되거나 사업의 전부 또는 일부가 정지된 건설기계사업자로서 계속하여 건설기계사업을 한 자

2) 1년 이하의 징역 또는 1천만원 이하의 벌금
① 거짓이나 그 밖의 부정한 방법으로 건설기계 등록을 한 자
② 건설기계의 등록번호를 지워 없애거나 그 식별을 곤란하게 한 자
③ 건설기계의 구조변경검사 또는 수시검사를 받지 아니한 자
④ 건설기계의 정비명령을 이행하지 아니한 자

⑤ 형식승인, 형식변경승인 또는 확인검사를 받지 아니하고 건설기계의 제작등을 한 자
⑥ 제작등을 한 건설기계의 사후관리에 관한 명령을 이행하지 아니한 자
⑦ 내구연한을 초과한 건설기계 또는 건설기계 장치 및 부품을 운행하거나 사용한 자
⑧ 내구연한을 초과한 건설기계 또는 건설기계 장치 및 부품의 운행 또는 사용을 알고도 말리지 아니하거나 운행 또는 사용을 지시한 고용주
⑨ 부품인증을 받지 아니한 건설기계 장치 및 부품을 사용한 자
⑩ 부품인증을 받지 아니한 건설기계 장치 및 부품을 건설기계에 사용하는 것을 알고도 말리지 아니하거나 사용을 지시한 고용주
⑪ 매매용 건설기계의 운행금지 등의 의무를 위반하여 매매용 건설기계를 운행하거나 사용한 자
⑫ 폐기인수 사실을 증명하는 서류의 발급을 거부하거나 거짓으로 발급한 자
⑬ 폐기요청을 받은 건설기계를 폐기하지 아니하거나 등록번호표를 폐기하지 아니한 자
⑭ 건설기계조종사면허를 받지 아니하고 건설기계를 조종한 자
⑮ 건설기계조종사면허를 거짓이나 그 밖의 부정한 방법으로 받은 자
⑯ 소형 건설기계의 조종에 관한 교육과정의 이수에 관한 증빙서류를 거짓으로 발급한 자
⑰ 술에 취하거나 마약 등 약물을 투여한 상태에서 건설기계를 조종한 자와 그러한 자가 건설기계를 조종하는 것을 알고도 말리지 아니하거나 건설기계를 조종하도록 지시한 고용주
⑱ 건설기계조종사면허가 취소되거나 건설기계조종사면허의 효력정지처분을 받은 후에도 건설기계를 계속하여 조종한 자
⑲ 건설기계를 도로나 타인의 토지에 버려둔 자

3) 300만원 이하의 과태료
① 등록번호표를 부착하지 아니하거나 봉인하지 아니한 건설기계를 운행한 자
② 건설기계의 정기검사를 받지 아니한 자
③ 건설기계임대차 등에 관한 계약서를 작성하지 아니한 자
④ 건설기계조종사의 정기적성검사 또는 수시적성검사를 받지 아니한 자
⑤ 시설 또는 업무에 관한 보고를 하지 아니하거나 거짓으로 보고한 자
⑥ 소속 공무원의 검사·질문을 거부·방해·기피한 자
⑦ 중대한 사고 발생 시 제작결함 또는 안전기준 적합여부의 조사를 위해 사고 현장을 출입하는 직원의 출입을 거부하거나 방해한 자

4) 100만원 이하의 과태료
① 수출의 이행 여부를 신고하지 아니하거나 폐기 또는 등록을 하지 아니한 자
② 건설기계에 등록번호표를 부착·봉인하지 아니하거나 등록번호를 새기지 아니한 자
③ 등록번호표를 가리거나 훼손하여 알아보기 곤란하게 한 자 또는 그러한 건설기계를 운행한 자
④ 건설기계 등록번호의 새김명령을 위반한 자
⑤ 건설기계안전기준에 적합하지 아니한 건설기계를 사용하거나 운행한 자 또는 사용하게 하거나 운행하게 한 자
⑥ 검사유효기간이 끝난 날부터 31일이 지난 건설기계를 사용하게 하거나 운행하게 한 자 또는 사용하거나 운행한 자

⑦ 특별한 사정 없이 건설기계임대차 등에 관한 계약과 관련된 자료를 제출하지 아니한 자
⑧ 법에서 정한 건설기계사업자의 의무를 위반한 자
⑨ 안전교육 등을 받지 아니하고 건설기계를 조종한 자

5) 50만원 이하의 과태료
① 등록 전 일시적으로 운행하는 건설기계에 임시번호표를 붙이지 아니하고 운행한 자
② 등록사항의 변경신고를 하지 아니하거나 거짓으로 신고한 자
③ 건설기계 등록의 말소를 신청하지 아니한 자
④ 등록번호표 제작자가 지정받은 사항에 대한 변경 사유가 있음에도 변경신고를 하지 아니하거나 거짓으로 변경신고한 자
⑤ 등록번호표의 반납 사유가 있음에도 등록번호표를 반납하지 아니한 자
⑥ 건설기계의 정비 범위를 위반하여 건설기계를 정비한 자
⑦ 건설기계사업자의 등록 사항 변경신고를 하지 아니하거나 거짓으로 신고한 자
⑧ 건설기계사업자의 지위를 승계하고도 신고를 하지 아니하거나 거짓으로 신고한 자
⑨ 건설기계를 주택가 주변의 도로·공터 등에 세워 두어 교통소통을 방해하거나 소음 등으로 주민의 조용하고 평온한 생활환경을 침해한 자

STEP 02 도로교통법

1. 목적 및 용어

1) 도로교통법의 목적
도로에서 일어나는 교통상의 모든 위험과 장해를 방지하고 제거하여 안전하고 원활한 교통을 확보함을 목적으로 한다.

2) 용어의 정의

용어	용어의 정의
도로	도로법에 의한 도로, 유료도로법에 의한 유료도로, 농어촌도로 정비법에 따른 농어촌도로, 그밖에 현실적으로 불특정 다수의 사람 또는 차마의 통행을 위하여 공개된 장소로서 안전하고 원활한 교통을 확보할 필요가 있는 장소를 말한다.
자동차전용도로	자동차만이 다닐 수 있도록 설치된 도로를 말한다.
고속도로	자동차의 고속교통에만 사용하기 위하여 지정된 도로를 말한다.
차도	연석선(차도와 보도를 구분하는 돌 등으로 이어진 선을 말한다.), 안전표지나 그와 비슷한 공작물로써 경계를 표시하여 모든 차의 교통에 사용하도록 된 도로의 부분을 말한다.
차로	차선에 의해 구분되는 차도의 부분
중앙선	차마 통행을 방향별로 명확하게 구분하기 위하여 도로에 황색 실선이나 황색 점선 등의 안전표지로 표시된 선 또는 중앙 분리대·철책·울타리 등으로 설치한 시설물
차선	차로와 차로를 구분하기 위하여 그 경계 지점을 안전표지에 의하여 표시한 선

용어	용어의 정의
자전거도로	안전표지, 위험방지용 울타리나 그와 비슷한 공작물로써 경계를 표시하여 자전거의 교통에 사용하도록 된 도로의 부분을 말한다.
보도	연석선, 안전표지나 그와 비슷한 공작물로써 경계를 표시하여 보행자(유모차 및 행정안전부령이 정하는 신체장애인용 의자차를 포함한다.)의 통행에 사용하도록 된 도로의 부분을 말한다.
횡단보도	보행자가 도로를 횡단할 수 있도록 안전표지로써 표시한 도로의 부분을 말한다.
교차로	'십'자로, 'T'자로나 그밖에 둘 이상의 도로(보도와 차도가 구분되어 있는 도로에서는 차도를 말한다)가 교차하는 부분을 말한다.
안전지대	도로를 횡단하는 보행자나 통행하는 차마의 안전을 위하여 안전표지나 그와 비슷한 공작물로써 표시한 도로의 부분을 말한다.
자동차	철길 또는 가설된 선에 의하지 아니하고 원동기(기관)를 사용하여 운전되는 차로서 자동차관리법의 규정에 의한 승용자동차, 승합자동차, 화물자동차, 특수자동차 및 이륜자동차를 말한다.
원동기장치자전거	2륜차로서 내연기관을 원동기로 하는 것 중 총 배기량 55cc 미만의 내연기관과 이외의 것은 정격출력 0.59kW 미만의 것으로 125cc 이하의 2륜차로 포함한다.
긴급자동차	소방자동차, 구급자동차, 그 밖의 대통령령이 정하는 자동차로서 그 본래의 긴급한 용도로 사용되고 있는 자동차를 말한다.
주차	운전자가 승객을 기다리거나 화물을 싣거나 고장이나 그 밖의 사유로 인하여 차를 계속하여 정지상태에 두는 것 또는 운전자가 차로부터 떠나서 즉시 그 차를 운전할 수 없는 상태에 두는 것을 말한다.
정차	운전자가 5분을 초과하지 아니하고 차를 정지시키는 것으로서 주차 외의 정지상태를 말한다.
운전	도로에서 차마를 그 본래의 사용방법에 따라 사용하는 것(조종을 포함한다)을 말한다.
서행	운전자가 차를 즉시 정지시킬 수 있는 정도의 느린 속도로 진행하는 것을 말한다.
일시정지	차의 운전자가 그 차의 바퀴를 일시적으로 완전히 정지시키는 것을 말한다.

3) 신호등의 신호 순서(신호등 배열이 아님)
   ① 3색 신호 순서 : 녹색 ➡ 황색 ➡ 적색 등화순이다.
   ② 4색 신호 순서 : 적색 ➡ 녹색 화살 표시 ➡ 황색 ➡ 녹색 ➡ 황색 ➡ 적색 등화순이다.

4) 신호기의 성능 기준
   ① 등화의 밝기는 낮에 150미터 앞쪽에서 식별할 수 있도록 할 것
   ② 등화의 빛의 발산 각도는 사방으로 각각 45° 이상으로 할 것
   ③ 태양광선, 그 밖의 주위의 빛에 의해 그 표시가 방해받지 아니하도록 할 것

5) 경찰관의 수신호
   ① 도로를 통행하는 보행자와 차마의 운전자는 교통안전시설이 표시하는 신호 또는 지시와 교통정리를 하는 국가경찰공무원(전투경찰순경을 포함한다.) 및 제주특별자치도의 자치경찰공무원이나 대통령령이 정하는 국가경찰공무원 및 자치경찰공무원을 보조하는 사람의 신호나 지시를 따라야 한다.
   ② 도로를 통행하는 보행자 및 모든 차마의 운전자는 교통안전시설이 표시하는 신호 또는 지시와 교통정리를 위한 경찰공무원 등의 신호 또는 지시가 다른 경우에는 경찰공무원 등의 신호 또는 지시에 따라야 한다.

6) 신호의 종류
   ① 녹색 : 직진 및 우회전
   ② 황색 : 보행자의 횡단을 방해하지 않는 한 우회전
   ③ 적색 : 직진하는 측면 교통을 방해하지 않는 한 우회전 할 수 있으며, 차마나 보행자는 정지

7) 교통안전표지의 종류

표지	설명
주의표지	도로상태가 위험하거나 도로 또는 그 부근에 위험물이 있는 경우에 필요한 안전조치를 할 수 있도록 이를 도로사용자에게 알리는 표지
규제표지	도로교통의 안전을 위하여 각종 제한·금지 등의 규제를 하는 경우에 이를 도로사용자에게 알리는 표지
지시표지	도로의 통행방법·통행구분 등 도로교통의 안전을 위하여 필요한 지시를 하는 경우에 도로사용자가 이를 따르도록 알리는 표지
보조표지	주의표지·규제표지 또는 지시표지의 주 기능을 보충하여 도로사용자에게 알리는 표지
노면표시	• 도로교통의 안전을 위하여 각종 주의·규제·지시 등의 내용을 노면에 기호·문자 또는 선으로 도로사용자에게 알리는 표시 • 노면표시에 사용되는 각종 선에서 점선은 허용, 실선은 제한, 복선은 의미의 강조 • 노면표시의 기본 색상 중 백색은 동일방향의 교통류 분리 및 경계 표시, 황색은 반대방향의 교통류 분리 또는 도로이용의 제한 및 지시, 청색은 지정방향의 교통류 분리 표시에 사용

참고 교통안전표지(요약)

최저속도 제한	높이 제한	우로 이중 굽음	진입 금지	안전지대	주·정차 금지
유턴 금지	회전형 교차로	차 중량 제한	어린이 보호	좌·우 회전	최고속도 제한

2. 차로의 통행·주정차 금지

1) 차로의 설치
   ① 안전표지로써 특별히 진로 변경이 금지된 곳에서는 진로를 변경해서는 안된다.
   ② 시·도경찰청장은 도로에 차로를 설치하고자 하는 때에는 중앙선 표시를 하여야 한다.
   ③ 차로의 너비는 3m 이상으로 하여야 한다.
   ④ 가변차로의 설치 등 부득이 하다고 인정되는 때에는 275cm(2.75m) 이상으로 할 수 있다.
   ⑤ 차로의 횡단보도·교차로 및 철길 건널목의 부분에는 설치하지 못한다.
   ⑥ 도로의 양쪽에 보행자 통행의 안전을 위하여 길가장자리 구역을 설치하여야 한다.

2) 차로에 따른 통행차의 구분

도로		차로 구분	통행할 수 있는 차종
고속도로 외의 도로		왼쪽 차로	승용자동차 및 경형·소형·중형 승합자동차
		오른쪽 차로	대형승합자동차, 화물자동차, 특수자동차, 건설기계, 이륜자동차, 원동기장치자전거
고속도로	편도 2차로	1차로	앞지르기를 하려는 모든 자동차. 다만, 차량통행량 증가 등 도로상황으로 인하여 부득이하게 시속 80km 미만으로 통행할 수밖에 없는 경우에는 앞지르기를 하는 경우가 아니라도 통행할 수 있다.
		2차로	모든 자동차
	편도 3차로 이상	1차로	앞지르기를 하려는 승용자동차 및 앞지르기를 하려는 경형·소형·중형 승합자동차. 다만, 차량통행량 증가 등 도로상황으로 인하여 부득이하게 시속 80km 미만으로 통행할 수밖에 없는 경우에는 앞지르기를 하는 경우가 아니라도 통행할 수 있다.
		왼쪽 차로	승용자동차 및 경형·소형·중형 승합자동차
		오른쪽 차로	대형 승합자동차, 화물자동차, 특수자동차, 건설기계

※ 모든 차는 위 표에서 지정된 차로보다 오른쪽에 있는 차로로 통행할 수 있다.
※ 앞지르기를 할 때에는 위 표에서 지정된 차로의 왼쪽 바로 옆 차로로 통행할 수 있다.
※ 왼쪽 차로란 차로(고속도로의 경우는 1차로를 제외한 차로)를 반으로 나누어 1차로에 가까운 부분의 차로. 다만, 차로 수가 홀수인 경우 가운데 차로는 제외한다.
※ 오른쪽 차로는 왼쪽 차로를 제외한 나머지 차로를 말한다.

3) 통행의 우선순위

① 차마 서로간의 통행의 우순선위는 다음 순서에 따른다.
㉮ 긴급자동차
㉯ 긴급자동차 외의 자동차
㉰ 원동기장치 자전거
㉱ 자동차 및 원동기장치 자전거 외의 차마
② 긴급자동차 외의 자동차 서로간의 통행의 우선순위는 최고속도 순서에 따른다.
③ 통행의 우선순위에 관하여 필요한 사항은 대통령령으로 정한다.
④ 비탈진 좁은 도로에서는 올라가는 자동차가 내려가는 자동차에게 도로의 우측 가장자리로 피하여 진로를 양보하여야 한다.
⑤ 좁은 도로 또는 비탈진 좁은 도로에서는 빈 자동차가 도로의 우측 가장자리로 진로를 양보하여야 한다.

4) 도로별, 차로수별 운행속도

도로 구분		최고속도	최저속도
일반도로	1. 주거지역·상업지역 및 공업지역의 일반도로	• 50km/h 이내 • 단, 시·도경찰청장이 지정한 노선 또는 구간에서는 60km/h 이내	제한없음
	2. 위 "1"외의 일반도로	• 60km/h 이내 • 단, 편도 2차로 이상의 도로에서는 80km/h 이내	

도로 구분		최고속도	최저속도
고속도로	편도 2차로 이상 — 모든 고속도로	• 100km/h 이내 • 단, 적재중량 1.5톤 초과 화물자동차, 특수자동차, 건설기계, 위험물운반자동차는 80km/h	50km/h
	편도 2차로 이상 — 지정·고시한 노선 또는 구간의 고속도로	• 120km/h 이내 • 단, 적재중량 1.5톤 초과 화물자동차, 특수자동차, 건설기계, 위험물운반자동차는 90km/h	50km/h
	편도 1차로	80km/h	50km/h
자동차 전용도로		90km/h	30km/h

5) 이상기후시의 운행속도

운행속도	이상 기후 상태
최고속도의 20/100을 줄인 속도	• 비가 내려 노면이 젖어 있는 경우 • 눈이 20mm 미만 쌓인 경우
최고속도의 50/100을 줄인 속도	• 폭우, 폭설, 안개 등으로 가시거리가 100m 이내인 경우 • 노면이 얼어 붙은 경우 • 눈이 20mm 이상 쌓인 경우

6) 앞지르기 금지 장소 및 금지되는 경우
① 앞지르기 금지 장소
   ㉮ 교차로, 터널 안, 다리 위
   ㉯ 경사로의 정상 부근
   ㉰ 급경사의 내리막
   ㉱ 도로의 구부러진 곳
   ㉲ 앞지르기 금지표지 설치 장소
② 앞지르기가 금지되는 경우
   ㉮ 앞차의 좌측에 다른 차가 나란히 진행하고 있을 때
   ㉯ 앞차가 다른 차를 앞지르고 있을 때
   ㉰ 앞차가 좌측으로 진로를 바꾸려고 하고 있을 때
   ㉱ 대향차의 진행을 지시를 따르거나 위험을 방지하기 위하여 정지 또는 시행하고 있을 때

7) 철길 건널목의 통과
① 모든 차는 건널목 앞에서 일시 정지를 하여 안전함을 확인한 후에 통과하여야 한다.
② 신호기 등이 표시하는 신호에 따르는 때에는 정지하지 않고 통과할 수 있다.
③ 건널목의 차단기가 내려져 있거나 내려지려고 하는 때 또는 건널목의 경보기가 울리고 있는 동안에는 그 건널목으로 들어가서는 안된다.
④ 고장 그 밖의 사유로 인하여 건널목 안에서 차를 운행할 수 없게된 때의 조치
   ㉮ 즉시 승객을 대피시키고 비상 신호기 등을 사용하여 알린다.
   ㉯ 철도공무원 또는 경찰공무원에게 알린다.

㉯ 차량을 건널목 외의 곳으로 이동시키기 위한 필요한 조치를 하여야 한다.

8) 서행할 장소
① 교통정리가 행하여지고 있지 아니하는 교차로
② 도로가 구부러진 부근 서행
③ 비탈길의 고갯마루 부근 서행
④ 가파른 비탈길의 내리막 서행
⑤ 시·도경찰청장이 안전표지에 의하여 지정한 곳

9) 일시정지해야 하는 장소 및 상황
① 보도와 차도가 구분된 도로에서 도로 외의 곳을 출입하는 때에는 보도를 횡단하기 직전에 일시정지
② 철길건널목을 통과하고자 하는 때 일시정지
③ 보행자가 횡단보도를 통행하고 있는 때 일시정지
④ 보행자 전용도로 통행시 보행자의 걸음걸이 속도로 운행하거나 일시정지
⑤ 교차로 또는 그 부근에서 긴급자동차가 접근한 때에는 교차로를 피하여 우측 가장자리에 일시정지
⑥ 교통정리가 행하여지고 있지 아니하고 좌·우를 확인할 수 없거나 교통이 빈번한 교차로 진입 시 일시정지
⑦ 시·도경찰청장이 필요하다고 인정하여 일시정지 표지에 의하여 지정한 곳
⑧ 어린이가 보호자 없이 도로를 횡단하는 때 도로에서 앉아 있거나 서 있는 때 또는 놀이를 하는 때 등 어린이에 대한 교통사고의 위험이 있는 것을 발견한 때
⑨ 앞을 보지 못하는 사람이 흰색 지팡이를 가지거나 맹도견을 동반하고 도로를 횡단하고 있는 때 또는 지하도·육교 등 도로횡단시설을 이용할 수 없는 지체장애인이 도로를 횡단하고 있는 때에는 일시정지
⑩ 적색등화 점멸 시 차마는 정지선이나 횡단보도가 있을 때에는 그 직전이나 교차로의 직전에 일시정지

10) 주차 및 정차가 금지되는 장소
① 교차로·횡단보도·건널목이나 보도와 차도가 구분된 도로의 보도(노상주차장은 제외)
② 교차로의 가장자리나 도로의 모퉁이로부터 5m 이내인 곳
③ 안전지대가 설치된 도로에서는 그 안전지대의 사방으로부터 각각 10m 이내인 곳
④ 버스여객자동차의 정류지임을 표시하는 기둥이나 표지판 또는 선이 설치된 곳으로부터 10m 이내인 곳
⑤ 건널목의 가장자리 또는 횡단보도로부터 10m 이내인 곳
⑥ 소방용수시설 또는 비상소화장치가 설치된 곳으로부터 5m 이내인 곳
⑦ 소방시설로서 대통령령으로 정하는 시설이 설치된 곳으로부터 5m 이내인 곳
⑧ 시·도경찰청장이 도로에서의 위험을 방지하고 교통의 안전과 원활한 소통을 확보하기 위하여 필요하다고 인정하여 지정한 곳
⑨ 시장등이 지정한 어린이 보호구역

11) 주차만 금지되는 장소
   ① 터널 안 및 다리 위
   ② 도로공사를 하고 있는 공사 구역의 양쪽 가장자리로부터 5m 이내인 곳
   ③ 다중이용업소의 영업장이 속한 건축물로 소방본부장의 요청에 의하여 시·도경찰청장이 지정한 곳으로부터 5m 이내인 곳
   ④ 시·도경찰청장이 도로에서의 위험을 방지하고 교통의 안전과 원활한 소통을 확보하기 위하여 필요하다고 인정하여 지정한 곳

3. 도로교통법 관련 기타 사항

1) 교통사고처리특례법상 12개 항목(사고 시 형사처벌)
   ① 신호·지시위반사고
   ② 중앙선침범, 고속도로나 자동차전용도로에서의 횡단·유턴 또는 후진위반 사고
   ③ 속도위반(20km/h 초과) 과속사고
   ④ 앞지르기의 방법·금지시기·금지장소 또는 끼어들기 금지 위반사고
   ⑤ 철길건널목 통과방법 위반사고
   ⑥ 보행자보호의무 위반사고
   ⑦ 무면허운전사고
   ⑧ 음주운전·약물복용운전 사고
   ⑨ 보도침범·보도횡단방법 위반사고
   ⑩ 승객추락방지의무 위반사고
   ⑪ 어린이 보호구역 내 안전운전의무 위반으로 어린이의 신체를 상해에 이르게 한 사고
   ⑫ 자동차의 화물이 떨어지지 아니하도록 필요한 조치를 하지 아니하고 운전한 경우

2) 야간에 도로를 통행할 때 켜야 할 등화
   ① 자동차 : 전조등, 차폭등, 미등, 번호등, 실내조명등(실내조명등은 승합자동차와 여객자동차운송사업용 승용자동차)
   ② 견인되는 차 : 미등, 차폭등 및 번호등
   ③ 야간 주차 또는 정차할 때 : 미등, 차폭등
   ④ 안개 등 장애로 100m 이내의 장애물을 확인할 수 없을 때 : 야간에 준하는 등화

3) 교통사고 발생시 조치
   ① 차의 교통으로 사람을 사상하거나 물건을 손괴하였을 때는 운전자 및 승무원은 곧 정차하여 사상자를 구호하는 등 필요한 조치를 해야 한다.
   ② 그 차의 운전자 등은 경찰공무원이 현장에 있을 때는 그 경찰공무원에게, 경찰공무원이 없을 때는 가장 가까운 경찰관서에 지체없이 사고가 일어난 곳, 사상자 수 및 부상 정도, 손괴한 물건 및 손괴 정도, 그 밖의 조치 상황 등을 신속히 신고해야 한다.
   ③ 긴급자동차 또는 부상자를 운반 중인 차 및 우편물 자동차 등의 운전자는 긴급한 경우에 승무원으로 하여금 교통사고 조치 또는 신고를 하게 하고 운전을 계속할 수 있다.

4) 도로교통법상의 사고 기준
① 사망 : 사고발생 시부터 72시간 이내에 사망한 때
② 중상 : 3주 이상의 치료를 요하는 부상
③ 경상 : 3주 미만 5일 이상의 치료를 요하는 부상
④ 부상 : 5일 미만의 치료를 요하는 부상

5) 술에 취한 상태에서의 운전금지
① 누구든지 술에 취한 상태에서 자동차 등(건설기계를 포함)을 운전하여서는 안된다.
② 경찰공무원(자치 경찰공무원은 제외)은 술에 취한 상태에서 자동차 등을 운전하였다고 인정할 만한 상당한 이유가 있는 때에는 운전자가 술에 취하였는지의 여부를 호흡조사에 의하여 측정할 수 있다. 이 경우 운전자는 경찰공무원의 측정에 응하여야 한다.
③ 술에 취하였는지의 여부를 측정한 결과에 불복하는 운전자에는 그 운전자의 동의를 얻어 혈액채취 등의 방법으로 다시 측정할 수 있다.
④ 운전이 금지되는 술에 취한 상태의 기준은 혈중 알코올농도 0.03% 이상이며, 특히 혈중 알코올농도가 0.08% 이상인 만취상태로 운전하다 적발되면 운전면허가 취소된다.

STEP 03 도로명 주소

1. 도로명 주소 개요

1) 도로명 주소

도로명주소란 부여된 도로명, 기초번호, 건물번호, 상세주소에 의하여 건물의 주소를 표기하는 방식으로, 도로에는 도로명을 부여하고, 건물에는 도로에 따라 규칙적으로 건물번호를 부여하여 도로명과 건물번호 및 상세주소(동·층·호)로 표기하는 주소제도이다.

2) 도로명과 건물번호
① 도로명 : 도로 구간마다 부여한 이름으로, 주된 명사에 도로별 구분기준인 대로(8차로 이상), 로(2차로에서 7차로까지), 길('로'보다 좁은 도로)을 붙여서 부여
② 건물번호 : 도로시작점에서 20m 간격으로 왼쪽은 홀수, 오른쪽은 짝수를 부여
③ 도로구간 설정 : 직진성·연속성을 고려, 서→동, 남→북 방향으로 설정
④ 건물번호 부여 : 주된 출입구에 인접한 도로의 기초번호 사용 원칙(건물번호 부여 대상은 생활의 근거가 되는 건물)

2. 건물 번호판 및 도로명판

구분	종류 및 의미		
건물번호판	일반용 세종대로 Sejong-daero / 도로명 / 209 / 건물번호 중앙로 35 Jungang-ro	관공서용 262 중앙로 Jungang-ro	문화재·관광지용 24 보성길 Boseong-gil
도로명판	기초번호판 도로명 / 종로 Jong-ro / 2345 / 기초번호	예고명 도로명판 종로 200m Jong-ro ① 종로 : 현 위치에서 다음에 나타날 도로는 '종로' ② 200m : 현 위치로부터 전방 200m에 예고한 도로가 있음	

3. 도로명판 보는 방법

도로명판	명판의 의미
한방향용 기점 강남대로 Gangnam-daero 1→699	① 강남대로 : 넓은 길, 시작지점을 의미 ② 1→ : 현 위치는 도로 시작점 '1' ③ 1→699 : 강남대로는 6.99km(699×10m)
한방향용 종점 1←65 대정로23번길 Daejeong-ro 23beon-gil	① 대정로23번길 : 대정로 시작지점에서부터 약 230m 지점에서 왼쪽으로 분기된 도로 ② ←65 : 현 위치는 도로 끝지점 '65' ③ 1→65 : 이 도로는 650m(65×10m)
양 방향용 92 중앙로 96 Jungang-ro	① 중앙로 : 전방 교차 도로는 중앙로 ② 92 : 좌측으로 92번 이하 건물 위치 ③ 96 : 우측으로 96번 이상 건물 위치
앞쪽 방향용 사임당로 Saimdang-ro 250 ↑ 92	① 사임당로 : 사임당로의 중간 지점을 의미 ② 92 : 현 위치는 사임당로상의 92번 ③ 92→250 : 사임당로의 남은 거리는 1.58km[(250−92)×10m)]

SECTION 02 안전관리

STEP 01 산업안전

1. 산업안전일반

1) 안전관리와 재해
   ① 안전사고와 재해
      ㉮ 안전사고 : 고의성이 없는 어떤 불안전한 행동이나 조건이 선행되어 발생하는 사고
      ㉯ 재해(Loss, Calamity) : 안전사고의 결과로 일어난 인명피해 및 재산의 손실
      ㉰ 무재해 사고(near accident, 아차사고) : 인명이나 물적 등 일체의 피해가 없는 사고
   ② 산업재해의 통계적 분류
      ㉮ 사망 : 업무로 인해서 목숨을 잃게 되는 경우
      ㉯ 중경상 : 부상으로 인하여 8일 이상의 노동 상실을 가져온 상해 정도
      ㉰ 경상해 : 부상으로 1일 이상 7일 이하의 노동 상실을 가져온 상해 정도
      ㉱ 무상해 사고 : 응급처치 이하의 상처로 작업에 종사하면서 치료를 받는 상해 정도
   ③ 재해예방의 4원칙 : 손실 우연의 원칙, 원인 계기의 원칙, 예방 가능의 원칙, 대책 선정의 원칙
   ④ 무재해운동의 3원칙 : 무(zero)의 원칙, 선취의 원칙, 전원참가의 원칙

2) 재해의 원인
   ① 직접원인(물적요인)
      ㉮ 불안전한 행동(행위) : 위험장소 접근, 안전장치의 기능 제거, 복장·보호구의 잘못사용, 기계·기구 잘못사용, 운전 중인 기계장치의 손질, 불안전한 속도 조작, 위험물 취급 부주의, 불안전한 상태 방치, 불안전한 자세 동작, 감독 및 연락 불충분
      ㉯ 불안전한 상태 : 물 자체 결함, 안전 방호장치 결함, 보호구의 결함, 물의 배치 및 작업장소 결함, 작업환경의 결함, 생산 공정의 결함, 경계표시·설비의 결함
   ② 간접원인
      ㉮ 기술적 원인 : 건물·기계장치 설계 불량, 구조·재료의 부적합, 생산 공정의 부적당, 점검·정비·보존 불량
      ㉯ 교육적 원인 : 안전의식의 부족, 안전수칙의 오해, 경험훈련의 미숙, 작업방법의 교육 불충분, 유해위험 작업의 교육 불충분
      ㉰ 관리적 원인 : 안전관리 조직 결함, 안전수칙 미제정, 작업준비 불충분, 인원배치 부적당, 작업지시 부적당

3) 재해율 계산

① 연천인율 : 근로자 1,000명당 1년간에 발생하는 재해자 수를 뜻한다.

$$연천인율 = \frac{재해자수}{평균 근로자수} \times 1,000$$

② 도수율(빈도율) : 도수율은 연 100만 근로시간당 몇 건의 재해가 발생했는가를 나타낸다.

$$도수율 = \frac{재해자수}{연간 총근로시간} \times 1,000,000$$

③ 연천인율과 도수율의 관계 : 연천인율과 도수율의 관계는 그 계산기준이 다르기 때문에 정확히 환산하기는 어려우나 재해발생율을 서로 비교하려 할 경우 다음 식이 성립한다.

$$연천인율 = 도수율 \times 2.4 \text{ 또는 } 도수율 = \frac{연천인율}{2.4} \times 1,000$$

④ 강도율 : 산업재해의 경중의 정도를 알기 위해 많이 사용되며, 근로시간 1,000시간당 발생한 근로손실 일수를 뜻한다.

$$강도율 = \frac{총 근로손실일수}{연간 총근로시간} \times 1,000$$

2. 안전표지와 색채

1) 안전·보건표지의 색채

① 금지표지 : 바탕은 흰색, 기본모형은 빨간색, 관련 부호 및 그림은 검은색
② 경고표지 : 바탕은 노란색, 기본모형, 관련 부호 및 그림은 검은색. 다만, 인화성물질 경고, 산화성물질 경고, 폭발성물질 경고, 급성독성물질 경고, 부식성물질 경고 및 발암성·변이원성·생식독성·전신독성·호흡기과민성 물질 경고의 경우 바탕은 무색, 기본모형은 빨간색(검은색도 가능)
③ 지시표지 : 바탕은 파란색, 관련 그림은 흰색
④ 안내표지 : 바탕은 흰색, 기본모형 및 관련 부호는 녹색 또는 바탕은 녹색, 관련 부호 및 그림은 흰색
⑤ 출입금지표지 : 글자는 흰색바탕에 흑색. 단, 다음 글자는 적색
  ㉮ ○○○제조/사용/보관 중
  ㉯ 석면취급/해체 중
  ㉰ 발암물질 취급 중

2) 안전·보건표지의 색채, 색도기준 및 용도

색채	색도기준	용도	사용례
빨간색	7.5R 4/14	금지	정지신호, 소화설비 및 그 장소, 유해행위의 금지
빨간색	7.5R 4/14	경고	화학물질 취급장소에서의 유해·위험 경고
노란색	5Y 8.5/12	경고	화학물질 취급장소에서의 유해·위험 경고 이외의 위험경고, 주의표지 또는 기계방호물
파란색	2.5PB 4/10	지시	특정 행위의 지시 및 사실의 고지
녹색	2.5G 4/10	안내	비상구 및 피난소 사람 또는 차량의 통행 표시
흰색	N9.5	–	파란색 또는 녹색에 대한 보조색
검은색	N0.5	–	문자 및 빨간색 또는 노란색에 대한 보조색

3) 안전·보건표지의 종류

금지표지	출입금지	보행금지	차량통행금지	사용금지	탑승금지	금연	화기금지	물체이동금지
경고표지	인화성물질경고	산화성물질경고	폭발성물질 경고	급성독성물질 경고	부식성물질경고	방사성물질경고	고압전기경고	매달린물체경고
경고표지	낙하물경고	고온 경고	저온 경고	몸균형상실 경고	레이저광선 경고	발암성·변이원성·생식독성·전신독성·호흡기 과민성물질 경고		위험장소 경고
지시표지	보안경 착용	방독마스크 착용	방진마스크 착용	보안면 착용	안전모 착용	귀마개 착용	안전화 착용	안전장갑 착용	안전복 착용
안내표지	녹십자 표지	응급구호 표지	들것	세안장치	비상용 기구	비상구	좌측비상구	우측비상구

STEP 02 전기공사

1. 전기공사 관련 작업 안전

전기사업법은 전기설비의 안전관리를 위하여 필요한 기술기준을 정하여 고시할 수 있도록 하였다. 따라서 건설기계는 전기공사와 관련한 작업 등에서는 다음 사항들을 지키도록 한다.

1) 고압선 관련 유의사항

① 차도에서 전력 케이블은 지표면 아래 약 1.2~1.5m의 깊이에 매설되어 있다.
② 건설기계 작업 중 고압 전선에 근접 접촉하여 발생하는 사고의 유형은 감전, 화재, 화상 등이다.
③ 전력 케이블에 사용되는 관로(파이프)에는 흄관, 강관, 파형 PE관 등이 있다.
④ 한국전력 맨홀 부근에서 굴착 작업을 하다가 맨홀과 연결된 동선(銅線)을 절단하였을 때에는 절단된 채로 그냥 둔 뒤 한국전력에 연락한다.
⑤ 콘크리트 전주 주변에서 굴착 작업을 할 때에 전주 및 지선 주위를 굴착하면 전주가 쓰러지기 쉬우므로 굴착해서는 안 된다.

2) 지중전선로의 시설

① 지중전선로는 전선에 케이블을 사용하여야 하며, 관로식·암거식(暗渠式) 또는 직접 매설식에 의하여 시설하여야 한다.
② 지중전선로를 관로식 또는 암거식에 의하여 시설하는 경우에는 차량 및 기타 중량물의 압력에 견딜 수 있도록 견고한 것을 사용하여야 한다.
③ 지중전선로를 직접 매설식에 의하여 시설하는 경우에는 매설 깊이를 차량 기타 중량물의 압력을 받을 우려가 있는 장소에는 1.2m 이상, 기타 장소에는 60cm 이상으로 하고 또한 지중전선을 견고한 트라프 기타 방호물에 넣어 시설하여야 한다.

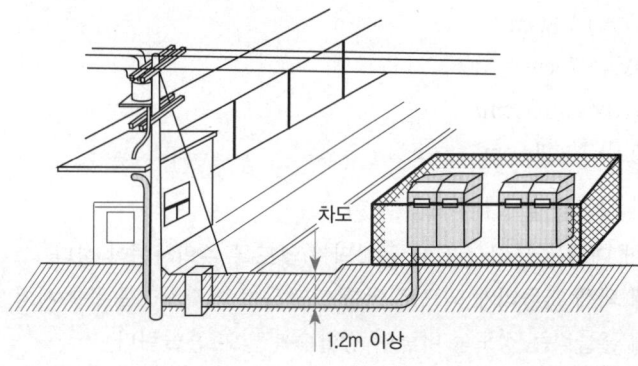

3) 콘크리트 전주 위에 있는 주상변압기
　① 주상변압기 연결선의 고압측은 위측이다.
　② 주상변압기 연결선의 저압측은 아래측이다.
　③ 변압기는 전압을 변경하는 역할을 한다.

4) 안전 이격거리와 애자수
　① 전압이 높을수록 이격거리는 멀어져야 한다.
　② 애자수가 많을수록 이격거리는 멀어져야 한다.
　③ 일반적으로 전선이 굵을수록 이격거리는 멀어져야 한다.
　④ 애자수 2~3개(22.9kV)
　⑤ 애자수 4~5개(66kV)
　⑥ 애자수 9~11개(154kV)

5) 작업시 유의사항
　① 전력선 밑에서 굴착작업을 하기 전에는 작업 안전원을 배치하여야 하며, 작업 시에는 안전원의 지시에 따라 작업하여야 한다.
　② 굴착 장비를 이용하여 도로 굴착 작업 중 "고압선 위험" 표지 시트가 발견되었을 경우에는 표지 시트 직하(直下)에 전력 케이블이 묻혀 있다.
　③ 전선로 부근에서 굴착 작업으로 인해 수목(樹木)이 전선로에 넘어지는 사고가 발생하였을 때에는 기중기에 마닐라 로프를 연결하여 수목을 당겨서 제거하여야 한다.
　④ 고압 선로 주변에서 건설기계에 의한 작업 중 고압선로 또는 지지물에 가장 접촉이 많은 부분은 권상 로프와 붐대이다.

6) 전압별 송전로에 대한 안전거리(활선작업거리)
　① 22.9kV(22,900V) : 30cm
　② 66kV(66,000V) : 75cm
　③ 154kV(154,000V) : 160cm
　④ 345kV(345,000V) : 350cm

7) 전선로 주변에서 작업을 할 때 주의할 사항
　① 굴착 작업을 할 때에는 붐이 전선에 근접되지 않도록 주의하여야 한다.
　② 전선은 바람에 의해 흔들리게 되므로 이를 고려하여 이격거리를 증가시켜 작업해야 한다.
　③ 전선이 바람에 흔들리는 정도는 바람이 강할수록 많이 흔들린다.
　④ 전선은 철탑 또는 전주에서 멀어질수록 많이 흔들린다.
　⑤ 디퍼(버킷)는 고압선으로부터 10m 이상 떨어져서 작업한다.
　⑥ 붐 및 디퍼를 최대로 펼쳤을 때 전력선과 10m 이상 이격된 거리에서 작업한다.
　⑦ 작업 감시자를 배치 후 전력선 인근에서는 작업 감시자의 지시에 따른다.

2. 전선 및 기구 설치

1) 전선의 종류
① 동선 : 연동선(옥내 배선용), 경동선(옥외 배선용)이 있다.
② 나전선 : 절연물에 대한 유전체손(교류를 흘렸을 때 유전체 내에서 소비되는 전력)이 적어 높은 전압에 유리하다.
③ 절연 전선 : 고무, 비닐, 폴리에틸렌 등을 외부에 입힌 선이다.
④ 바인드 선 : 철선에 아연 도금을, 연동선에 주석 도금을 한 것으로 전선을 애자에 묶을 때 사용하며 굵기는 0.8, 0.9, 1.2mm 등이 있다.
⑤ 케이블
 ㉮ 저압용 : 비금속 케이블, 고무 외장 케이블, 비닐 외장 케이블, 클로로프렌 외장 케이블, 플렉시블 외장 케이블, 연피 케이블, 주트권 연피 케이블, 강대 외장 연피 케이블
 ㉯ 고압용 : 비닐 외장 케이블, 클로로프렌 외장 케이블, 연피 케이블, 주트권 연피 케이블, 강대 외장 케이블

2) 전선의 접속
전선의 접속이 불량하면 접속 부위의 과열 및 단선 등으로 화재가 발생할 수 있고, 접속 부분의 절연 불량은 감전 및 누전 등의 위험이 따르므로 전기 저항을 증가시키지 않도록 한다.
① 나전선 상호간 또는 나전선과 절연 전선, 캡타이어 케이블 또는 케이블과 접속하는 경우에는 전선의 세기를 20% 이상 감소시키지 않아야 할 것
② 절연 전선 상호, 절연 전선과 코드, 캡타이어 케이블 또는 케이블을 접속하는 경우에는 전선의 절연물 이상의 절연 효력이 있는 것으로 충분히 피복할 것
③ 코드 상호, 캡타이어 케이블 상호, 케이블 상호 또는 이들 상호를 접속하는 경우에는 코드 접속기·접속함 기타의 기구를 사용할 것
④ 도체에 알루미늄을 사용하는 전선과 동을 사용하는 전선을 접속하는 등 전기화학적 성질이 다른 도체를 접속하는 경우에는 접속 부분에 전기적 부식이 생기지 않도록 할 것
⑤ 도체로 알루미늄을 사용하는 절연 전선 또는 케이블을 옥내 배선·옥측 배선 또는 옥외 배선에 사용하는 경우에 그 전선을 접속할 때에는 전기용품 안전관리법의 적용을 받는 접속기를 사용할 경우를 제외하고는 KSC 2810의 "옥내 배선용 전선 접속구 통칙"에 적합한 접속관 기타의 기구를 사용할 것

3) 절연 저항과 시험
옥내 전로와 대지간, 배선 상호간의 절연 저항이 충분히 큰가 어떤가를 시험하는 것으로 절연저항을 측정하는 기구인 메거(megger)에 의해 행한다.
① 150V(대지 전압) 이하 : 0.1mΩ
② 150V 초과, 300V 이하 : 0.2mΩ
③ 300V 초과, 400V 미만 : 0.3mΩ
④ 400V 초과 : 0.4mΩ

4) 접지 공사의 시설 방법
① 접지극은 지하 75cm 이상의 깊이에 매설
② 철주의 밑면에서 30cm 이상의 깊이에 매설하거나 금속체로부터 1m 이상 떼어 설치(금속체에 따라 시설)
③ 접지선은 지하 75cm~지표상 2m 이상의 합성 수지관 몰드로 덮을 것

5) 감전의 방지
감전기기 내에서 절연 파괴가 생기면, 기기의 금속제 외함은 충전되어 대지 전압을 가진다. 여기에 사람이 접촉하면 인체를 통하여 대지로 전류가 흘러 감전되므로, 금속제 외함을 접지하여 대지 전압을 가지지 않도록 한다.

6) 주상 기구의 설치
변압기의 1차측 인하선은 고압 절연선 또는 클로로프렌 외장 케이블을 사용하고, 이것을 저압 전선과 접촉할 우려가 없도록 시설하며 또 2차측은 옥외 비닐 절연 전선(OW), 또는 비닐 외장 케이블을 저압 간선에 접속하여야 하며 변압기를 행거 밴드를 사용하여 지지물에 설치한다.

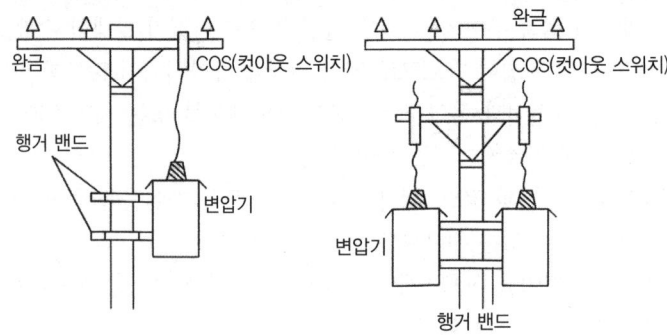

STEP 03 도시가스 작업

1. 가스배관 작업기준

1) 노출된 가스배관의 안전조치
① 노출된 가스배관의 길이가 15m 이상인 경우에는 점검통로 및 조명시설을 다음과 같이 설치하여야 한다.
  ㉮ 점검통로의 폭은 점검자의 통행이 가능한 80cm 이상으로 하고, 발판은 사람의 통행에 지장이 없는 각목 등으로 설치하여야 한다.
  ㉯ 가드레일을 0.9m 이상의 높이로 설치하여야 한다.
  ㉰ 점검통로는 가스배관에서 가능한 한 가깝게 설치하되 원칙적으로 가스배관으로부터 수평거리 1m 이내에 설치하여야 한다.
  ㉱ 가스배관 양끝단부 및 곡관은 항상 관찰이 가능하도록 점검통로를 설치하여야 한다.

㉺ 조명은 70Lux 이상을 원칙적으로 유지하여야 한다.
② 노출된 가스배관의 길이가 20m 이상인 경우에는 다음과 같이 가스누출경보기 등을 설치해야 한다.
㉮ 매 20m 마다 가스누출경보기를 설치하고 현장관계자가 상주하는 장소에 경보음이 전달되도록 설치하여야 한다.
㉯ 작업장에는 현장여건에 맞는 경광등을 설치하여야 한다.
③ 굴착으로 주위가 노출된 고압배관의 길이가 100m 이상인 것은 배관 손상으로 인한 가스누출 등 위급한 상황이 발생한 때에 그 배관에 유입되는 가스를 신속히 차단할 수 있도록 노출된 배관 양 끝에 차단장치를 설치하여야 한다.

2) 가스배관의 표시

① 배관의 외부에 사용 가스명·최고 사용 압력 및 가스의 흐름 방향을 표시할 것. 다만 지하에 매설하는 경우에는 흐름방향을 표시하지 아니할 수 있다.
② 가스배관의 표면 색상은 지상 배관을 황색으로, 매설 배관은 최고 사용 압력이 저압인 배관은 황색, 중압인 배관은 적색으로 하여야 한다.
③ 배관의 노출 부분의 길이가 50m를 넘는 경우에는 그 부분에 대하여 온도 변화에 의한 배관 길이의 변화를 흡수 또는 분산시키는 조치를 하여야 한다.

3) 가스배관의 도로 매설

① 원칙적으로 자동차 등의 하중의 영향이 적은 곳에 매설할 것
② 배관은 그 외면으로부터 도로의 경계까지 1m 이상의 수평거리를 유지할 것
③ 배관은 그 외면으로부터 도로 밑의 다른 시설물과 0.3m 이상의 거리를 유지할 것
④ 시가지의 도로 밑에 매설하는 경우에는 노면으로부터 배관의 외면까지의 깊이를 1.5m 이상으로 할 것. 다만 방호구조물 안에 설치하는 경우에는 노면으로부터 그 방호구조물의 외면까지의 깊이를 1.2m 이상으로 할 수 있다.
⑤ 포장이 되어 있는 차도에 매설하는 경우에는 그 포장부분의 노반(차단층이 있는 경우에는 그 차단층)의 밑에 매설하고 배관의 외면과 노반의 최하부와의 거리는 0.5m 이상으로 할 것
⑥ 인도·보도 등 노면 외의 도로 밑에 매설하는 경우에는 지표면으로부터 배관의 외면까지의 깊이는 1.2m 이상으로 할 것. 다만 방호구조물 안에 설치하는 경우에는 그 방호구조물의 외면까지의 깊이를 0.6m 이상으로 할 것

2. 가스배관 안전관리

1) 타공사시 가스배관 손상방지

① 가스배관과 수평거리 2m 이내에서 파일 박기를 하고자 할 경우 도시가스사업자의 입회 하에 시험 굴착 후 시행할 것
② 가스배관의 수평거리가 30cm 이내일 경우 파일 박기를 하지 말 것
③ 항타기는 가스배관과 수평거리가 2m 이상 되는 곳에 설치할 것. 다만, 부득이 하여 수평거리 2m 이내에 설치할 때는 하중 진동을 완화할 수 있는 조치를 할 것
④ 파일을 뺀 자리는 충분히 메울 것

⑤ 가스배관 주위를 굴착하고자 할 때는 가스배관의 좌우 1m 이내의 부분은 반드시 인력으로 굴착할 것
⑥ 가스배관 주위에 발파 작업을 하는 경우에는 도시가스사업자의 입회하에 충분한 대책을 강구한 후 실시할 것
⑦ 가스배관에 근접하여 굴착할 경우 가스배관 주위의 부속 시설물의 이탈 및 손상방지에 주의할 것
⑧ 가스배관의 위치를 파악한 경우 가스배관의 위치를 알리는 표지판을 부착할 것

2) 굴착 작업시 유의사항
① 사전에 도시가스 배관 확인 및 굴착 전 도시가스사 입회 요청
　㉮ 라인마크(Line Mark) 확인 : 배관 길이 50m 마다 1개 설치
　㉯ 배관 표지판 : 배관 길이 500m 마다 1개 설치
　㉰ 전기방식 측정용 터미널 박스(T/B)
　㉱ 밸브 박스
　㉲ 주변 건물에 도시가스 공급을 위한 입상 배관
　㉳ 도시가스 배관 설치 도면
② 작업 중 다음의 경우 수작업(굴착기계 사용 금지) 실시
　㉮ 보호포가 나타났을 때(적색 또는 황색 비닐 시트)
　㉯ 모래가 나타났을 때
　㉰ 보호판이 나타났을 때
　㉱ 적색 또는 황색의 가스배관이 나타났을 때

3) 굴착시 확인 및 조치사항
① 가스배관의 매설 위치 확인 및 조치
　㉮ 배관 도면, 탐지기 또는 시험 굴착 등으로 확인
　㉯ 가스배관의 위치 및 관경을 스프레이, 깃발 등으로 노면에 표시
　㉰ 타 공사 자재 등에 의한 가스배관의 충격, 손상, 하중 방지
② 가스배관의 좌우 1m 이내의 부분은 인력으로 신중히 굴착
③ 가스배관에 부속 시설물이 있을 경우 작업으로 인한 이탈 및 손상 방지(밸브 수취기, 전기방식 설비 등)

4) 파일 및 방호판 타설시 조치사항
① 가스배관과 수평거리 30cm 이내 타설 금지
② 항타기는 가스배관과 수평거리 2m 이상 이격
③ 가스배관과 수평거리 2m 이내 타설시 도시가스사업자 입회 하에 시험 굴착 후 시행
④ 가스배관과 기타 공작물의 충분한 이격거리 유지
⑤ 가스배관 노출시 중량물의 낙하, 충격 등으로 인한 손상 방지
⑥ 순찰 및 긴급시 출입 방안 강구(점검 통로 설치 등)

5) 가스배관 파손시 긴급조치 요령
① 천공기 등으로 도시가스 배관을 손상시켰을(뚫었을) 경우에는 천공기를 빼지 말고 그대로 둔 상

태에서 기계를 정지시킨다.

② 누출되는 가스배관의 지표면에 설치된 라인마크 등을 확인하여 전단 밸브를 차단하고 도시가스 사업자에게 신고한다.

③ 주변의 차량 및 사람을 통제하고 경찰서, 소방서, 한국가스안전공사에 연락한다.

6) 벌칙 관련 기준

① 도시가스사업법 관련 벌칙

㉮ 가스배관 손상방지기준 미준수 : 2년 이하의 징역 또는 2,000만원 이하의 벌금

㉯ 도시가스 사업자와 협의없이 도로를 굴착한 자 : 2년 이하의 징역 또는 2,000만원 이하의 벌금

㉰ 가스공급시설 손괴, 기능장애 유발로 가스공급 방해 : 10년 이하의 징역 또는 1억원 이하의 벌금

㉱ 가스공급시설 손괴로 인한 인명 피해 : 무기 또는 3년 이상의 징역

㉲ 업무상 과실로 인한 가스공급 방해 : 10년 이하의 금고 또는 1억원 이하의 벌금

㉳ 사업자 승낙없이 가스공급시설 조작으로 인한 가스공급 방해 : 1년 이하의 징역 또는 1,000만원 이하의 벌금

② 가스배관 지하매설 심도

㉮ 공동주택 등의 부지 내에서는 0.6m 이상

㉯ 폭 8m 이상의 도로에서는 1.2m 이상. 다만, 최고 사용 압력이 저압인 배관에서 횡으로 분기하여 수요자에게 직접 연결되는 배관의 경우 1m 이상

㉰ 폭 4m 이상 8m 미만인 도로에서는 1m 이상. 다만 최고 사용 압력이 저압인 배관에서 횡으로 분기하여 수요자에게 직접 연결되는 배관의 경우 0.8m 이상

㉱ 상기에 해당하지 아니하는 곳에서는 0.8m 이상. 다만 암반 등에 의하여 매설 깊이 유지가 곤란하다고 허가 관청이 인정하는 경우에는 0.6m 이상

③ 가스배관의 표시 및 부식 방지조치

㉮ 배관은 그 외부에 사용 가스명, 최고 사용 압력 및 가스 흐름 방향(지하 매설 배관 제외)이 표시되어 있다.

㉯ 가스배관의 표면 색상은 지상 배관은 황색, 매설 배관은 최고 사용 압력이 저압인 배관은 황색, 중압 이상인 배관인 적색으로 되어 있다. 다만, 지상 배관 중 건축물의 외벽에 노출되는 것으로서 다음 방법에 의하여 황색 띠로 가스배관임을 표시한 경우에는 그렇지 않다.

㉠ 황색도료로 지워지지 않도록 표시되어 있는 경우

㉡ 바닥(2층 이상 건물의 경우에는 각 층의 바닥)으로부터 1m 높이에 폭 3cm의 띠가 이중으로 표시되어 있는 경우

④ 가스배관의 보호포

㉮ 보호포는 폴리에틸렌수지·폴리프로필렌수지 등 잘 끊어지지 않는 재질로 두께가 0.2mm 이상이다.

㉯ 보호포의 폭은 15~35cm로 되어 있다.

㉰ 보호포의 바탕색은 최고 압력이 저압인 관은 황색, 중압 이상인 관은 적색으로 하고 가스명·사용 압력·공급자명 등이 표시되어 있다.

7) 가스배관의 라인마크

(a) 직선방향   (b) 양방향   (c) 삼방향

① 라인마크는 도로 및 공동주택 등의 부지 내 도로에 도시가스배관 매설시 설치되어 있다.
② 라인마크는 배관길이 50m마다 1개 이상 설치되며, 주요 분기점·구부러진 지점 및 그 주위 50m 이내에 설치되어 있다.

8) 가스배관의 표지판
① 표지판은 배관을 따라 500m 간격으로 시가지 외의 도로, 산지, 농지, 철도부지에 설치되어 일반인이 쉽게 볼 수 있도록 되어 있다.
② 표지판은 가로 200mm, 세로 150mm 이상의 직사각형으로서 황색바탕에 검정색 글씨로 표기되어 있다.

STEP 04 작업 및 화재안전

1. 수공구·전동공구 사용시 주의사항

1) 스패너 렌치
① 스패너의 입이 너트 폭과 맞는 것을 사용하고 입이 변형된 것은 사용치 않는다.
② 스패너를 너트에 단단히 끼워서 앞으로 잡아 당길 때 힘이 걸리도록 한다.
③ 스패너를 두 개로 연결하거나 자루에 파이프를 이어 사용해서는 안 된다.
④ 멍키 렌치는 웜과 랙의 마모에 유의하여 물림상태를 확인한 후 사용한다.
⑤ 멍키 렌치는 아래 턱 방향으로 돌려서 사용한다.

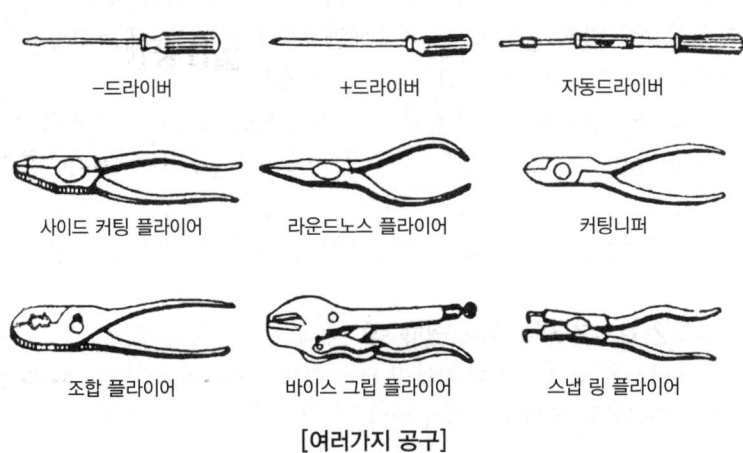

[여러가지 공구]

⑥ 복스 렌치는 볼트, 너트 주위를 완전히 감싸게 되어 사용 중에 미끄러지지 않는다.
⑦ 토크 렌치는 볼트나 너트의 조임력을 규정값에 정확히 맞도록 하기 위해 사용하며, 오픈 엔드 렌치는 연료 파이프 피팅을 풀고 조일 때 사용한다.

2) 해머
① 자루가 꺾여질 듯 하거나 타격면이 닳아 경사진 것은 사용하지 않는다.
② 쐐기를 박아서 자루가 단단한 것을 사용한다.
③ 작업에 맞는 무게의 해머를 사용하고 또 주위상황을 확인하고 한두번 가볍게 친 다음 본격적으로 두들긴다.
④ 장갑이나 기름 묻은 손으로 자루를 잡지 않는다.
⑤ 재료에 변형이나 요철이 있을 때 해머를 타격하면 한쪽으로 튕겨서 부상당할 수 있으므로 주의한다.
⑥ 담금질한 것은 함부로 두들겨서는 안 된다.
⑦ 물건에 해머를 대고 몸의 위치를 정하여 발을 힘껏 딛고 작업한다.
⑧ 처음부터 크게 휘두르지 않고 목표에 잘 맞기 시작한 후 차차 크게 휘두른다.

3) 정 작업시 안전수칙
① 머리가 벗겨진 정은 사용하지 않는다.
② 정 머리에 기름이 묻어 있으면 깨끗이 닦아내고 사용한다.
③ 날끝이 결손된 것이나 둥글어진 것은 사용하지 않는다.
④ 방진안경을 착용하며 반대편의 차폐막을 설치한다.
⑤ 정 작업은 처음에는 가볍게 두들기고 목표가 정해진 후에 차츰 세게 두들긴다. 또 작업이 끝날 때에는 타격을 약하게 한다.
⑥ 담금질한 재료를 정으로 쳐서는 안 된다.
⑦ 절삭 면을 손가락으로 만지거나 절삭 칩을 손으로 제거하지 않도록 한다.

4) 연삭기 작업의 안전수칙
① 안전 커버를 떼고 작업해서는 안 된다.
② 숫돌 바퀴에 균열이 있는가 확인한다.
③ 나무 해머로 가볍게 두드려 보아 맑은 음이 나는가 확인한다. 만약 상처가 있으면 탁음이 난다.
④ 숫돌차의 과속 회전은 파괴의 원인이 되므로 유의한다.
⑤ 숫돌차의 표면이 심하게 변형된 것은 반드시 수정(dressing)해야 한다.
⑥ 받침대(rest)는 숫돌차의 중심선보다 낮게 하지 않는다. 작업 중 일감이 빨려 들어갈 위험이 있기 때문이다.
⑦ 숫돌차의 주면과 받침대와의 간격은 3mm 이내로 유지해야 한다.
⑧ 연삭 숫돌을 교환한 후에는 시운전을 3분 이상 한 후에 작업을 시작하여야 한다.
⑨ 숫돌 바퀴가 안전하게 끼워졌는지 확인한다.
⑩ 연삭기의 커버는 충분한 강도를 가진 것으로 규정된 치수의 것을 사용한다.
⑪ 숫돌차의 측면에 서서 연삭해야 하며 반드시 보호안경을 써야 한다.

5) 탁상용 연삭기의 덮개의 각도
    ① 덮개의 최대 노출 각도 : 90° 이내
    ② 숫돌주축에서 수평면 위로 이루는 원주 각도 : 65° 이내
    ③ 수평면 이하의 부분에서 연삭할 경우 : 125° 까지 증가
    ④ 숫돌의 상부 사용을 목적으로 할 경우 : 60° 이내
    ⑤ 원통 연삭기 · 만능 연삭기의 덮개 : 덮개의 노출각은 180° 이내
    ⑥ 휴대용 연삭기 · 스윙 연삭기의 덮개 : 덮개의 노출각은 180도° 이내
    ⑦ 평면 연삭기 · 절단 연삭기의 덮개 : 덮개의 노출각은 150° 이내

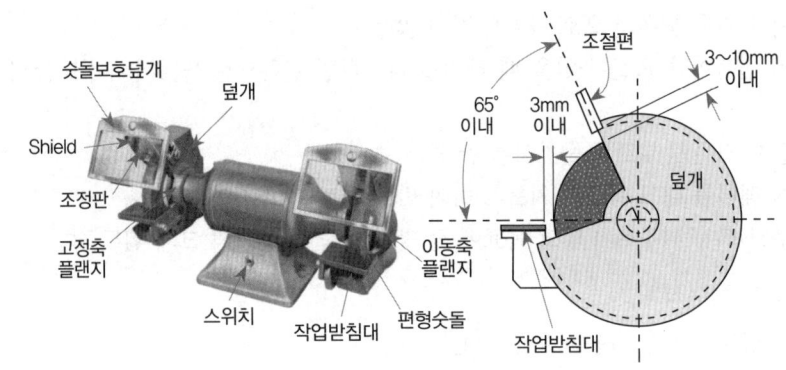

[탁상용 연삭기]

6) 드릴 사용시 유의사항
    ① 회전하고 있는 주축이나 드릴에 손이나 걸레를 대거나 머리를 가까이 하지 말 것
    ② 드릴을 사용 전에 점검하고 상처나 균열이 있는 것은 사용하지 않는다.
    ③ 가공 중에 드릴의 절삭분이 불량해지고 이상음이 발생하면 중지하고 즉시 드릴을 바꾼다.
    ④ 가공 중 드릴이 깊이 먹어 들어가면 기계를 멈추고 손돌리기로 드릴을 뽑아낸다.
    ⑤ 드릴이나 척을 뽑을 때는 되도록 주축을 내려서 낙하거리를 적게 하고 테이블 등에 나무조각 등을 놓고 받는다.
    ⑥ 레이디얼 드릴머신은 작업 중 컬럼(column)과 암(arm)을 확실하게 체결하여 암을 선회시킬 때 주위에 조심하고 정지시는 암을 베이스의 중심 위치에 놓는다.
    ⑦ 면장갑을 착용해서는 절대로 안된다.
    ⑧ 작은 가공물이라도 가공물을 손으로 고정시키고 작업해서는 안된다.
    ⑨ 가공물이 관통될 즈음에는 알맞게 힘을 가해야 한다.
    ⑩ 드릴 끝이 가공물을 관통하였는가 손으로 확인해서는 안된다.
    ⑪ 가공물을 이동시킬 때에는 드릴 날에 손이나 가공물이 접촉되지 않도록 드릴을 안전한 위치에 올려두고 작업해야 한다.
    ⑫ 드릴 회전 중 칩을 제거하는 것은 위험하므로 엄금해야 한다.
    ⑬ 드릴을 척에 고정시킬 때 유동이 되지 않도록 고정시켜야 한다. 천공 작업시는 가공물의 반대쪽을 확인하고 작업해야 한다. 가공 작업 중 소음이나 진동이 발생시에는 작업을 중지하고 기계의 이상 유무를 확인하여야 한다.

⑭ 드릴 날은 항시 점검하여 생크에 상처나 균열이 생긴 드릴을 사용하면 안된다.
⑮ 주물 소재 칩은 해머나 입으로 불어서 제거하면 안 된다.

2. 용접 관련 작업

1) 가스 용접 작업을 할 때의 안전수칙

① 봄베 주둥이 쇠나 몸통에 녹이 슬지 않도록 오일이나 그리스를 바르면 폭발한다.
② 토치는 반드시 작업대 위에 놓고 기름이나 그리스가 묻지 않도록 한다.
③ 가스를 완전히 멈추지 않거나 점화된 상태로 방치해 두지 말아야 한다.
④ 봄베는 던지거나 넘어뜨리지 말아야 한다.
⑤ 산소 용기의 보관 온도는 40℃ 이하로 해야 한다.
⑥ 아세틸렌 밸브를 먼저 열고 점화한 후 산소 밸브를 연다.
⑦ 점화는 성냥불로 직접하지 않으며, 반드시 소화기를 준비해야 한다.
⑧ 산소 용접할 대 역류·역화가 일어나면 빨리 산소 밸브부터 잠가야 한다.
⑨ 운반할 때에는 운반용으로 된 전용 운반차량을 사용한다.

참고 고압가스 용기의 도색

가스의 종류	도색의 구분	가스의 종류	도색의 구분
액화석유가스(LPG)	회색	산소	녹색(호스는 흑색 또는 녹색)
수소	주황색	아세틸렌	황색(호스는 적색)

2) 산소-아세틸렌 사용할 때의 안전수칙

① 산소는 산소병에 35℃에서 150기압으로 압축 충전한다.
② 아세틸렌의 사용 압력은 1기압이며, 1.5기압 이상이면 폭발할 위험성이 있다.
③ 산소 봄베에서 산소의 누출여부를 확인하는 방법으로 가장 안전한 것은 비눗물 사용이다.
④ 산소통의 메인 밸브가 얼었을 때 40℃ 이하의 물로 녹여야 한다.
⑤ 아세틸렌 도관(호스)은 적색, 산소 도관은 흑색으로 구별한다.

3) 카바이드를 취급할 때 안전수칙

① 밀봉해서 보관한다.
② 인화성이 없는 곳에 보관한다.
③ 저장소에 전등을 설치할 경우 방폭 구조로 한다.
④ 카바이드를 습기가 있는 곳에 보관을 하면 수분과 카바이드가 작용하여 아세틸렌 가스를 발생시키고, 소석회로 변화한다.
⑤ 카바이드 저장소에는 전등 스위치가 옥내에 있으면 위험하다.

3. 운반·작업상의 안전

1) 작업시의 크레인 안전사항

① 크레인 안전 규칙에 정해진 자가 운전하도록 한다.

② 과부하 제한, 경사각의 제한, 기타 안전 수칙의 정해진 사항을 준수한다.
③ 운전자 교체시 인수인계를 확실히 하고 필요조치를 행한다.
④ 크레인 승강은 지정된 사다리를 이용하여 오르고 내린다.
⑤ 매일 작업개시 전 권과 방지 장치, 브레이크, 클러치, 컨트롤러 기능, 와이어 로프의 이상 여부 등을 점검하고, 움직일 때는 경적이나 전등을 밝힌다.
⑥ 정비 점검시는 반드시 안전표시를 부착한다.
⑦ 위로 올릴 때는 훅 화물이 중심에 똑바로 되도록 하여 움직인다.
⑧ 화물 위에 사람이 승차하지 않도록 한다.
⑨ 크레인은 신호수와 호흡을 맞춰 운반한다.
⑩ 주행, 횡행, 선회 운전 시 급격한 이동을 금한다.
⑪ 운전 중에 정지할 경우에는 컨트롤러를 정지 위치에 놓고 메인 스위치를 내린다.
⑫ 운전 중에 점검, 송유 등을 하지 않는다.
⑬ 운전실을 이탈하지 않는다. 이탈시는 필히 스위치를 내린다.

2) 작업장의 정리정돈 사항

① 작업장에 불필요한 물건이나 재료 등을 제거하여 정리정돈을 철저히 하여야 한다.
② 작업 통로상에는 통행에 지장을 초래하는 장애물을 놓아서는 안되며 용접선, 그라인더선, 제품 적재 등 작업장에 무질서하게 방치하면 발이 걸려 낙상 사고를 당한다.
③ 벽이나 기둥에 불필요한 것이 있으면 제거하여야 한다.
④ 작업대 및 캐비닛 위에 물건이 불안전하게 놓여 있다면 안전하게 정리정돈하여야 한다.
⑤ 각 공장 통로 바닥에 기름기가 없어야 하며, 기름기를 완전히 제거할 수 없을 경우에는 모래를 깔아 낙상 사고를 방지하여야 한다.
⑥ 어두운 조명은 교체 사용하며, 제품 및 물건들을 불안전하게 적치해서는 안 된다.
⑦ 각 공장 작업장의 통로 표식을 폭 넓이 80cm 이상 황색으로 표시해야 한다.
⑧ 노후 및 퇴색한 안전표시판 및 각종 안전표시판을 교체 부착하여 안전의식을 고취시킨다.
⑨ 작업장 바닥에 기름을 흘리지 말아야 하며 흘린 기름은 즉시 제거한다.
⑩ 공구 등은 사용 후 공구함, 공구대 등 지정된 장소에 두어야 한다.
⑪ 작업이 끝나면 항상 정리정돈을 해야 한다.

3) 작업 복장의 착용 요령

① 작업 종류에 따라 규정된 복장, 안전모, 안전화 및 보호구를 착용하여야 한다.
② 복장은 몸에 알맞은 것을 착용해야 한다.(주머니가 많은 것도 좋지 않다.)
③ 작업복의 소매와 바지의 단추를 풀면 안 되며, 상의의 옷자락이 밖으로 나오지 않도록 하여 단정한 옷차림을 갖추어야 한다.
④ 수건을 허리에 차거나 어깨나 목에 걸지 않도록 한다.
⑤ 오손된 작업복이나 지나치게 기름이 묻은 작업복은 착용할 수 없다.
⑥ 신발은 가죽 제품으로 만든 튼튼한 안전화를 착용하고 장갑은 작업 용도에 따라 적합한 것을 착용한다.

4. 안전모

1) 안전모의 선택 방법

① 작업 성질에 따라 머리에 가해지는 각종 위험으로부터 보호할 수 있는 종류의 안전모를 선택해야 한다.
② 규격에 알맞고 성능 검정에 합격한 제품이어야 한다(성능 검정은 한국산업안전공단에서 실시하는 성능 시험에 합격한 제품을 말함).
③ 가볍고 성능이 우수하며 머리에 꼭 맞고 충격 흡수성이 좋아야 한다.

2) 안전모의 종류

안전모는 다음의 표와 같이 다양한 종류가 있으므로 작업 내용에 따라 선정되어야 한다. 또 안전모를 착용하였을 때의 효과를 높이기 위해서는 사용시에 벗겨지는 일이 없도록 턱끈을 확실히 조이는 등 올바른 착용 방법에 대해 작업자에게 지도하는 것이 중요하다.

종류기호	사용 구분	모체의 재질	내전압성
AB	물체의 낙하 또는 비래(날아옴) 및 추락에 의한 위험을 방지 또는 경감시키기 위한 것	합성수지	비내전압성
AE	물체의 낙하 또는 비래(날아옴)에 의한 위험을 방지 또는 경감하고, 머리 부위 감전에 의한 위험을 방지하기 위한 것	합성수지(FRP)	내전압성
ABE	물체의 낙하 또는 비래(날아옴) 및 추락에 의한 위험을 방지 또는 경감하고, 머리 부위 감전에 의한 위험을 방지하기 위한 것	합성수지(FRP)	내전압성

※ 내전압성이란 7,000V 이하의 전압에 견디는 것을 말한다.
※ FRP : Fiber Glass Reinfocest Plastic(유리섬유 강화 플라스틱)

3) 안전모의 명칭 및 규격

산업 현장에서 사용되는 안전모의 각 부품 명칭은 다음 그림과 같다. 모체는 합성수지 또는 강화 플라스틱제이며 착장제 및 턱끈은 합성면포 또는 가죽이고 충격 흡수용으로 발포성 스티로폴을 사용하며, 폭은 10mm 이상이어야 한다. 안전모의 무게는 턱끈 등의 부속품을 제외한 무게가 440g을 초과해서는 안된다.

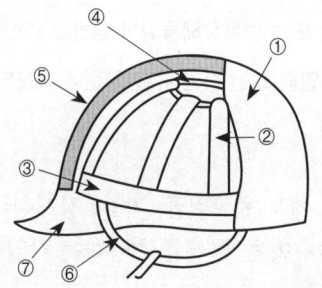

①	모체	
②	착장체	머리받침끈
③		머리고정대
④		머리받침고리
⑤	충격흡수재	
⑥	턱끈	
⑦	모자챙(차양)	

[안전모의 명칭]

5. 기타 보호구 관련 사항

1) 보호구의 구비조건

① 착용이 간편할 것

② 작업에 방해가 되지 않도록 할 것
③ 유해·위험요소에 대한 방호성능이 충분할 것
④ 재료의 품질이 양호할 것
⑤ 구조와 끝마무리가 양호할 것
⑥ 외양과 외관이 양호할 것

2) 보호구의 사용원칙
① 보호구는 보호구 사용을 필요로 하는 작업에서는 반드시 착용할 것
② 보호구는 위험 대상물에 대해 충분한 보호 효과를 가질 것
③ 보호구는 착용한 사람에게 유해한 작용을 미치지 않을 것
④ 보호구는 착용이 간편하며 작업하기 쉬울 것
⑤ 보호구는 견고하며 내구성이 있고 외관도 미려할 것

3) 보호구의 종류와 적용 작업

보호구의 종류	구분	적용 작업 및 작업장
호흡용 보호구	방진마스크	분체작업, 연마작업, 광택작업, 배합작업
	방독마스크	유기용제, 유기가스, 미스트, 흄발생작업
	송기마스크, 산소호흡기, 공기호흡기	저장조, 하수구 등 청소 및 산소결핍 위험작업장
청력 보호구	귀마개, 귀덮개	소음발생 작업장
안구 및 시력 보호구	전안면 보호구	강력한 분진비산작업과 유해광선 발생작업
	시력보호 안경	유해광선 발생 작업보호의와 장갑, 장화
안전화, 안전장갑	장갑	피부로 침입하는 화학물질 또는 강산성물질 취급 작업
	장화	피부로 침입하는 화학물질 또는 강산성물질 취급 작업
보호복	방열복, 방열면	고열발생 작업장
	전신보호복	강산 또는 맹독유해물질이 강력하게 비산되는 작업
	부분보호복	강산 또는 맹독유해물질이 심하게 비산되지 않는 작업
피부보호크림	–	피부염증 또는 홍반 유발 물질에 노출되는 작업장

4) 안전화 등급 및 사용 장소
① 중작업용 안전화 : 광업, 건설업 및 철광업등에서 원료취급, 가공, 강재취급 및 강재 운반, 건설업 등에서 중량물 운반작업, 가공대상물의 중량이 큰 물체를 취급하는 작업장으로서 날카로운 물체에 의해 찔릴 우려가 있는 장소
② 보통작업용 안전화 : 기계공업, 금속가공업, 운반, 건축업 등 공구 가공품을 손으로 취급하는 작업 및 차량 사업장, 기계 등을 운전조작하는 일반작업장으로서 날카로운 물체에 의해 찔릴 우려가 있는 장소에서 사용
③ 경작업용 안전화 : 금속 선별, 전기제품 조립, 화학제품 선별, 반응장치 운전, 식품 가공업 등 비교적 경량의 물체를 취급하는 작업장으로서 날카로운 물체에 의해 찔릴 우려가 있는 장소에서 사용

6. 화재안전

1) 연소의 3요소
   ① 가연물 : 목재, 종이 등 산소와 반응하여 발열 반응하는 물질
   ② 산소공급원 : 산소, 공기 등
   ③ 점화원 : 전기불꽃, 정전기불꽃, 충격마찰의 불꽃, 단열압축, 나화 및 고온표면 등

2) 소화효과
   ① 냉각소화 : 냉각에 의한 소화방법, 액체의 증발잠열 또는 열용량이 큰 고체를 이용
   ② 질식소화 : 산소의 공급을 차단하는 소화방법, 산소농도 저하로 인한 소화
   ③ 제거소화 : 가연물을 제거하여 소화, 기체 및 액체로 인한 대화재의 경우 유일한 소화법
   ④ 억제소화 : 연속적 관계의 차단 소화방법, 할로겐, 알칼리 금속 첨가로 불활성화

3) 화재등급별 소화방법

구분	A급 화재	B급 화재	C급 화재	D급 화재
명칭	일반화재	유류화재	전기화재	금속화재(Al, Mg)
주 소화효과	냉각	질식	냉각, 질식	질식
적응 소화제	• 물 소화기 • 강화액 소화기	• CO_2 소화기 • 포말 소화기 • 분말 소화기 • 증발성 액체 소화기	• 유기성 소화액 • CO_2 소화기 • 분말 소화기	• 건조사 • 팽창 질석 • 팽창 진주암
구분색	백색	황색	청색	–

4) 이산화탄소(CO_2) 및 할로겐화합물 소화약제의 특징
   ① 소화속도가 빠르다.
   ② 저장에 의한 변질이 없어 장기간 저장이 용이하다.
   ③ 밀폐공간에서는 질식 및 중독의 위험성 때문에 사용이 제한된다.
   ④ 전기 절연성이 우수하며 부식성이 없다.

5) 소화기 사용방법
   ① 포말소화기 사용법
      ㉮ 노즐의 끝을 손으로 막고 통을 옆으로 눕힌다.
      ㉯ 밑의 손잡이를 잡고 소화 약액이 혼합되도록 흔든다.
      ㉰ 노점을 화점에 향하고 손을 놓는다.
   ② 분말소화기 사용법
      ㉮ 안전핀을 뽑는다.
      ㉯ 호스를 불꽃에 향하게 한다.
      ㉰ 레버를 힘껏 누른다.
      ㉱ 화점 부위에 접근하여 방사한다.

제05장_ 법규 및 안전관리
출제예상문제

● 1. 건설기계관리법

01 건설기계 등록 신청을 받을 수 있는 자는 누구인가?
① 행정안전부장관　② 읍·면·동장
③ 서울특별시장　　④ 경찰서장

> 건설기계의 소유자가 건설기계의 등록을 할 때에는 특별시장·광역시장·도지사 또는 특별자치도지사에게 건설기계 등록신청을 하여야 한다.

02 건설기계 소유자는 건설기계 등록사항에 변경이 있을 때(전시·사변 기타 이에 준하는 비상사태하의 경우는 제외)에는 등록사항의 변경신고를 변경이 있는 날부터 며칠 이내에 하여야 하는가?
① 10일　② 15일
③ 20일　④ 30일

> 건설기계의 소유자는 건설기계등록사항에 변경(주소지 또는 사용본거지가 변경된 경우를 제외)이 있는 때에는 그 변경이 있은 날부터 30일(상속의 경우에는 상속개시일부터 3개월) 이내에 건설기계등록사항변경신고서와 함께 필요한 서류를 첨부하여 등록을 한 시·도지사에게 제출하여야 한다. 다만, 전시·사변 기타 이에 준하는 국가비상사태하에 있어서는 5일 이내에 하여야 한다.

03 건설기계 등록말소 사유 중 반드시 시·도지사가 직권으로 등록 말소하여야 하는 것은?
① 거짓이나 그 밖의 부정한 방법으로 등록을 한 경우
② 검사최고를 받고도 정기검사를 받지 아니한 경우
③ 건설기계를 도난당한 경우
④ 건설기계를 수출하는 경우

> 직권으로 등록을 말소해야 하는 경우
> • 거짓이나 그 밖의 부정한 방법으로 등록을 한 경우
> • 건설기계를 폐기한 경우

04 건설기계 등록의 말소를 하고자 할 때 신청서는 누구에게 제출하는가?
① 구청장
② 시·도지사
③ 국토교통부장관
④ 읍·면·동장

> 건설기계의 등록 및 등록사항에 대한 변경신고 및 등록 말소는 모두 시·도지사에게 신청하여야 한다.

05 건설기계 등록 말소 사유에 해당되지 않는 것은?
① 건설기계가 천재지변으로 멸실된 경우
② 정비 또는 개조를 목적으로 해체된 경우
③ 건설기계를 폐기한 경우
④ 건설기계의 차대가 등록시의 차대와 다른 경우

> 건설기계 등록 말소 사유(주요 사항)
> • 거짓이나 그 밖의 부정한 방법으로 등록을 한 경우(직권 말소 사항)
> • 건설기계를 폐기한 경우(직권 말소 사항)
> • 건설기계가 천재지변 또는 이에 준하는 사고 등으로 사용할 수 없게 되거나 멸실된 경우
> • 건설기계의 차대(車臺)가 등록 시의 차대와 다른 경우
> • 건설기계가 건설기계안전기준에 적합하지 아니하게 된 경우
> • 시·도지사의 정기검사 명령, 수시검사 명령 또는 정비 명령에 따르지 아니한 경우(직권 말소 사항)
> • 건설기계를 수출하는 경우
> • 건설기계를 도난당한 경우
> • 구조적 제작 결함 등으로 건설기계를 제작자 또는 판매자에게 반품한 때
> • 건설기계를 교육·연구 목적으로 사용하는 경우

06 시·도지사는 건설기계 등록원부를 건설기계의 등록을 말소한 날부터 몇 년간 보존하여야 하는가?
① 1년　② 2년
③ 4년　④ 10년

> 시·도지사는 건설기계등록원부를 건설기계의 등록을 말소한 날부터 10년간 보존하여야 한다.

 [1. 건설기계관리법] 01 ③　02 ④　03 ①　04 ②　05 ②　06 ④

07 건설기계의 기종별 기호 표시방법으로 맞지 않는 것은?

① 07 : 기중기
② 01 : 아스팔트 살포기
③ 03 : 로더
④ 13 : 콘크리트 살포기

🔍 01 : 불도저, 18 : 아스팔트 살포기

08 등록사항의 변경 또는 등록이전신고 대상이 아닌 것은?

① 소유자 변경
② 소유자의 주소지 변경
③ 건설기계의 소재지 변경
④ 건설기계의 사용본거지 변경

09 다음 중 건설기계 임시운행 사유가 아닌 것은?

① 등록신청을 하기 위하여 건설기계를 등록지로 운행하는 경우
② 신규등록검사를 받기 위하여 건설기계를 검사장소로 운행하는 경우
③ 신개발 건설기계를 시험·연구의 목적으로 운행하는 경우
④ 수리를 위해 정비업체로 운행하는 경우

🔍 미등록 건설기계의 임시운행 사유
  • 등록신청을 하기 위하여 건설기계를 등록지로 운행하는 경우
  • 신규등록검사 및 확인검사를 받기 위하여 건설기계를 검사장소로 운행하는 경우
  • 수출을 하기 위하여 건설기계를 선적지로 운행하는 경우
  • 수출을 하기 위하여 등록말소한 건설기계를 점검·정비의 목적으로 운행하는 경우
  • 신개발 건설기계를 시험·연구의 목적으로 운행하는 경우
  • 판매 또는 전시를 위하여 건설기계를 일시적으로 운행하는 경우

10 시·도지사로부터 등록번호표 제작 통지를 받은 건설기계 소유자는 며칠 이내에 등록번호표 제작자에게 제작 신청을 하여야 하는가?

① 3일   ② 10일
③ 20일   ④ 30일

🔍 시·도지사로부터 등록번호표 제작을 통지받거나 명령받은 건설기계소유자는 그 받은 날부터 3일 이내에 등록번호표제작자에게 그 통지서 또는 명령서를 제출하고 등록번호표제작을 신청하여야 한다.

11 등록번호표 제작자는 등록번호표 제작 등의 신청을 받은 날로부터 며칠 이내에 시행하여야 하는가?

① 3일   ② 5일
③ 7일   ④ 10일

🔍 등록번호표제작자는 등록번호표제작의 신청을 받은 때에는 7일 이내에 등록번호표제작을 하여야 하며, 등록번호표제작 통지(명령)서는 3년간 보존하여야 한다.

12 등록번호표의 반납 사유가 발생하였을 경우에는 며칠 이내에 반납하여야 하는가?

① 5일   ② 10일
③ 15일   ④ 30일

🔍 등록된 건설기계의 소유자는 다음의 어느 하나에 해당하는 경우에는 10일 이내에 등록번호표의 봉인을 떼어낸 후 그 등록번호표를 시·도지사에게 반납하여야 한다.
  • 건설기계의 등록이 말소된 경우
  • 건설기계의 등록사항 중 대통령령으로 정하는 사항이 변경된 경우
  • 등록번호표의 부착 및 봉인을 신청하는 경우

13 자가용 건설기계 등록번호표의 도색은?

① 청색판에 흰색문자
② 적색판에 흰색문자
③ 흰색판에 검은색문자
④ 녹색판에 흰색문자

🔍 등록번호표의 색
  • 자가용 : 녹색판에 흰색문자
  • 영업용 : 주황색판에 흰색문자
  • 관용 : 흰색판에 검은색문자

14 건설기계 등록번호표 중 관용에 해당하는 것은?

① 5001~8999   ② 6001~8999
③ 1001~4999   ④ 9001~9999

정답 07 ② 08 ③ 09 ④ 10 ① 11 ③ 12 ② 13 ④ 14 ④

> **등록번호표의 규격**
> - 재질은 철판 또는 알루미늄판
> - 번호표에 표시되는 모든 문자 및 외곽선은 1.5mm 튀어나와야 한다.
> - 등록번호
>   - 자가용 : 1001~4999
>   - 영업용 : 5001~8999
>   - 관용 : 9001~9999

15 건설기계 적재중량을 측정할 때 측정인원은 1인당 몇 kg을 기준으로 하는가?

① 50kg   ② 55kg
③ 60kg   ④ 65kg

> 적재중량 측정 시 탑승자 1명의 체중은 65kg을 기준으로 한다.

16 건설기계사업을 영위하고자 하는 자는 누구에게 등록하여야 하는가?

① 시장 · 군수 또는 구청장
② 전문건설기계정비업자
③ 국토교통부장관
④ 건설기계해체활용업자

> 건설기계사업을 하려는 자(지방자치단체는 제외)는 사업의 종류별로 시장 · 군수 또는 구청장(자치구의 구청장을 말한다.)에게 등록하여야 한다.

17 건설기계대여업을 하고자 하는 자는 누구에게 등록하여야 하는가?

① 고용노동부장관
② 행정안전부장관
③ 국토교통부장관
④ 시장 · 군수 또는 구청장

> 건설기계대여업(건설기계조종사와 함께 건설기계를 대여하는 경우와 건설기계의 운전경비를 부담하면서 건설기계를 대여하는 경우를 포함)의 등록을 하려는 자는 건설기계대여업등록신청서에 관련 서류를 첨부하여 시장 · 군수 또는 구청장에게 제출하여야 한다.

18 건설기계정비업의 업종구분에 해당하지 않은 것은?

① 종합건설기계정비업
② 부분건설기계정비업
③ 전문건설기계정비업
④ 특수건설기계정비업

> **건설기계사업의 종류**
> - 건설기계대여업 : 일반건설기계대여업, 개별건설기계대여업
> - 건설기계정비업 : 종합건설기계정비업, 부분건설기계정비업, 전문건설기계정비업
> - 건설기계매매업
> - 건설기계해체활용업

19 건설기계검사의 종류가 아닌 것은?

① 신규등록검사   ② 정기검사
③ 구조변경검사   ④ 예비검사

> **건설기계 검사의 종류**
> - 신규등록검사 : 건설기계를 신규로 등록할 때 실시하는 검사
> - 정기검사 : 건설공사용 건설기계로서 3년의 범위에서 검사유효기간이 끝난 후에 계속하여 운행하려는 경우에 실시하는 검사와 대기환경보전법 및 소음 · 진동관리법에 따른 운행차의 정기검사
> - 구조변경검사 : 건설기계의 주요 구조를 변경하거나 개조한 경우 실시하는 검사
> - 수시검사 : 성능이 불량하거나 사고가 자주 발생하는 건설기계의 안전성 등을 점검하기 위하여 수시로 실시하는 검사와 건설기계 소유자의 신청을 받아 실시하는 검사

20 건설기계로 등록된 덤프트럭의 정기검사유효기간은?

① 6월   ② 1년
③ 1년 6월   ④ 2년

> **주요 건설기계의 정기검사 유효기간**
> - 굴착기(타이어식) : 1년
> - 로더(타이어식) : 2년
> - 지게차(1톤 이상) : 2년
> - 기중기(타이어식, 트럭적재식) : 1년
> - 모터그레이더, 천공기 : 2년
> - 타워크레인 : 6개월

21 타이어식 굴착기의 정기검사 유효기간은?

① 3년   ② 6월
③ 2년   ④ 1년

22 1톤 이상 지게차의 정기검사 유효기간은?

① 6월   ② 1년
③ 2년   ④ 3년

 15 ④ 16 ① 17 ④ 18 ④ 19 ④ 20 ② 21 ④ 22 ③

23 정기 검사대상 건설기계의 정기검사 신청기간 중 맞는 것은?

① 건설기계의 정기검사 유효기간 만료일 후 16일 이내에 신청한다.
② 건설기계의 정기검사 유효기간 만료일 전후 31일 이내에 신청한다.
③ 건설기계의 정기검사 유효기간 만료일 전 5일 이내에 신청한다.
④ 건설기계의 정기검사 유효기간 만료일 전 16일 이내에 신청한다.

> 건설기계의 정기검사
> • 검사유효기간의 만료일 전후 각각 31일 이내에 시·도지사에게 신청
> • 검사신청을 받은 시·도지사 또는 검사대행자는 신청을 받은 날부터 5일 이내에 검사일시와 검사장소를 지정하여 신청인에게 통지

24 건설기계 신규등록검사를 실시할 수 있는 자는?

① 국토교통부장관
② 군수
③ 검사대행자
④ 행정안전부장관

> 신규등록검사는 건설기계를 신규로 등록할 때 실시하는 검사로 검사행자가 실시한다.

25 정기검사 연기를 할 경우 연기기간은 얼마 이내인가?

① 5월   ② 4월
③ 6월   ④ 2월

> 정기검사의 연기
> • 건설기계소유자는 천재지변, 건설기계의 도난, 사고발생, 압류, 1월 이상에 걸친 정비 그 밖의 부득이 한 사유로 검사신청기간 내에 검사를 신청할 수 없는 경우에는 검사신청기간 만료일까지 검사연기신청서에 연기사유를 증명할 수 있는 서류를 첨부하여 시·도지사에게 제출하여야 한다.(검사대행을 하게 한 경우에는 검사대행자에게 제출)
> • 검사연기신청을 받은 시·도지사 또는 검사대행자는 그 신청일부터 5일 이내에 검사연기여부를 결정하여 신청인에게 통지하여야 하며, 검사연기 불허통지를 받은 자는 검사신청기간 만료일부터 10일 이내에 검사신청을 하여야 한다.
> • 연기기간은 6월 이내로 하며, 이 경우 그 연기기간동안 검사유효기간이 연장된 것으로 본다.

26 정기검사를 받을 수 없는 사유가 발생한 경우 연기신청은 언제까지 하여야 하는가?

① 검사유효기간 만료일까지
② 검사신청기간 만료일로부터 10일 이내
③ 검사신청기간 만료일까지
④ 검사유효기간 만료일 10일 전까지

27 검사소에서 검사를 받아야 할 건설기계 중 해당 건설기계가 위치한 장소에서 검사를 할 수 있는 경우가 아닌 것은?

① 도서지역에 있는 경우
② 자체중량이 40톤을 초과하거나 축중이 10톤을 초과하는 경우
③ 너비가 2.5미터에 미달하는 경우
④ 최고속도가 시간당 35km 미만인 경우

> 너비가 2.5미터를 초과하는 경우 당해 건설기계가 위치한 장소에서 검사를 할 수 있다.

28 건설기계의 구조변경검사는 누구에게 신청하여야 하는가?

① 건설기계정비업소
② 자동차검사소
③ 검사대행자(건설기계검사소)
④ 건설기계해체활용업소

> 구조변경검사는 건설기계의 주요 구조를 변경하거나 개조한 경우 실시하는 검사로 주요구조를 변경 또는 개조한 날부터 20일 이내에 검사대행자에게 신청하여야 한다.

29 다음 중 건설기계의 구조 또는 장치를 변경하는 것과 관련이 없는 설명은?

① 건설기계정비업소에서 구조 또는 장치의 변경 작업을 한다.
② 관할 시·도지사에게 구조변경 승인을 받아야 한다.
③ 구조변경 검사를 받아야 한다.
④ 구조변경 검사는 주요구조를 변경 또는 개조한 날부터 20일 이내에 신청하여야 한다.

정답 23 ② 24 ③ 25 ③ 26 ③ 27 ③ 28 ③ 29 ②

> 건설기계의 소유자가 등록된 건설기계의 주요 구조를 변경 또는 개조하고자 하는 때에는 건설기계안전기준에 적합하게 하여야 하며, 별도의 신청없이 변경 후 검사에 합격해야만 한다.

30 제작자로부터 건설기계를 구입한 자가 무상으로 사후관리를 받을 수 있는 법정기간은?

① 3월
② 6월
③ 18월
④ 12월

> 건설기계의 제작자는 건설기계를 판매한 날부터 12개월(당사자간에 12개월을 초과하여 별도 계약하는 경우에는 그 해당기간) 동안 무상으로 건설기계의 정비 및 정비에 필요한 부품을 공급하여야 한다.

31 건설기계관리법상 건설기계 조종사의 면허를 받을 수 있는 자는?

① 파산자로서 복권되지 아니한 자
② 사지의 활동이 정상적이 아닌 자
③ 마약 또는 알코올 중독자
④ 심신장애자

> 건설기계조종사면허의 결격사유
> • 18세 미만인 사람
> • 건설기계 조종상의 위험과 장해를 일으킬 수 있는 정신질환자 또는 뇌전증환자
> • 앞을 보지 못하는 사람, 듣지 못하는 사람, 그 밖에 국토교통부령으로 정하는 장애인
> • 건설기계 조종상의 위험과 장해를 일으킬 수 있는 마약·대마·향정신성의약품 또는 알코올중독자
> • 건설기계조종사면허가 취소된 상태이거나 효력정지처분 기간 중에 있는 사람

32 건설기계 조종사 면허에 관한 사항 중 틀린 것은?

① 시장·군수 또는 구청장에게 건설기계조종사 면허를 받아야 한다.
② 건설기계조종사면허는 건설기계의 종류별로 받아야 한다.
③ 5톤 미만의 불도저는 교육과정을 이수함으로써 기술자격의 취득을 대신할 수 있다.
④ 특수건설기계 조종은 특수조종면허를 받아야 한다.

> 특수건설기계 중 국토교통부 장관이 지정하는 건설기계는 도로교통법에 따른 운전면허를 받아서 조종할 수 있다.

33 건설기계를 운전해서는 안 되는 사람은?

① 국제운전면허증을 가진 사람
② 범칙금 납부 통고서를 교부받은 사람
③ 면허시험에 합격하고 면허증 교부 전에 있는 사람
④ 운전면허증을 분실하여 재교부 신청 중인 사람

> 면허시험에 합격했더라도 면허증을 교부 받기 전이라면 면허를 취득한 것으로 보지 않는다.

34 건설기계조종사 면허가 취소되었을 경우, 그 사유가 발생한 날로부터 며칠 이내에 면허증을 반납해야 하는가?

① 10일 이내   ② 30일 이내
③ 14일 이내   ④ 7일 이내

> 건설기계조종사면허를 받은 자가 다음에 해당하는 때에는 그 사유가 발생한 날부터 10일 이내에 주소지를 관할하는 시장·군수 또는 구청장에게 그 면허증을 반납하여야 한다.
> • 면허가 취소된 때
> • 면허의 효력이 정지된 때
> • 면허증의 재교부를 받은 후 잃어버린 면허증을 발견한 때

35 건설기계 조종사 면허 적성검사 기준으로 틀린 것은?

① 두 눈의 시력이 각각 0.3 이상
② 시각은 150도 이상
③ 청력은 10m의 거리에서 60데시벨을 들을 수 있을 것
④ 두 눈을 동시에 뜨고 잰 시력이 0.7 이상

> 건설기계조종사의 적성검사 기준
> • 두 눈을 동시에 뜨고 잰 시력(교정시력 포함)이 0.7이상이고 두 눈의 시력이 각각 0.3이상일 것
> • 55데시벨(보청기를 사용하는 사람은 40데시벨)의 소리를 들을 수 있고, 언어분별력이 80퍼센트 이상일 것
> • 시각은 150도 이상일 것
> • 건설기계 조종상의 위험과 장해를 일으킬 수 있는 정신질환자 또는 뇌전증환자가 아닐 것
> • 건설기계 조종상의 위험과 장해를 일으킬 수 있는 마약·대마·향정신성의약품 또는 알코올중독자가 아닐 것

 30 ④ 31 ① 32 ④ 33 ③ 34 ① 35 ③

36 건설기계관리법상 등록되지 아니한 건설기계를 사용하거나 운행한 자에 대한 벌칙은?

① 300만원 이하의 과태료
② 100만원 이하의 벌금
③ 1년 이하의 징역 또는 1천만원 이하의 벌금
④ 2년 이하의 징역 또는 2천만원 이하의 벌금

> 2년 이하의 징역 또는 2천만원 이하의 벌금
> • 등록되지 아니한 건설기계를 사용하거나 운행한 자
> • 등록이 말소된 건설기계를 사용하거나 운행한 자
> • 시·도지사의 지정을 받지 아니하고 등록번호표를 제작하거나 등록번호를 새긴 자
> • 건설기계의 주요 구조나 원동기, 동력전달장치, 제동장치 등 주요 장치를 변경 또는 개조한 자
> • 무단 해체된 건설기계를 사용·운행하거나 타인에게 유상·무상으로 양도한 자
> • 제작결함에 따른 시정명령을 이행하지 아니한 자
> • 등록을 하지 아니하고 건설기계사업을 하거나 거짓으로 등록을 한 자
> • 등록이 취소되거나 사업의 전부 또는 일부가 정지된 건설기계사업자로서 계속하여 건설기계사업을 한 자

37 건설기계 운전자가 조종 중 고의로 중상 2명, 경상 5명의 사고를 일으킬 때 면허처분 기준은?

① 취소
② 면허효력 정지 30일
③ 면허효력 정지 20일
④ 면허효력 정지 10일

> 건설기계조종사면허의 취소 사유
> • 거짓이나 그 밖의 부정한 방법으로 건설기계조종사면허를 받은 경우
> • 건설기계조종사면허의 효력정지기간 중 건설기계를 조종한 경우
> • 건설기계조종사면허 취득의 결격사유에 해당하게 된 경우
> • 건설기계 조종 중 고의로 사망, 중상, 경상 등을 입힌 경우
> • 건설기계 조종 중 과실로 산업안전보건법에 따른 다음의 중대재해가 발생한 경우
>   – 사망자가 1명 이상 발생한 재해
>   – 3개월 이상의 요양이 필요한 부상자가 동시에 2명 이상 발생한 재해
>   – 부상자 또는 직업성질병자가 동시에 10명 이상 발생한 재해

38 건설기계 조종사의 면허 취소 사유 설명으로 맞는 것은?(단, 산업안전보건법에 따른 중대재해가 아닌 경우이다.)

① 과실로 인하여 1명을 사망하게 하였을 때
② 면허정지 처분을 받은 자가 그 기간 중에 건설기계를 조종한 때
③ 과실로 인하여 10명에게 경상을 입힌 때
④ 건설기계로 1천만원 이상의 재산 피해를 냈을 때

2. 도로교통법

01 도로교통법에 위반되는 행위는?

① 주간에 방향을 전환할 때 방향 지시등을 켰다.
② 야간에 교행할 때 전조등의 광도를 줄였다.
③ 도로 모퉁이 부근에서 앞지르기하였다.
④ 건널목 바로 전에 일시 정지하였다.

> 앞지르기 금지 장소
> • 교차로, 터널 안, 다리 위
> • 도로의 구부러진 곳(도로 모퉁이)
> • 비탈길의 고갯마루 부근
> • 가파른 비탈길의 내리막
> • 앞지르기 금지표지 설치장소

02 동일 방향으로 주행하고 있는 전·후 차간의 안전운전방법으로 틀린 것은?

① 뒷차는 앞차가 급정지할 때 충돌을 피할 수 있는 필요한 안전거리를 유지한다.
② 뒤에서 따라오는 차량의 속도보다 느린 속도로 진행하려고 할 때는 진로를 양보한다.
③ 앞차가 다른 제차를 앞지르고 있을 때는 빠른 속도로 앞지른다.
④ 앞차는 부득이한 경우를 제외하고는 급정지·급감속을 하여서는 안 된다.

> 앞차가 다른 차를 앞지르기 하고 있을 때는 앞지르기가 금지된다.

03 노면 표시 중 진로 변경 제한선으로 맞는 것은?

① 백색 점섬으로서 진로 변경을 할 수 없다.
② 백색 실선으로서 진로 변경을 할 수 없다.
③ 백색 실선으로서 진로 변경을 할 수 있다.
④ 황색 점선으로서 진로 변경을 할 수 없다.

> 차가 백색 점선이 있는 쪽에서는 진로를 변경할 수 있으나, 백색 실선이 있는 쪽에서는 진로 변경을 해서는 안 된다.

정답 36 ④ 37 ① 38 ② [2. 도로교통법] 01 ③ 02 ③ 03 ②

04 편도 4차로의 일반도로에서 건설기계는 어느 차로로 통행해야 하는가?

① 1차로　　② 2차로
③ 1차로와 2차로　　④ 3차로와 4차로

🔍 편도 4차로의 일반도로에서 건설기계는 오른쪽 차로인 3차로와 4차로를 이용하여 통행하여야 한다.

05 차로의 설치에 관한 설명 중 틀린 것은?

① 횡단보도, 교차로 및 철길 건널목 부분에는 차로를 설치하지 못한다.
② 차로를 설치하는 때에는 중앙선 표시를 하여야 한다.
③ 차도가 보도보다 넓을 때에는 길가장자리 구역을 설치해야 한다.
④ 차로의 너비는 3m 이상으로 하여야 하며 부득이한 경우는 275cm 이상으로 할 수 있다.

🔍 도로의 양쪽에 보행자 통행의 안전을 위하여 길가장자리 구역을 설치하여야 한다.

06 교통정리가 행하여지고 있지 않은 교차로에서 우선 순위가 같은 차량이 동시에 교차로에 진입한 때의 우선순위로 맞는 것은?

① 소형 차량이 우선한다.
② 우측도로의 차가 우선한다.
③ 좌측도로의 차가 우선한다.
④ 중량이 큰 차량이 우선한다.

🔍 동시에 교통정리가 없는 교차로에 진입할 때
• 도로의 폭이 좁은 도로에서 진입하려는 경우에는 도로의 폭이 넓은 도로부터 진입하는 차에 진로를 양보
• 동시에 진입하려고 하는 경우에는 우측도로에서 진입하는 차에 진로를 양보
• 좌회전하려고 하는 경우에는 직진하거나 우회전하려는 차에 진로를 양보

07 정지선이나 횡단보도 및 교차로 직전에서 정지하여야 할 신호는?

① 녹색 및 적색등화
② 적색 및 황색등화의 점멸
③ 녹색 및 황색등화
④ 황색 및 적색등화

🔍 적색 및 황색의 등화 시 차마는 정지선이 있거나 횡단보도가 있을 때 그 직전이나 교차로의 직전에 정지하여야 한다. 참고로 황색등화의 점멸 시에는 다른 교통 또는 안전표지의 표시에 주의하면서 진행할 수 있다.

08 주행 중 진로를 변경하고자 할 때 운전자가 지켜야 할 사항으로 틀린 것은?

① 후사경 등으로 주위의 교통상황을 확인한다.
② 신호를 실시하여 뒷차에게 알린다.
③ 진로를 변경할 때에는 뒷차에 주의할 필요가 없다.
④ 뒷차와 충돌을 피할 수 있는 거리를 확보할 수 없을 때는 진로를 변경하지 않는다.

🔍 진로를 변경할 때는 앞의 도로 상황 뿐만 아니라 후방의 차량이나 상황도 주의해서 살펴야 한다.

09 교차로에서 직진하고자 신호대기 중에 있는 차가 진행신호를 받고 가장 안전하게 통행하는 방법은?

① 좌우를 살피며 계속 보행 중인 보행자와 진행하는 교통의 흐름에 유의하여야 한다.
② 진행 권리가 부여되었으므로 좌우의 진행차량에는 구애받지 않는다.
③ 신호와 동시에 출발하면 된다.
④ 신호와 동시에 서행하면 된다.

10 건설기계를 운전하여 교차로 전방 20m 지점에 이르렀을 때 황색 등화로 바뀌었을 경우 운전자의 조치방법은?

① 주위의 교통에 주의하면서 진행한다.
② 그대로 계속 진행한다.
③ 일시 정지하여 안전을 확인하고 진행한다.
④ 정지할 조치를 위하여 정지선에 정지한다.

🔍 차량 신호등에서 황색의 등화 : 정지선이 있거나 횡단보도가 있을 때 그 직전이나 교차로의 직전에 정지하여야 하며, 이미 교차로에 차마의 일부라도 진입한 경우에는 신속히 교차로 밖으로 진행하여야 한다.

 정답　04 ④　05 ③　06 ②　07 ④　08 ③　09 ①　10 ④

11 고속도로가 아닌 도로에서 운전자가 진행방향을 변경하려고 할 때 회전신호를 하여야 할 시기로 맞는 것은?

① 회전하려고 하는 지점의 30m 전에서
② 특별히 정하여져 있지 않고, 운전자 임의대로
③ 회전하려고 하는 지점 3m 전에서
④ 회전하려고 하는 지점 10m 전에서

> 좌회전 및 우회전, 차로 변경 등과 같은 진로 변경을 하고자 하는 때에는 그 행위를 하려는 지점에 이르기 전 30m(고속도로에서는 100m) 이상의 지점에 이르렀을 때 신호를 하여야 한다.

12 비보호 좌회전 교차로에서의 통행방법으로 가장 적절한 것은?

① 황색 신호시 반대방향의 교통에 유의하면서 서행한다.
② 황색 신호시에만 좌회전할 수 있다.
③ 녹색 신호시 반대방향의 교통에 방해되지 않게 좌회전할 수 있다.
④ 녹색 신호시에는 언제나 좌회전할 수 있다.

> 녹색의 등화
> • 차마는 직진 또는 우회전할 수 있다.
> • 비보호좌회전표지 또는 비보호좌회전표시가 있는 곳에서는 반대방향의 교통에 방해가 되지 않는 범위 내에서 좌회전할 수 있다.

13 차마의 통행방법으로 도로의 중앙이나 좌측부분을 통행할 수 있는 경우로 가장 적절한 것은?

① 통행이 불편할 때
② 도로에 물이 고여 있어 불편할 때
③ 도로가 잡상인 등으로 혼잡할 때
④ 도로의 파손, 도로공사 또는 우측 부분을 통행할 수 없을 때

> 도로의 중앙이나 좌측부분을 통행할 수 있는 경우
> • 도로가 일방통행인 경우
> • 도로의 파손, 도로공사나 그 밖의 장애 등으로 도로의 우측 부분을 통행할 수 없는 경우
> • 도로 우측 부분의 폭이 6m가 되지 아니하는 도로에서 다른 차를 앞지르려는 경우

14 제한 외의 적재 및 승차 허가를 할 수 있는 관청은?

① 출발지를 관할하는 경찰청
② 시, 읍면 사무소
③ 관할 시, 군청
④ 출발지를 관할하는 경찰서

> 모든 차의 운전자는 승차인원, 적재중량 및 적재용량과 관련하여 운행상의 안전기준을 넘어서 승차시키거나 적재한 상태로 운전해서는 안 된다. 다만, 출발지를 관할하는 경찰서장의 허가를 받은 경우에는 예외로 한다.

15 안전기준을 초과하는 화물의 적재허가를 받은 자는 그 길이 또는 폭의 양끝에 너비 및 길이를 각각 몇 cm 이상의 빨간 헝겊으로 된 표지를 달아야 하는가?

① 30(너비), 40(길이)　② 40(너비), 50(길이)
③ 30(너비), 50(길이)　④ 60(너비), 50(길이)

> 안전기준을 넘는 화물의 적재허가를 받은 사람은 그 길이 또는 폭의 양끝에 너비 30cm, 길이 50cm 이상의 빨간 헝겊으로 된 표지를 달아야 한다. 다만, 밤에 운행하는 경우에는 반사체로 된 표지를 달아야 한다.

16 최고속도의 100분의 50을 줄인 속도로 운행하여야 할 경우와 관계가 없는 것은?

① 눈이 20mm이상 쌓인 때
② 비가 내려 노면에 습기가 있는 때
③ 노면이 얼어붙은 때
④ 폭우, 폭설, 안개 등으로 가시거리가 100m 이내인 때

> 최고속도의 100분의 20을 줄인 속도로 운행해야 하는 경우
> • 비가 내려 노면이 젖어 있는 경우
> • 눈이 20mm 미만 쌓인 경우

17 도로를 통행하는 자동차가 야간에 켜야하는 등화의 구분 중 견인되는 자동차가 켜야 할 등화는?

① 전조등, 차폭등, 미등
② 차폭등, 미등, 번호등
③ 전조등, 미등, 번호등
④ 전조등, 미등

정답　11 ①　12 ③　13 ④　14 ④　15 ③　16 ②　17 ②

🔍 야간에 도로를 통행할 때 켜야 할 등화
- 자동차 : 전조등, 차폭등, 미등, 번호등, 실내조명등(실내조명등은 승합자동차와 여객자동차운송사업용 승용자동차)
- 견인되는 차 : 미등, 차폭등 및 번호등
- 야간 주차 또는 정차할 때 : 미등, 차폭등
- 안개 등 장애로 100m 이내의 장애물을 확인할 수 없을 때 : 야간에 준하는 등화

18 도로교통법상 어린이로 규정되고 있는 연령은?

① 13세 미만
② 18세 미만
③ 12세 미만
④ 16세 미만

🔍 도로교통법상 영유아는 6세 미만인 사람, 어린이는 13세 미만인 사람을 말하며, 노인은 65세 이상인 사람을 말한다.

19 일시정지 안전표지판이 설치된 횡단보도에서 위반되는 것은?

① 경찰공무원이 진행신호를 하여 일시정지하지 않고 통과하였다.
② 횡단보도 직전에 일시 정지하여 안전을 확인한 후 통과하였다.
③ 보행자가 없으므로 그대로 통과하였다.
④ 연속적으로 진행 중인 앞차의 뒤를 따라 진행할 때 일시정지하였다.

🔍 일시정지 안전표지판이 설치되어 있다면 보행자와 관계없이 일시정지하여야 한다.

20 고속도로 운행시 안전운전상 특별 준수사항은?

① 정기점검을 실시 후 운행하여야 한다.
② 연료량을 점검하여야 한다.
③ 월간 정비점검을 하여야 한다.
④ 모든 승차자는 좌석 안전띠를 매도록 하여야 한다.

🔍 고속도로에서는 모든 탑승자가 좌석 안전띠를 착용하여야 한다.

21 그림의 교통안전표지는?

① 우로 이중 굽은 도로
② 좌우로 이중 굽은 도로
③ 좌로 굽은 도로
④ 회전형 교차로

22 보기에서 도로교통법상 어린이보호와 관련하여 위험성이 큰 놀이기구로 정하여 운전자가 특별히 주의하여야 할 놀이기구로 지정한 것을 모두 조합한 것은?

㉠ 킥보드	㉡ 롤러스케이트
㉢ 인라인스케이트	㉣ 스케이트보드
㉤ 스노우보드	

① ㉠, ㉡
② ㉠, ㉡, ㉢
③ ㉠, ㉡, ㉢, ㉣
④ ㉠, ㉡, ㉢, ㉣, ㉤

🔍 도로교통법 시행규칙에서 정한 위험성이 큰 놀이기구는 킥보드, 롤러스케이트, 인라인스케이트, 스케이트보드와 그 밖에 위 4가지 놀이기구와 비슷한 놀이기구를 말하며, 이러한 놀이기구를 이용할 때는 반드시 안전모를 착용하여야 한다.

23 앞지르기 금지 장소가 아닌 것은?

① 교차로, 도로의 구부러진 곳
② 버스 정류장 부근, 주차금지 구역
③ 터널 내, 앞지르기 금지표지 설치장소
④ 경사로의 정상 부근, 급경사로의 내리막

🔍 앞지르기 금지 장소
- 교차로, 터널 안, 다리 위
- 도로의 구부러진 곳(도로 모퉁이)
- 비탈길의 고갯마루 부근
- 가파른 비탈길의 내리막
- 앞지르기 금지표지 설치장소

정답 18 ① 19 ③ 20 ④ 21 ② 22 ③ 23 ②

24 주·정차를 할 수 있는 곳은?

① 도로의 우측 가장자리
② 도로의 모퉁이
③ 교차로의 가장자리
④ 횡단보도 옆

> 정차 및 주차의 금지
> • 교차로·횡단보도·건널목이나 보도와 차도가 구분된 도로의 보도
> • 교차로의 가장자리나 도로의 모퉁이로부터 5m 이내인 곳
> • 안전지대가 설치된 도로에서는 그 안전지대의 사방으로부터 각각 10m 이내인 곳
> • 버스 정류장임을 표시하는 기둥이나 표지판 또는 선이 설치된 곳으로부터 10m 이내인 곳
> • 건널목의 가장자리 또는 횡단보도로부터 10m 이내인 곳
> • 소방용수시설 또는 비상소화장치가 설치된 곳으로부터 5m 이내인 곳
> • 소방시설로서 대통령령으로 정하는 시설이 설치된 곳으로부터 5m 이내인 곳
> • 시·도경찰청장이 도로에서의 위험을 방지하고 교통의 안전과 원활한 소통을 확보하기 위하여 필요하다고 인정하여 지정한 곳
> • 시장등이 지정한 어린이 보호구역

25 도로교통법상 정차 및 주차의 금지 장소가 아닌 곳은?

① 건널목의 가장자리
② 교차로의 가장자리
③ 횡단보도로부터 10m 이내의 곳
④ 버스정류장 표시판으로부터 20m 이내의 장소

26 도로에서 정차를 하고자 하는 때 방법으로 옳은 것은?

① 차체의 전단부를 도로 중앙을 향하도록 비스듬히 정차한다.
② 진행방향의 반대방향으로 정차한다.
③ 차도의 우측 가장 자리에 정차한다.
④ 일방 통행로에서 좌측 가장 자리에 정차한다.

> 정차란 운전자가 5분을 초과하지 아니하고 차를 정지시키는 것으로서 주차 외의 정지 상태를 말하며, 정차할 때는 차를 차도의 우측 가장자리에 정차한다.

27 1년간 누산점수가 몇 점 이상이면 면허가 취소되는가?

① 271
② 201
③ 121
④ 190

> 벌점·누산점수 초과로 인한 면허 취소
> • 1년간 : 121점 이상
> • 2년간 : 201점 이상
> • 3년간 : 271점 이상

28 제1종 운전면허를 받을 수 없는 사람은?

① 두 눈을 동시에 뜨고 잰 시력이 0.8 이상인 사람
② 양쪽 눈의 시력이 각각 0.5 이상인 사람
③ 한쪽 눈을 보지 못하고 다른 쪽 눈의 시력이 0.6 이상인 사람
④ 적색, 황색, 녹색의 색채 식별이 가능한 사람

> 한쪽 눈을 보지 못하는 사람으로서 제1종 보통 운전면허를 취득하고자 하는 경우 다른 쪽 눈의 시력 0.8 이상, 수직 시야 20°, 수평 시야 120° 이상, 중심 시야 20° 내 암점 또는 반맹이 없어야 한다.

29 교차로 또는 그 부근에서 긴급자동차가 접근하였을 때 피양 방법으로 가장 적절한 것은?

① 그 자리에 즉시 정지한다.
② 교차로를 피하여 도로의 우측 가장자리에 일시 정지한다.
③ 서행하면서 앞지르기하라는 신호를 한다.
④ 그대로 진행방향으로 진행을 계속한다.

> 모든 차의 운전자는 교차로나 그 부근에서 긴급자동차가 접근하는 경우에는 교차로를 피하여 도로의 우측 가장자리에 일시 정지하여야 한다. 다만, 일방통행으로 된 도로에서 우측 가장자리로 피하여 정지하는 것이 긴급자동차의 통행에 지장을 주는 경우에는 좌측 가장자리로 피하여 정지할 수 있다.

30 신호기가 표시하고 있는 내용과 경찰관의 수신호가 다른 경우 통행방법으로 옳은 것은?

① 경찰관 수신호를 우선적으로 따른다.
② 신호기 신호를 우선적으로 따른다.
③ 자기가 판단하여 위험이 없다고 생각되면 아무 신호에 따라도 좋다.
④ 수신호는 보조 신호이므로 따르지 않아도 좋다.

> 교통안전시설이 표시하는 신호 또는 지시와 교통정리를 하는 국가경찰공무원·자치경찰공무원 또는 경찰보조자(모범운전자)의 신호 또는 지시가 서로 다른 경우에는 경찰공무원등의 신호 또는 지시에 따라야 한다.

 24 ① 25 ④ 26 ③ 27 ③ 28 ③ 29 ② 30 ①

31 도로교통법상 술에 취한 상태의 기준은?

① 혈중 알코올농도가 0.03% 이상
② 혈중 알코올농도가 0.1% 이상
③ 혈중 알코올농도가 0.15% 이상
④ 혈중 알코올농도가 0.2% 이상

> 운전이 금지되는 술에 취한 상태의 기준은 혈중알코올농도 0.03% 이상, 만취기준은 0.08% 이상인 경우이다.

32 도로교통법에 의해 인적 피해있는 교통사고를 야기하고 도주한 차량의 운전자를 신고하여 검거하게 한 운전자에게 부여되는 벌점상계의 특혜점수는 몇 점인가?

① 120점
② 100점
③ 80점
④ 40점

> 인적 피해 있는 교통사고를 야기하고 도주한 차량의 운전자를 검거하거나 신고하여 검거하게 한 운전자(교통사고의 피해자가 아닌 경우로 한정)에게는 검거 또는 신고할 때마다 40점의 특혜점수를 부여하여 기간에 관계없이 그 운전자가 정지 또는 취소처분을 받게 될 경우 누산점수에서 이를 공제한다. 이 경우 공제되는 점수는 40점 단위로 한다.

33 운전면허 취소 처분에 해당되는 것은?

① 과속운전
② 중앙선 침범
③ 면허정지 기간에 운전한 경우
④ 신호 위반

> 운전면허 행정처분 기간 중에 운전을 하면 취소 사유가 된다.

34 교통사고가 발생하였을 때 승무원으로 하여금 신고하게 하고 계속 운전할 수 있는 경우가 아닌 것은?

① 긴급 자동차
② 긴급을 요하는 우편물 자동차
③ 위급한 환자를 운반중인 구급차
④ 특수 자동차

> 교통사고 발생 시 긴급자동차, 부상자를 운반 중인 차 및 우편물자동차 등의 운전자는 긴급한 경우에는 동승자로 하여금 신고를 하게 하고 운전을 계속할 수 있다.

35 긴급 자동차에 관한 설명 중 틀린 것은?

① 소방자동차, 구급자동차는 항시 우선권과 특례의 적용을 받는다.
② 긴급 용무 중일 때에만 우선권과 특례의 적용을 받는다.
③ 우선권과 특례의 적용을 받으려면 경광등을 켜고 경음기를 울려야 한다.
④ 긴급 용무임을 표시할 때는 제한속도 준수 및 앞지르기 금지, 일시정지 의무 등의 적용은 받지 않는다.

> 긴급자동차란 소방차, 구급차, 혈액 공급차량 및 대통령령으로 정하는 자동차로서 그 본래의 긴급한 용도로 사용되고 있는 자동차를 말한다.

36 철길 건널목 통과 방법에 대한 설명으로 틀린 것은?

① 철길 건널목에서는 앞지르기를 하여서는 안 된다.
② 철길 건널목 부근에서는 주·정차를 하여서는 안 된다.
③ 철길 건널목에 일시정지 표지가 없을 때에는 서행하면서 통과한다.
④ 철길 건널목에서는 반드시 일시정지 후 안전함을 확인한 후에 통과한다.

> 철길 건널목을 통과하려는 경우에는 건널목 앞에서 일시정지하여 안전한지 확인한 후에 통과하여야 한다. 다만, 신호기 등이 표시하는 신호에 따르는 경우에는 정지하지 아니하고 통과할 수 있다.

37 일시정지를 하지 않고도 철길건널목을 통과할 수 있는 경우는?

① 차단기가 올려져 있을 때
② 경보기가 울리지 않을 때
③ 앞차가 진행하고 있을 때
④ 신호등이 진행신호 표시일 때

정답 31 ① 32 ④ 33 ③ 34 ④ 35 ① 36 ③ 37 ④

38 교통사고로서 도로교통법상의 중상의 기준에 해당하는 것은?

① 2주 이상의 치료를 요하는 부상
② 1주 이상의 치료를 요하는 부상
③ 3주 이상의 치료를 요하는 부상
④ 4주 이상의 치료를 요하는 부상

> 도로교통법상의 사고 기준
> • 사망 : 사고발생 시부터 72시간 이내에 사망한 때
> • 중상 : 3주 이상의 치료를 요하는 부상
> • 경상 : 3주 미만 5일 이상의 치료를 요하는 부상
> • 부상 : 5일 미만의 치료를 요하는 부상

39 교통사고처리특례법상 12개 항목에 해당되지 않는 것은?

① 중앙선 침범   ② 무면허 운전
③ 신호 위반   ④ 통행 우선순위 위반

> 교통사고처리특례법상 12개 항목
> • 신호 · 지시위반사고
> • 중앙선 침범, 고속도로나 자동차전용도로에서의 횡단 · 유턴 또는 후진 위반 사고
> • 속도위반(20km/h 초과) 과속사고
> • 앞지르기의 방법 · 금지시기 · 금지장소 또는 끼어들기 금지 위반사고
> • 철길 건널목 통과방법 위반사고
> • 보행자보호의무 위반사고
> • 무면허운전사고
> • 음주운전 · 약물복용운전 사고
> • 보도침범 · 보도횡단방법 위반사고
> • 승객추락방지의무 위반사고
> • 어린이보호구역 내 안전운전의무 위반으로 어린이의 신체를 상해에 이르게 한 사고
> • 자동차의 화물이 떨어지지 아니하도록 필요한 조치를 하지 아니하고 운전한 경우

40 교통 사고시 운전자가 해야 할 조치사항으로 가장 올바른 것은?

① 사고 원인을 제공한 운전자가 신고한다.
② 사고 즉시 사상자를 구호하고 경찰관에게 신고한다.
③ 신고할 필요없다.
④ 재물 손괴의 사고도 반드시 신고하여야 한다.

> 교통사고 발생 시 우선적으로 사상자를 구호하는 등의 필요한 조치를 취하고 경찰서에 신고하여야 한다.

41 사고로 인하여 위급한 환자가 발생하였다. 의사의 치료를 받기 전까지의 응급처치를 실시할 때, 응급처치 실시자의 준수사항으로서 가장 거리가 먼 것은?

① 의식 확인이 불가능하여도 생사를 임의로 판정은 하지 않는다.
② 사고현장 조사를 실시한다.
③ 원칙적으로 의약품의 사용은 피한다.
④ 정확한 방법으로 응급처치를 한 후에 반드시 의사의 치료를 받도록 한다.

3. 산업안전일반

01 다음 중 안전 · 보건표지의 종류가 아닌 것은?

① 안내표지   ② 허가표지
③ 지시표지   ④ 금지표지

> 안전 · 보건표지의 종류 : 금지표지, 경고표지, 지시표지, 안내표지

02 산업안전 색채 종류 중 빨간색으로 표시되지 않는 것은?

① 방화표지   ② 주의표지
③ 금지표지   ④ 방향표지

> 안전 · 보건표지의 색채
> • 금지표지 : 바탕은 흰색, 기본모형은 빨간색, 관련 부호 및 그림은 검은색
> • 경고표지 : 바탕은 노란색, 기본모형, 관련 부호 및 그림은 검은색. 다만, 인화성물질 경고, 산화성물질 경고, 폭발성물질 경고, 급성독성물질 경고, 부식성물질 경고 및 발암성 · 변이원성 · 생식독성 · 전신독성 · 호흡기과민성 물질 경고의 경우 바탕은 무색, 기본모형은 빨간색(검은색도 가능)
> • 지시표지 : 바탕은 파란색, 관련 그림은 흰색
> • 안내표지 : 바탕은 흰색, 기본모형 및 관련 부호는 녹색 또는 바탕은 녹색, 관련 부호 및 그림은 흰색

03 안전 · 보건표지 중 안내표지의 바탕색으로 맞는 것은?

① 흑색   ② 녹색
③ 적색   ④ 백색

> 안내표지 : 바탕은 흰색, 기본모형 및 관련 부호는 녹색 또는 바탕은 녹색, 관련 부호 및 그림은 흰색

정답 38 ③ 39 ④ 40 ② 41 ② [3. 산업안전일반] 01 ② 02 ② 03 ②

04 산업안전 녹색표지 부착위치로서 잘못된 것은?

① 안전모의 좌·우면
② 안전완장
③ 작업복의 우측 어깨
④ 작업복의 오른쪽 가슴위치

05 다음 그림의 안전·보건표지가 나타내는 것은?

① 녹십자 표지
② 출입금지
③ 인화성 물질경고
④ 보안경 착용

06 안전·보건표지에서 그림이 표시하는 것으로 맞는 것은?

① 독극물 경고
② 폭발물 경고
③ 고압전기 경고
④ 낙하물 경고

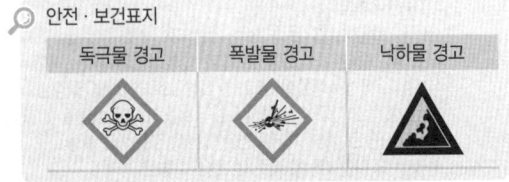

07 안전·보건표지에서 그림이 나타내는 것으로 맞는 것은?

① 비상구 표지
② 방사선 위험 표지
③ 탑승 금지 표지
④ 보행금지 표지

08 다음 그림은 안전·보건표지의 어떠한 내용을 나타내는가?

① 지시표지
② 금지표지
③ 경고표지
④ 안내표지

09 다음의 안전·보건표지가 나타내는 것은?

① 비상구
② 출입금지
③ 인화성 물질 경고
④ 보안경 착용

10 건설기계 조종사가 일반적인 작업조건에 의해 생길 수 있는 직업병은?

① 난청
② 납 중독
③ 신경통
④ 벤젠 중독

🔍 건설기계 조종사의 작업조건을 고려하면 소음 등에 의해 청각과 관련된 직업병이 생길 수 있다.

11 산업안전에서 안전의 3요소와 가장 거리가 먼 것은?

① 관리적 요소
② 자본적 요소
③ 기술적 요소
④ 교육적 요소

🔍 산업안전의 3요소
• 기술적 요소 : 설계상 결함, 장비 불량, 안전시설 미설치
• 교육적 요소 : 안전교육 미실시, 작업태도 및 작업방법 불량
• 관리적 요소 : 안전관리 조직 미편성, 적성을 고려하지 않은 배치, 작업환경 불량

12 다음은 재해 발생시 조치요령이다. 조치순서로 맞는 것은?

| ㉠ 운전정지 | ㉡ 2차 재해방지 |
| ㉢ 피해자 구조 | ㉣ 응급처치 |

① ㉠-㉢-㉡-㉣
② ㉠-㉢-㉣-㉡
③ ㉢-㉣-㉠-㉡
④ ㉢-㉣-㉡-㉠

🔍 재해발생 시 조치요령 : 운전정지 → 피해자 구조 → 응급처치 → 2차 재해방지

13 작업장에서 안전모를 쓰는 이유는?

① 작업원의 사기 진작을 위해
② 작업원의 안전을 위해
③ 작업원의 멋을 위해
④ 작업원의 합심을 위해

🔍 보호구를 사용하는 목적은 작업장에서의 안전을 위한 것이다.

14 감전되거나 전기화상을 입을 위험이 있는 작업에서 제일 먼저 작업자가 구비해야할 것은?

① 완강기
② 구급차
③ 보호구
④ 신호기

🔍 감전 등의 위험이 있는 작업장에서는 내전압성을 갖춘 안전모 등의 보호구를 착용하여야 한다.

15 안전작업 사항으로 잘못된 것은?

① 전기장치는 접지를 하고, 이동식 전기기구는 방호장치를 한다.
② 엔진에서 배출되는 일산화탄소에 대비한 통풍장치를 설치한다.
③ 담뱃불은 발화력이 약하므로 어느 곳에서나 흡연해도 무방하다.
④ 주요 장비 등은 조작자를 지정하여 누구나 조작하지 않도록 한다.

16 안전보호구 선택 시 유의사항으로 틀린 것은?

① 보호구 검정에 합격하고 보호성능이 보장될 것
② 착용이 용이하고 크기 등 사용자에게 편리할 것
③ 작업 행동에 방해되지 않을 것
④ 반드시 강철로 제작되어 안전 보장형일 것

🔍 보호구의 구비조건
• 착용이 간편할 것
• 작업에 방해가 되지 않도록 할 것
• 유해 · 위험요소에 대한 방호성능이 충분할 것
• 재료의 품질이 양호할 것
• 구조와 끝마무리가 양호할 것
• 외양과 외관이 양호할 것

17 안전사고와 부상의 종류에서 중상해란 어느 정도의 상해를 말하는가?

① 부상으로 1주 이상의 노동 손실을 가져온 상해정도
② 부상으로 2주 이상의 노동 손실을 가져온 상해정도
③ 부상으로 3주 이상의 노동 손실을 가져온 상해정도
④ 부상으로 4주 이상의 노동 손실을 가져온 상해정도

정답 ▶ 10 ① 11 ② 12 ② 13 ② 14 ③ 15 ③ 16 ④ 17 ②

> 산업재해의 통상적인 분류에 의하면 중경상은 부상으로 인하여 8일 이상의 노동손실을 가져온 상해정도를 말하며, 안전사고와 부상의 종류에서 중상해란 부상으로 2주 이상의 노동손실을 가져온 상해정도를 말한다.

4. 전기공사

01 인체에 전류가 흐를 때 위험정도의 결정요인 중 가장 관계가 작은 것은?

① 인체에 전류가 흐른 시간
② 전류가 인체에 통과한 경로
③ 인체의 연령
④ 인체에 흐른 전류 크기

> 감전의 위험성 결정 요인
> • 전류의 크기   • 통전시간 및 통전경로
> • 전원의 종류   • 전격인가위상
> • 주파수 및 파형

02 안전관리상 감전의 위험이 있는 곳의 전기를 차단하여 수리점검을 할 때의 조치와 관계가 없는 것은?

① 스위치에 통전 장치를 한다.
② 기타 위험에 대한 방지장치를 한다.
③ 스위치에 안전장치를 한다.
④ 필요한 곳에 통전 금지기간에 관한 사항을 게시한다.

> 통전장치는 권선에 전류를 흘려 보내는 장치로 수리 점검시 스위치에 통전장치를 해서는 안 된다.

03 건설기계가 고압전선에 근접 또는 접촉으로 가장 많이 발생될 수 있는 사고유형은?

① 감전
② 화재
③ 화상
④ 휴전

> 건설기계 작업 중 고압 전선에 근접 접촉하여 발생하는 사고의 유형은 감전, 화재, 화상 등으로 그 중 가장 많이 발생될 수 있는 사고유형은 감전이다.

04 전기는 전압이 높을수록 위험한데 가공 전선로의 위험 정도를 판별하는 방법으로 가장 올바른 것은?

① 애자의 개수
② 지지물과 지지물의 간격
③ 지지물의 높이
④ 전선의 굵기

> 애자는 전선과 지지물 연결 시 절연 목적과 함께 전선을 고정하기 위한 것으로 애자의 갯수가 많을수록 고압의 전기가 흐른다.

05 전기작업에서 안전작업에 적합하지 않는 것은?

① 저압전기는 안심하고 작업할 것
② 퓨즈는 규정된 알맞은 것을 끼울 것
③ 전선이나 코드의 접속부는 절연물로서 완전히 피복하여 둘 것
④ 스위치 조작은 항상 오른손으로 할 것

06 전선을 철탑의 완금(arm)에 기계적으로 고정시키고, 전기적으로 절연하기 위해서 사용하는 것을 무엇이라고 하는가?

① 완철
② 가공지선
③ 애자
④ 클램프

> 애자는 전선과 지지물 연결 시 절연 목적과 함께 전선을 고정하기 위해 사용한다.

07 가공 송전선로 주변에서 건설기계 작업을 위해 지지하는 현수 애자를 확인하니 한 줄에 10개로 되어 있었다. 예측 가능한 전압은 몇 [kV]인가?

① 22.9[kV]
② 66.0[kV]
③ 154[kV]
④ 345[kV]

> 애자수와 전압
> • 애자수 2~3개 : 22.9kV
> • 애자수 4~5개 : 66kV
> • 애자수 9~11개 : 154kV

 정답 [4. 전기공사] 01 ③ 02 ① 03 ① 04 ① 05 ① 06 ③ 07 ③

08 차도에서 전력케이블은 지표면 아래 약 몇 m의 깊이에 매설되어 있는가?

① 0.5 ~ 0.8m
② 2 ~ 3m
③ 0.3 ~ 0.5m
④ 1.2 ~ 1.5m

🔍 차도에서 전력 케이블은 지표면 아래 약 1.2~1.5m의 깊이에 매설되어 있다.

09 다음은 시가지에서 시설한 고압 전선로에서 자가용 수용가에 구내 전주를 경유하여 옥외 수전설비에 이르는 전선로 및 시설의 실체도이다. ⓗ에서 지중 전선로의 차도 부분의 매설 깊이는 몇 m인가?

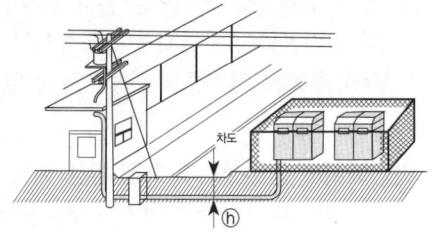

① 1.2m   ② 1m
③ 1.75m   ④ 0.5m

🔍 지중전선로를 직접 매설식에 의하여 시설하는 경우에는 매설 깊이를 차량 기타 중량물의 압력을 받을 우려가 있는 장소에는 1.2m 이상, 기타 장소에는 60cm 이상으로 하고 또한 지중전선을 견고한 트라프 기타 방호물에 넣어 시설하여야 한다.

10 도로상의 한전 맨홀에 근접하여 굴착 작업 시 가장 올바른 것은?

① 맨홀 뚜껑을 경계로 하여 뚜껑이 손상되지 않도록 하고 나머지는 임의로 작업한다.
② 교통에 지장이 되므로 주민 및 관련기관이 모르게 야간에 신속히 작업하고 되메운다.
③ 한전 직원의 입회하에 안전하게 작업한다.
④ 접지선이 노출되면 제거한 후 계속 작업한다.

11 도로상 굴착작업중에 전기설비의 접지선이 노출되어 일부가 손상되었다. 내용 중 맞는 것은?

① 접지선에는 전류가 흐르지 않는다.
② 접지선 단선시에는 철선 등으로 연결 후 되메운다.
③ 접지선 단선은 사고와 무관하므로 그대로 되메운다.
④ 접지선 단선시에는 시설관리자에게 연락 후 그 지시를 따른다.

🔍 도로상 굴착작업 중에 전기설비의 접지선이 노출되어 손상되거나 단선되면 시설관리자에게 연락한 후 그 지시를 따라야 한다.

12 굴착장비를 이용하여 도로 굴착작업 중 "고압선 위험" 표지시트가 발견되었다. 다음 중 맞는 것은?

① 표지시트 좌측에 전력케이블이 묻혀 있다.
② 표지시트 우측에 전력케이블이 묻혀 있다.
③ 표지시트와 직각방향에 전력케이블이 묻혀 있다.
④ 표지시트 직하에 전력케이블이 묻혀 있다.

🔍 전력케이블이 매설되어 있음을 표시하기 위한 표지시트는 차도에서 지표면 아래 30cm 깊이에 설치되어 있다. 따라서, 고압선 위험 표지시트가 발견되면 직하에 전력 케이블이 묻혀 있다는 의미이다.

13 22.9kV 배전선로 근접 크레인 작업시 틀린 것은?

① 전력선이 활선인지 확인 후 안전조치된 상태에서 작업한다.
② 전력선에 접촉되더라도 끊어지지 않으면 사고는 발생되지 않는다.
③ 해당 시설관리자의 입회하에 안전조치된 상태에서 작업한다.
④ 임의로 작업하지 않고 안전관리자의 지시에 따른다.

🔍 고압의 배전선로는 피복된 상태라하더라도 접근 시 감전의 위험이 있으므로 접근한계거리를 유지하여야 하며, 부득이하게 근접하여 작업을 하여야 하는 경우에는 절연용 방호구를 설치하여야 한다.

14 건설기계에 의한 고압선 주변작업에 대한 설명으로 맞는 것은?

① 작업장비의 최대로 펼쳐진 끝으로부터 전선에 접촉되지 않도록 이격하여 작업한다.

정답 08 ④ 09 ① 10 ③ 11 ④ 12 ④ 13 ② 14 ③

② 작업장비의 최대로 펼쳐진 끝으로부터 전주에 접촉되지 않도록 이격하여 작업한다.
③ 전압의 종류를 확인한 후 안전이격거리를 확보하여 그 이내로 접근되지 않도록 작업한다.
④ 전압의 종류를 확인한 후 전선과 전주에 접촉되지 않도록 한다.

> 건설기계를 이용하여 고압선 주변에서 작업하고자 하는 경우에는 전압의 종류를 확인한 후 안전이격거리를 확보하여 그 이내로 접근되지 않도록 작업한다.

15 154kV 송전철탑 근접 굴착작업시 옳은 것은?
① 철탑이 일부 파손되어도 재질이 철이므로 안전에는 영향이 없다.
② 전력선에 접촉만 되지 않도록 하여 조심하여 작업한다.
③ 철탑부지에서 떨어진 위치에서 접지선이 노출되어 단선되었을 경우라도 시설관리자에게 연락을 취한다.
④ 철탑의 지표상 노출부와 지하매설부 위치는 다른 것을 감안하여 임의로 판단하여 작업한다.

16 한전에서는 고압이상의 전선로에 대하여 안전거리를 규정하고 있다. 다음 중 154,000V의 송전로에 대한 안전거리로서 올바른 것은?
① 350cm
② 160cm
③ 75cm
④ 30cm

> 전압별 송전로에 대한 안전거리(활선작업거리)
> • 22.9kV : 30cm   • 66kV : 75cm
> • 154kV : 160cm   • 345kV : 350cm

17 22.9kV 가공 배전선로에 관한 사항이다. 맞는 것은?
① 높은 전압일수록 전주 상단에 설치되어 있다.
② 낮은 전압일수록 전주 상단에 설치되어 있다.
③ 전압에 관계없이 장소마다 다르다.
④ 배전선로는 전부 절연전선이다.

> 서로 다른 전압선을 병가할 때는 높은 전압선을 상단으로 설치한다.

18 도로에서 파일 항타, 굴착작업 중 지하에 매설된 전력 케이블이 손상되었을 때 전력공급에 파급되는 영향 중 가장 맞는 것은?
① 케이블이 절단되어도 전력공급에는 지장이 없다.
② 케이블은 외피 및 내부에 철그물망으로 되어 있어 절대로 절단되지 않는다.
③ 케이블을 보호하는 관은 손상되어도 전력공급에는 지장이 없으므로 별도의 조치는 필요 없다.
④ 전력 케이블에 충격 또는 손상이 가해지면 즉각 전력공급이 차단되거나 일정시일 경과 후 부식 등으로 전력공급이 중단될 수 있다.

19 한전에서는 송전선로의 고장 발생 예방 및 고장개소의 신속한 발견을 위하여 고장신고제도를 운영하며 신고한 자에게는 일정한 사례금을 지급하고 있다. 다음 중 신고와 거리가 먼 것은?
① 한전에서 고장개소를 발견하지 못한 상태에서 신고자가 고장개소를 발견하고 즉시 신고를 하는 경우(고장신고)
② 전기설비로 인한 인축사고의 발생이 우려되는 사항의 신고(예방신고)
③ 한전에서 설비상태의 확인을 요청한 경우(확인신고)
④ 고장개소를 발견하고 하루 뒤에 신고한 경우 (지연신고)

> 한전 고장신고 : 예방신고, 고장신고, 확인신고

20 고압선 밑에서 건설기계에 의한 작업 중 안전을 위하여 지표에서부터 고압선까지의 거리를 측정하고자 한다. 다음 중 맞는 것은?
① 메마른 긴 대나무를 이용하여 측정한다.
② 메마른 긴 각목을 이용하여 측정한다.
③ 관할 한전사업소에 협조하여 측정한다.
④ 경찰서에 연락하여 측정한다.

 15 ③ 16 ② 17 ① 18 ④ 19 ④ 20 ③

21 고압 전력선 부근의 작업장소에서 크레인의 붐이 고압전력선에 근접할 우려가 있을 때, 조치사항으로 가장 적합한 것은?

① 우선 줄자를 이용하여 전력선과의 거리 측정을 한다.
② 관할 시설물 관리자에게 연락을 취한 후 지시를 받는다.
③ 현장의 작업반장에게 도움을 청한다.
④ 고압전력선에 접촉만 하지 않으면 되므로 주의를 기울이면서 작업을 계속한다.

🔍 고압 전력선 부근에서의 작업과 관련하여 안전한 사고예방조치는 한국전력 등과 같은 관할 시설물 관리자에게 연락하여 필요한 조치와 지시를 받는 것이다.

5. 도시가스

01 도로에 매설된 도시가스배관의 색깔이 적색(중압)이었다. 이 배관이 손상되어 가스가 누출될 경우 가스의 압력은?

① 0.01MPa 이상 0.03MPa 미만
② 0.05MPa 이상 0.1MPa 미만
③ 0.1MPa 이상 1MPa 미만
④ 10MPa 이상

🔍 도시가스의 압력 구분
• 고압 : 1MPa 이상
• 중압 : 0.1MPa 이상 1MPa 미만
• 저압 : 0.1MPa 미만

02 도시가스사업법에서 고압이라 함은 압축가스일 경우 최소 몇 MPa 이상의 압력을 말하는가?

① 1MPa
② 10MPa
③ 5MPa
④ 3MPa

03 일반 도시가스 사업자의 지하배관 설치시 도로 폭 8m 이상인 도로에서는 어느 정도의 깊이에 배관이 설치되어 있는가?

① 1.0m 이상
② 1.5m 이상
③ 1.2m 이상
④ 0.6m 이상

🔍 가스배관 지하매설 심도
• 공동주택 등의 부지 내 : 0.6m 이상
• 폭 8m 이상의 도로 : 1.2m 이상
• 폭 4m 이상 8m 미만인 도로 : 1m 이상
• 상기에 해당하지 아니하는 곳 : 0.8m 이상

04 공동주택 부지 내에서 굴착 작업시 황색의 가스 보호포가 나왔다. 도시가스 배관은 그 보호포가 설치된 위치로부터 최소한 몇 m 이상 깊이에 매설되어 있는가(단, 배관의 심도는 0.6m이다)?

① 0.2
② 0.4
③ 0.3
④ 0.5

05 폭 4m 이상, 8m 미만인 도로에 일반 도시가스 배관을 매설시 지면과 도시가스 배관 상부와의 최소 이격거리는?

① 0.6m
② 1.0m
③ 1.2m
④ 1.5m

🔍 가스배관 지하매설 심도
• 공동주택 등의 부지 내 : 0.6m 이상
• 폭 8m 이상의 도로 : 1.2m 이상
• 폭 4m 이상 8m 미만인 도로 : 1m 이상
• 상기에 해당하지 아니하는 곳 : 0.8m 이상

06 일반 도시가스 사업자의 지하배관 설치 시 공동주택 등의 부지 내에서는 몇 m 이상의 깊이에 배관을 설치해야 하는가?

① 0.6m 이상
② 1.0m 이상
③ 1.2m 이상
④ 1.5m 이상

07 도시가스사업법에서 배관 구분에 해당되지 않는 것은?

① 본관
② 내관
③ 공급관
④ 가정관

🔍 배관이란 도시가스를 공급하기 위하여 배치된 관(管)으로써 본관, 공급관, 내관 또는 그 밖의 관을 말한다.

정답 21 ② [5. 도시가스] 01 ③ 02 ① 03 ③ 04 ③ 05 ② 06 ① 07 ④

08 다음 중 도시가스 제조사업소의 부지경계에서 정압기까지에 이르는 배관을 호칭하는 용어는?

① 공급관　　② 내관
③ 주관　　　④ 본관

> 본관에 해당하는 것
> - 가스도매사업 : 도시가스제조사업소의 부지 경계에서 정압기지(整壓基地)의 경계까지 이르는 배관(단, 밸브기지 안의 배관은 제외)
> - 일반도시가스사업 : 도시가스제조사업소의 부지 경계 또는 가스도매사업자의 가스시설 경계에서 정압기(整壓器)까지 이르는 배관
> - 나프타부생가스·바이오가스제조사업 : 해당 제조사업소의 부지 경계에서 가스도매사업자 또는 일반도시가스사업자의 가스시설 경계 또는 사업소 경계까지 이르는 배관
> - 합성천연가스제조사업 : 해당 제조사업소의 부지 경계에서 가스도매사업자의 가스시설 경계 또는 사업소 경계까지 이르는 배관

09 도시가스 관련법상 공동주택 등외의 건축물 등에 가스를 공급하는 경우 정압기에서 가스사용자가 소유하거나 점유하고 있는 토지의 경계까지에 이르는 배관을 무엇이라고 하는가?

① 본관
② 주관
③ 공급관
④ 내관

10 가스배관이 있을 것으로 예상되는 지점으로부터 (　) 이내에서 줄파기를 할 때에는 안전관리 전담자의 입회하에 시행하여야 한다. 다음 중 (　)에 맞는 말은?

① 0.5m
② 1m
③ 1.5m
④ 2m

> 가스배관과 수평거리 2m 이내에서 줄파기를 할 때에는 안전관리 전담자의 입회하에 시행하여야 하며, 2m 이내에서 파일 박기를 하고자 할 경우 도시가스사업자의 입회 하에 시험 굴착 후 시행하여야 한다.

11 도로 굴착자는 되메움 공사 완료 후 최소 몇 개월 이상 지반침하 유무를 확인하여야 하는가?

① 1개월　　　　② 2개월
③ 3개월　　　　④ 4개월

> 도로 굴착자는 되메움공사 완료 후 도시가스 배관의 손상방지를 위하여 최소한 3개월 이상 지반침하 유무를 확인하여야 한다.

12 도로의 지하에 매설된 도시가스배관의 색상으로 맞는 것은?

① 회색, 흑색
② 적색, 황색
③ 청색, 남색
④ 흑색, 청색

> 가스배관의 표면 색상은 지상 배관은 황색, 매설 배관은 최고 사용 압력이 저압인 배관은 황색, 중압 이상인 배관인 적색으로 되어 있다.

13 배관 내부의 압력이 중압인 도시가스 배관이 지하에 매설되어 있다. 배관 표면의 색상은?

① 적색　　　② 황색
③ 회색　　　④ 녹색

14 도로 굴착시 황색의 도시가스 보호포가 나왔다. 매설된 도시가스 배관의 압력은?

① 고압
② 중압
③ 저압
④ 배관의 압력에 관계없이 보호포의 색상은 황색이다.

> 보호포의 바탕색은 최고 압력이 저압인 관은 황색, 중압 이상인 관은 적색으로 하고 가스명·사용 압력·공급자명 등이 표시되어 있다.

15 가스배관 주위를 굴착하고자 할 때에는 가스배관의 좌우 몇 m 이내를 인력으로 굴착을 해야 하는가?

① 0.5m　　　② 1m
③ 1.5m　　　④ 2m

> 가스배관의 좌우 1m 이내의 부분은 인력으로 신중히 굴착하여야 한다.

정답　08 ④　09 ③　10 ④　11 ③　12 ②　13 ①　14 ③　15 ②

16 도시가스가 공급되는 지역에서 지하차도 굴착공사를 하고자 하는 자는 어떤 서류를 작성하여 시·도지사에게 제출하여야 한다. 이 때 작성하는 서류의 명칭은?

① 안전관리규정　② 공급규정
③ 가스안전영향평가서　④ 기술검토서

> 도시가스사업이 허가된 지역에서 굴착공사를 하려는 자는 가스안전영향평가서를 작성하여 시장·군수 또는 구청장에게 제출하여야 한다. 이 경우 평가서에는 한국가스안전공사의 의견서를 첨부하여야 한다.

17 다음 중 LP가스의 특성이 아닌 것은?

① 주성분은 프로판과 메탄이다.
② 액체상태일 때 피부에 닿으면 동상의 우려가 있다.
③ 누출시 공기보다 무거워 바닥에 체류하기 쉽다.
④ 원래 무색, 무취이나 누출시 쉽게 발견하도록 부취제를 첨가한다.

> LP 가스의 주성분은 프로판과 부탄이다.

18 도시가스가 공급되는 지역에서 굴착공사를 하기 전에 도로부분의 지하에 가스배관의 매설 여부는 누구에게 조회하여야 하는가?

① 시장
② 도지사
③ 해당 도시가스 사업자
④ 경찰서장

> 도시가스사업이 허가된 지역에서 굴착공사를 하려는 자는 굴착공사를 하기 전에 해당 지역을 공급권역으로 하는 도시가스사업자가 해당 토지의 지하에 도시가스배관이 묻혀 있는지에 관하여 확인하여 줄 것을 정보지원센터에 요청하여야 한다.

19 건설기계로 작업 중 가스배관을 손상시켜 가스가 누출되고 있을 경우 긴급 조치사항으로 적합하지 않는 것은?

① 즉시 해당 도시가스회사나 한국가스안전공사에 신고한다.
② 가스가 누출되면 가스배관을 손상시킨 장비를 빼내고 안전한 장소로 이동한다.
③ 가스가 다량 누출되고 있으면 우선적으로 주위 사람들을 대피시킨다.
④ 가스배관을 손상한 것으로 판단되면 즉시 기계작동을 멈춘다.

> 가스배관을 손상시킨 장비를 빼내면 고압의 가스가 방출되어 폭발 및 화재 등의 우려가 있으므로 빼내지 않아야 한다.

20 도시가스가 누출되었을 경우 폭발하는 조건으로 모두 맞는 것은?

㉠ 누출된 가스의 농도는 폭발범위 내에 들어야 한다.
㉡ 누출된 가스에 불씨 등의 점화원이 있어야 한다.
㉢ 충분한 공기가 있어야 한다.
㉣ 가스가 누출되는 압력이 상당히 커야 한다.

① ㉠, ㉡, ㉣
② ㉠, ㉡
③ ㉠, ㉢, ㉣
④ ㉠, ㉡, ㉢

> 가연성가스의 폭발 조건
> - 공기(또는 산소공급원)가 존재할 것
> - 가연성가스가 폭발범위 또는 연소범위에 있어서 산소와 잘 혼합되어 있을 것
> - 점화원이 존재하고 있을 것

6. 공구·용접·기계기구

01 일반공구 사용법에서 안전한 사용법에 적합치 않은 것은?

① 녹이 생긴 볼트나 너트에는 오일을 넣어 스며들게 한 다음 돌린다.
② 렌치에 파이프 등의 연장대를 끼워서 사용하여서는 안된다.
③ 언제나 깨끗한 상태로 보관한다.
④ 렌치의 조정 조에 잡아당기는 힘이 가해져야 한다.

> 렌치는 잡아당길 수 있는 위치에서 작업하도록 하며, 렌치의 조정 조에 잡아 당기는 힘이 가해져서는 안 된다.

정답 16 ③　17 ①　18 ③　19 ②　20 ④　[6. 공구·용접·기계기구] 01 ④

02 작업에 필요한 수공구의 보관에 알맞지 않는 것은?
① 공구함을 준비하여 종류와 크기별로 보관한다.
② 사용한 수공구는 방치하지 말고 소정의 장소에 보관한다.
③ 날이 있거나 뾰족한 물건은 위험하므로 뚜껑을 씌워둔다.
④ 회전숫돌은 오래 사용하기 위하여 수분이 있는 곳에 보관한다.

03 작업장에서 수공구 재해예방 대책으로 잘못된 사항은?
① 결함이 없는 안전한 공구 사용
② 공구의 올바른 사용과 취급
③ 공구는 항상 오일을 바른 후 보관
④ 작업에 알맞은 공구 사용

🔍 공구는 면 걸레로 깨끗이 닦아서 지정된 장소에 보관하여야 한다.

04 스패너, 렌치를 사용할 때의 주의사항으로 적합하지 않는 것은?
① 너트에 맞는 것을 사용한다.
② 스패너 또는 렌치는 뒤로 밀어 돌려야 한다.
③ 해머 대용으로 사용하지 않는다.
④ 무리한 힘을 가하지 않는다.

🔍 스패너나 렌치는 앞으로 잡아 당길 때 힘이 걸리도록 해야 한다.

05 수공구 사용상의 재해의 원인이 아닌 것은?
① 잘못된 공구 선택   ② 사용법의 미숙지
③ 공구의 점검 소홀   ④ 연마된 공구 사용

06 렌치 사용시 적합지 않는 것은?
① 너트에 맞는 것을 사용할 것
② 렌치를 몸 밖으로 밀어 움직이게 할 것
③ 해머 대용으로 사용치 말 것
④ 파이프 렌치를 사용할 때는 정지상태를 확실히 할 것

🔍 렌치는 앞으로 잡아 당길 때 힘이 걸리도록 해야 한다.

07 복스렌치가 오픈렌치보다 많이 사용되는 이유로 가장 적합한 것은?
① 볼트, 너트 주위를 완전히 감싸게 되어 있어서 사용 중 미끄러지지 않는다.
② 여러 가지 크기의 볼트, 너트에 사용할 수 있다.
③ 값이 싸며, 적은 힘으로 작업할 수 있다.
④ 가볍고, 사용하는데 양손으로 사용할 수 있다.

🔍 복스 렌치는 오픈 렌치와 규격이 동일하지만, 여러 방향에서 사용이 가능하며, 볼트나 너트 주위를 완전히 감싸게 되어 있어서 사용 중에 미끄러지지 않은 장점이 있다.

08 소켓 렌치 사용에 대한 설명으로 틀린 것은?
① 임펙트용으로 사용되므로 수작업시는 사용하지 않도록 한다.
② 큰 힘으로 조일 때 사용한다.
③ 오픈 렌치와 규격이 동일하다.
④ 사용 중 잘 미끄러지지 않는다.

🔍 소켓 렌치는 큰 힘으로 조일 때 사용하며 수작업 시 효과적으로 사용된다.

09 수공구인 렌치를 사용할 때 지켜야 할 안전사항으로 옳은 것은?
① 볼트를 조일 때 렌치를 해머로 쳐서 조이면 강하게 조일 수 있다.
② 볼트를 풀 때 렌치를 당겨서 힘을 받도록 한다.
③ 렌치는 연장대를 끼워서 조이면 큰 힘을 조일 수 있다.
④ 볼트를 풀 때 지렛대 원리를 이용하여 렌치를 밀어서 힘이 받도록 한다.

10 스패너 작업 방법으로 안전상 올바른 것은?
① 스패너로 죄고 풀 때 항상 앞으로 당긴다.
② 스패너로 볼트를 죌 때는 앞으로 당기고 풀 때는 뒤로 민다.
③ 스패너 사용시 몸의 중심을 항상 옆으로 한다.
④ 스패너의 입이 너트의 치수보다 조금 큰 것을 사용한다.

 02 ④ 03 ③ 04 ② 05 ④ 06 ② 07 ① 08 ① 09 ② 10 ①

11 드라이버 사용방법으로 틀린 것은?

① 날 끝이 홈의 폭과 길이에 맞는 것을 사용한다.
② 날 끝이 수평이어야 한다.
③ 전기작업시에는 절연된 자루를 사용한다.
④ 작은 공작물은 가능한 손으로 잡고 작업한다.

> 작은 크기의 부품인 경우 바이스에 고정시키고 작업하도록 한다.

12 드라이버(driver)의 올바른 사용법으로 가장 적절하지 않은 것은?

① 날 끝이 재료의 홈에 맞는 것을 사용한다.
② 공작물을 바이스(vise)에 고정시킨다.
③ 강하게 조여있는 작은 공작물은 손으로 단단히 잡고 조인다.
④ 전기작업시 절연된 손잡이를 사용한다.

13 일반적으로 장갑을 착용하고 작업을 하게 되는데, 안전을 위하여 오히려 장갑을 사용하지 않아야 하는 작업은?

① 전기 용접 작업
② 해머 작업
③ 타이어 교환 작업
④ 건설기계 운전

> 해머작업 시 장갑을 끼면 미끄러질 수 있기 때문에 장갑은 착용하지 말아야 한다.

14 해머 사용 중 사용법이 틀린 것은?

① 타격면이 닳아 경사진 것은 사용하지 않는다.
② 장갑이나 기름묻은 손으로 자루를 잡지 않는다.
③ 담금질한 것은 단단하므로 한 번에 정확히 타격한다.
④ 물건에 해머를 대고 몸의 위치를 정한다.

> 해머를 사용할 때는 처음에는 작게 휘두르고 차차 크게 휘두르며, 열처리 된 재료는 해머리 타격하지 않아야 한다.

15 해머 사용 시 주의사항이 아닌 것은?

① 쐐기를 박아서 자루가 단단한 것을 사용한다.
② 기름이 묻은 손으로 자루를 잡지 않는다.
③ 타격면이 닳아 경사진 것은 사용하지 않는다.
④ 처음에는 크게 휘두르고, 차차 작게 휘두른다.

> 처음에는 작게 휘두르고, 차차 크게 휘두른다.

16 다음 중 일반 드라이버 사용시 안전수칙으로 틀린 것은?

① 정을 대신할 때는 드라이버를 사용한다.
② 드라이버에 충격압력을 가하지 말아야 한다.
③ 자루가 쪼개졌거나 또한 허술한 드라이버는 사용하지 않는다.
④ 드라이버의 끝을 항상 양호하게 관리하여야 한다.

> 드라이버를 정 대신으로 사용해서는 안 된다.

17 인화성 물질이 아닌 것은?

① 아세틸렌 가스   ② 가솔린
③ 프로판 가스   ④ 산소

> 인화성 가스(flammable gas)
> • 대기 중 산소농도가 보통인 경우에도 발화할 수 있는 가스
> • 공기, 산소 또는 아산화질소와 일정 비율로 혼합될 경우 발화할 수 있는 가스

18 아세틸렌 가스 용기의 취급 방법 중 틀린 것은?

① 용기의 온도는 50℃ 이하로 유지할 것
② 용기는 반드시 세워서 보관할 것
③ 전도, 전락 방지 조치를 할 것
④ 충전용기와 빈 용기는 명확히 구분하여 각각 보관할 것

> 아스틸렌 가스 용기의 온도는 40℃ 이하로 유지하여야 한다.

19 다음에서 산소가스 용접기에 사용되는 용기의 도색으로 모두 맞는 것은?

| ㉠ 산소 – 녹색   ㉡ 수소 – 흰색 |
| ㉢ 아세틸렌 – 황색 |

① ㉠   ② ㉡, ㉢

 11 ④ 12 ③ 13 ② 14 ③ 15 ④ 16 ① 17 ④ 18 ① 19 ③

③ ㉠, ㉢　　　　　④ ㉠, ㉡, ㉢

> 용기와 도관의 색
> • 산소 : 용기 녹색, 도관 녹색
> • 아세틸렌 : 용기 황색, 도관 적색

20 산소 아세틸렌 가스용접에서 토치의 점화시 작업의 우선순위 설명으로 올바른 것은?

① 토치의 아세틸렌 밸브를 먼저 연다.
② 토치의 산소 밸브를 먼저 연다.
③ 산소 밸브와 아세틸렌 밸브를 동시에 연다.
④ 혼합가스밸브를 먼저 연 다음 아세틸렌 밸브를 연다.

> 산소 아세틸렌 가스용접에서 토치 점화 시에는 토치의 아세틸렌 밸브를 먼저 열고 점화한 후 산소 밸브을 연다.

21 용접 작업시 유해 광선으로 눈에 이상이 생겼을 때 응급처치 요령으로 적당한 것은?

① 안약을 넣고 안대를 한다.
② 온수 찜질 후 치료한다.
③ 냉수로 씻어낸 다음 치료한다.
④ 바람을 마주보고 눈을 깜박거린다.

> 용접 작업 시 유해광선이 눈에 들어오면 전광성 안염 등의 눈병이 발생한다. 따라서, 유해광선으로 인해 눈에 이상이 생기면 냉수로 씻어낸 후 필요한 치료를 하여야 한다.

22 가스누설 검사에 가장 좋고 안전한 것은?

① 아세톤　　　　② 비눗물
③ 순수한 물　　　④ 성냥불

23 연삭기의 안전한 사용방법이 아닌 것은?

① 숫돌측면 사용제한
② 보안경과 방진마스크 착용
③ 숫돌덮개 설치 후 작업
④ 숫돌과 받침대 간격 6mm 이상 유지

> 연삭기의 숫돌에는 직경 5cm 이상의 덮개를 씌워야 하며, 탁상용 연삭기 사용 시에는 작업받침대와 숫돌 간격을 3mm 이내로 하여야 한다.

24 일반적으로 정밀한 부속품을 세척하기 위해 가장 안전한 것은?

① 와이어 브러시
② 걸레
③ 건
④ 에어건

25 사고로 인한 재해가 가장 많이 발생할 수 있는 것은?

① 기관
② 벨트, 풀리
③ 동력전달장치
④ 래크

> 벨트, 풀리는 협착(물건에 끼워진 상태 또는 말려든 상태)에 의한 재해가 빈번하게 발생할 수 있다.

26 위험기계기구에 설치하는 방호장치가 아닌 것은?

① 급정지 장치
② 자동전격 방지장치
③ 역화방지 장치
④ 하중측정 장치

27 벨트 취급에 대한 안전사항 중 틀린 것은?

① 벨트 교환시 회전을 완전히 멈춘 상태에서 한다.
② 벨트의 회전을 정지할 때 손으로 잡고서 한다.
③ 벨트의 적당한 장력을 유지하도록 한다.
④ 벨트에 기름이 묻지 않도록 한다.

> 벨트의 회전을 멈출 때 손으로 잡고서 하면 사고 우려가 있다.

28 벨트를 풀리에 걸 때는 어떤 상태에서 걸어야 하는가?

① 회전을 정지시킨 후
② 저속으로 회전할 때
③ 중속으로 회전할 때
④ 고속으로 회전할 때

 20 ① 21 ③ 22 ② 23 ④ 24 ④ 25 ② 26 ④ 27 ② 28 ①

29 기계에 사용되는 방호덮개 장치의 구비 조건으로 틀린 것은?

① 마모나 외부로부터 충격에 쉽게 손상되지 않을 것
② 작업자가 임의로 제거 후 사용할 수 있을 것
③ 검사나 급유조정 등 정비가 용이할 것
④ 최소의 손질로 장시간 사용할 수 있을 것

🔍 기계에 사용되는 방호덮개는 작업자가 임의로 제거할 수 없어야 한다.

30 기계장치의 안전관리를 위해 정지상태에서 점검하는 사항이 아닌 것은?

① 볼트 · 너트의 헐거움
② 스위치 및 외관상태
③ 힘이 걸린 부분의 흠집
④ 이상음 및 진동상태

31 전기 기기의 손상방지 대책에 관한 사항으로 옳은 것은?

① 퓨즈 단선시는 철선으로 연결하여 임시 사용한다.
② 퓨즈 단선시는 전선으로 연결 후 계속 사용한다.
③ 코드의 연결은 가급적 길게 한다.
④ 퓨즈 단선시 정격 퓨즈로 교체 후 사용한다.

32 다음 중 보호안경을 끼고 작업해야 하는 사항으로 가장 거리가 먼 것은?

① 산소용접 작업시
② 그라인더 작업시
③ 건설기계 장비 일상점검 작업시
④ 장비의 하부에서 점검 정비 작업시

33 보호안경을 사용하는 설명으로 맞지 않는 것은?

① 유해 광선으로부터 눈을 보호하기 위하여
② 중량물이 떨어질 때 신체를 보호하기 위하여
③ 비산되는 칩으로부터 눈을 보호하기 위하여
④ 유해 약물로부터 눈을 보호하기 위하여

🔍 중량물이 떨어질 때 신체를 보호하기 위해서는 안전모를 착용해야 한다.

34 작업시 보안경을 반드시 사용해야 하는 것으로 적합하지 않은 것은?

① 장비 밑에서 정비 작업할 때
② 인체에 해로운 가스가 발생하는 작업장
③ 철분, 모래 등이 날리는 작업장
④ 전기용접 및 가스용접 작업장

🔍 인체에 해로운 가스가 발생하는 작업장에서는 방독마스크를 착용해야 한다.

● **7. 작업안전 · 화재 · 운반**

01 흡연으로 인한 화재를 예방하기 위한 것으로 옳은 것은?

① 금연구역으로 지정된 장소에서 흡연한다.
② 흡연장소 부근에 인화성 물질을 비치한다.
③ 배터리를 충전할 때 흡연은 가능한 삼가하되 배터리의 캡을 열고 했을 때는 관계없다.
④ 담배꽁초는 반드시 지정된 용기에 버려야 한다.

02 가동하고 있는 원동기에서 화재가 발생하였다. 그 소화작업으로 가장 먼저 취해야 할 안전한 방법은?

① 원인분석을 하고, 모래를 뿌린다.
② 경찰에 신고한다.
③ 점화원을 차단한다.
④ 원동기를 가속하여 팬의 바람으로 끈다.

🔍 화재 발생 시 우선 조치는 점화원을 차단하고 이후 화재 유형에 적합한 소화작업을 한다.

03 화상을 입었을 때 응급조치 중 가장 옳은 것은?

① 빨리 찬물에 담갔다가 아연화 연고를 바른다.
② 빨리 메틸알코올에 담근다.
③ 빨리 옥도정기를 바른다.
④ 빨리 아연화 연고를 바르고 붕대를 감는다.

정답 29 ② 30 ④ 31 ④ 32 ③ 33 ② 34 ② [7. 작업안전 · 화재 · 운반] 01 ④ 02 ③ 03 ①

> 차가운 물에 담그거나 흐르는 찬물로 화상부위를 열을 내려준 후 아연화 연고를 바른다.

04 안전적 측면에서 인화점이 낮은 연료는?

① 화재 발생 위험이 있다.
② 연소상태의 불량 원인이 된다.
③ 압력 저하 요인이 발생한다.
④ 화재 발생 부분에서 안전하다.

> 인화점이 낮다는 것은 낮은 온도에서 쉽게 불이 붙을 수 있다는 것이다.

05 다음 배출물 가스 중에서 인체에 가장 해가 없는 가스는?

① HC   ② CO
③ CO_2 ④ NOx

06 안전적인 측면에서 병 속에 들어 있는 약품을 냄새로 알아보고자 할 때 가장 좋은 방법은?

① 종이로 적셔서 알아본다.
② 숟가락으로 약간 떠내어 냄새를 직접 맡아본다.
③ 내용물을 조금 쏟아서 확인한다.
④ 손바람을 이용하여 확인한다.

07 방화 방지 조치로서 적합하지 않는 것은?

① 가연성 물질을 인화장소에 두지 않는다.
② 유류 취급 장소에는 방화수를 준비한다.
③ 흡연은 정해진 장소에서만 한다.
④ 화기는 정해진 장소에서만 취급한다.

> 유류 화재에는 방화사나 분말소화기, 포말소화기 등을 사용해야 한다.

08 유류 화재시 소화를 위한 방법으로 가장 거리가 먼 것은?

① 방화커튼을 이용하여 화재 진압
② 모래를 사용하여 화재 진압
③ CO_2 소화기를 이용하여 화재 진압
④ 물을 이용하여 화재 진압

09 소화작업에 대한 설명 중 틀린 것은?

① 가연물질의 공급을 차단시킨다.
② 유류화재시 표면에 물을 붓는다.
③ 산소의 공급을 차단한다.
④ 점화원을 발화점 이하의 온도로 낮춘다.

> 유류화재시 표면에 물을 부으면 유류가 물 위에 떠서 불이 더욱 확산될 수 있다.

10 소화작업의 기본 요소가 아닌 것은?

① 가연물질을 제거하면 된다.
② 산소를 차단하면 된다.
③ 점화원을 냉각시키면 된다.
④ 연료를 기화시키면 된다.

11 작업장에서 휘발유 화재가 일어났을 경우 가장 적합한 소화 방법은?

① 물 호스의 사용
② 불의 확대를 막는 덮개의 사용
③ 소다 소화기의 사용
④ 탄산가스 소화기의 사용

> 유류화재는 B급화재로 포말소화기, 이산화탄소(탄산가스) 소화기, 분말 소화기, 증발성 액체 소화기를 적용한다.

12 이산화탄소 소화기의 일반적 특징이 아닌 것은?

① 연소물의 온도를 인화점 이하로 냉각시킨다.
② 저장에 따른 변질이 없다.
③ 전기절연성이 크다.
④ 소화시 부식성이 없다.

> 이산화탄소 소화기의 특징
> • 소화속도가 빠르다
> • 저장에 의한 변질이 없어 장기간 저장이 용이하다.
> • 밀폐공간에서는 질식 및 중독의 위험성 때문에 사용이 제한된다.
> • 전기 절연성이 우수하며 부식성이 없다.

13 산·알칼리 소화기는 어떤 화재에 가장 적합한가?

① A급 화재   ② B급 화재
③ C급 화재   ④ D급 화재

> 산·알칼리 소화기는 보통화재인 A급 화재에 사용한다.

 정답 04 ① 05 ③ 06 ④ 07 ② 08 ④ 09 ② 10 ④ 11 ④ 12 ① 13 ①

14 전기시설과 관련된 화재로 분류되는 것은?

① A급 화재
② B급 화재
③ C급 화재
④ D급 화재

> 화재의 등급
> • A급 화재 : 일반화재
> • B급 화재 : 유류, 가스화재
> • C급 화재 : 전기화재
> • D급 화재 : 금속화재(Al, Mg)

15 전기화재 소화시 가장 좋은 소화기는?

① 모래   ② 물
③ 이산화탄소   ④ 포말소화기

> 전기화재 시에는 유기성 소화액, 이산화탄소 소화기 등을 사용한다.

16 건설기계에는 소화기를 사용이 편리한 곳에 비치하도록 되어 있다. 다음 중 어떤 종류의 소화기가 가장 적합한가?

① A급 화재소화기   ② 포말 B소화기
③ ABC소화기   ④ 포말소화기

> ABC소화기는 금속화재를 제외한 모든 화재에 적용할 수 있다.

17 폭발의 우려가 있는 가스 또는 분진을 발생하는 장소에서 지켜야 할 일에 속하지 않는 것은?

① 불연성 재료의 사용금지
② 화기의 사용금지
③ 인화성 물질 사용금지
④ 점화의 원인이 될 수 있는 기계사용 금지

> 폭발의 우려가 있는 가스 또는 분진이 발생되는 장소에서는 점화원 및 인화성 물질이 될 수 있는 것들을 사용하지 말아야 한다.

18 다음 중 옳지 못한 것은?

① 전등 삿갓은 종이 및 연소하기 쉬운 것을 사용치 말 것
② 기름 묻은 걸레는 정해진 용기에 보관하여야 한다.
③ 흡연은 정해진 장소에서 할 것
④ 쓰고 남은 기름은 하수구에 버릴 것

19 기계 및 기계장치를 불안전하게 취급할 때 사고가 발생하는 원인을 든 것으로 틀린 것은?

① 안전장치 및 보호장치가 잘 되어 있지 않을 때
② 적합한 공구를 사용하지 않을 때
③ 정리 정돈 및 조명장치가 잘 되어 있지 않을 때
④ 기계 및 기계장치가 너무 넓은 장소에 설치되어 있을 때

20 작업상의 안전수칙으로 적합하지 않은 것은?

① 차를 받칠 때는 안전 잭이나 고임목으로 고인다.
② 벨트 등의 회전부위에 주의한다.
③ 배터리액이 눈에 들어갔을 때는 알칼리유로 씻는다.
④ 기관 시동시에는 소화기를 비치한다.

> 배터리액은 묽은 황산으로 눈에 들어가면 물로 세척하고 전문의의 치료를 받아야 한다.

21 다음 중 건설기계 작업장에서 갖추어야 할 안전용품과 관계가 먼 것은?

① 응급용 의약품   ② 방청용 오일
③ 소화용구   ④ 지혈제

22 작업개시 전 운전자의 조치사항으로 가장 거리가 먼 것은?

① 점검에 필요한 점검내용을 숙지한다.
② 운전하는 장비의 사양을 숙지 및 고장나기 쉬운 곳을 파악하여야 한다.
③ 장비의 이상 유무를 작업 전에 항상 점검하여야 한다.
④ 주행로 상의 복수의 장비가 있을 때는 충돌방지를 위하여 주행로 양측에 콘크리트 옹벽을 친다.

 14 ③ 15 ③ 16 ③ 17 ① 18 ④ 19 ④ 20 ③ 21 ② 22 ④

23 야간작업을 할 경우 안전운전 방법으로 틀린 것은?
① 작업장에는 조명이 불필요하고 통로만 조명시설을 한다.
② 전조등 또는 기타 조명장치를 이용한다.
③ 원근감이 불명확해지므로 조명장치를 이용한다.
④ 지면의 고저감의 착각을 일으키기 쉬우므로 안전속도로 운전한다.

> 야간작업 시는 작업장 통로 뿐만 아니라 작업장에도 충분한 조명시설을 해야 한다.

24 안전한 작업을 하기 위하여 작업복장을 선정할 때의 유의사항으로 가장 거리가 먼 것은?
① 착용자의 취미, 기호 등을 감안하여 적절한 스타일을 선정한다.
② 화기사용 장소에서는 방염성, 불연성의 것을 사용하도록 한다.
③ 상의의 끝이나 바지자락 등이 기계에 말려 들어갈 위험이 없도록 한다.
④ 작업복은 몸에 맞고 동작이 편하도록 제작한다.

> 작업 복장은 착용자의 취미, 기호 등이 아니라 안전에 우선을 두어야 한다.

25 작업장에서의 복장에 대하여 유의할 사항으로 틀린 것은?
① 상의의 옷자락이 밖으로 나오지 않도록 한다.
② 작업복은 몸에 맞는 것을 입는다.
③ 기름이 묻은 작업복은 될 수 있는 한 입지 않는다.
④ 수건은 허리춤에 끼거나 목에 감는다.

26 안전사항으로 운전 및 정비 작업시의 작업복으로 적당치 않은 것은?
① 점퍼형으로 상의 옷자락을 여밀 수 있는 것
② 작업용구 등을 넣기 위해 호주머니가 많은 것
③ 소매를 오무려 붙이도록 되어 있는 것
④ 소매를 손목까지 가릴 수 있는 것

> 작업복은 가급적 호주머니를 최소화해야 한다.

27 안전작업은 복장의 착용상태에 따라 달라진다. 다음에서 권장사항이 되지 않는 것은?
① 땀을 닦기 위한 수건이나 손수건을 허리나 목에 걸고 작업해서는 안 된다.
② 옷소매는 되도록 폭이 좁게 된 것이나, 단추가 달린 것은 되도록 피한다.
③ 물체 추락의 우려가 있는 작업장에서는 아무리 덥더라도 작업모를 착용해야 한다.
④ 복장을 단정하게 하기 위해 넥타이를 꼭 매야 한다.

28 다음 중 작업복의 조건으로서 가장 알맞은 것은?
① 작업자의 편안함을 위하여 자율적인 것이 좋다.
② 도면, 공구 등을 넣어야 하므로 주머니가 많아야 한다.
③ 작업에 지장이 없는 한 손발이 노출되는 것이 간편하고 좋다.
④ 주머니가 적고 팔이나 발이 노출되지 않는 것이 좋다.

29 물품을 운반할 때 주의할 사항으로 틀린 것은?
① 가벼운 화물은 규정보다 많이 적재하여도 된다.
② 긴 물건을 쌓을 때는 끝에 표시를 한다.
③ 정밀한 물품은 상자에 넣고 쌓는다.
④ 가벼운 것을 위에 무거운 것을 밑에 쌓는다.

> 가벼운 화물이더라도 규정에 따라 적재하여야 한다.

30 안전작업 측면에서 장갑을 착용하고 해도 가장 무리가 없는 작업은?
① 연삭 작업을 할 때
② 무거운 물건을 들 때
③ 해머 작업을 할 때
④ 정밀기계 작업을 할 때

> 장갑을 착용해서는 안 되는 작업
> • 연삭 작업   • 해머 작업
> • 드릴 작업   • 정밀기계 작업

23 ① 24 ① 25 ④ 26 ② 27 ④ 28 ④ 29 ① 30 ②

31 인양 물체의 중심을 측정하여 인양하여야 한다. 다음 중 잘못된 것은?

① 와이어 로프나 매달기용 체인이 벗겨질 우려가 있으면 되도록 높이 인양한다.
② 인양 물체를 서서히 올려 지상 약 30cm 지점에서 정지 확인한다.
③ 인양 물체의 중심이 높으면 물체가 기울 수 있다.
④ 형상이 복잡한 물체의 무게 중심을 목측한다.

> 와이어 로프나 매달기용 체인이 벗겨질 우려가 있으면 작업을 중지하고 필요한 조치를 하여야 한다.

32 공장에서 엔진 등 중량물을 이동하려고 한다. 가장 좋은 방법은?

① 여러 사람이 들고 조용히 움직인다.
② 체인 블록이나 호이스트를 사용한다.
③ 로프로 묶고 살며시 잡아 당긴다.
④ 지렛대를 이용하여 움직인다.

> 중량물은 인력운반이 금지되며, 체인 블록이나 호이스트를 사용해서 운반하여야 한다.

정답 ▶ 31 ① 32 ②

CHAPTER

06

Craftsman Excavating Machine Operator

굴착기 작업장치

Section 01 굴착기
Section 02 굴착기 출제예상문제

SECTION 01 굴착기

Craftsman Excavating Machine Operator

STEP 01 굴착기 일반

1. 굴착기의 정의

굴착기(Excavator)는 토양을 굴착하는 장비로 기중기의 도랑파기(trench hoe) 등 전부 장치를 유압식으로 개발한 것이며, 작업 장치에 의해 백호(back hoe), 클램쉘(clam shell), 셔블(shovel), 로더(loader), 해머(hammer), 오렌지 필(orange peel) 등 다양한 작업을 수행하는 장비이다. 특히, 굴착기는 택지조성사업, 도로 및 하수도공사, 하천개조 및 치수공사, 터널 및 지하철공사, 모래 및 자갈채취작업 등에 알맞으며, 규격은 작업 가능 상태의 중량(ton)으로 나타내고 호칭은 버킷 용량(m^3)으로 표시한다.

2. 굴착기의 종류

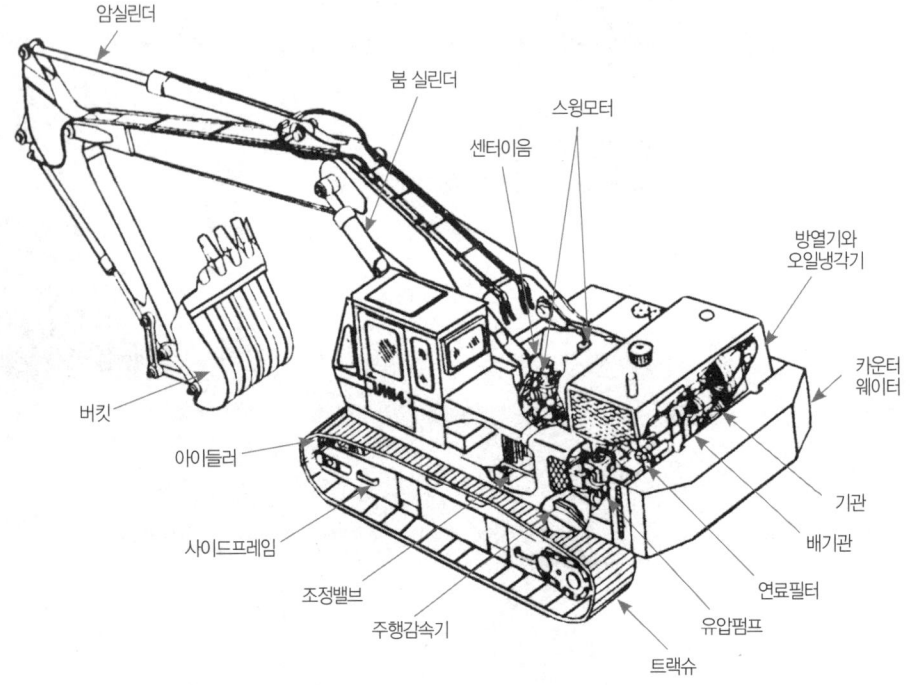

[크롤러형 굴착기(Crawler Excavator)]

1) 버켓 용량에 의한 분류
   ① 0.2m³ 미만 : 미니 굴착기
   ② 0.2~0.3m³ 미만 : 소형 굴착기
   ③ 0.3~0.7m³ 미만 : 중형 굴착기
   ④ 1.2m³ 이상 : 대형 굴착기

[미니 굴착기]　　　[소형 굴착기]　　　[중형 굴착기]　　　[대형 굴착기]

2) 주행장치별 분류
   ① 크롤러형(무한궤도형) : 접지 면적이 크고 접지 압력이 작아 사지나 습지에서 작업이 가능하며 험한 지역 등 타이어가 피해를 입는 곳에서 작업이 가능한 장점이 있다.
   ② 휠형 : 주행 장치가 고무 타이어로 된 형식으로, 이동성은 좋으나 연약 지반에서의 작업이 불가능하고 안전성을 도모하기 위해 아우트리거(outrigger)가 사용된다.
   ③ 트럭탑재형 : 트럭식이란 화물자동차의 적재함 부분에 전부 장치가 부착되어 있으며 50km/h 정도까지의 속도를 낼 수 있으나, 작업 장치를 조종하기 위한 조종석이 별도로 있으며 소형으로만 사용된다.
   ④ 반정치형 : 타이어와 이동용 다리가 함께 있어, 크롤러형과 타이어형 굴착기가 할 수 없는 부정지, 측면이 고르지 못한 경사지나 일정치 못한 구렁텅이 같은 곳의 작업에 효과적이다.

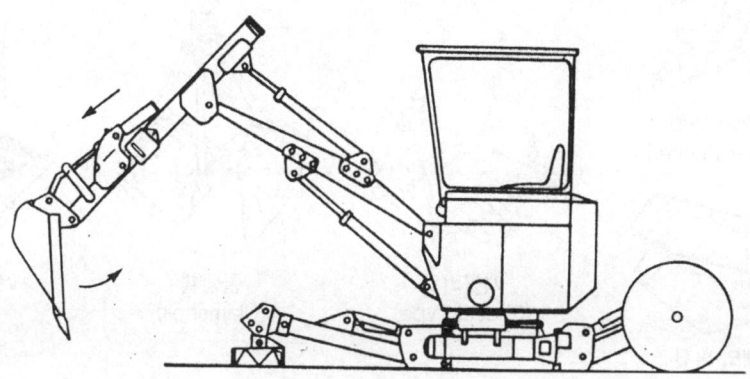

[반정치형(反定置型) 굴착기]

3) 작업 장치의 분류
   ① 백호(도랑파기) 버킷 : 가장 일반적으로 많이 사용되는 것으로 도랑파기, 지하철 공사, 토사 작업 등에 효과적이다.
   ② 슬로프 피니시드 버킷 : 경사지 조성, 도로, 하천 공사와 정지 작업에 효과적이다.

③ 우드 그랩 : 전신주, 파일, 기중 작업 등에 이용되며 목재 운반과 적재 하역에 효과적이다.
④ 둥근 구멍 파기 : 클램쉘 버킷과 비슷하게 되어 있으나, 다만 둥글게 되어 있는 점만 다르다.
⑤ 폴립 클램프 : 자갈, 골재 선별 적재, 오물처리 등의 작업에 사용된다.

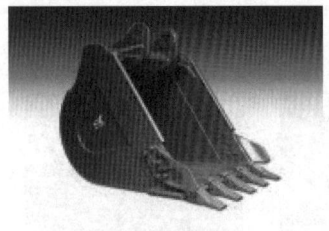
[백호 버킷]

[우드 그랩]

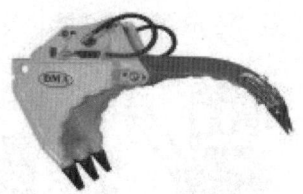
[스톤 그랩]

⑥ 스트랜저 버킷 : 가옥 해체, 폐기물 처리, 임업 공사에 효과적이다.
⑦ 슈퍼 마그넷 : 전자석을 이용하여 철물을 운반 또는 기중 작업에 사용하는 것으로서 DC 250V가 필요하다.
⑧ 도저용 블레이드 : 케이블, 파이프 매설 등에 적절하며, 앞 부분에 삽을 설치하였다.
⑨ 이젝터 버킷 : 버킷 안에 토사를 밀어내는 이젝터가 있어 점토질의 땅을 굴착 할 때 버킷 안에 흙이 부착될 염려가 없다.
⑩ 셔블 버킷 : 장비보다 위쪽의 굴토 작업에 적합하다. 백호 버킷을 뒤집어 설치하여 작업하기도 한다.
⑪ 클램쉘 : 수직 굴토 작업, 배수구 굴착 및 청소 작업에 적합하며 버킷의 개폐도 유압 실린더로 한다.
⑫ V형 버킷 : V배수로, 농수로 작업에 효과적이다.

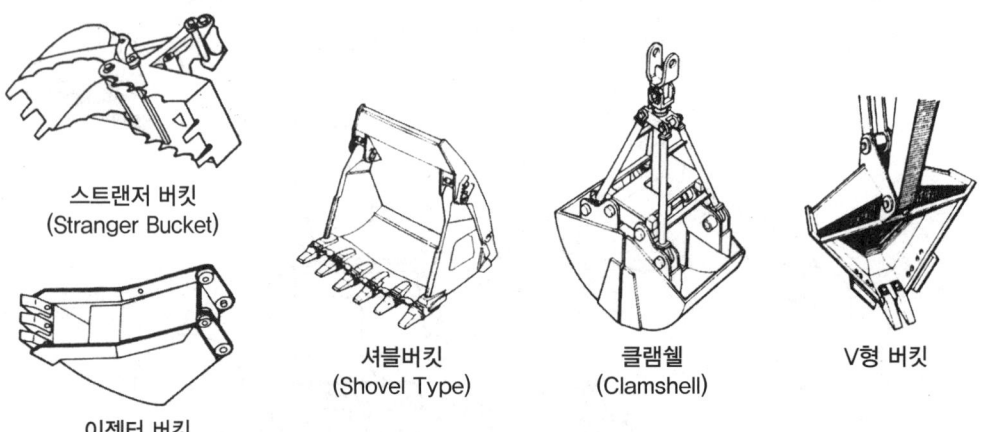

스트랜저 버킷 (Stranger Bucket)
이젝터 버킷 (Ejector Bucket)
셔블버킷 (Shovel Type)
클램쉘 (Clamshell)
V형 버킷

⑬ 오프셋 암 프런트 : 암이 붐과 좌우로 오프셋 할 수 있으며 좁은 장소, 도랑파기, 도로 측면 작업 등 제한된 작업 장소에 적절하며 유압 실린더에 의해서 오프셋 시킬 수 있다.
⑭ 브레이커 : 버킷 대신 유압 브레이커를 설치하여 암석, 콘크리트, 아스팔트 등의 파괴에 사용된다.
⑮ 리퍼 : 버킷 대신 1포인트 혹은 3포인트의 리퍼를 설치하여 암석, 콘크리트, 나무 뿌리 뽑기, 파괴 등에 사용한다.

⑯ 컴팩터 : 유압 모터 편심 축을 회전 시킬 때 발생하는 진동을 이용한여 골사 현장의 마무리 작업에 사용한다.

⑰ 퀵 커플러 : 굴착기 작업 장치 교환 시 운전자가 레버를 조작하여 암의 선단에 장착되어 있는 퀵 커플러를 버켓이나 브레이커 등에 결합시키거나, 분리시키는 방법으로 작업 장치를 교환한다.

[브레이커]　　　[리퍼]　　　[컴팩터]　　　[퀵 커플러]

⑱ 하베스터 : 굴착기에 부착하여 사용되는 다공정 임업 기계로 벌도, 가지 훑기, 통나무 자르기 등의 조재 작업을 한 공정에 수행하는 작업장치이다.

[하베스터]

[프로세서]

⑲ 프로세서 : 전목의 가지를 제거하는 가지자르기 작업, 조재목 마름질작업, 가지 훑기, 통나무 자르기 등의 조재작업을 수행하는 작업장치이다. 벌도는 불가능하다.

4) 붐과 암에 의한 분류

① 원피스 붐(one piece boom) : 보통 작업에 가장 많이 사용되며, 174~177°의 굴착 작업이 가능하다.
② 투피스 붐(two piece boom) : 굴착 깊이를 깊게 할 수 있고 다용도로 쓰인다.
③ 백호 스틱 붐(back hoe sticks boom) : 암의 길이가 길어 굴착 깊이를 깊게 할 수 있는 트렌치 작업(trench work)에 적당하다.
④ 로터리 붐(rotary boom) : 최근에 개발된 형식으로 붐과 암 부분에 회전기를 두어 굴착기의 이동 없이도 암이 360° 회전된다.

STEP 02 굴착기의 구성과 작업

1. 굴착기의 구성

굴착기는 회전하는 상부선회체, 주행하는 하부주행체, 작업하는 작업장치의 3개 부분으로 구성된다.

1) 상부선회체

프레임, 엔진, 유압장치, 선회장치 등으로 구성되어 있으며 하부주행체와는 선회륜을 통해 조립되어 있다.

① 프레임 : 엔진, 유압장치, 선회장치 등을 탑재하는 회전체로 후방에 굴착기의 안정을 위해 카운

터 웨이트(밸런스 웨이트)를 설치한다. 붐, 암 등 각 실린더의 지지부는 하중에 견딜 수 있는 충분한 강도로 제작된다.

② 엔진 : 굴착기 엔진은 디젤엔진을 주로 사용하며 소음, 배기가스 등을 피해야 하는 특수 조건에서는 전동기를 사용한다. 또한, 위험한 작업 현장에서는 원격 조종 굴착기를 사용한다.

③ 운전실 : 방한·방열용으로 시야가 넓어야 하고 의자는 전후 조정식으로 편안히 운전 할 수 있게 제작한다.

④ 유압장치 : 유압장치는 유체로 동력을 전달하는 장치로 유압펌프, 액추에이터 및 부속기기로 구성된다.

　㉮ 유압 펌프 : 레버 작동으로 작동유를 각 액추에이터로 압송하며, 레버 중립시 에는 작동유를 토출 하지 않아 마력의 소비를 줄이고 엔진의 무리를 방지한다. 소형 굴착기에서는 기어 펌프를 사용하고, 중대형 굴착기 에서는 피스톤 펌프를 사용한다.

　㉯ 컨트롤 밸브 : 스풀형 구조인 컨트롤 밸브는 릴리프 밸브를 부착하여 유압펌프가 규정된 압력 이상으로 상승하면 오일이 릴리프되어 유압탱크로 리턴 되므로 유압회로의 과부하 및 유압부품의 파손을 방지한다.

　㉰ 선회 모터 : 유압 구동 피스톤 형으로 저속 고 토크의 모터를 사용하며, 브레이크 밸브가 부착되어 운전자가 작업 레버를 놓으면 모터가 선회하지 않도록 브레이크 역할을 하여 모터가 급격히 정지하여 생기는 관성에 의한 내부 부품의 파손을 방지한다.

　㉱ 작동유 탱크 : 내부에 인산염 피막 처리를 하여 특수 방청이 되어있다. 탱크 밑 부분에는 필터가 설치되어 먼지나 오물이 파이프라인으로 흡입 되는 것을 방지한다. 작동유의 양을 파악하기 쉽도록 탱크 측면에 레벨 게이지가 부착 되어 있다.

⑤ 작동유 필터 : 컨트롤 밸브에서 리턴된 작동유의 먼지 등을 여과하여 유압 라인의 고장을 방지한다. 작동유 속에 함유 되어 있는 10㎛ 이상은 모두 여과한다.

⑥ 연료 탱크 : 내부에 스트레이너가 설치되어 불순물이 연료 라인으로 흡입되는 것을 방지한다. 중대형 이상 굴착기에는 자동연료 흡입 장치를 설치하여 작업 현장에서 편하게 연료 주입이 가능하다.

⑦ 공기 탱크 : 엔진에 부착된 공기압축기에서 배출된 압축된 공기를 저장한다. 압축된 공기가 냉각되면 수분이 발생하므로 탱크 밑 부분에 수분제거용 밸브가 부착 되어 있고, 타이어식 굴착기에는 압축된 공기가 에어 드라이어를 거쳐서 공기 탱크로 들어가게 되어있다.

⑧ 조작 레버 : 작업 레버는 2개로 구성되는데 우측 작업 레버는 붐, 버킷 동작 레버이며 좌측 작업 레버는 암, 선회 동작 레버이다. 무한궤도식의 경우 2개의 주행 레버로 구성되어 주행 시 사용된다.

⑨ 선회 로크 : 굴착기를 원거리 이동 시 상부선회체와 하부주행체를 고정시켜, 장비가 회전하지 못하도록 하며, 운전실에서 쉽게 사용토록 되어있다.

⑩ 유압작동 회로(예)

　㉮ 제 1펌프의 오일은 우측 컨트롤 밸브로, 제2펌프의 오일은 좌측 컨트롤 밸브로 압송된다. 3펌프는 보조 펌프로 파이럿 밸브에 압송된다.

　㉯ 붐 상승은 1단(저속), 2단(고속)으로 작동되며 조작 레버 행정에 의해 결정된다. 2단의 경우 1, 2펌프에서 나오는 오일이 좌.우 컨트롤 밸브를 통해 합류된 후 붐 실린더로 압송 되므로 붐 상승 속도가 빨라진다.

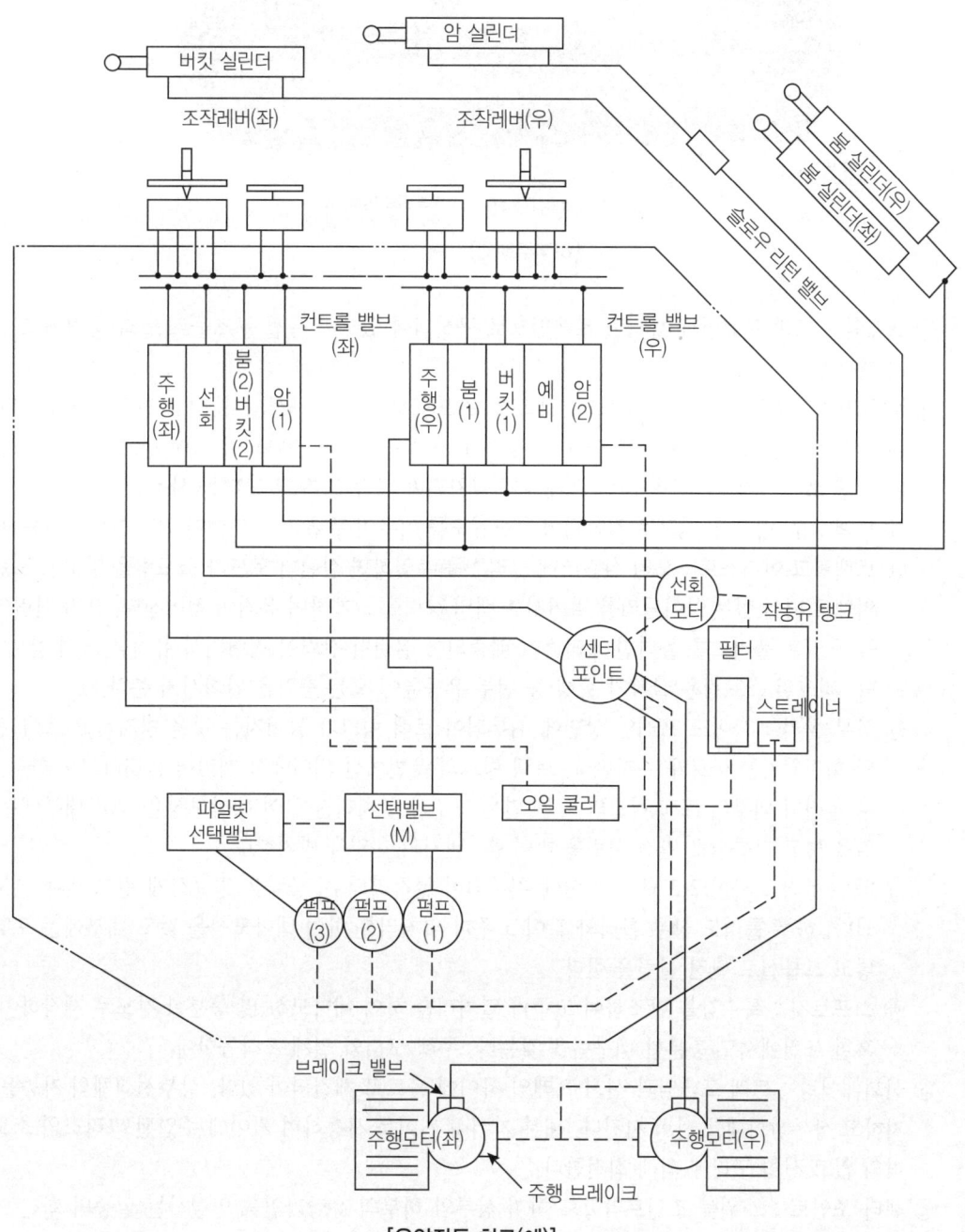

[유압작동 회로(예)]

2) 하부주행체

하부주행체는 선회베어링을 거쳐 상부선회체와 작업장치를 지지하고 있다.

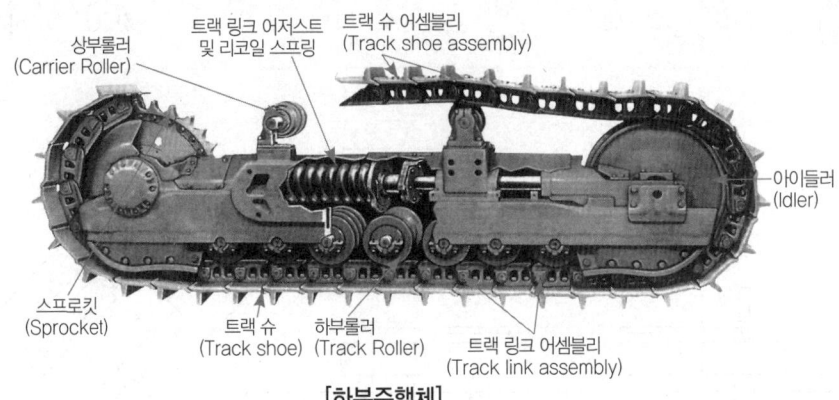

[하부주행체]

① 프레임 : 트랙 프레임과 사이드 프레임으로 구성되어 있으며 용접 구조물로 열과 충격에도 견디게 제작한다.
② 주행 장치 : 주행 장치는 유압 모터, 감속기, 스프로킷 등으로 구성되어 있다. 펌프에서 토출된 압유는 컨트롤 밸브를 거쳐 주행 모터 → 감속기 → 스프로킷에 전달되어 트랙 링크를 회전시킨다.
　㉮ 주행 모터 : 좌. 우 양쪽 트랙 프레임에 설치되며 저속 고 토크 모터를 사용한다.
　㉯ 트랙 : 슈, 링크 및 핀으로 결합되어 무한궤도를 이루어 주행 시 무리없이 전·후진이 가능하다.
　㉰ 트랙링크 어저스트 : 오일 실린더에 그리스를 주입하면 실린더 로드가 스프링을 밀고 스프링과 일체로 되어 있는 아이들러를 밀어서 트랙의 장력을 크게하여 유격이 적어진다. 오일 실린더에 붙어 있는 플러그를 돌리면 그리스가 배출되어 실린더 장력이 적어져서 유격을 크게 할 수 있다. 리코일 스프링은 굴착기 주행 중 전부 유동륜에 오는 충격을 완화시켜 준다.
　㉱ 상부 롤러 : 사이드 프레임 상면에 취부되어 트랙 링크가 늘어지는 것을 방지하고 트랙 링크의 회전위치를 바르게 유지한다. 트랙 링크의 운반이란 의미에서 캐리어 롤러라고도 한다. 상부 롤러의 외부의 트랙 링크와 닿는 면은 고주파 열처리를 하여 내마모성을 갖고 내부에는 오일을 넣고 그룹실로 완전 실링을 하여 흙. 먼지의 침입을 방지한다.
　㉲ 하부 롤러 : 사이드 프레임 하면에 취부되어 굴착기의 전 중량을 평균하게 링크 의에 분포시킨다. 하부 롤러도 상부 롤러와 같이 고주파 열처리를 하여 내마모성을 갖고 내부에는 오일을 넣고 그룹실로 완전 실링을 한다.
　㉳ 스프로킷 : 특수강을 단조하여 고주파 열처리를 하여 내마모성 및 충분한 강도로 제작하여 가혹한 조건에서도 충분한 내구력을 갖는다. 주행 모터와 일체로 작동한다.
③ 선회베어링 : 트랙 프레임과 선회 프레임 사이에 볼트로 체결되어 있다. 상부선회체의 자중을 지지하고 상부선회체를 선회 시킨다. 내부 기어식 기어를 사용하며 기어에 주입된 그리스의 소모가 거의 없고 선회 모터에 의해 회전한다.
④ 센터 조인트 : 스위블 조인트라고도 하며 상부와 허부의 유압라인을 연결하는 일종의 회전 이음으로 상부선회체 중간에 설치되며, 배럴은 상부에 스핀들은 하부에 연결된다.

3) 작업 장치
　① 전부 장치로 버킷을 주로 사용 하며 전부 장치를 교환하여 클램쉘, 브레이커, 셔블 등의 작업 조건에 적합한 어태치먼트를 쉽게 장·탈착 할 수 있다.
　② 붐 : 상부 선회체와 풋 핀으로 연결되어 상하로 각 운동을 한다. 붐 선단부는 풋 핀으로 암과 연결된다.
　③ 암 : 붐과 버킷 사이의 연결 부분으로 디퍼스틱 이라고도 한다. 붐과 암의 각도가 80~110°일 때 굴착력이 크다.
　④ 버킷 : 고 장력 강판으로 제작되며 굴착력 보강을 위해 투스(이빨)를 설치한다.
　⑤ 슬로우 리턴 밸브 : 붐 또는 암이 하강 또는 크라우드시 자중 때문에 급속히 작동되어 실린더 내에 발생되는 캐비테이션 및 장비의 롤링을 방지하기 위하여 붐, 암의 리턴 라인에 부착한다.

2. 굴착기의 작업

1) 작업 순서
　① 굴착 : 디퍼나 버킷에 흙을 퍼담는 작업이다.
　② 선회 : 흙을 버릴 곳이나 덤프 트럭까지 선회한다.
　③ 적재 : 덤프 트럭이나 호퍼에 흙을 쏟는다.
　④ 선회 : 본래 위치로 되돌아 간다.
　⑤ 굴착 위치 : 버킷을 내려서 굴착 위치로 오게 한다.

2) 채굴 작업
　① 직진 채굴 : 붐을 수평 상태로 유지하고 작업 라인에 맞도록 차를 세우며, 지면을 수평으로 정리하고 채굴한 다음 뒤로 이동시켜 다시 채굴한다.

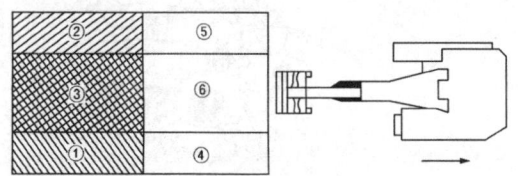

[직진 채굴(넓은 도랑)]

　② 병진 채굴 : 전부 기구를 트랙 방향과 90°로 회전시켜 채굴하면서 트랙을 주행시키는 방법으로 채굴이 넓게 되고 직진 작업하기가 어려우나 한 쪽에 장애물이 있어 작업하기가 곤란한 장소에 이용된다.
　③ 4각 굴착 작업 : 이 작업은 4각으로 정확히 굴착하는 것으로 직진 채굴법을 이용하여 ㄹ자의 반복 순서로 작업하면 효과적이다.
　④ 장애물 밑부분의 굴착 : 장애물이 있는 부분의 한쪽 트랙을 들어올려 굴착기를 15° 경사시켜 작업하며, 이 작업은 스윙 장치 및 트랙에 무리가 오므로 되도록 피하는 것이 좋다.
　⑤ 간척지 작업 : 너무 많은 양의 굴착을 피하고 만조 30분전에 안전 지역으로 이동해야 한다.

3) 굴착기의 난기 운전
　① 난기 운전은 작업 전에 작동유의 온도를 최소한 20℃ 이상으로 상승시키기 위한 운전이다.
　② 엔진을 공전 속도로 5분간 실시한다.
　③ 엔진을 중속으로 하여 버킷 레버만 당긴 상태로 5분~10분간 운전한다.
　④ 엔진을 고속으로 하여 버킷 또는 암 레버를 당긴 상태로 5분간 운전한다.
　⑤ 붐의 작동과 스윙 및 전·후진 등을 5분간 실시한다.

4) 굴착기의 주행시 주의 사항
　① 유압 실린더에 부하가 가해지지 않도록 버킷, 암, 붐을 오므리고 버킷을 하부 주행체 프레임에 올려 놓는다.
　② 상부 회전체를 선회 로크장치로 고정시킨다.
　③ 엔진을 중속 위치에 놓고 평탄한 지면을 선택하여 주행한다.
　④ 암반이나 부정지 등은 트랙을 팽팽하게 조정 후 저속으로 주행한다.
　⑤ 경사지를 주행하는 경우에는 버킷을 30~50cm 정도 들고 한다.

[낙하력이용]

[중량이용 굴착금지]

[주행중 굴착금지]

[선회 및 스윙력 작업금지]

[선회범위내 접근]

[주행중 레버조작 금지]

[버킷에 탑승 금지]

[운전중 정비금지]

제06장_ 굴착기 작업장치
출제예상문제

01 유압 굴착기의 특징 중 틀린 것은?
① 분배 밸브와 각 유압 장치는 조정할 필요가 없다.
② 작업 장치의 구조가 비교적 복잡하다.
③ 동력 전달 기구가 간단하다.
④ 레버 조작이 경쾌하고 작동이 정확하다.

> 유압식 굴착기의 특징
> • 구조가 간단하고 운전조작이 용이하다.
> • 정비가 용이하고 작업장치 교환이 쉽다.
> • 주행이 쉽다.

02 굴착기의 3대 주요 구성품으로 가장 적당한 것은?
① 상부 회전체, 하부 추진체, 중간 선회체
② 작업 장치, 하부 추진체, 중간 선회체
③ 작업 장치, 상부 선회체, 하부 추진체
④ 상부 조정장치, 하부 추진체, 중간 동력장치

> 굴착기는 회전하는 상부선회체, 주행하는 하부주행체, 작업하는 작업장치의 3개 부분으로 구성된다.

03 굴착기 하부 기구의 구성요소가 아닌 것은?
① 트랙 프레임
② 주행용 유압 모터
③ 트랙 및 롤러
④ 유압 회전 커플링 및 선회 장치

> 선회장치는 상부선회체의 구성요소이다.

04 무한궤도 주행식 굴착기의 동력전달 계통과 관계 없는 것은?
① 주행 모터   ② 최종감속 기어
③ 유압 펌프   ④ 추진축

05 무한궤도식 굴착기의 주행방법 중 틀린 것은?
① 가능하면 평탄한 길을 택하여 주행한다.
② 요철이 심한 곳에서는 엔진 회전수를 높여 통과한다.
③ 돌이 주행모터에 부딪치지 않도록 한다.
④ 연약한 땅을 피해서 간다.

> 암반이나 부정지 등은 트랙을 팽팽하게 조정 후 저속으로 주행한다.

06 크롤러형 굴착기가 주행방향이 틀어지는 이유가 아닌 것은?
① 지면이 불균형일 때
② 유압 라인에 이상이 있을 때
③ 트랙의 균형이 맞지 않을 때
④ 트랙 슈가 약간 마모되었을 때

07 경사지에서 굴착기를 주·정차시킬 경우 다음 설명 중 틀린 것은?
① 버킷을 지면에 내려놓는다.
② 주차 브레이크를 작동시킨다.
③ 클러치를 분리하여 둔다.
④ 바퀴 고임목으로 고인다.

08 유압식 굴착기는 주행 동력을 무엇으로 하는가?
① 변속기 동력   ② 최종 감속 장치
③ 전기 모터   ④ 유압 모터

09 크롤러식 굴착기의 주행장치 부품이 아닌 것은?
① 주행 모터   ② 스프로킷
③ 트랙   ④ 스윙 모터

> 스윙 모터(선회 모터)는 유압 구동 피스톤 형으로 저속 고 토크의 모터를 사용하며, 브레이크 밸브가 부착되어 운전자가 작업레버를 놓으면 모터가 선회하지 않도록 브레이크 역할을 하여 모터가 급격히 정지하여 생기는 관성에 의한 내부 부품의 파손을 방지한다.

 01 ② 02 ③ 03 ④ 04 ④ 05 ② 06 ④ 07 ③ 08 ④ 09 ④

10 굴착기 주행 감속기어에서 소리가 나는 원인이 아닌 것은?

① 기어 오일의 부족
② 오일 펌프의 고장
③ 기어의 마모
④ 베어링의 마모

11 굴착기 트랙의 유격은 보통 작업장에서 얼마가 되도록 함이 적합한가?

① 약 10~20mm
② 약 25~40mm
③ 약 70~90mm
④ 약 100~120mm

🔍 일반적으로 유격은 25~40mm 정도로 유격이 규정값보다 크면 트랙이 벗겨지기 쉽고, 롤러 및 트랙 링크의 마멸이 촉진된다.

12 트랙형 굴착기에서 상부 롤러의 설치 목적은?

① 전부 유동륜을 고정한다.
② 기동륜을 지지한다.
③ 트랙을 지지한다.
④ 리코일 스프링을 지지한다.

🔍 상부 롤러는 전부 유동륜과 스프로킷의 사이에서 트랙이 쳐지는 것을 받들어 주며, 트랙의 긴도를 지지하여 준다.

13 굴착기의 붐은 무엇에 의해 상부 회전체에 연결되었는가?

① 볼레이스
② 실린더
③ 푸트핀
④ 코터핀

🔍 붐은 상부 회전체에 푸트핀에 의하여 상부 회전체 프레임에 1개 또는 2개의 유압 실린더와 함께 설치되어 있다.

14 굴착기 작업시 안정성을 주고 장비의 밸런스를 잡아 주기 위하여 설치한 것은?

① 붐   ② 스틱
③ 버킷   ④ 카운터 웨이트

15 굴착기 밸런스 웨이트가 설치되는 곳은?

① 하부 추진체 중간
② 하부 추진체 후부
③ 상부 선회체 중간
④ 상부 선회체 후부

🔍 밸런스 웨이트(카운터 웨이트)는 상부 회전체의 제일 뒷부분에 주철제로 주조되어, 터닝 프레임에 볼트로 고정되어 있다.

16 타이어형 굴착기의 액슬허브에 오일을 교환하고자 한다. 옳은 것은?

① 오일을 배출시킬 때는 플러그를 6시 방향에, 주입할 때는 플러그 방향을 9시에 위치시킨다.
② 오일을 배출시킬 때는 플러그를 3시 방향에, 주입할 때는 플러그 방향을 9시에 위치시킨다.
③ 오일을 배출시킬 때는 플러그를 2시 방향에, 주입할 때는 플러그 방향을 12시에 위치시킨다.
④ 오일을 배출시킬 때는 플러그를 1시 방향에, 주입할 때는 플러그 방향을 9시에 위치시킨다.

17 크롤러식 굴착기에서 상부회전체의 회전에는 영향을 주지 않고 주행모터에 작동유를 공급할 수 있는 부품은?

① 컨트롤 밸브
② 센터 조인트
③ 사축형 유압 모터
④ 언로더 밸브

🔍 센터 조인트는 상부 회전체의 유압유를 하부 추진체의 주행 모터에 보내주어 상부 회전체가 회전하더라도 호스, 파이프 등이 꼬이지 않고 원활히 오일을 송유하는 일을 하는 배관의 일부이다.

18 굴착기의 센터 조인트(선회 이음)의 기능이 아닌 것은?

① 스위블 조인트라고도 한다.
② 압력 상태에서도 선회가 가능한 관이음이다.
③ 스윙 모터를 회전시킨다.
④ 상부 회전체의 오일을 주행모터에 전달한다.

 정답 10 ② 11 ② 12 ③ 13 ③ 14 ④ 15 ④ 16 ① 17 ② 18 ③

19 굴착기의 주행레버를 한쪽은 밀고 한쪽은 당기면?

① 피벗 회전이 된다.
② 스핀 회전이 된다.
③ 고장 나기 쉽다.
④ 어느 쪽으로도 움직이지 않는다.

20 굴착기의 한쪽 주행레버만 조작하여 회전하는 것을 무엇이라 하는가?

① 피벗회전
② 급회전
③ 스핀회전
④ 원웨이회전

🔍 ・피벗회전(pivot turn) : 주행레버를 1개만 조작하여 반대쪽 트랙 중심을 지지점으로 하여 선회하는 방법
・스핀회전(spin turn) : 주행레버 2개를 동시에 반대 방향으로 조작하여 2개의 주행모터가 서로 반대 방향으로 구동되어 굴착기 중심을 지지점으로 하여 선회하는 방식

21 굴착기의 굴착작업은 주로 어느 것을 사용하여야 좋은가?

① 버킷 실린더
② 디퍼스틱 실린더
③ 붐 실린더
④ 주행 모터

22 굴착기 버킷의 용량은 무엇으로 표시하는가?

① in^2
② m^2
③ yd^2
④ m^3

🔍 굴착기의 규격은 작업 가능 상태의 중량(t)으로 나타내고 호칭은 버킷 용량(m^3)으로 표시한다.

23 굴착기의 조종레버 중 굴착작업과 직접 관계가 없는 것은?

① 암(스틱) 제어레버
② 붐 제어레버
③ 스윙 제어레버
④ 버킷 제어레버

🔍 굴착 작업과 직접 관계되는 것은 암(스틱) 제어레버, 붐 제어레버, 버킷 제어레버 등이다.

24 굴착기의 작업 장치로 가장 적절하지 않은 것은?

① 브레이커
② 파일 드라이브
③ 힌지드 버킷
④ 크러셔

🔍 힌지드 버킷은 지게차의 작업 장치이다.

25 일반적으로 굴착기가 할 수 없는 작업은?

① 땅고르기 작업
② 차량토사 적재
③ 경사면 굴토
④ 리핑 작업

🔍 일반적으로 굴착기가 할 수 있는 작업은 땅고르기 작업, 차량토사 적재, 경사면 굴토 등이다.

26 진흙 등의 굴착작업을 할 때 용이한 버킷은?

① 플립 버킷
② 포크 버킷
③ 리퍼 버킷
④ 이젝터 버킷

27 셔블 굴착기의 조정과정은 5가지 동작이 반복하면서 작업이 수행된다. 순서가 맞는 것은?

① 선회 → 적재 → 굴착 → 적재 → 선회
② 굴착 → 적재 → 선회 → 굴착 → 선회
③ 선회 → 굴착 → 적재 → 선회 → 굴착
④ 굴착 → 선회 → 적재 → 선회 → 굴착

🔍 굴착기의 조정과정은 굴착 → 선회 → 적재 → 선회 → 굴착이다.

28 굴착기를 트레일러에 상차할 때의 사항 중 틀린 것은?

① 반드시 경사대를 사용해야 한다.
② 경사대는 충분한 강도가 있어야 한다.
③ 경사대가 있을 때는 버킷의 차체를 들어 올려 상차한다.
④ 경사대에 오르기 전에 방향위치를 정확히 한다.

29 굴착기를 트레일러로 수송할 때 붐이 향하는 방향으로 가장 적절한 것은?

① 앞방향
② 뒷방향
③ 옆방향
④ 어느 방향이든 상관없다.

30 굴착기를 트레일러를 싣고 운반할 때 하부 추진체와 상부 회전체를 고정시켜 주는 것은?

① 밸런스 웨이트
② 스윙록 장치
③ 센터조인트
④ 주행록 장치

31 굴착기를 크레인으로 들어 올릴 때 틀린 것은?

① 와이어는 충분한 강도가 있어야 한다.
② 배관 등에 와이어가 닿지 않도록 한다.
③ 굴착기의 앞부분부터 들리도록 와이어를 묶는다.
④ 굴착기 중량에 맞는 크레인을 사용한다.

32 굴착기 붐을 교환하는 방법으로 가장 편하고 빠른 시간에 교환할 수 있는 방법은?

① 크레인을 이용하는 법
② 자연적 조건을 이용하는 법
③ 붐 교환대를 이용하는 법
④ 트레일러를 이용하는 법

33 굴착기의 유압 발생 펌프는 대개 엔진 출력축에 직결된 (   )이다. (   ) 안에 알맞은 것은?

① 로터리 펌프
② 기어 펌프
③ 피스톤 펌프
④ 벤딕스 펌프

34 굴착기 붐의 자연 하강량이 많다. 원인이 아닌 것은?

① 유압 실린더 배관이 파손되었다.
② 컨트롤 밸브의 스풀에서 누설이 많다.
③ 유압 실린더의 내부 누설이 있다.
④ 유압작동 압력이 과도하게 낮다.

35 굴착기 유압 실린더 행정 말단의 거리로 적합한 것은?

① 5~10mm
② 10~15mm
③ 50~80mm
④ 두지 않는다.

36 굴착기 터닝 프레임은 몇 도 회전할 수 있는가?

① 180°
② 210°
③ 270°
④ 360°

> 터닝 프레임은 기관, 조종석, 유압탱크 및 유압펌프로 구성되며 360° 회전된다.

37 굴착기 작업시 버킷과 암의 각도는 몇 도인가?

① 80~90°
② 90~110°
③ 100~120°
④ 120~150°

38 굴착기의 차체 하부의 한쪽을 들리게 하기 위해 버킷으로 땅을 짚을 때는 암과 붐 사이의 각도는 얼마를 유지해야 하는가?

① 약 50°
② 75°
③ 90~110°
④ 110° 이상

39 굴착기장비로 작업 시 작업 안전사항으로 틀린 것은?

① 경사지 작업 시 측면절삭을 행하는 것이 좋다.
② 한쪽 트랙을 들 때는 암과 붐 사이의 각도는 90~110° 범위로 해서 들어 주는 것이 좋다.
③ 타이어식 굴착기로 작업 시 안전을 위하여 아웃트리거를 걸치고 작업하였다.
④ 기중 작업은 가능한 피하는 것이 좋다.

> 경사지 작업시에는 측면절삭을 피해야 한다.

정답 29 ② 30 ② 31 ③ 32 ① 33 ③ 34 ④ 35 ③ 36 ④ 37 ① 38 ③ 39 ①

40 굴착기 장기 격납 시 주의사항이 아닌 것은?
① 하체부분을 완전히 세차 후 이상 유무를 점검하고 정비한다.
② 녹슬기 쉬운 장소에는 오일을 얇게 발라 둔다.
③ 배터리는 제거할 필요 없이 단자의 코드만 탈착시킨다.
④ 동결 염려가 있을 때는 부동액을 첨가한다.

41 셔블계 굴착기의 일일 정비사항이 아닌 것은?
① 선회 서클 청소
② 연료 및 윤활유의 점검
③ 클러치 조정, 조작 레버 및 작동과 유격 조정
④ 한랭 시에는 냉각수 배출

42 굴착기 작업 중 운전자가 하차 시 주의사항으로 틀린 것은?
① 버킷을 땅에 완전히 내린다.
② 엔진을 정지시킨다.
③ 타이어식인 경우 경사지에서 정차 시 고임목을 설치한다.
④ 엔진 정지 후 가속 레버를 최대로 당겨 놓는다.

43 굴착기에서 매 2,000시간마다 점검, 정비해야 할 항목으로 맞지 않은 것은?
① 액슬 케이스 오일 교환
② 선회구동 케이스 오일 교환
③ 트랜스퍼 케이스 오일 교환
④ 작동유 탱크 오일 교환

🔍 선회구동 케이스 오일 교환은 매 1,000시간마다 점검, 정비해야 할 항목이다.

44 굴착기의 일상점검 사항이 아닌 것은?
① 엔진 오일량   ② 냉각수 누출 여부
③ 오일 쿨러 세척   ④ 유압오일량

🔍 일반적으로 오일 쿨러 세척은 매 500시간마다 정비하는 항목이 속한다.

45 굴착기의 작업 중 운전자가 관심을 가져야 할 사항이 아닌 것은?
① 엔진속도 게이지
② 온도 게이지
③ 작업속도 게이지
④ 장비의 잡음상태

46 크롤러형 굴착기가 진흙에 빠져서, 자력으로는 탈출이 거의 불가능하게 된 상태의 경우 견인방법으로 가장 적당한 것은?
① 두 대의 굴착기 버킷을 서로 걸고 견인한다.
② 하부기구 본체에 와이어로프를 걸고 크레인으로 당길 때 굴착기는 주행 레버를 견인 방향으로 밀면서 나온다.
③ 버킷으로 지면을 걸고 나온다.
④ 전부장치로 잭업시킨 후, 후진으로 밀면서 나온다.

47 크롤러식 굴착기의 롤러에 오일의 누설을 방지하는 것은?
① 베어링
② 리테이너
③ 플로팅 실
④ 플랜지

48 무한궤도식 굴착기의 부품이 아닌 것은?
① 유압펌프
② 오일쿨러
③ 자재이음
④ 주행모터

49 굴착기의 프런트 아이들러와 스프로켓이 일치되게 하기 위해서는 브래킷 옆에 무엇을 조정하는가?
① 시어핀   ② 쐐기
③ 편심볼트   ④ 심(shim)

🔍 프런트 아이들러와 스프로켓이 일치되게 하기 위해서는 브래킷 옆에 심(shim)으로 조정한다.

정답 40 ③ 41 ③ 42 ④ 43 ② 44 ③ 45 ③ 46 ② 47 ③ 48 ③ 49 ④

50 크롤러형의 굴착기를 주행 운전할 때 적합하지 않은 것은?

① 주행 시 버킷의 높이는 30~50cm가 좋다.
② 가능하면 평탄지면을 택하고, 엔진은 중속이 적합하다.
③ 암반 통과 시 엔진속도는 고속이어야 한다.
④ 주행 시 전부장치는 전방을 향해야 좋다.

51 견고한 땅을 굴착할 때의 방법으로 가장 적절한 것은?

① 버킷 투스를 찍어 단번에 강하게 굴착 작업을 한다.
② 버킷으로 찍고 선회 등을 하며 굴착 작업을 한다.
③ 버킷을 최대한 높이 들어 하강하는 자중을 이용하여 굴착 작업을 한다.
④ 버킷 투스로 표면을 얕게 여러 번 굴착 작업을 한다.

52 굴착 작업 시 작업 능력이 떨어지는 원인으로 맞는 것은?

① 트랙 슈에 주유가 안 됨
② 릴리프 밸브 조정 불량
③ 조향핸들 유격 과다
④ 아워미터 고장

53 굴착기의 트랙이 구덩이에 대하여 직각으로 서고 옆으로 이동하면서 채굴하는 것은?

① 직각 채굴법　② 좌우 채굴법
③ 횡진 채굴법　④ 병진 채굴법

54 굴착 위치와 덤프 위치 사이의 각도와 관계있는 것은?

① 플리트 각도　② 스윙 각도
③ 굴착 각도　④ 회전 반경

55 굴착기 붐과 암을 들어 두었는데 자연 하강하는 이유가 아닌 것은?

① 유압 실린더의 마모
② 유압 실린더의 피스톤 링 마모
③ 유압 실린더의 마모
④ 부하가 클 때

56 굴착기의 스윙이 안 되는 원인이 아닌 것은?

① 선회 모터의 고장
② 작동유량의 과부족
③ 스윙 기어의 작동불능
④ 주행 모터의 파손

> 스윙은 상부회전체와 관련이 있다.

57 굴착기의 센터 조인트(선회 이음)의 기능으로 맞는 것은?

① 상부 회전체가 회전 시에도 오일관로가 꼬이지 않고 오일을 하부 주행체로 원활히 공급한다.
② 주행 모터가 상부 회전체에 오일을 전달한다.
③ 하부 주행체에 공급되는 오일을 상부 회전체로 공급한다.
④ 자동변속장치에 의하여 스윙 모터를 회전시킨다.

58 무한 궤도식 굴착기의 하부 추진체 동력전달 순서로 맞는 것은?

① 기관 → 컨트롤밸브 → 센터조인트 → 유압펌프 → 주행모터 → 트랙
② 기관 → 컨트롤밸브 → 센터조인트 → 주행모터 → 유압펌프 → 트랙
③ 기관 → 센터조인트 → 유압펌프 → 컨트롤밸브 → 주행모터 → 트랙
④ 기관 → 유압펌프 → 컨트롤밸브 → 센터조인트 → 주행모터 → 트랙

정답 50 ③　51 ④　52 ②　53 ④　54 ④　55 ④　56 ④　57 ①　58 ④

59 굴착기 등 건설기계 운전 작업장에서 이동 및 선회시에 안전을 위해서 행하는 적절한 조치로 맞는 것은?

① 경적을 울려서 작업장 주변 사람에게 알린다.
② 버킷을 내려서 점검하고 작업한다.
③ 급방향 전환을 하여 위험시간을 최대한 줄인다.
④ 굴착 작업으로 안전을 확보한다.

60 한쪽 트랙이 연약지면에 빠졌을 때의 조치 요령이 잘못된 것은?

① 버킷 이빨을 흙 속에 박고 암과 붐을 이용하여 추진한다.
② 피벗 회전으로 빠진 쪽 트랙을 연약지면에서 나오게 한다.
③ 붐을 잭 대용으로 하여 빠진 쪽 트랙을 들어 준다.
④ 연약지면과 트랙 사이에 통나무 따위를 넣는다.

61 다음 중 굴착기의 굴착력이 가장 큰 것은?

① 암과 붐이 일직선상에 있을 때
② 암과 붐이 45° 선상에 있을 때
③ 버킷을 최소작업 변경 위치로 놓았을 때
④ 암과 붐이 직각 위치에 있을 때

🔍 굴착기의 굴착력이 가장 클 때는 암과 붐이 직각 위치에 있을 때이다.

62 굴착기 붐 제어 레버를 계속하여 상승 위치로 당기고 있으면 다음 중 가장 큰 손상이 발생하는 곳은?

① 엔진
② 유압 펌프
③ 릴리프 밸브 및 시트
④ 유압 모터

63 작업 장치의 각종 핀에 그리스가 주입 되었는지 확인하는 방법으로 맞는 것은?

① 그리스 니플을 분해하여 확인한다.
② 그리스 니플을 깨끗이 청소한 후 확인한다.
③ 그리스 니플의 볼을 눌러 확인한다.
④ 그리스 주유 후 확인할 필요가 없다.

🔍 각종 핀 부 그리스 니플이 볼을 눌렀을 때 그리스가 나오면 정상이다.

64 버킷의 굴착력을 증가시키기 위해 부착하는 것은?

① 보강판
② 사이드판
③ 노즈
④ 투스(포인트)

🔍 버킷 굴착력을 증가시키는 것은 투스(이빨)이다.

65 굴착기 선회 동작이 원활하게 안 되는 원인으로 맞지 않는 것은?

① 컨트롤 밸브 스풀 불량
② 릴리프 밸브 설정 압력 부족
③ 터닝 조인트 불량
④ 선회 모터 내부 손상

66 굴착기 선회 로크 장치에 대한 설명으로 맞는 것은?

① 선회 클러치의 제동장치 이다.
② 드럼 축의 회전 제동장치 이다.
③ 작업 시 반력으로 차체가 후진하는 것을 방지한다.
④ 상부회전체가 자연적으로 회전하는 것을 방지하는 장치이다.

🔍 선회 로크 장치는 굴착기를 트레일러에 싣고 이동 시 상부회전체가 자연적으로 회전하는 것을 방지하는 장치이다.

정답 59 ① 60 ③ 61 ④ 62 ③ 63 ③ 64 ④ 65 ③ 66 ④

67 굴착기의 카운터 웨이트에 대한 설명으로 맞는 것은?

① 작업 시 장비 뒷부분이 들리는 것을 방지한다.
② 굴착량에 따라 중량물을 들 수 있도록 운전자가 조절한다.
③ 접지압을 높여주는 장치이다.
④ 접지 면적을 높여주는 장치이다.

> 카운터 웨이트는 굴착기 뒤쪽에 설치하여 작업 시 장비 뒷부분이 들리는 것을 방지하며 평형추 라고도 한다.

68 무한궤도식 굴착기의 센터조인트에 대한 설명으로 맞지 않는 것은?

① 상부선회체의 회전 중심부에 설치되어 있다.
② 상부회전체의 작동유를 주행모터에 전달한다.
③ 상부회전체가 롤링 작용을 할 수 있도록 설치된다.
④ 상부회전체가 회전하더라도 호스 등이 꼬이지 않고 원활하게 송유하는 기능을 한다.

> 센터조인트는 상부 회전체의 회전 중심에 설치하며 회전 시 작동유를 호스 등이 꼬이지 않고 원활하게 주행모터에 공급한다.

69 무한궤도식 굴착기의 상부회전체가 하부주행체에 대하여 역 위치에 있을 때 좌측 주행 레버를 당기면 차체는 어떻게 되는가?

① 좌향 스핀회전
② 우향 스핀회전
③ 좌향 피벗회전
④ 우향 피벗회전

70 무한궤도식 굴착기로 주행 중 회전 반경을 작게 할 수 있는 설명으로 맞는 것은?

① 한쪽 주행 모터만 구동 시킨다.
② 한쪽은 주행 모터를 구동 시키고 한쪽은 조향 브레이크를 강하게 작동시킨다.
③ 2개의 주행 모터를 서로 반대 방향으로 동시에 구동시킨다.
④ 트랙의 폭이 좁은 것으로 교체한다.

> 무한궤도식 굴착기의 회전 반경은 2개의 주행 모터를 서로 반대 방향으로 동시에 구동시키면 회전 반경이 작게 회전이 되고 이를 스핀 회전 이라고 한다.

71 타이어식 굴착기가 주행이 안될 때 점검 할 곳으로 맞지 않는 것은?

① 타이로드 엔드를 점검한다.
② 변속장치를 점검한다.
③ 유니버설 조인트를 점검한다.
④ 주차 브레이크 잠김 여부를 점검한다.

72 토사를 덤프트럭에 상차 작업 시 가장 중요한 굴착기의 위치는?

① 선회 거리를 짧게 한다.
② 암 작동 거리를 짧게 한다.
③ 버킷 작동 거리를 짧게 한다.
④ 붐 작동 거리를 짧게 한다.

> 토사를 덤프트럭에 상차 시 선회 거리를 짧게 한다.

73 굴착기 작업 시 안전 사항으로 맞지 않는 것은?

① 빠르게 선회 하면서 스윙력을 이용하여 버킷으로 암석을 파쇄하지 않는다.
② 안전한 작업 반경을 초과해서 하중을 이동 시킨다.
③ 굴착 하면서 주행하지 않는다.
④ 작업을 중지 할 때는 파낸 모서리에서 장비를 이동 시킨다.

> 굴착 작업 시 안전한 작업 반경을 초과해서 하중을 이동 시키지 않는다.

74 굴착기 작업 시 굴착기의 진행 방향으로 맞는 것은?

① 전진
② 후진
③ 선회
④ 좌방향

 정답 67 ① 68 ③ 69 ③ 70 ③ 71 ① 72 ① 73 ② 74 ②

75 넓은 홈의 굴착 작업 시 굴착 순서로 맞는 것은?

①
1	2	3
4	5	6
굴착기 작업위치		

②
3	2	1
6	5	4
굴착기 작업위치		

③
4	6	5
1	2	3
굴착기 작업위치		

④
1	3	2
4	6	5
굴착기 작업위치		

🔍 굴착기 그림이 작업위치에 있으면 된다.

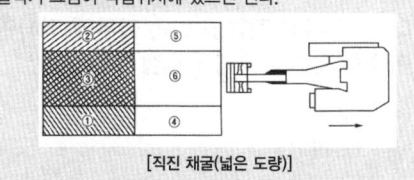

[직진 채굴(넓은 도랑)]

76 굴착기 안전 수칙에 대한 설명으로 맞지 않는 것은?

① 버킷에 무거운 하중이 들려 있을 때는 5~10cm 들어 올려 장비의 안전을 확인 후 작업한다.
② 버킷에 하중을 달아 올린 채로 브레이크를 걸어두지 않는다.
③ 작업 시 버킷 옆에 항상 보조 작업자가 위치하도록 한다.
④ 운전자는 작업반경의 주위를 확인 후 선회한다.

77 절토 작업 시 안전 준수 사항으로 맞지 않는 것은?

① 상부에서 붕괴 낙하 위험이 있는 장소에서의 작업은 하지 않는다.
② 상·하부 동시 작업으로 작업 능률을 높인다.
③ 굴착면이 높은 경우에는 계단식으로 굴착한다.
④ 붕괴 위험이 있는 지반은 적절한 보강 후 작업한다.

🔍 상·하부 동시 작업은 하지 않는다.

78 경사면 작업 시 전복사고가 발생 할 수 있는 경우로 맞지 않는 것은?

① 붐이 탈착된 상태에서 좌우로 선회 할 때
② 작업 반경을 초과한 상태로 작업을 할 때
③ 붐을 최대 각도로 상승한 상태에서 선회를 할 때
④ 작업 반경을 조정하기 위해 버킷을 높이 들고 선회 할 때

79 벼랑에서 암석을 굴착 작업 시 안전한 작업 방법으로 맞는 것은?

① 스프로킷을 앞쪽에 두고 작업한다.
② 중력을 이용한 굴착을 한다.
③ 신호자는 운전자 뒤쪽에서 신호를 한다.
④ 트랙 앞쪽에 트랙보호 장치를 한다.

🔍 벼랑에서 암석 작업 시에는 트랙 앞쪽에 트랙 보호 안전장치를 한다.

80 도심지에서 작업 시 확인할 안전 사항으로 맞지 않는 것은?

① 안전표지 확인
② 매설된 각종 파이프 등의 위치 확인
③ 관성에 의한 위치 확인
④ 장애물의 위치 확인

81 굴착기로 굴착 작업 시 준수할 안전 사항으로 맞지 않는 것은?

① 굴착하면서 선회한다.
② 붐을 들면서 버킷에 토사를 적재한다.
③ 붐을 낮추면서 선회한다.
④ 붐을 낮추면서 굴착한다.

정답 75 ④ 76 ③ 77 ② 78 ① 79 ④ 80 ③ 81 ①

82 굴착기 작업 시 운전자가 준수할 안전 사항으로 맞지 않는 것은?

① 운전석을 떠날 때에는 엔진을 정지시킨다.
② 후진 작업 시에는 장애물의 이상 유무를 확인한다.
③ 운전자의 시선은 반드시 운전석의 조종 판넬을 주시한다.
④ 붐이나 버킷이 고압선에 닿지 않도록 주의한다.

> 작업 시 운전자의 시선은 버킷을 주시하여야 한다.

83 굴착기 작업 후 정차 및 주차 시 주의할 사항으로 맞지 않는 것은?

① 평탄한 지면에 정차시키고 침수 지역은 피한다.
② 붐, 암 및 버킷은 최대로 오므리고 작업 레버는 중립위치로 한다.
③ 경사지 에서는 트랙 밑에 고임대를 고인다.
④ 연료를 충만하고 각 부분을 세척한다.

> 주·정차 시 각 실린더는 최대로 펴서 실린더 로드가 노출 되지 않도록 하고 버킷은 지면에 내려놓는다.

84 굴착기 작업 후 주차 시 안전 사항으로 맞지 않는 것은?

① 단단하고 평탄한 지면에 굴착기를 주차시킨다.
② 작업장치는 굴착기 중심선과 일치시킨다.
③ 유압계통의 압력을 제거한다.
④ 각 유압 실린더의 로드를 노출 시켜 놓는다.

85 굴착기에 장착된 아워 미터의 설치 목적으로 맞는 것은?

① 엔진 가동 시간을 나타낸다.
② 주행 거리를 나타낸다.
③ 엔진 오일량을 나타낸다.
④ 작동유 량을 나타낸다.

> 아워 미터는 엔진 가동을 나타낸다.

86 굴착기에 입목을 붙잡을 수 있는 장치를 구비하여 벌도 되는 나무를 집재 작업하는 장치는?

① 트리 펠러
② 펠러 번처
③ 프로세서
④ 스키더

> • 트리 펠러 : 벌도만 가능 한 임업기계
> • 펠러 번처 : 벌도 후 벌도 되는 나무를 집재 작업하는 임업장비

87 다음 중 폭이 좁은 버킷으로 도랑파기 작업 및 배관 작업에 사용되는 작업 장치로 맞는 것은?

① V형 버킷
② 클램쉘 버킷
③ 셔블 버킷
④ 디칭 버킷

88 다음 중 굴착 작업을 하면 좌우에 경사면이 만들어져서 배수로 작업에 적합한 버킷은?

① 틸팅 버킷
② V형 버킷
③ 셔블 버킷
④ 이잭터 버킷

89 다음 중 블레이드를 움직여 철근이나 H빔 등을 절단하여 고철장 및 철거현장에서 사용하는 굴착기 작업장치는?

① 리퍼
② 그래플
③ 쉬어
④ 컴팩터

90 운전석 내 스위치 조작으로 버킷 등의 작업 장치를 쉽게 교체하는 장치는?

① 오거
② 퀵 커플러
③ 그래플
④ 컴팩터

> 운전석에서 작업 장치를 쉽게 교체하는 장치는 퀵 커플러이다.

정답   82 ③   83 ②   84 ④   85 ①   86 ②   87 ④   88 ②   89 ③   90 ②

91 높은 곳 까지 작업이 가능하도록 긴 붐과 암을 조합 제작하며 크러셔 등을 장착하여 굴뚝 철거 및 건물 철거 작업에 사용되는 굴착기 작업 장치는?

① 리퍼　　　　② 쉬어
③ 컴팩터　　　④ 데몰리션

92 유압 실린더를 이용해 집게를 움직여 작업 대상물을 집을 수 있는 굴착기 작업 장치는?

① 쉬어　　　　② 크러셔
③ 컴팩터　　　④ 그래플

93 유압 모터의 편심 축을 회전 시킬 때 발생하는 진동을 이용하여 건축 공사 현장의 마무리 다짐 작업에 사용하는 굴착기 작업 장치는?

① 컴팩터　　　② 크러셔
③ 그래플　　　④ 오거

94 굴착기에 부착하여 사용되는 다공정 임업 기계로 벌도, 가지훑기, 통나무 자르기 등의 조재 작업을 한 공정에 수행하는 작업 장치로 맞는 것은?

① 프로세서　　② 스키더
③ 펠러번처　　④ 하베스터

> • 프로세서 : 벌도는 불가능 하며 가지자르기, 마름질 작업 및 원목을 한곳에 쌓는 장비
> • 펠러번처 : 벌도 후 벌도되는 나무를 집재 작업하는 장비
> • 하베스터 : 벌도와 가지훑기, 통나무 자르기의 조재 작업을 하나의 공정으로 수행하는 장비

95 굴착기로 토사 쌓기 작업 후 성토 경사면이 붕괴 되는 원인으로 맞지 않는 것은?

① 쌓기 작업 직후에는 붕괴 발생률이 낮다.
② 미끄러져 내리기 쉬운 지층 구조 경사면에서 붕괴된다.
③ 다짐이 불충분한 상태에서 빗물이나 지표수, 지하수 등의 침투로 인하여 붕괴된다.
④ 풍화가 심한 급경사면에서 붕괴된다.

> 쌓기 작업 직후에는 붕괴 발생률이 높다.

96 굴착기로 덤프트럭에 토사 상차 작업 시 효율적인 안전한 작업에 대한 설명으로 맞지 않는 것은?

① 버킷 투스를 곡괭이처럼 사용하지 않는다.
② 버킷이 덤프트럭 위를 지나가지 않도록 한다.
③ 버킷이 다른 작업자의 위를 지나가지 않도록 한다.
④ 토사를 덤프트럭에 상차 시 선회하는 각도를 크게 한다.

> 덤프트럭에 토사 적재 시 선회 각도를 가능한 적게 한다.

97 무한궤도식 굴착기가 주행 시 트랙이 벗겨지는 원인으로 맞지 않는 것은?

① 트랙 정렬이 안 되었을 때
② 아이들러의 마멸이 클 때
③ 스프로킷의 마멸이 클 때
④ 트랙 장력이 클 때

> 트랙 장력이 적을 때 트랙이 벗겨진다.

98 덤프트럭에 상차 작업 시 안전 사항으로 맞지 않는 것은?

① 굴착기와 덤프트럭의 높이가 같은 지면에서 적재한다.
② 토사 적재 시 적재함 앞쪽부터 적재한다.
③ 잡석 적재 시 적재함 앞쪽부터 적재한다.
④ 덤프트럭이 아래쪽에 있고 굴착기가 위쪽에 있는 지형에서는 적재함 뒤쪽에서부터 적재한다.

99 유압 모터의 회전력으로 스크류를 돌려서 구멍을 뚫는 장치로 전신주 및 기둥을 세우거나 박을 때 사용하는 굴식기의 작업 장치는?

① 브레이커
② 오거
③ 그래플
④ 리퍼

정답 91 ④ 92 ④ 93 ① 94 ④ 95 ① 96 ④ 97 ④ 98 ③ 99 ②

100 버킷의 물이 잘 빠지도록 구멍이 있어 배수로 작업에 효과적인 버킷은?

① V형 버킷 ② 디칭 버킷
③ 셔블 버킷 ④ 크리닝 버킷

101 버킷 투스가 마모되면 굴착 작업 시 굴착 저항이 커지고 릴리프밸브의 잦은 열림으로 작동유의 유온이 높아지고 장비 성능이 저하되는데, 효율적인 버킷 투스의 교환 방법으로 가장 적합 한 것은?

① 1/2 마모시 교환한다.
② 1/3 마모시 교환한다.
③ 1/4 마모시 교환한다.
④ 1/5 마모시 교환한다.

🔍 버킷 투스의 마모량이 투스 끝단 길이의 1/2 마모시 교체하면 연료소비량을 줄이고 장비 노화를 예방한다.

102 굴착 작업 시 장비 안전에 관한 설명으로 틀린 것은?

① 굴착 작업 전 장비가 위치할 안전한 지반을 확보한다.
② 굴착 작업 시 굴착 작업 한 끝단과 거리를 두어 지반이 붕괴되지 않도록 한다.
③ 경사면에서 작업 시 항상 붕괴 가능성을 확인한다.
④ 굴착 작업 시 각 실린더는 완전히 오므리거나 펴도록 작업한다.

🔍 작업 시 각 유압실린더는 50~80mm여유를 두면서 작업한다.

103 굴착기의 1사이클 타임은 토사 적재 후 원하는 위치에 쌓은 후 다시 굴착 위치로 이동 시키는 일인데, 다음 중 1사이클 타임에 영향을 받는 설명으로 맞지 않는 것은?

① 덤프트럭 적재함의 크기는 영향을 받는다.
② 덤프트럭 적재함의 높이는 영향을 받는다
③ 굴착 깊이는 영향을 받지 않는다.
④ 작업 물질은 영향을 받는다.

🔍 굴착 깊이는 1사이클 타임에 영향을 받는다.

104 굴착기로 지면 고르기 작업 시 유의할 사항으로 틀린 것은?

① 포설 장비가 메우기 전에 고르기 작업을 한다.
② 비탈면은 소단과 기울기를 유지하도록 한다.
③ 혼합 재료는 도로 전폭에 교대로 층을 이루도록 작업을 한다.
④ 동결된 고르기 재료는 잘 희석하여 메우기 작업 재료로 사용한다.

🔍 동결된 재료는 동결된 부분을 제거하고 메우기 작업을 한다.

105 굴착기로 토사 메우기 작업 시 사용되는 토사의 조건으로 틀린 것은?

① 배수성이 좋아야 한다.
② 팽창성이 많아야 한다.
③ 압축성이 적어야 한다.
④ 공학적으로 안정 되어야 한다.

🔍 팽창성이 적어야 한다.

정답 100 ④ 101 ① 102 ④ 103 ③ 104 ④ 105 ②

CHAPTER

07

Craftsman Crane Operator

기중기 작업장치

Section 01 기중기
Section 02 기중기 출제예상문제

SECTION 01 기중기

Craftsman Crane Operator

STEP 01 기중기 일반

1. 기중기의 정의

기중기란 중화물의 기중작업, 토사굴토 및 굴착, 화물의 적재 및 적하, 기둥박기 및 기타 특수 작업을 수행하는 우수한 장비이며, 장비보다 높은 지역의 토사를 굴착하고자 할 때에는 셔블(shovel)작업, 지역의 토사를 굴착하고자 할 때에는 드래그라인 작업(drag-line), 규격이 일정한 비금속화물은 그래플(grapple)로 작업을 하고 규격이 일정하면서 외형이 매끈한 철물은 마그넷(magnet)으로 접착하여 기중작업을 한다.

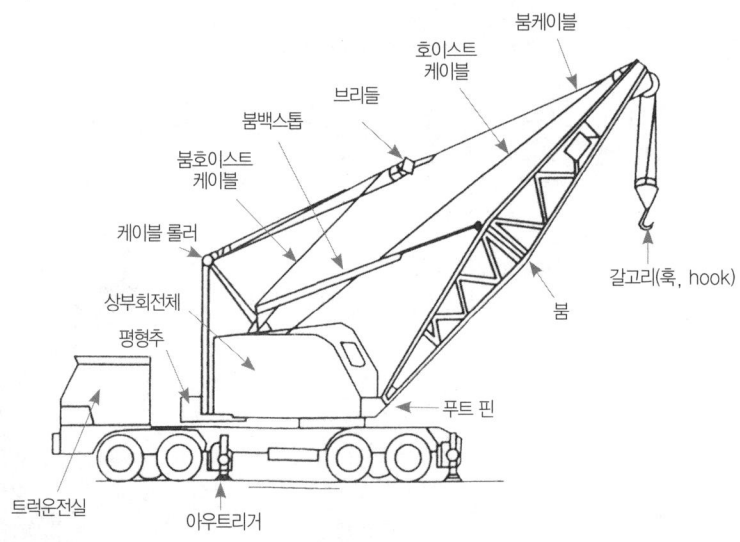

[트럭식 크레인(기중기)의 각부 명칭]

1) 기중기 7개 기본동작

① 짐올리기(Hoist) : 화물 및 버킷을 상승 혹은 하강운동을 하게 하는 것으로 짐을 들면서 붐을 올리면 위험하다.
② 붐 올리기(Boom hoist) : 붐을 상승, 하강시키는 운동을 말하며 적당한 작업 반경을 유지한 다음 짐을 드는 것이 좋다.
③ 돌리기(Swing) : 짐을 들고 상부 선회체를 360°회전(선회)시키는 것을 말하며 짐을 들고 급회전 해서는 안된다.

④ 파기(Crowd) : 삽 혹은 버킷에 흙을 퍼 담는 운동을 한다.
⑤ 당기기(Retract) : 삽 장치에서 삽이 상부회전체에서 당겨지는 운동을 말한다.
⑥ 버리기(Dump) : 굴토된 흙을 버리는 운동을 말한다.
⑦ 가기(Travel) : 하부추진체의 전진, 후진 및 조향을 말한다.

2) 기중기의 하중 호칭
① 임계하중 : 좌·우 스윙하지 않고 기중하였을 때 들 수 있는 하중으로, 들 수 없는 하중의 임계점을 말한다.
② 작업하중 : 안전하중이라고도 하며, 작업할 수 있는 하중으로 임계 하중의 85%는 트럭식이고, 75%는 크롤러식이다.
③ 호칭하중 : 최대의 작업 하중을 말한다.

3) 붐의 각(Angle of Boom)
붐의 각이란 붐의 가장 중심선과 푸트핀(foot pin)의 수평선과 사이의 각을 말한다.
① 최대 제한각도 : 78°
② 최소 제한각도 : 20°
③ 작업에 좋은 각도 : 66°30′
④ 셔블붐 : 45°~65°

참고 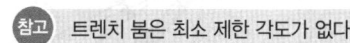 트렌치 붐은 최소 제한 각도가 없다.

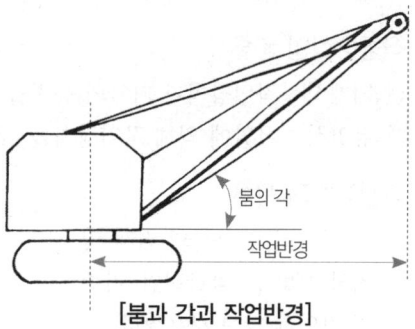
[붐과 각과 작업반경]

4) 작업반경
기중기의 선회중심에서 포인트핀 중심 수직선까지의 수평거리를 말하며 붐의 각과 작업 반경은 반비례하고, 주의할 점은 작업반경은 선회시 중심선의 거리이지 푸트핀에서의 거리가 아니므로 착오하여 계산하면 위험이 따른다.

5) 붐의 기복(Boom hoist and lower)
붐의 푸트핀을 지점으로 기복운동을 하는 것을 말하며 경사각이 커지도록 움직이는 경우를 '붐의 올림', 반대인 경우를 '붐의 내림'이라 한다.

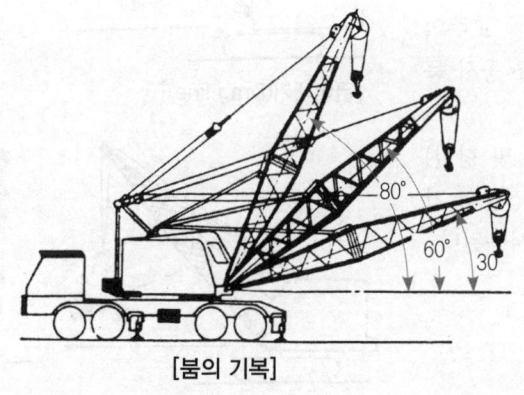
[붐의 기복]

2. 기중기의 종류

1) 주행장치별 종류
① 트럭탑재식 기중기 : 트럭의 차대 또는 트럭 기중기 전용차체로 제작된 캐리어(carrier) 위에 기중작업장치인 상부선회체를 설치한 것이다. 기동성과 안정성이 좋은 장점이 있으나 습지, 사지, 험한 지역, 협소한 장소에서는 작업이 곤란하다.
② 휠식 기중기 : 고무 타이어용의 견고한 대형차체에 기중작업을 위한 상부회전체가 장치된 것으로 원동기가 한 개로서 주행과 작동을 함께 할 수 있어, 조종자 1명이 한 곳에서 운전조작이 가능하므로 매우 편리하다.
③ 크롤러식 기중기 : 무한궤도 트랙 위에 기중작업을 위한 상부회전체의 전부장치가 설치된 방식의 기중기로 좌우의 크롤러 폭이 넓어 안정성이 좋고, 지반이 고르지 않거나 연약한 지반에서 사용할 수 있는 특징이 있다.

2) 작동방식의 분류
① 기계식 : 작업장치가 기관의 동력을 받아 작동된다.
② 유압식 : 유압에 의해 작업장치를 작동시킨다.

3) 작업장치의 분류
① 훅(갈고리) : 화물의 적재 및 적하작업 등 일반적인 기중기 작업에 많이 사용된다.
② 셔블(삽) : 경사면의 토사굴토, 적재 등의 작업에 많이 사용된다.
③ 드래그라인(긁어내기) : 평면굴토, 수중작업, 제방구축 등의 작업에 많이 사용된다.
④ 트렌치호(도랑파기) : 배수로, 지하실 등의 굴토, 채굴, 매몰작업에 많이 사용된다.
⑤ 클램쉘(조개작업) : 교주의 항타 및 건물의 기초 공사 등에 많이 사용된다.
⑥ 파일드라이버(항타 및 항발) : 교주의 항타 및 건물의 기초공사 등에 많이 사용된다.

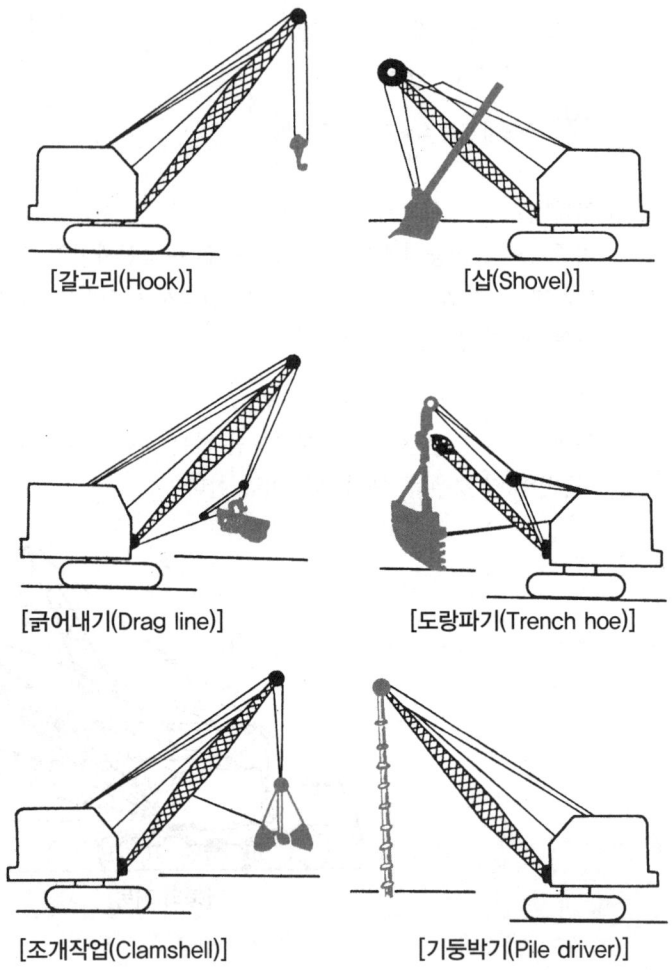

[갈고리(Hook)] [삽(Shovel)]
[긁어내기(Drag line)] [도랑파기(Trench hoe)]
[조개작업(Clamshell)] [기둥박기(Pile driver)]

STEP 02 기중기의 구성과 작업

1. 기중기의 구성

기중기는 상부 회전체, 하부 추진체 및 전부 장치의 3부분으로 구성된다.

1) 동력전달과 구조

하부 추진체상의 설치된 형식으로 360° 회전을 하면서 작업을 수행하는 부분으로 상부회전체 전단에 전부장치를 설치하며 동력전달순서는 다음과 같이 된다.

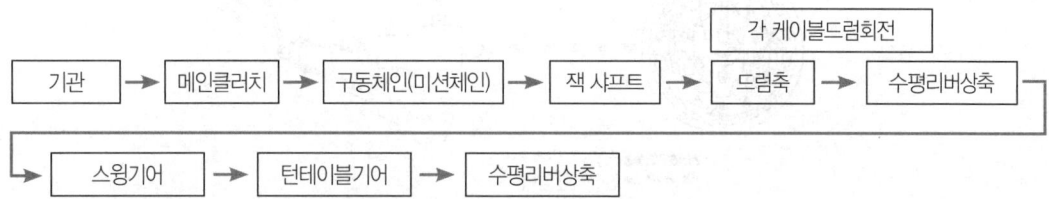

① 기관(Engine) : 가솔린기관은 사용되지 않으며 디젤기관 6~8기통이 사용된다.
② 마스터 클러치(Master clutch) : 마찰식 클러치나 토큰 컨버터가 사용된다.
③ 트랜스퍼체인(Transfer chain) : 파워테이크 오프체인이라고도 하며 체인 없이 기어와 축으로 전달되는 장비도 있다.
④ 잭 샤프트(Jack shaft) : 클러치 스프로킷과 잭축 스프로킷 체인에 의해 연결되며, 웜기어로 감속하여 붐호이스트 드럼을 회전시킨다.
⑤ 호이스트 축(Hoist shaft) : 잭 축의 기어에 의해 구동(감속)되어 리트랙트 드럼과 크라우드 드럼을 구동시킨다.
⑥ 수평 리버싱축 : 두 베벨기어와 수직 리버싱축의 피니언 기어가 함께 물리며, 동력을 90° 수직으로 전달한다.
⑦ 수직 리버싱축 : 수평 리버싱 축의 베벨 기어로부터 동력을 전달받아 수직 스윙 축과 수직 프로펠러 축을 구동시킨다.
⑧ 수직 스윙축 : 수직 리버싱 축에서 동력을 받아 스윙기어를 구동하게 하여 좌우 360° 회전을 가능하게 한다.
⑨ 수직 프로펠러축 : 수직 리버싱축에서 동력을 전달받아 수평 프로펠러축이 베벨기어로 전달한다.
⑩ 수평 프로펠러축 : 수직 프로펠러축과 베벨 기어로 치합하여 구동되며, 양쪽의 두 개의 죠클러치가 있어 조향과 추진을 시켜준다.
⑪ 주행장치 : 스티어링 클러치(조클러치) → 구동 스프로킷 → 체인 → 수동 스프로킷 → 트랙 구동 스프로킷 → 트랙 순으로 동력이 전달된다.
⑫ 팽창 클러치 : 마찰 클러치의 일종으로, 이 클러치는 밴드를 반지름 방향으로 벌려서 드럼이나 하우징의 내면에 닿게 하여 그 마찰력으로 동력을 전달한다.

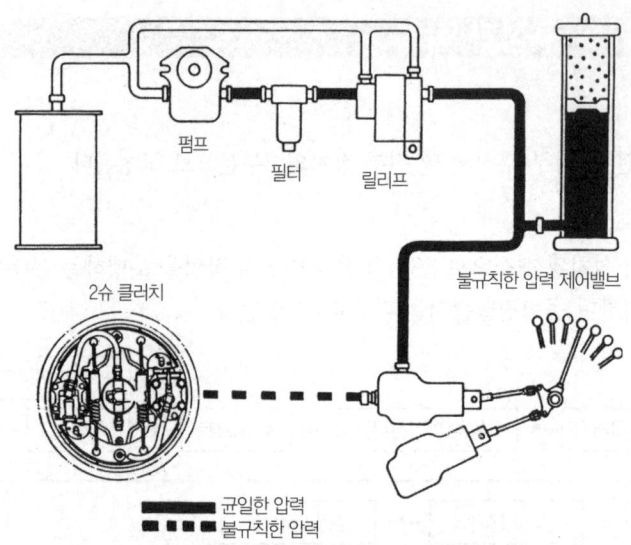

[유압식 팽창 클러치의 작용도]

2) 하부추진체

① 조향장치(크롤러식의 경우) : 주행 횡축의 도그 클러치(dog clutch)를 단속함으로써 작동되며 좌우 양쪽의 도그 클러치에 전하는 동력 중에서 어느 한쪽을 차단하여 다른 쪽 도그 클러치만을 구동시킴으로써 조향을 하게 된다.

② 안전장치
- ㉮ 붐전도 방지장치 : 붐의 제한 각도인 70~80°를 벗어나는 전도를 방지하기 위한 안전장치이다.
- ㉯ 붐과권 방지장치 : 붐이 어떤 규정 각도가 되면 붐이 스토퍼에 닿아서 리프팅을 자동 정지시킨다.
- ㉰ 붐과권 경보장치 : 붐이 어떤 규정 각도가 되면 부저가 울린다.
- ㉱ 아우트리거 : 안전성을 유지해주고 타이어가 받는 하중을 방지하며 기중 작업을 할 때 전도 되는 것을 방지한다.

3) 전부장치

① 전부장치의 지지
- ㉮ A프레임(갠트리 프레임) : 붐 기복용의 와이어로프를 지지하는 붐을 취부한 프레임이다.
- ㉯ 붐취부 브래킷 : 붐을 취부하기 위한 것으로 붐의 하부를 이 브래킷과 푸트핀으로 결합시킨다.

② 붐의 종류
- ㉮ 기중기붐(크레인붐) : 격자형으로 되어 있으며 이 붐에 달아서 사용되는 작업장치는 갈고리, 조개, 긁어파기, 기둥박기 등이다.
- ㉯ 셔블붐 : 상자형으로 되어 있으며 셔블장치에 사용된다.
- ㉰ 트렌치호 붐 : 파이프나 상자형으로 되어 있으며 트렌치호 작업에 사용된다.

③ 활차 : 화물을 매달아 올려서 이동하거나, 힘의 방향을 바꿀 때 또는 힘을 증가시킬 때 사용하는 홈이 있는 바퀴를 말한다.

㉮ 고정활차 : 당긴 힘과 인양된 무게가 같다. 힘을 절약시킬 수는 없으나 힘의 방향을 바꿀 수 있다.(P=W)
㉯ 동활차 : 로프를 당기는 힘 P=W/2가 되어 힘이 절약되나 인양되는 양이 반으로 줄어든다.
㉰ 차동활차 : 동활차의 원리를 이용하여 도르래를 조합한 것이다.

4) 로프

재질은 양질의 탄소강으로, 강도는 150~80kg/mm²(도금종 : 150kg/mm², A종 : 165kg/mm², B종 : 180kg/mm²이다)로서 와이어로프의 직경은 외접원의 직경(mm)으로 호칭하며 제조시 와이어로프 직경의 허용오차는 0~+7%까지이며 마모된 와이어로프의 사용한도는 -7%까지다.

① 와이어로프의 취급 및 정비

㉮ 킹크(kink)되지 않도록 조심해서 사용하며 오물이 묻지 않도록 한다.
㉯ 한끝과 다른 한 끝을 주기적으로 서로 교환해서 사용한다.
㉰ 케이블의 고정은 확실히 하고 규격에 맞는 것을 사용한다.
㉱ 킹크된 것을 보수하지 않은 와이얼 로프는 사용하지 않는다.
㉲ 직경이 본래 로프 직경의 75% 이하가 되면 교환하여야 한다.
㉳ 플리트 각은 1°~2° 정도를 유지한다.
㉴ 보통 사용시에는 EO 또는 묽은 GO를 주유하며 보관시에는 CW를 사용한다.
㉵ 휘발유를 주입하여서는 안 된다.
㉶ CG 또는 GAA를 사용하지 않는다.

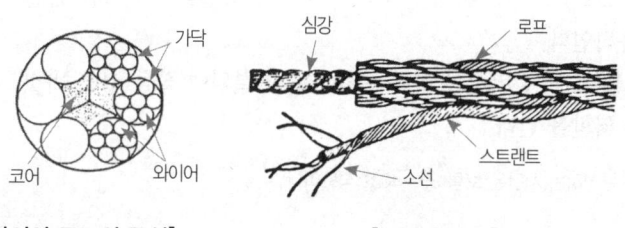

[와이어 로프의 구성]   [로프의 구조]

② 와이어로프의 연결법 : 와이어로프의 고정법에 따라 권상 능력의 차이가 생기며, 고정법에는 합금 고정, 클립 고정, 쐐기 고정, 심블(thimble) 붙임, 스플라이스(splice) 고정 등이 있으나 완전을 기하기 위해서 합금 고정이 가장 안전하고, 클립 고정은 공작이 간단하기 때문에 가장 널리 쓰이는 방법이다.

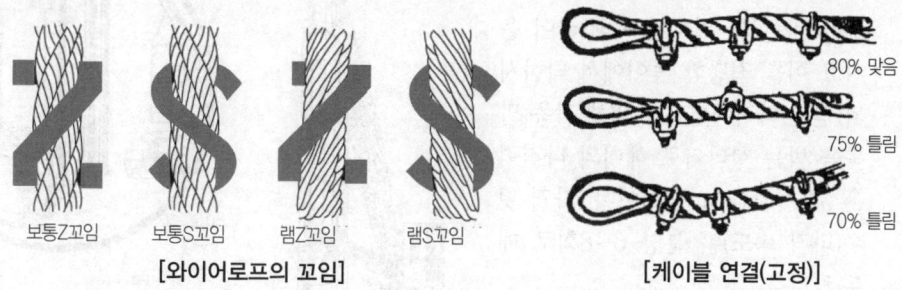

[와이어로프의 꼬임]   [케이블 연결(고정)]

2. 기중기의 작업

1) 훅 작업(갈고리 작업)
갈고리에 집게, 마그넷, 특수훅, 슬링 등을 장착하여 일반화물의 적재 및 적하작업, 통나무·드럼·고철 등의 권상작업 등을 한다.

2) 셔블작업(삽 작업)
박스형 붐에 디퍼 버킷을 사용하며 장비보다 높은 곳의 토사굴착, 경사면 굴토, 차량에 토사적재 등의 작업을 한다.
① 새들블록 : 디퍼 스틱을 지지, 유도하며 마모판과 접촉하여 움직이게 되고, 디퍼 스틱과 새들 블록 간극은 3mm 정도다.
② 디퍼스틱 : 셔블 디퍼가 설치되는 일종의 파이프 모양의 막대다.
③ 크라우드체인 : 체인유격은 13~38mm 정도이며, 덱아이들러로 조정한다.

3) 클램쉘 작업(조개 작업)
크레인 붐에 클램쉘 버킷을 달아 수직굴토·토사적재 작업을 한다.
① 태그라인 : 작업 중 버킷이 회전되어 꼬이는 것을 전후로 요동되지 않도록 태그라인 드럼에 의해 적당한 장력을 유지하게 된다.
② 버킷 : 좌우로 분할되어 있으며, 굴착시에는 열고 끝난 후에는 닫으며, 버킷을 들어올린 상태에서 클로징 케이블을 풀면 흙이 쏟아진다.
③ 홀딩 케이블(로프) : 버킷 위에 설치되어 버킷을 당긴다. 한 끝은 붐활차를 통해 움직인다.
④ 클로징 케이블(로프) : 버킷과 한쪽은 활차로 연결되어 작동되며, 버킷을 닫아주는 역할을 한다.

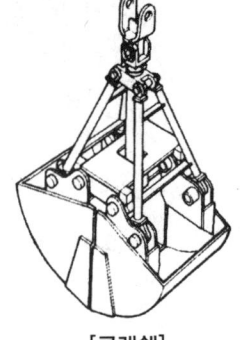
[클램쉘]

> 참고 한 사이클을 완성하는 시간은 보통 30~40초 정도이다.

4) 파일 드라이브 작업(항타 및 항발 작업)
크레인붐 끝에 리드레일을 핀에 의해 설치하여 중기해머, 드롭해머, 디젤해머, 전기해머 등으로 파일에 타격력을 가하여 지면에 박는 작업을 하며, 건물 기초공사, 지하도 건설 등에 적합하다.

① 드롭해머(drop hammer)
㉮ 와이어로프 끝에 매어 단 철재의 중추(monkey)를 윈치에 의해 끌어 올리고 이를 적당한 높이에서 낙하시켜 얻는 타격에너지에 의해 각종 말뚝을 박는 항타기로 해머의 타격력은 540~1500kg 정도이며, 타격 횟수(타격 속도)는 분당 6~8회로 매우 느리다.

[파일드라이브]

㉺ 드롭해머의 크기는 추의 무게로 나타내며, 말뚝중량의 1~3배 정도가 좋지만, 최근에는 거의 찾아볼 수 없다.

② 증기해머(steam hammer)
㉮ 작동유체인 증기에 의한 램(ram)의 타격력으로 항타하는 항타기로 보일러, 호스, 해머장치 등으로 구성되며 매분당 타격 횟수는 20~40회 정도이다.
㉯ 작동유체의 작용에 따라 단동식과 복동식으로 구분하며, 단동식은 실린더 내에 수증기를 유입시켜 피스톤 로드(piston rod) 하단에 무거운 램(ram)이 장착된 피스톤을 상승시킨 후, 피스톤의 상사점에서 작동유체를 배출시킴으로써 자중에 의해 하강하는 램의 타격력으로 항타하며, 복동식은 피스톤이 상승할 때는 물론 하강할 때도 작동유체를 유입시켜 램의 타격력을 상승시키도록 한 것이다.

③ 디젤해머(diesel hammer)
㉮ 기동해머의 결점을 보완하기 위하여 1938년 독일에서 발명한 것으로 2사이클 디젤엔진의 작동원리를 해머 내부에 도입한 것이다.
㉯ 보일러나 공기압축기(air compressor)와 같은 부속설비를 필요로 하지 않고 피스톤인 램이 낙하하는 하중과 경유의 폭발력이 함께 타격력이 되므로 타입능률이 좋아 건설현장에서 많이 사용되어 왔으나, 소음이 크고 배기가스의 공해가 있어 요즈음 시가지에서는 거의 사용이 제한되고 있다.

④ 유압해머(hydraulic hammer)
㉮ 기동해머와 같은 원리로 작동되는 항타기로 작동유체로는 유압유를 사용하며 유압실린더(hydraulic cylinder) 내에 유압유를 유입시켜 피스톤을 상승시킨 후, 적당한 위치에서 유압유를 배출시킴으로써 피스톤 로드에 연결된 램을 자유낙하시켜 그 타격력으로 항타한다.
㉯ 단동식과 복동식으로 구분되며, 보통 램(ram)의 중량으로 규격이 표시되는데 국내에서는 4~13톤급이 제작되고 있다.
㉰ 유압해머는 디젤해머에 비해 타격력이 크며, 램의 낙하 조절이 가능하고, 폭발소음과 배기가스의 배출이 없을 뿐 아니라 연약한 지반에서도 항타가 가능하다는 장점이 있다.

⑤ 진동해머(vibro hammer)
㉮ 소련에서 개발되어 1950년경부터 실용화된 항타·항발기로 바이브로(vibro)라고도 불리운다.
㉯ 말뚝에 진동을 가하여 자중과 해머의 중량에 의해 항타하기 때문에 선단의 관입저항이 작은 강시판(steel sheet pile)이나 강관 또는 H형강말뚝(H-steal pile)을 타입하거나 인발할 때 매우 유효하게 사용되고 있다.
㉰ 진동해머의 크기는 모터의 출력(kW), 또는 기진력(톤)으로 규격을 표시하며, 본체는 완충장치, 기진기, 척(chuck) 등으로 구성된다.

5) 트렌치호 작업(도랑파기)
① 일명 백호(back hoe)라고 부르고 작업은 호이스팅과 리트랙팅 작업을 병행하며 붐의 하중을 이용하여 지면보다 낮은 곳을 주로 채굴한다.
② 작업 사이클은 셔블과 같이 로딩(호이스팅, 크라우딩), 호이스팅, 스윙, 덤핑이며 한 사이클당 20~30초 정도 소요된다.

6) 드래그라인 작업

붐, 버킷, 페어리드로 구성되어 땅을 긁어 파는 동작의 평면굴토, 수중굴토, 배수로 구축, 차량에 토사적재 등의 작업에 용이하다.

> 참고 페어리드 : 케이블이 드럼에 잘 감기도록 안내한다.

7) 어스드릴 및 오거 작업

어스오거는 나사모양의 드릴을 이용하여 지면에 원통홈을 파며, 어스 드릴은 드릴버킷을 이용하여 원통구멍을 내고 그곳에 철근, 콘크리트를 투입하여 파일을 만드는 작업을 한다.

3. 기중기 인양작업 시 안전

1) 지반의 안전 확인

   기중기 작업에 지반이 구조물의 압력을 견뎌내는 정도가 확인되면 받침판을 설치하여야 하는데 기중기 상부의 하중을 균등하게 전달할 수 있도록 받침판을 설치한다.
   ① 타이어식 기중기는 아웃트리거 플로트 하부 받침이 균일하게 지표면에 전달하여 안정성이 유지되도록 한다. 아웃트리거 하부에 설치하는 받침은 작업 하중을 충분히 견딜 수 있는 목재나 철판 등을 사용한다.
   ② 무한궤도식 기중기는 철판 사용 시 작용 하중에 견딜 수 있는 충분한 강도를 지니고 있는 부재를 사용하여야 한다.

2) 장비 수평 확인

   기중기 설치 완료시 전방 및 측방에서 양중라인이 붐과 수직으로 있어야 한다. 기중기 설치 후 수평 및 수직도는 작업 반경에 영향을 주고 인양 능력을 감소시키므로 균형을 잡는다.

3) 작업장 주변 안전 확인

   기중기 작업 시 장애물과의 안전거리는 최소 60cm 이상 떨어져서 작업을 하여야 구조물의 손상을 방지할 수 있다. 또한 기중기 작업 시 에는 작업장 주변에 안전 펜스를 설치하여 다른 작업자의 출입을 통제한다.
   ① 현장 조사 : 기중기 작업 전 현장 조사를 실시하여, 작업장 주변에 매설된 지장물, 가스관, 송유관, 고압선 등은 사전에 답사하여 확인하여 작업 시 주의한다. 작업 현장의 고압가스 관련시설, 공항 인근 및 철도 인근 양중 작업은 사전에 철저한 조사와 대책을 강구한다.
   ② 안전 펜스 설치
      ㉮ 기중기 작업 반경을 기준으로 작업 구역을 정리한다.
      ㉯ 지반은 평편하게 하고 각종 장애물을 제거한다.

4) 신호수 확인

   ① 신호는 운전자가 잘 보이는 곳에서 정해진 신호 방법으로 신호한다.
   ② 무전기를 사용할 때는 복병, 복창을 한다.
   ③ 운전자는 신호수의 신호를 확인하고 작업을 수행한다.

5) 인양물 확인

물체는 중력의 작용에 의해 물체의 중량이 결정되는데 이를 물체의 무게중심이라 한다. 화물의 양중 시 무게 중심과 훅의 위치는 안전 관리상 매우 중요하다.

6) 화물의 형태 및 결속 확인

화물의 결속은 양중 각도와 줄걸이 방법의 적용 기준에 맞게 체결하며, 양중물과 줄걸이가 견고하게 고정되어 움직이지 않도록 한다.

> 줄걸이의 종류
> ① 와이어로프 슬링   ② 웹슬링   ③ 라운드슬링
> ④ 로프슬링   ⑤ 체인슬링

7) 중량물 운반방법
   ① 중량물 운반 3원칙
      ㉮ 중량물을 들어올린다.
      ㉯ 중량물을 나른다.
      ㉰ 중량물을 안전하게 놓는다.
   ② 중량물 취급 방법
      ㉮ 인력에 의한 방법
      ㉯ 운반구에 의한 방법
      ㉰ 동력기계, 기구에 의한 방법

8) 작업장소 위치 선정

기중기의 인양 능력에 맞는 위치를 선정한다. 기중기의 인양 능력은 기중기의 강도, 기중기의 안정도 및 윈치 용량에 의해 결정된다.

9) 정격 용량 확인

작업 전 양중 계획서에 명기된 양중물의 규격과 중량, 줄걸이 방법 등을 확인한다.

10) 인양 후 확인

양중물 인양 후에는 지면에서 30cm 들어 충격하중과 측면하중을 확인 후 아래사항을 확인 하면서 작업한다.
   ① 와이어로프가 훅 중심에 위치하고 있는지 확인한다.
   ② 훅은 화물의 중심에 위치하고 있는지 확인한다.
   ③ 양중물을 지면에서 30cm 들어 줄걸이 상태를 확인한다.
   ④ 줄걸이 및 유도줄에 이상이 있는지 확인한다.
   ⑤ 양중물이 수평으로 올라가고 있는지 확인한다.
   ⑥ 와이어로프가 빠지지는 않는지 확인한다.

11) 하역 위치 이동시 확인

양중물을 매달고 경사면을 내려올 때는 기중기의 붐을 올리고, 경사면을 올라갈 때는 기중기의 붐을 낮추어서 기중기의 무게 중심을 조정하여 안정성을 확보토록 한다.

12) 하역 시 확인

양중물을 하역할 위치를 확인한다.

① 하역 장소 선정 확인

㉮ 하역 장소는 인양 화물의 종류와 특성에 따라 하역 장소가 상이하므로 주의한다.

㉯ 작업 장소의 지반은 기중기의 무게 및 양중물의 작용 하중에 견딜 수 있는 충분한 강도를 지니고 있어야 한다.

㉰ 화물 하역 장소는 지면의 경사가 없어야 하며 기초 지반이 불균등하게 침하되거나, 화물 하역 시 무너지지 않아야한다.

㉱ 자연 재해를 피할 수 있는 장소여야 한다.

② 하역 시 주의사항 : 화물 하역 시에는 화물의 형상이나 무게 및 접지압 등을 고려하여 지반이 평탄하고 안정된 장소에 하역 하여야한다.

㉮ 양중물 하역 시 에는 일단 정지하여 와이어로프의 흔들림 상태를 확인한다.

㉯ 하역할 장소의 받침대 위치를 확인한다.

㉰ 원형의 화물은 쐐기 고임대 등을 사용하여 고정한다.

㉱ 훅 작업 시 직경이 큰 와이어로프는 회전하거나 흔들림이 심하므로 주의한다.

㉲ 기중기로 와이어로프를 잡아당겨 빼지 않도록 한다.

[근로자 탑승금지]

[수도 또는 가스배관주의]

[안전장치활용]

[작업반경내 출입금지]

제07장_ 기중기 작업장치
출제예상문제

01 트럭탑재식 기중기의 장점이 아닌 것은?
① 기동성이 좋다.
② 장거리 이동에 유리하다.
③ 기중작업시 안전성이 좋다.
④ 습지, 사지, 활지에서 작업이 가능하다.

> 트럭탑재식 기중기는 기동성과 안정성의 좋은 장점이 있으나 습지, 사지, 험한 지역, 협소한 장소에서는 작업이 곤란하다.

02 크롤러형 크레인의 특징이 아닌 것은?
① 습지, 사지에서 작업이 가능하다.
② 험난하고 협소한 곳에서도 작업이 가능하다.
③ 굳은 땅 또는 포장도로에서 작업이 불리하다.
④ 기동성이 좋다.

> 크롤러형 크레인은 무한궤도 트랙 위에 기중작업을 위한 상부 회전체의 전부장치가 설치된 방식으로 기동성은 떨어지지만, 안정성이 좋다.

03 트럭 탑재 크레인을 장거리 운행할 때 붐의 방향은 어느 쪽으로 향하게 하는가?
① 진행 방향 뒤쪽으로 향하게 한다.
② 진행 방향으로 향하게 한다.
③ 진행 방향 옆쪽으로 향하게 한다.
④ 될 수 있는 한 붐을 높인다.

04 기중기의 주행 중 점검 사항으로 가장 거리가 먼 것은?
① 혹의 걸림 상태는 정상인가?
② 주행시 붐의 최고 높이는 어떤가?
③ 종감속기어 오일량은 적당한가?
④ 붐과 캐리어의 간격은 정상인가?

> 종감속기어는 굴착기의 동력전달 계통에서 최종적으로 구동력 증가를 위해 사용된다.

05 크롤러 주행식 기중기에서 트랙 긴도조정은 어느 곳에서 하는가?
① 스프로킷의 조정 볼트로 한다.
② 유도륜의 조정 볼트로 한다.
③ 상부 롤러 베어링으로 한다.
④ 하부 롤러의 심을 조정한다.

06 기중 작업에서 물체의 무게가 무거울수록 붐 길이와 각도는 어떻게 하는 것이 좋은가?
① 붐 길이는 길게, 각도는 크게
② 붐 길이는 짧게, 각도는 그대로
③ 붐 길이는 짧게, 각도는 작게
④ 붐 길이는 짧게, 각도는 크게

07 고무 타이어형 기중기는 작업 중에 무엇으로 안전성을 유지하는가?
① 아우트리거   ② 평형추
③ 디퍼스틱   ④ 새들 블록

> 아우트리거는 기중기의 안정성을 유지해주고 타이어가 받는 하중을 방지하며 기중 작업을 할 때 전도 되는 것을 방지한다.

08 크레인의 안전하중에 대한 설명 중 맞는 것은?
① 크레인이 최대로 들어 올릴 수 있는 하중
② 붐의 최대 제한 각도에서 안전하게 리프팅 할 수 있는 하중
③ 회전하며 작업할 수 있는 하중
④ 붐 각도에 따라 안전하게 작업할 수 있는 하중

09 크레인의 전방 안전도는 정격하중의 몇 배를 걸고 시험하는가?
① 1.27배   ② 2.37배
③ 5배   ④ 6배

정답 01 ④ 02 ④ 03 ② 04 ③ 05 ② 06 ④ 07 ① 08 ④ 09 ①

10 크롤러형 크레인은 작업 중에 무엇으로 안전성을 유지하는가?

① 붐 ② 트랙우트
③ 평형추 ④ 아우트리거

> 크롤러형 크레인은 평형추, 타이어형 기중기는 아우트리거를 통해 작업 중 안전성을 유지한다.

11 크레인의 작업반경에 대한 설명 중 맞는 것은?

① 붐의 최대 높이의 거리
② 화물 중심선과 회전체 중심까지의 거리
③ 크레인의 차대폭
④ 안전하게 작업할 수 있는 붐의 각도

12 기중기의 붐 길이를 결정하는데 가장 거리가 먼 것은?

① 작업시의 속도 ② 이동할 장소
③ 화물의 위치 ④ 적재할 높이

13 기중기의 붐 각이 커지면?

① 운전반경이 작아진다.
② 기중능력이 작아진다.
③ 임계하중이 작아진다.
④ 붐의 길이가 짧아진다.

14 크레인에서 최대의 작업하중을 무엇이라 하는가?

① 호칭하중 ② 임계하중
③ 작업하중 ④ 회전하중

> • 임계하중 : 좌·우 스윙하지 않고 기중하였을 때 들 수 있는 하중으로, 들 수 없는 하중의 임계점을 말한다.
> • 작업하중 : 안전하중이라고도 하며, 작업할 수 있는 하중으로 임계 하중의 85%는 트럭식이고, 75%는 크롤러식이다.
> • 호칭하중 : 최대의 작업 하중을 말한다.

15 클램셀의 안전 작업 용량은 무엇으로 계산하는가?

① 붐 길이와 작업반경
② 붐 각도와 회전속도
③ 차체 중량과 평형추의 무게
④ 트랙의 크기와 훅블록 직경

16 기중기에 대한 다음 설명 중 옳은 것은?

① 붐의 각과 기중 능력은 반비례한다.
② 붐의 길이와 운전반경은 반비례한다.
③ 상부 회전체의 최대 회전각은 270°이다.
④ 마스터 클러치가 연결되면 케이블 드럼에 축이 제일 먼저 회전한다.

17 기중기의 3부 구성체 명칭이 아닌 것은?

① 상부 회전체 ② 스윙 장치
③ 하부 추진체 ④ 전부 장치

> 기중기는 상부 회전체와 하부 추진체, 전부 장치로 구성된다.

18 크레인의 기본 동작에 속하지 않는 것은?

① 리트랙트 ② 틸트
③ 크라우드 ④ 스윙

> 기중기의 7개 기본동작은 짐올리기(Hoist), 붐 올리기(Boom hoist), 돌리기(Swing), 파기(Crowd), 당기기(Retract), 버리기(Dump), 가기(Travel) 이다.

19 기중기의 기본 동작 중 크라우드 작업이란?

① 짐 부리기 작업
② 흙파기 작업
③ 셔블을 당기는 작업
④ 붐의 상하운동

> 크라우드(Crowd) 동작은 흙파는 작업을 말한다.

20 기중기의 사용 용도와 가장 거리가 먼 것은?

① 철도 교량 설치작업
② 경지정리 작업
③ 파일 항타 작업
④ 차량의 화물적재 및 적하작업

21 기중기의 작업 용도와 가장 거리가 먼 것은?

① 기중 작업 ② 굴토 작업
③ 지균 작업 ④ 항타 작업

 정답 10 ③ 11 ② 12 ① 13 ① 14 ① 15 ① 16 ④ 17 ② 18 ② 19 ② 20 ② 21 ③

22 콘크리트 기둥을 세운 구멍파기 전부장치는?

① 파일 해머　　② 항발기
③ 훅　　　　　　④ 어스드릴

23 태그 라인이 장치된 기중기는?

① 동력 크레인　② 클램셀
③ 백호　　　　　④ 드래그 라인

🔍 클램셀 작업 시 태그 라인이 장착된다.

24 페어리드가 설치된 크레인은?

① 동력 크레인　② 클램셀
③ 백호　　　　　④ 드래그 라인

🔍 드래그라인 작업은 붐, 버킷, 페어리드로 구성되며 이들 중 페어리드는 케이블에 드럼에 잘 감기도록 안내한다.

25 드래그 라인 작업 장치에서 케이블을 드럼에 잘 감기도록 안내하는 것은?

① 새들 블록　　　② 페어리드
③ 태그라인 와인더　④ 브리들

26 클램셀 어태치먼트로 작업하기 어려운 것은?

① 토사 적재작업　② 오물 제거작업
③ 수직 굴토작업　④ 일반 기중작업

🔍 크레인 붐에 클램셀 버킷을 달아 수직굴토 및 토사적재, 오물제거 작업을 한다.

27 클램셀의 구성품이 아닌 것은?

① 태그라인　　② 홀딩케이블
③ 새들 블록　 ④ 클로징 케이블

🔍 클램셀의 구성품은 태그라인, 버킷, 홀딩 케이블(로프), 클로징 케이블(로프)이다.

28 드래그 라인 부착 크레인에서 페어리드의 역할은?

① 버킷이 요동되지 않게 하는 장치
② 케이블이 드럼에 잘 감기도록 하는 장치
③ 호이스트, 크라우드 케이블이 꼬이는 것을 방지하는 장치
④ 작업 중에 오는 충격을 완화시켜 주는 장치

29 기중기 부착물에서 태그라인 와인더의 역할은?

① 작업반경을 계산한다.
② 태그라인에 장력을 제어한다.
③ 태그라인의 세척작용을 돕는다.
④ 기중시 안전성을 유지한다.

30 기중기에서 훅(hook)을 너무 많이 상승시키면 경보음이 작동되는데 이 경보장치는?

① 과부하 경보장치
② 전도 방지 경보장치
③ 붐 과권 방지 경보장치
④ 권상 과권 방지 경보장치

31 기중기 작업 전 점검사항이 아닌 것은?

① 작업반경 내에 장애물은 없는가
② 급유는 골고루 되어 있는가
③ 전원스위치는 잘 차단되어 있는가
④ 운전실 조정 레버, 스위치류는 정위치에 있는가

32 기중기에서 상부 회전체를 선회시키는 축은 어느 것인가?

① 수직 프로펠러 샤프트
② 수직 스윙 샤프트
③ 수평 스윙 샤프트
④ 수직 리버싱 샤프트

33 기중기에서 작업 레버를 당겨도 짐이 올라오지 않는 고장의 원인은?

① 유압 펌프의 압력과대
② 클러치면의 오일 부착
③ 스프로킷의 마모
④ 브레이크가 풀림

정답 ▶ 22 ④　23 ②　24 ④　25 ②　26 ④　27 ③　28 ②　29 ②　30 ④　31 ③　32 ②　33 ②

34 지브가 뒤로 넘어가는 것을 방지하기 위하여 설치한 것은?
① 갠트리 프레임
② 지브 백 스토퍼
③ 붐 기복 정지장치
④ A프레임

35 크레인의 새들 블록이 하는 역할은?
① 케이블의 꼬임을 방지한다.
② 시브 붐을 보조한다.
③ 디퍼 핸들을 유도한다.
④ 디퍼의 오손을 방지한다.

36 백호에 있어서 채굴 깊이에 제한되는데 그 사항이 아닌 것은?
① 붐의 길이
② 평형추의 중량
③ 디퍼스틱의 길이
④ 버킷의 크기

37 항타기 작업에서 바운싱(bouncing)이 일어나는 원인은?
① 무거운 해머를 사용했을 때
② 가벼운 해머를 사용할 때
③ 파일이 만곡되었을 때
④ 파일이 수직으로 박히지 않았을 때

38 항타기에서 측면 진동이 일어나는 사항이 아닌 것은?
① 파일이 만곡되었을 때
② 버트가 직각되지 않았을 때
③ 파일과 해머가 일직선이 아닐 때
④ 파일이 수직으로 박힐 때

39 항타기 작업에서 바운싱이 일어나는 원인이 아닌 것은?
① 파일이 장애물과 접촉할 때
② 파일의 비트가 파손되었을 때
③ 파일이 수직이 아닐 때
④ 가벼운 해머를 사용할 때

40 기중기의 붐이 하강하지 않는다. 그 원인에 해당되는 것은?
① 붐과 호이스트 레버를 하강방향으로 같이 작용시켰기 때문이다.
② 붐에 큰 하중이 걸려있기 때문이다.
③ 붐에 너무 낮은 하중이 걸려 있기 때문이다.
④ 붐 호이스트 브레이크가 풀리지 않는다.

41 항타기 작업 중 스프링잉(springing)은 무엇을 뜻하는가?
① 해머의 작동
② 스프링 장치의 서징 현상
③ 파일의 과대한 측면 진동
④ 붐의 흔들림

42 크레인 붐의 최대 제한 각도는?
① 45°
② 66°
③ 78°
④ 93°

> 붐의 최대 제한 각도는 78°이고 최소 제한 각도는 20°이다.

43 기중기의 붐이 올라가지 않는 원인은?
① 붐 오퍼레이터의 드럼 브레이크가 풀리지 않는다.
② 폴이 래칫 휠에서 떨어지지 않는다.
③ 붐의 로어링 장치가 차단된 상태로 있다.
④ 붐의 호이스트용 클러치가 연결된 상태로 떨어지지 않는다.

44 크레인에서 붐을 교환하는 가장 좋은 방법은?
① 트레일러를 이용한다.
② 포크레인을 이용한다.
③ 크레인을 이용한다.
④ 붐 교환대를 이용한다.

45 크레인 붐의 최소 제한 각도는?
① 20°
② 35°
③ 45°
④ 78°

 정답 34 ② 35 ③ 36 ② 37 ② 38 ④ 39 ③ 40 ④ 41 ③ 42 ③ 43 ① 44 ③ 45 ①

46 와이어로프를 시브와 드럼에 연결하는데 고려할 사항은 어느 것인가?

① 틸트각
② 앵글각
③ 플레이트각
④ 수평각

47 유연성이 좋은 와이어로프는?

① 작은 와이어의 적은 수로 만든 와이어로프
② 작은 와이어의 많은 수로 만든 와이어로프
③ 큰 와이어의 많은 수로 만든 와이어로프
④ 큰 와이어의 작은 수로 만든 와이어로프

48 와이어로프 취급상 주의사항으로 틀린 것은?

① 케이블의 끝을 확실히 고정하고 규정에 맞는 것을 사용할 것
② 정비시는 엔진 오일을 주유하고 휘발유나 경유를 사용하여 세척할 것
③ 로프가 꼬이지 않도록 할 것
④ 케이블 양끝을 주기적으로 교환하여 사용할 것

🔍 와이어로프에는 엔진오일이나 기어오일을 주유하며, 경유나 석유 등으로 세척해서는 안 된다.

49 와이어로프식 크레인의 굴착 로크의 풀림을 막기 위하여 할 일은?

① 레버 기구를 바르게 조정한다.
② 작업 부하를 경감한다.
③ 조향 클러치를 헐겁게 한다.
④ 유량을 규정대로 보충한다.

50 다음은 갠트리 프레임(ganty frame)을 설명한 것이다. 맞지 않는 것은?

① A 프레임이라고도 한다.
② 지브 기복용 와이어로프를 지지하는 지브를 취부한 프레임이다.
③ 운반할 때는 낮게 세트한다.
④ 작업시는 낮게 세트하여 안정되게 한다.

51 다음 중 기중기가 할 수 있는 작업으로 맞는 것은?

① 백호 작업
② 스노 플로우 작업
③ 토사 적재 작업
④ 훅 작업

🔍 기중기로 할 수 있는 작업은 훅 작업, 클램쉘 작업, 셔블 작업, 드래그라인 작업 및 파일 드라이브 작업 등이 있다.

52 다음 중 기중기의 작업 장치에 해당되지 않는 것은?

① 드래그라인   ② 파일 드라이버
③ 블레이드   ④ 클램쉘

🔍 블레이드는 삽날로 불도에 사용되는 작업 장치이다.

53 다음 중 기중기 붐에 설치하여 작업을 할 수 없는 것은?

① 파일 드라이버
② 클램쉘
③ 훅
④ 스캐리 파이어

🔍 스캐리 파이어는 그레이더에 사용되는 작업 장치이다.

54 다음 중 기중기의 인양 능력과 관계가 없는 것은?

① 기중기의 강도
② 기중기의 안정도
③ 윈치 용량
④ 양중물의 비중

55 기중 작업 시 안정성 있는 작업을 위한 붐의 위치는?

① 붐 길이를 짧게 한다.
② 조인트 붐을 사용한다.
③ 지브 붐을 사용한다.
④ 붐 길이를 길게 한다.

🔍 안정성 있는 기중 작업은 붐 길이를 짧게 작업 한다.

정답 46 ③ 47 ② 48 ② 49 ① 50 ④ 51 ④ 52 ③ 53 ④ 54 ④ 55 ①

56 다음 중 기중기의 지브 붐에 대한 설명으로 맞는 것은?

① 붐 중간을 연결하는 붐이다.
② 붐 끝단에 전장을 연결하는 붐이다.
③ 붐 하단에 연결하는 붐이다.
④ 활차 1개를 사용하기 위한 붐이다.

🔍 지브 붐은 훅 작업 시 붐 끝단에 연결하는 붐이다.

57 다음 중 기중기에 지브 붐을 설치하여 작업 할 수 있는 장치는?

① 훅 장치　　② 셔블 장치
③ 드래그라인 장치　④ 클램쉘 장치

58 일반적으로 기중기의 드럼 클러치로 사용하는 것은?

① 외부 확장식　② 외부 수축식
③ 내부 확장식　④ 내부 수축식

🔍 드럼 클러치는 내부 확장식을 사용한다.

59 기계식 기중기의 붐 호이스트에 일반적으로 사용하는 브레이크 형식은?

① 내부 수축식　② 내부 확장식
③ 외부 확장식　④ 외부 수축식

🔍 붐 호이스트에 사용하는 작업 브레이크는 외부 수축식을 사용한다.

60 다음 중 기중기의 작업에 대한 설명으로 맞는 것은?

① 기중기의 감아올리는 속도는 드래그라인 보다 빠르다.
② 클램쉘은 좁은 면적에서 깊은 굴착을 하는 경우나 높은 위치에서의 적재에 적합하다.
③ 드래그라인은 굴착력이 강하므로 주로 견고한 지반의 굴착에 사용된다.
④ 파워 셔블은 지면보다 낮은 지면 굴착에 사용된다.

61 기중기 훅 장치가 가장 효과적인 작업은?

① 일반 굴토작업
② 수직 굴토작업
③ 경사면 굴토작업
④ 일반적인 기중작업

62 기중기의 붐 길이 결정 시 해당 되지 않는 것은?

① 화물의 무게
② 이동할 장소
③ 붐 각도
④ 적상할 속도

63 다음 중 기중기의 클램쉘 장치에서 태그라인의 역할로 맞는 것은?

① 전달을 안전하게 연장하는 로프이다.
② 지브 붐이 휘는 것을 방지한다.
③ 드래그 로프가 드럼에 잘 감기도록 안내한다.
④ 와이어 케이블이 꼬이고 버킷이 요동 되는 것을 방지한다.

64 선회 시 버킷이 흔들리거나 와이어로프가 꼬이는 것을 방지하기 위하여 와이어로프로 버킷을 가볍게 당겨주는 장치는?

① 태그라인
② 페어리드
③ 시브
④ 그래브 버킷

65 기중기 붐의 길이가 길어지면 작업 반경은 어떻게 변하는가?

① 작업 반경이 변함없다.
② 작업 반경이 높아진다.
③ 작업 반경이 짧아진다.
④ 작업 반경이 길어진다.

🔍 붐 길이가 길어지면 작업 반경이 길어진다.

정답 56 ② 57 ① 58 ③ 59 ④ 60 ② 61 ④ 62 ④ 63 ④ 64 ① 65 ④

66 기중기의 작업 반경이 커지면 기중능력의 변화로 맞는 것은?

① 기중능력은 감소한다.
② 기중능력은 증가된다.
③ 기중능력은 변함없다.
④ 기중능력은 경우에 따라 변화한다.

🔍 기중기의 작업 반경이 커지면 기중능력은 감소한다.

67 다음 중 기중기 붐의 최대와 최소 제한 각도로 맞는 것은?

① 최대 50°, 최소 30°   ② 최대 66°, 최소 20°
③ 최대 78°, 최소 20°   ④ 최대 98°, 최소 55°

🔍 기중기 붐의 최대 제한 각도는 78°, 최소 제한 각도는 20°이다.

68 다음 중 기중기의 붐 각도가 커질 경우에 대한 설명으로 맞는 것은?

① 기중능력은 증가한다.
② 기중능력은 감소한다.
③ 작업반경은 변함이 없다.
④ 작업반경은 커진다.

🔍 기중기의 붐 각도가 커지면 기중능력은 증가한다.

69 기중기 선회장치에 대한 설명으로 맞지 않는 것은?

① 상부 선회체는 종축을 중심으로 선회한다.
② 상부 선회체의 회전 각도는 270°까지이다.
③ 상부 선회체는 하부 주행체 위에 선회 지지체를 설치 한 것이다.
④ 선회 록 장치는 장비 이동 중 선회체를 고정하는 장치이다.

🔍 상부 선회체의 회전 각도는 360°이다.

70 타이어식 기중기 훅 작업 시 안전 사항으로 맞지 않는 것은?

① 붐은 최소 20° 이하로 하지 않는다.
② 붐은 최대 78° 이상으로 하지 않는다.
③ 운전 반경 내에는 다른 작업자의 접근을 금지시킨다.
④ 가벼운 화물은 아우트리거를 설치하지 않는다.

🔍 타이어식 기중기 작업 시에는 반드시 아우트리거를 설치하여야 한다.

71 기중기 작업 시 화물 적재 후 붐이 상승하지 않는 원인으로 맞지 않는 것은?

① 붐 호이스트 레버가 작동하지 않는다.
② 붐 호이스트 클러치가 미끄러진다.
③ 붐 호이스트 브레이크가 풀리지 않는다.
④ 붐에 하중이 걸려있다.

72 기중기 작업 시 호이스트 레버를 당겼는데 붐이 상승하지 않을 경우 고장 원인으로 맞는 것은?

① 붐 호이스트 브레이크가 풀려있다.
② 붐 호이스트 클러치에 오일이 부착 되었다.
③ 유압 펌프의 토출량이 과대하다.
④ 붐에 하중이 걸려 있다.

73 다음 중 와이어로프의 구성요소로 맞지 않는 것은?

① 심
② 스트랜드
③ 소선
④ 윤활

🔍 와이어로프 구성은 심(심강), 스트랜드(가닥) 및 소선으로 구성된다.

74 다음 중 와이어로프 호칭과 관계가 없는 것은?

① 구성기호
② 꼬임방법
③ 로프 지름
④ 재질

🔍 와이어로프의 표시방법은 명칭, 구성기호, 꼬임방법, 종류, 로프의 직경으로 한다.

정답 66 ① 67 ③ 68 ① 69 ② 70 ④ 71 ④ 72 ② 73 ④ 74 ④

75 와이어로프 꼬임 방법 중 수명은 길지만 킹크가 생기기 쉬운 꼬임은?

① 보통 꼬임
② S 꼬임
③ Z 꼬임
④ 랭 꼬임

> 킹크란 반듯했던 것이 구부러지거나 뒤틀린 상태가 되는 것으로 보통 꼬임은 킹크 발생이 적고, 랭 꼬임에서 킹크가 생기기 쉽다.

76 와이어로프 취급에 관한 사항으로 맞지 않는 것은?

① 와이어로프도 기계의 한 부품처럼 소중히 취급한다.
② 와이어로프를 풀거나 감을 때 킹크가 생기지 않도록 한다.
③ 와이어로프 보관 시에는 와이어로프용 윤활유를 충분히 급유하여 보관한다.
④ 와이어로프를 운송 차량에서 하역 시에는 차량으로부터 굴려서 내린다.

> 와이어로프를 운송 차량에서 하역 시 크레인이나 지게차를 이용한다.

77 줄 걸이 작업 시 확인 할 사항으로 맞지 않는 것은?

① 로프의 각도가 올바른지 확인한다.
② 중심 위치가 올바른지 확인한다.
③ 중심이 높아지도록 작업하고 있는지 확인한다.
④ 화물을 매달아 올린 후 수평상태를 유지하는지 확인한다.

> 줄걸이 작업시 중심을 낮게 유지하여야 한다.

78 절단한 와이어로프의 손질법으로 옳은 것은?

① 절단한 와이어로프 끝에 그리스를 도포한다.
② 절단한 와이어로프는 솔벤트로 잘 닦는다.
③ 절단한 와이어로프 끝을 용접한다.
④ 절단한 와이어로프 끝의 철사를 모두 풀어 둔다.

79 다음 중 와이어로프 선정 방법으로 맞지 않는 것은?

① 와이어로프는 하중에 따라 굵기가 다르므로 하중과 굵기를 명시한다.
② 녹이 슬기 쉬운 작업장은 아연 도금한 와이어로프를 사용한다.
③ 마찰이 큰 작업장에서는 보통 꼬임의 와이어로프를 사용한다.
④ 고열물을 운반하는 작업장에서는 강심 와이어로프를 사용한다.

> 마찰이 큰 작업장에서는 소선과 외부 접촉 면적이 길어서 마모가 적은 랭꼬임의 와이어로프를 사용한다.

80 다음 중 기중기에 사용하는 와이어로프의 윤활로 맞는 것은?

① 경유로 윤활 한다.
② 그리스로 윤활 한다.
③ 엔진오일로 윤활 한다.
④ 윤활하지 않는다.

> 와이어로프의 윤활은 엔진오일을 주유한다.

81 기중기 붐에 설치된 와이어로프 중 기중 작업 시 하중이 직접적으로 작용하지 않는 것은?

① 익스텐션 케이블
② 호이스트 케이블
③ 붐 호이스트 케이블
④ 붐 백스톱 케이블

82 기중기 작업 시 새로운 와이어로프로 교환 후 고르기 운전을 할 때 전체하중의 얼마로 운전을 하는 것이 좋은가?

① 150%   ② 100%
③ 50%   ④ 30%

> 새로운 와이어로프로 교환 후 고르기 운전을 할 때 전체하중의 50%로 운전을 하여야한다.

정답 75 ④ 76 ④ 77 ③ 78 ③ 79 ③ 80 ③ 81 ④ 82 ③

83 기중기 작업 현장에서 와이어로프 설치 시 가장 간편한 고정법으로 맞는 것은?

① 전기 용접법
② 묶음법
③ 쐐기 고정법
④ 합금 고정법

84 다음 중 기중기에 설치된 안전장치로 맞지 않는 것은?

① 로드 브레이크
② 권과 방지장치
③ 선회 감속장치
④ 과부하 방지장치

> 기중기 안전장치에는 권상 과하중 방지장치(로드 브레이크), 권과 방지장치, 과부하 방지장치, 훅 해지장치, 붐 전도 방지장치 및 아우트리거 등이 있다.

85 무한궤도식 기중기에 설치된 안전장치로 맞지 않는 것은?

① 경보장치
② 과속 방지장치
③ 권상 과하중 방지장치
④ 붐 전도 방지장치

86 무한궤도식 기중기의 안전성을 유지하는 장치로 맞는 것은?

① 평형추
② 붐
③ 트랙
④ 아우트리거

> 평형추는 기중기 뒷부분에 설치되며 작업 시 장비 뒤쪽이 들리는 것을 방지하며 카운터 웨이트 라고도 한다.

87 타이어식 기중기의 안전장치 중 옆방향의 전도 방지를 위해 설치한 것은?

① 붐 스톱장치   ② 아우트리거
③ 스윙 로크 장치   ④ 파워 로킹 장치

88 기중기의 지브가 뒤로 넘어가는 것을 방지하기 위한 장치는?

① 블라이들 프레임
② 지브 전도 방지장치
③ 지브 백 스톱
④ A 프레임

89 기중기에 승·하차 시 주의할 사항으로 맞지 않는 것은?

① 오르고 내릴 때 항상 장비를 마주보고 양손을 사용한다.
② 이동 중인 장비에 뛰어 오르거나 내리지 않는다.
③ 항상 계단과 손잡이를 깨끗이 닦는다.
④ 오르고 내릴 때 운전실 내의 각종 작업 조종 장치를 손잡이로 사용한다.

90 기중기 작업 전 확인해야 할 안전 사항으로 맞지 않는 것은?

① 작업 대상물의 무게를 파악한다.
② 최대 작업 반경을 확인한다.
③ 지브는 필요한 범위 내에서 가능한 길게 한다.
④ 작업 반경에 맞추어 정격하중의 범위를 지킨다.

> 지브는 필요한 범위 내에서 가능한 짧게 한다.

91 기중기 훅 작업 시 안전 사항으로 맞는 것은?

① 측면에서 작업한다.
② 저속으로 천천히 작업하다 와이어로프가 인장력을 받기 시작하면 빨리 상승한다.
③ 가벼운 화물을 들어 올릴 때에는 붐 각을 안전각도 이하로 작업한다.
④ 지면에서 30cm 들어 올려 안전을 확인한 후 상승한다.

> 훅 작업 시 안전 사항은 화물을 지면에서 30cm 들어 올려 안전을 확인한 후 작업한다.

정답 83 ③ 84 ③ 85 ② 86 ① 87 ② 88 ② 89 ④ 90 ③ 91 ④

92 기중기 작업 시 안전 사항으로 맞지 않는 것은?

① 측면에서 작업을 한다.
② 제한 하중 이상은 작업 하지 않는다.
③ 지정된 신호수의 신호에 따라 작업을 한다.
④ 화물의 훅 위치는 무게 중심에 걸리도록 한다.

93 기중기로 작업을 할 때 안전 수칙으로 맞지 않는 것은?

① 선회 작업 시 작업 반경 내에 장애물이 있는지 확인한다.
② 운전석을 떠날 때 에는 기관을 정지 시키고 키는 지정된 장소에 보관한다.
③ 붐은 운전석 위로 선회 시킨다.
④ 흙이나 모래가 묻은 와이어로프는 세척 후 보관한다.

94 기중기 양중 작업 중 급선회를 하게 될 경우 인양력의 변화로 맞는 것은?

① 인양이 정지된다.
② 인양력이 증가한다.
③ 인양력이 감소한다.
④ 인양력에 영향이 없다.

> 양중 작업 중 급선회를 하게 되면 인양력이 감소한다.

95 기중기 양중 작업 전 점검해야 할 현장의 환경 사항으로 맞지 않는 것은?

① 카운터 웨이트의 중량
② 장비 조립 및 설치 장소
③ 작업장 주변의 장애물 이상 유무
④ 작업 현장의 반입성 및 반출성

96 타이어식 기중기로 인양 작업 시 고려 할 사항으로 맞지 않는 것은?

① 기중기의 수평균형을 맞춘다.
② 아웃트리거는 모두 확장시키고 안전핀으로 고정 시킨다.
③ 타이어는 지면과 닿도록 한다.
④ 선회 시 각종 장애물과는 최소 60cm 이상 이격 시켜 접촉되지 않도록 한다.

97 건설기계의 안전수칙에 관한 설명으로 맞지 않는 것은?

① 운전석을 떠날 때 에는 엔진을 정지 시킨다.
② 하중을 달아 올린 채로 브레이크를 걸지 않는다.
③ 무거운 하중은 지면으로부터 10cm 정도 들어 올려 안전을 확인한 후 작업한다.
④ 장비를 다른 곳으로 이동 시 에는 반드시 브레이크를 풀어 놓고 내려온다.

98 다음 중 파일박기가 가능한 건설기계는?

① 기중기
② 모터 그레이더
③ 불도저
④ 롤러

99 기중기로 항타 작업 시 지켜야 할 안전 수칙에 해당하지 않는 것은?

① 붐의 각을 적게 한다.
② 작업 시 붐을 상승 시키지 않는다.
③ 항타 할 때 반드시 우드캡을 씌운다.
④ 호이스트 케이블의 고정 상태를 수시로 점검한다.

> 항타 작업 시 붐의 각은 크게 한다.

100 기중기로 항타 작업 시 바운싱이 발생하는 원인으로 맞지 않는 것은?

① 파일이 장애물과 접촉할 때
② 증기 또는 공기량을 약하게 사용할 때
③ 2중 작동 해머를 사용할 때
④ 가벼운 해머를 사용할 때

> 증기 또는 공기량을 많이 사용할 때 바운싱이 일어난다.

92 ① 93 ③ 94 ③ 95 ① 96 ③ 97 ④ 98 ① 99 ① 100 ②

101 기중기에 사용하는 와이어로프의 마모가 빠른 이유로서 가장 거리가 먼 것은?

① 로프 자체에 급유 부족
② 시브의 베어링 급유 불충분으로 마모가 심할 때
③ 드럼에 흐트러져 감길 때
④ 로프를 감는 드럼을 회전시키는 클러치가 슬립이 많을 때

102 양중기에 해당되지 않는 것은?

① 곤돌라
② 리프트
③ 지게차
④ 크레인

🔍 지게차는 적재기계에 해당한다.

103 기중 작업 시 물체의 무게가 무거울수록 붐 길이와 각도는 어떻게 하는 것이 좋은가?

① 붐 길이는 길게, 각도는 크게
② 붐 길이는 짧게, 각도는 그대로
③ 붐 길이는 짧게, 각도는 작게
④ 붐 길이는 짧게, 각도는 크게

104 기중기에 사용되는 로프의 안전계수를 구하는 식은?

① $\dfrac{\text{로프의 파단 하중}}{\text{로프의 최저사용 하중}}$
② $\dfrac{\text{로프의 최대 하중}}{\text{로프의 파단 하중}}$
③ $\dfrac{\text{로프의 최저사용 하중}}{\text{로프의 파단 하중}}$
④ $\dfrac{\text{로프의 파단 하중}}{\text{로프의 최대사용 하중}}$

🔍 로프의 안전계수는 $\dfrac{\text{로프의 파단 하중}}{\text{로프의 최대사용 하중}}$ 이다.

105 기중 작업 시 무거운 하중을 들기 전에 반드시 점검 할 사항으로 거리가 먼 것은?

① 와이어로프
② 브레이크
③ 붐의 강도
④ 클러치

🔍 기중 작업 시 무거운 하중을 들기 전에 반드시 와이어로프, 브레이크, 클러치 등을 점검한다.

106 기중기의 주행 중 점검 사항으로 거리가 먼 것은?

① 주행 시 붐의 최고 높이
② 혹의 걸림 상태
③ 붐과 캐리어의 간격
④ 종 감속기어 오일 량

107 크레인으로 인양시 물체의 중심을 측정하여 인양하여야 한다. 다음 중 잘못 된 것은?

① 형상이 복잡한 물체의 무게중심을 확인한다.
② 인양 물체를 서서히 올려 지상 약 30cm 지점에서 정지하여 확인한다.
③ 인양 물체의 중심이 높으면 물체가 기울 수 있다.
④ 와이어로프 매달기용 체인이 벗겨질 우려가 있으면 높이 인양한다.

정답 101 ④ 102 ③ 103 ④ 104 ④ 105 ③ 106 ④ 107 ④

CHAPTER

08

Craftsman Loader Operator

로더 작업장치

Section 01 로더(Loader)
Section 02 로더 출제예상문제

SECTION 01 로더(Loader)

Craftsman Loader Operator

STEP 01 로더(Loader) 일반

1. 로더의 정의 및 개요

1) 로더의 정의
① 일반적인 정의 : 로더(Loader)란 트랙터 본체 전면에 적재장치인 셔블(shovel)용 버킷(bucket)을 부착한 장비로 프런트 로더가 대표적이며 건설공사에서 자갈, 모래, 흙을 퍼서 덤프(dump)차에 적재하는 일이 주된 용도이다. 휠(Wheel) 로더 작업을 할 때는 지표면에서 약 40~50cm 들고 이동하며 버킷의 평적용량(m^3)으로 규격을 표시한다.
② 건설기계관리법 상의 범위 : 로더란 무한궤도(크롤러) 또는 타이어식으로 적재장치를 가진 자체중량 2톤 이상인 것. 다만, 차체굴절식 조향장치가 있는 자체중량 4톤 미만인 것은 제외한다.

2) 로더의 개요
① 기준부하상태
㉮ 기준부하상태 : 로더의 버킷에 한국산업표준에 따른 비중의 토사를 산적한 상태에서 버킷을 가장 안쪽으로 기울이고 버킷의 밑면을 로더의 최저지상고까지 올린 상태
㉯ 무부하상태 : 하중이 가해지지 아니한 버킷을 가장 안쪽으로 기울이고 버킷의 밑면을 로더의 최저지상고까지 올린 상태
② 전경각 및 후경각
㉮ 전경각 : 버킷을 가장 높이 올린 상태에서 버킷만을 가장 아래쪽으로 기울였을 때 버킷의 가장

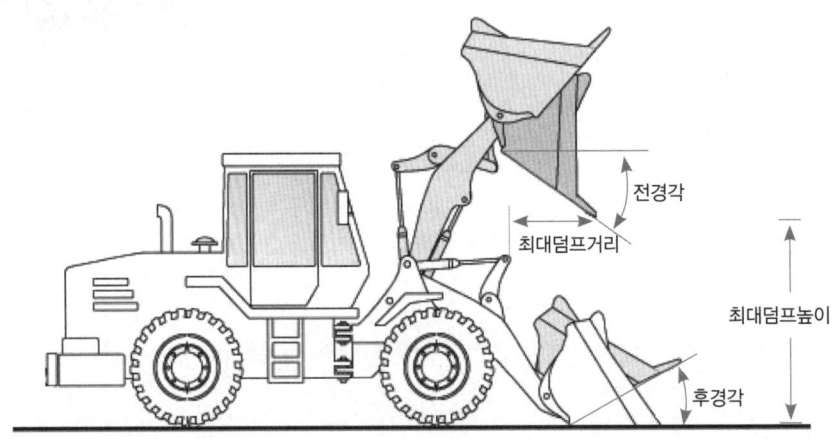

[로더(Loader)]

넓은 바닥면이 수평면과 이루는 각도
  ④ 후경각 : 버킷의 가장 넓은 바닥면을 지면에 닿게 한 후 버킷만을 가장 안쪽으로 기울였을 때 버킷의 가장 넓은 바닥면이 지면과 이루는 각도
  ④ 로더의 전경각은 45° 이상, 후경각은 35° 이상. 다만, 출입문이 전방에 설치된 로더의 전경각은 35° 이상, 후경각은 25° 이상이어야 하고, 버킷에 적재물배출장치(이젝터)를 설치한 경우에는 전경각 기준은 적용하지 않는다.
③ 안정도 및 제동능력
  ㉮ 전후안정도 : 타이어식 로더는 다음의 조건에 해당하는 지면에서 중심선이 지면의 기울어진 방향과 평행할 경우 앞이나 뒤로 넘어지지 아니하여야 한다.
    ㉠ 로더의 기준부하상태인 경우 구배가 100분의 15인 지면(15%)
    ㉡ 로더의 기준무하상태인 경우 구배가 100분의 30인 지면(30%)
  ㉯ 좌우 안정도 : 타이어식 로더는 다음의 조건에 해당하는 지면에서 중심선이 지면의 기울어진 방향과 직각으로 교차할 경우 옆으로 넘어지지 아니하여야 한다.
    ㉠ 로더의 기준 부하상태에서 버킷만을 최고로 올린 상태인 경우 구배가 100분의 20인 지면(20%)
    ㉡ 로더의 기준 무부하상태인 경우 구배가 100분의 60인 지면(60%)
  ㉰ 제동 능력 : 타이어식 로더는 다음의 조건에 해당하는 평탄하고 견고한 건조지면에서 정지상태를 유지할 수 있어야 한다.
    ㉠ 로더의 기준 부하상태인 경우 구배가 100분의 15인 지면
    ㉡ 로더의 기준 무부하상태인 경우 구배가 100분의 20인 지면
④ 조종실 등
  ㉮ 출입문이 전방에 설치된 로더는 조종사가 조종실에 들어가거나 나갈 때 작업장치가 움직이지 않도록 안전장치를 설치하여야 한다.
  ㉯ 출입문이 전방에 설치된 로더의 출입문 크기는 높이 875mm, 폭 550mm 이상이어야 한다.
  ㉰ 출입문이 전방에 설치된 로더는 출입문을 대신할 출입구가 있는 구조이어야 하며, 크기는 380mm×550mm 이상이어야 한다.
  ㉱ 로더가 완전히 굴절된 조향 상태에서 로더 본체 사이에 조종실 통로가 있는 경우 통로는 150mm 이상의 간격이 있어야 한다.
⑤ 기타 사항
  ㉮ 버킷
    ㉠ 버킷의 승강, 정지 및 반전(反轉) 작용은 정확하게 이루어져야 한다.
    ㉡ 버킷과 연결된 붐 및 암 등은 균열, 만곡 및 절단된 곳이 없어야 한다.
  ㉯ 고정장치 : 로더를 주차하거나 운반할 때 로더 본체의 굴절부가 굴절되지 않도록 고정하는 장치를 설치하여야 한다.
  ㉰ 유압배관 : 로더의 유압배관은 작동 압력의 최소 4배를 견딜 수 있어야 한다.

2. 로더(Loader)의 종류

1) 주행장치별 분류

① 크롤러 로더(Crawler loader)
- ㉮ 크롤러 트랙터 앞에 버킷이 설치되어 있으며 습지·사지 작업과 저속 견인력이 클 뿐 아니라 트랙 높이의 수중작업도 가능하다.
- ㉯ 장거리 이동이나 기동성은 떨어지며, 도로에는 반드시 트레일러 등 운반체에 실려 이동해야 한다.
- ㉰ 단단한 지반에서의 작업은 어려우며 암석 등 불균일한 노면과 터널과 같은 협소한 장소에서의 작업에 유리하다.

② 휠형 로더(Wheel loader)
- ㉮ 타이어식 트랙터에 버킷을 설치한 로더로 작업 수행에는 능률적이지만 습지·연약지 작업에는 곤란하다는 단점이 있다.
- ㉯ 화물이 차체의 앞부분에 있기 때문에 차체의 뒷부분에 카운터 웨이트(counter weight)를 두어 균형을 맞춘다.
- ㉰ 최고속도가 시속 15~30km 이하로 자동차보다 저속이며, 전륜구동 후륜조향 방식이다.

③ 스키드 스티어 로더(Skid steer loader)
- ㉮ 일반 차량과 달리 방향을 전환할 때 핸들을 돌리면 타이어의 방향이 틀어지지 않고 그대로 직선상에 있다.
- ㉯ 방향을 전환할 때에는 한쪽 바퀴는 전진하고 다른 쪽 바퀴는 후진하게 되어 방향 전환이 되므로 제자리에서 360° 회전이 가능하다.
- ㉰ 작고 좁은 공간에서 작업이 필요할 경우 효과적이며, 다양한 작업장치 부착으로 적재 및 제설 작업, 굴착, 운반, 작은 콘크리트나 암반 파쇄, 도로 청소 등에서 사용된다.

④ 백호 로더(Backhoe loader)
- ㉮ 처음에는 농업용 기계로 개발되었으나 최근에는 건설현장에서 매우 다양한 용도로 사용되고 있다.
- ㉯ 앞에는 로더 버킷을 장착하고, 후면에는 굴착기 버킷을 장착하여 상차와 소규모의 굴착작업이 가능한 로더이다.
- ㉰ 작은 도랑을 만드는데 편리할 뿐만 아니라 작업장치를 교환하여 다른 작업도 가능하다.

> **참고** 쿠션 로더(Cushion loader)
> 휠 로더와 크롤러 로더의 단점을 보완한 것으로 타이어에 트랙을 감아 기동성을 향상시킨 형태의 로더이다.

[휠 로더]

[크롤러 로더]

[스키드 스티어 로드]

[백호 로더]

2) 적하방식별 분류

① 프런트 엔드형(front end type) : 트랙터 앞부분에 버킷이 부착되어 있어 앞으로 적하하거나 차체의 전반으로 굴착 등을 하는 방식이다.
② 사이드 덤프형(side dump type) : 버킷이 좌·우 어느 쪽으로든지 기울어질 수 있어 터널이나 협소한 장소에서 덤프트럭 등에 손쉽게 적재할 수 있다.
③ 오버 헤드형(overhead type) : 앞부분에서 굴착을 하여, 장비 위를 넘어 후면에 덤프할 수 있는 것으로 터널공사 등에 효과적이다.
④ 스윙형(swing type) : 프런트 엔드형과 오버 헤드형이 조합된 것으로 앞뒤 양방향에 덤프할 수 있는 로더이다.

> 휠 로더 사용 시 금지사항
> • 물건을 들어 올리거나 사람을 운송하는 수단으로 사용해서는 안 된다.(인양작업 금지)
> • 작업하는 작업대로 사용해서는 안 된다.
> • 트레일러를 끄는 등의 견인장비로 사용해서는 안 된다.

3) 버킷 용도별 분류

① 일반작업 버킷(General purpose bucket) : 일반 토사, 자갈 등과 같이 굴착되어 쌓여있는 작업물의 적재에 적합하다.(비중 $1.6ton/m^3$ 이하)
② 암석작업 버킷(Rock bucket) : 골재현장에서 발파된 암석이나 비중이 높은 돌, 자갈 등의 상차에 사용된다.(비중 $1.6ton/m^3$ 이상)
③ 다목적 버킷(Multi purpose bucket) : 버킷이 열리게 되어 있으며, 일반버킷이나 도저와 같은 송토작업, 집게작업 등을 동시에 수행할 수 있다. 덤프 작용은 유압 실린더에 의해 버킷을 열어 행하게 된다.
④ 원목작업 버킷(Log fork bucket) : 주로 원목이나 파이프 등의 길고 둥근 물체를 집어서 고정시킨 후 운반한다.
⑤ 사이드 덤프 버킷(Side dump bucket) : 협소한 장소에서는 장비를 돌려 덤프하기 어려우나 사이드 덤프 버킷을 사용하면 바로 옆으로 덤프할 수 있어 편리하다. 좌·우·앞 등의 3방향으로 덤프할 수 있는 버킷도 있다.

[일반작업 버킷]   [암석작업 버킷]   [다목적 버킷]   [원목작업 버킷]
[사이드 덤프 버킷]   [스켈리턴 버킷]   [래크 블레이드 버킷]   [포크]

⑥ 스켈리턴 버킷(Skeleton bucket) : 강가에서의 골재 채취 등에 적합하며 작은 골재, 물 등이 빠져나가는 구조로 굴착된 골재와 암석 중 큰 것만 골라내는 작업에 사용된다.
⑦ 래크 블레이드 버킷(Rake blade bucket) : 나무뿌리 뽑기, 제초, 제석 등 지반이 매우 굳은 땅의 굴착 등에 적합한 버킷이다.
⑧ 포크(Fork) : 팔레트(pallet) 자재 작업 등 운반용에 사용한다.

STEP 02 로더(Loader)의 구성

1. 로더의 제원 및 각부 명칭

1) 로더의 제원(휠 로더)

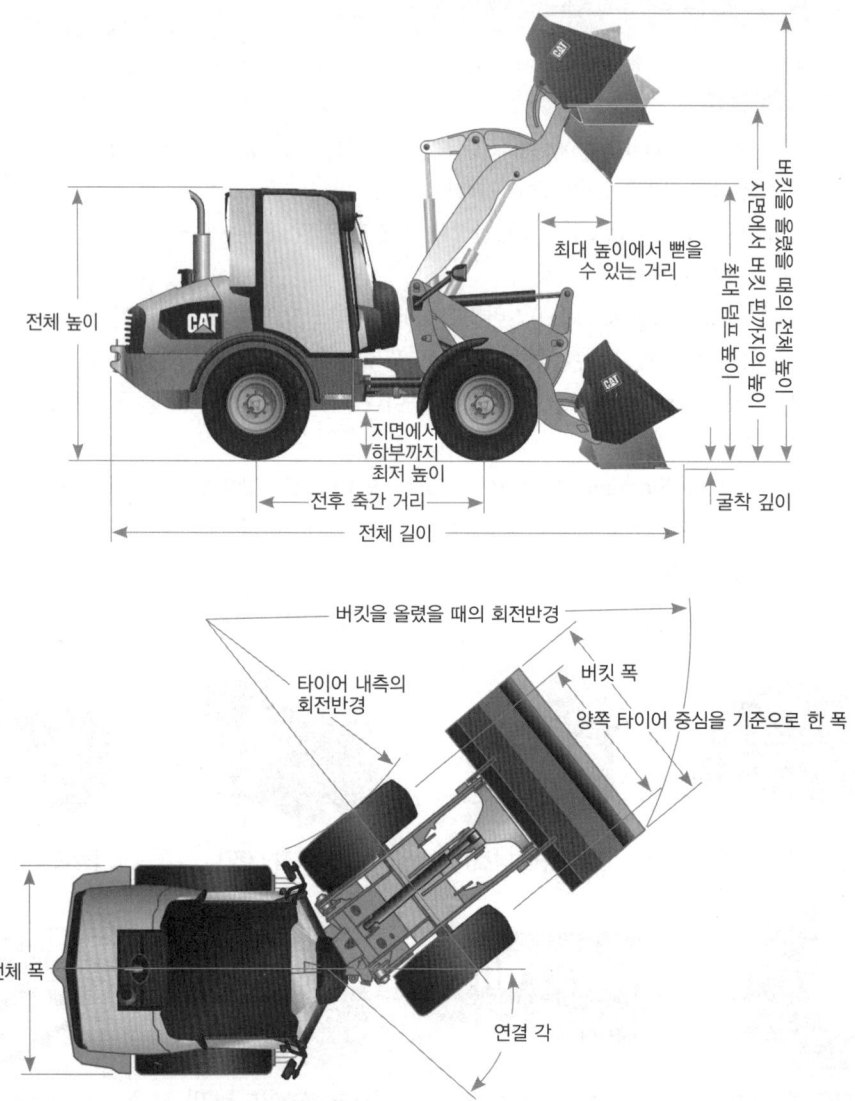

2) 로더의 각부 명칭

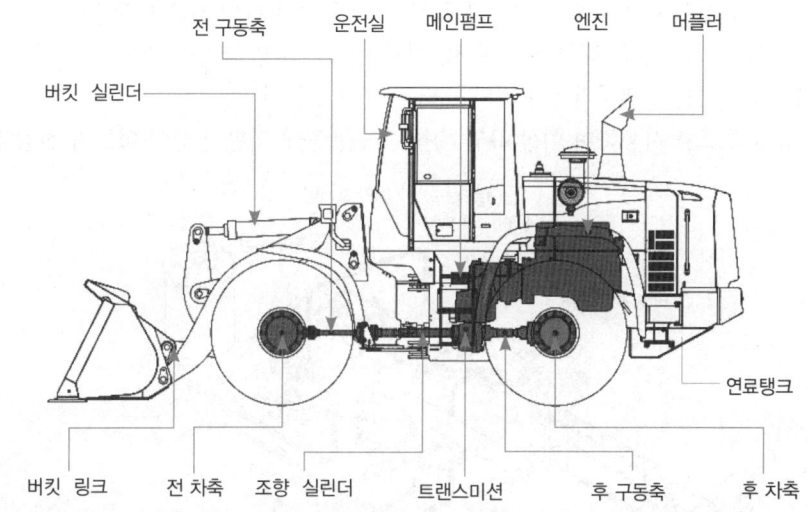

2. 로더의 구성

로더는 도저의 경우와 같이 휠형이나 크롤러형의 트랙터에 버킷 장치가 설치된 것으로 버킷에 모래나 자갈 등이 채워진 상태로 방향을 전환하는 관계로 동력전달 계통·조향·유압장치가 약간씩 다른 경우가 있다.

1) 동력전달 계통

로더의 동력전달장치는 기관(engine)에서 발생한 동력을 구동바퀴까지 전달하며 구조 및 기능과 관련한 내용은 앞서 설명한 "제3장. 건설기계 차체의 제1절. 동력전달장치"의 내용을 참조한다.

2) 동력전달 순서

종류	동력전달 순서
휠형 일체식	기관 → 토크 컨버터 → 변속기 → 하이포이드 피니언 차동 기어 → 액슬축 → 유성 피니언 기어 → 바퀴
휠형 관절식	기관 → 토크 컨버터 → 제1축 → 변속기 → 제2축 → 액슬 → 바퀴 → 제3축 → 액슬 → 바퀴
크롤러형 마찰 클러치식	기관 → 플라이휠 클러치 → 변속기 → 피니언 및 베벨 기어 → 조향 클러치 및 브레이크 → 최종 감속 기어 → 스프로킷 → 트랙
크롤러형 토크 컨버터식	기관 → 토크 컨버터 → 변속기 → 피니언 및 베벨 기어 → 조향 클러치 및 브레이크 → 최종 감속 기어 → 스프로킷 → 트랙

3) 유압 계통

작동유(유압유) 탱크 → 유압 펌프 → 작업 컨트롤 밸브 → 액추에이터 → 작업 컨트롤 밸브 → 탱크 순으로 오일이 순환된다.
① 버킷 실린더 : 보통 1~2개로 버킷의 오므림과 덤프 작용을 해준다.
② 붐 실린더 : 보통 2개로 붐의 상승, 하강을 담당한다.
③ 조향 실린더 : 메인 펌프 유압을 공통으로 사용, 좌우에 하나씩 있으며 조향을 담당한다.
④ 작동유 탱크 : 오일 저장, 적정 온도 유지, 기포 발생 방지의 역할을 한다.
⑤ 유압 펌프 : 유압을 발생시켜 실린더와 모터를 움직여 준다.
⑥ 배관 : 유압 호스를 사용하며 이상 유압, 진동, 마찰 등에 의한 손상이 없는지 점검해야 한다.

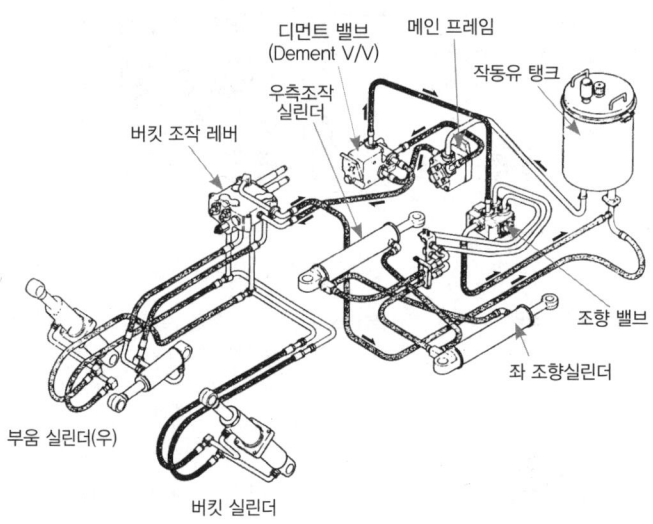

[유압회로장치]

4) 조향 장치
① 후륜(뒷바퀴) 조향식 : 조향 핸들에 의해 뒷바퀴가 조향되는 방식으로 다음과 같은 특징이 있다.
㉮ 회전반경이 커서 안정성이 좋다.
㉯ 회전반경이 큰 만큼 좁은 장소에서 작업이 곤란하고 작업능률이 저하된다.

② 허리꺾기 조향식(차체 굴절식) : 전부 몸체와 후부 몸체 사이에 관절이음(articulation joint)으로 중심선을 일치시킨 위치에 연결한 것으로 현재 사용되는 대부분의 로더에 해당되며 특징은 다음과 같다.
  ㉮ 회전반경이 작아 좁은 장소에서의 작업이 용이하다.
  ㉯ 작업시간을 단축하여 작업능률을 향상시킬 수 있다.
  ㉰ 작업 시 안정성이 결여된다.
  ㉱ 핀과 조인트 부분의 고장이 빈번하다.
  ㉲ 앞·뒷바퀴 구동식이다.
③ 조향 클러치식 : 무한궤도가 장착된 크롤러 로더에 사용하며 조향 클러치와 브레이크가 설치되어 조향 작용을 돕고, 도저는 레버로 조작하는 반면 로더는 페달로 조작한다.

2. 로더의 작업 장치

1) 붐(boom)과 버킷(bucket)의 작동
  ① 붐(boom)은 리프트 레버(lift lever)로 조작하고, 버킷(bucket)의 작동은 유압으로 이루어지며, 리프트 암(lift arm)을 올리고 내리는 것은 리프트 실린더(lift cylinder)에 의해 작동된다.
  ② 붐 실린더(boom cylinder)에는 상승, 유지, 하강, 부동의 위치가 있으며, 붐이 원하는 위치까지 상승이 되면 자동으로 상승의 위치에서 유지 위치로 돌아가게 하는 퀵 아웃(quick out) 장치가 있다.
  ③ 버킷은 틸트 레버(tilt lever)로 조작하며 전경(앞쪽으로 기울임), 후경(뒤쪽으로 기울임), 유지의 3가지 위치가 있다. 또한, 틸트 레버에는 버킷을 지면에 내려놓았을 굴착각도가 적당히 되도록 미리 설정해 주는 포지션(position) 장치가 있다.
  ④ 퀵 아웃(quick out) 장치는 붐이 일정한 높이에 이르면 자동적으로 멈추어 작업 능률과 안정성을 꾀하는 장치이다.
  ⑤ 버킷 투스(bucket tooth)는 굴착력을 높이기 위해 버킷에 부착하는 장치로 소모품이기 때문에 마모가 되면 교환해야 한다.
  ⑥ 덤핑 클리어런스(dumping clearance)는 버킷을 상승시켰을 때 버킷 투스 하단과 지면과의 거리를 말하는 것으로 트럭 적재함보다 높아야 적재작업을 할 때 버킷이 적재함에 닿지 않게 된다. 따라서, 덤핑 클리어런스가 커지면 버킷을 들어 올리는 높이가 높아진다.
  ⑦ 덤핑 리치(dumping reach)는 로더 앞에서부터 버킷 끝까지의 길이를 말하는 것으로 덤핑 리치가 길면 적재 높이가 높아져 덤프 작업에 유리하다.

2) 클러치 컷오프 밸브(Clutch cut-off valve)
  ① 클러치 컷오프의 개요
    ㉮ 클러치 컷오프(clutch cut-off) 장치는 브레이크 페달(pedal)을 밟았을 때 변속 클러치가 떨어져 엔진의 동력이 차축까지 전달되지 않게 하는 장치로 경사지에서는 이 밸브를 상향(up)으로 선택하여 로더가 미끄러지는 것을 방지해야 한다.
    ㉯ 클러치 컷오프는 평지에서 적재나 덤핑을 하고자 브레이크 페달을 밟아 로더를 정지시켰을 때 엔진의 동력 모두를 적재나 덤핑에 사용하기 위한 목적으로 설치된다.
    ㉰ 클러치 컷오프 밸브의 위치를 변환하고자 할 때에는 브레이크를 풀고 조작하여야 한다.

③ 클러치 컷오프의 기능
  ㉮ 변속기가 변속 범위에 있을 때 브레이크가 작동되면 일시적으로 변속 클러치가 풀리도록 한다.
  ㉯ 평지 작업에서는 레버를 하향(down)시켜 변속 클러치를 풀리도록 하여 제동을 쉽도록 한다.
  ㉰ 경사지 작업에서는 레버를 상향(up)시켜 변속 클러치를 계속 물리게 하여 로더의 미끄러짐을 방지한다.

STEP 03 로더(Loader)의 작업방법

1. 로더 작업의 기초

1) 작업 전 점검사항
  ① 작업 시작 전 장비의 안전 잠금 레버가 해제되었는지를 확인한다.
  ② 보호 장치나 덮개가 올바른 위치에 있는지 확인한다.
  ③ 장비 운전 전 경적을 울려 주변에 주의를 환기시킨다.
  ④ 작업 범위 내에 사람이나 장애물 및 시설물의 위치를 확인하도록 한다.
  ⑤ 제설작업과 관련하여 눈이 쌓은 땅이나 동결 노면에서 작업을 할 때는 휠 로더인 경우 타이어에 체인을 장착하고 급발진, 급정지, 급선회를 피하도록 한다.

2) 주행 및 이동간 안전
  ① 주행 시에는 버킷을 지면에서 40~50cm 정도 위로 올리고 버킷에 물건을 적재해서는 안 된다.
  ② 장거리 구간 이동 시에는 40km 또는 1시간마다 장비를 멈추고 타이어와 구성 부품을 식히도록 한다.
  ③ 작업장 내에서 사전에 지정해 준 경로 이외로는 운행해서는 안 되며, 작업공정상 부득이한 경우에는 현장의 작업책임자 동의하에 운행하여야 한다.
  ④ 경사지에서 내려올 때는 반드시 기어를 넣고 주행해야 하며(중립상태로 운전 금지) 이때 버킷은 지면에서 20~30cm 정도로 하여 긴급 시 브레이크로 사용한다.
  ⑤ 특히, 경사지에서의 작업 및 주행은 미끄러짐과 횡전도의 위험이 크므로 주의해야 하며, 장비가 미끄러지거나 불안할 때는 즉시 버킷을 내려서 안전 대책을 취해야 한다.
  ⑥ 눈이 덮힌 비탈길에서는 브레이크에 의한 급정지를 피하고 버킷을 접지시켜 멈추도록 한다.

> **참고** 작업환경에 따른 로더 타이어의 선택
> - 범용 타이어 : 일반적인 타이어의 효율적인 마모방지로 수명이 길다. 야적장에서 상차, 소운반, 고르기작업에 사용된다.
> - 미끄럼 방지형 타이어(Rug형 타이어) : 부드럽거나 미끄러운 땅, 습지에서 사용하며, 접지력을 향상시켜 작업시간을 단축하고 연비를 좋게 한다.
> - 험로용 타이어(Block형, Diamond형 패턴) : 거칠고 딱딱한 노면에서 사용하며, 진동을 줄여 승차감을 좋게 하고 안정성이 향상된다.

3) 작업 시 일반사항
  ① 운전자의 시야 확보와 차량의 안전성을 유지하기 위해 짐을 싣는 버킷은 지상으로부터 40~50cm 위치로 하여 운반한다.
  ② 버킷에 무리한 하중이 걸리지 않도록 적절한 견인력을 유지하도록 한다.

③ 작업 대상물이 단단한 경우 투스 타입이나 커팅 엣지 타입 버킷을 사용한다.
④ 투스(tooth)는 소모품으로 마모 상태를 확인하여 교환하도록 한다.
⑤ 덤프 작업을 위해서는 조종레버를 '덤프' 위치로 한 후 원위치로 되돌린다.
⑥ 작업 대상물의 비중을 고려하여 적절한 버킷을 사용한다.
⑦ 현장의 먼지가 엔진으로 오지 않도록 가급적 바람을 등지고 작업한다.
⑧ 낙석 위험이 있는 현장에서 작업 시에는 운전실 보호 장치(ROPS/FOPS)를 한다.
⑨ 장비를 주기(주차)하고 운전실을 이탈할 때는 버킷을 지면에 완전히 내리고, 조종레버를 중립으로 한 뒤 시동키를 빼고 운전실도 잠그도록 한다.
⑩ 장비에 오르고 내릴 때는 부착된 사다리를 이용하고 반드시 3점을 지지한다.

> **참고** 안전운전실의 종류
> - 로프스 캐빈(ROPS cabin) : 로더 작업 중 전복사고 발생 시 충격 에너지를 흡수하여 운전원을 보호하는 강구조물 운전실
> - 폽스 캐빈(FOPS cabin) : 낙석의 위험이 있는 장소에서 낙석의 충격을 흡수하고 운전원의 생명을 보호하는 운전실
> - 스틸 캐빈(Steel cabin) : 일반 스틸 철판으로 제작하여 운전실을 밀폐하고 히터와 에어컨을 장착하여 계기장치와 운전원을 보호하는 운전실
> - 원두막 운전실(Canopy) : 열대 기후에 주로 사용하여 히터나 에어컨이 부착되지 않아 외부 먼지나 비바람으로부터 운전실 내부가 보호되지 않는 운전실

4) 작업장 조건에 따른 유의사항

① 경사지 작업
　㉮ 경사도를 초과하여 작업할 경우 장비고장 및 전복의 우려가 있으므로 10° 이상의 경사지에서는 작업하지 말아야 하며, 불가피한 경우 평탄 작업 후 수행한다.

> **참고** 일반적인 로더의 주행 가능 경사도
> - 오르막 경사도 : 25°
> - 내리막 경사도 : 30°~35°
> - 옆(측면) 경사도 : 10°~16°

　㉯ 경사지에서 내려올 때는 변속 레버를 저속 위치로 하고 엔진 브레이크를 충분히 활용한다.
　㉰ 경사진 곳 운행 시 작업장치를 내려 중심을 낮추도록 한다.(20~30cm 정도)
　㉱ 엔진 허용 운전경사각은 30°로 이를 초과한 상태로 운전하면 엔진의 과열로 인한 손상, 주요 윤활부의 조기 마로를 초래한다.
　㉲ 경사지 쌓기 작업 중에 뒷부분의 카운터 웨이트(counter weight)가 지면에 닿지 않게 한다.

② 동절기 운전
　㉮ 기온에 적합한 엔진오일과 연료를 사용하고, 냉각수에 규정량의 부동액을 넣는다.
　㉯ 장비사용설명서를 참조하여 엔진 시동 후 난기운전을 한다.
　㉰ 배터리는 항상 완전히 충전하도록 한다.
　㉱ 작업을 마친 후에는 동결방지를 위해 청소 후 침목 위에 주기(주차)한다.

③ 습지(바닷가, 강가)에서의 운전
　㉮ 작업 시 액슬 하우징이 잠기지 않도록 하여야 하며, 액슬 하우징이 잠기는 수중이나 습지에서는 작업하지 않도록 한다.
　㉯ 바닷가에서는 각부의 플러그, 코크, 볼트 등의 잠금 상태를 점검하여 염분이 들어가지 않도록 한다.
　㉰ 작업 후 반드시 세차하여 염분을 제거하고 유압 실린더 등의 전장품의 부식을 방지하여야 한다.

㉣ 각부 점검 및 급유는 가급적 자주 수행하며, 수중에서 장시간 사용하는 베어링부에는 충분히 급유한다.

5) 조종레버 조작과 작업장치 작동
① 붐을 하강시키려면 조종레버를 민다.
② 붐을 상승(붐 킥 아웃 작동)시키려면 조종레버를 당긴다.
③ 버킷 롤백(버킷 레벨러 작동) 작동은 조종레버를 좌측으로 움직인다.
④ 버킷 덤프 작동은 조종레버를 우측으로 움직인다.
⑤ 붐 프런트 작동은 조종레버를 붐 하강 위치에서 한 번 더 민다.
⑥ 붐 프런트, 붐 킥 아웃 및 버킷 레벨러의 위치에서 조종레버를 놓으면 각각의 기능이 완료되었을 때 조종레버는 중립으로 되돌아간다.

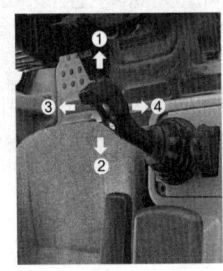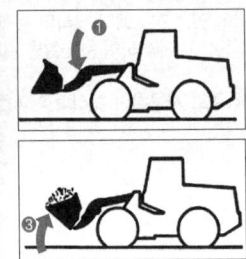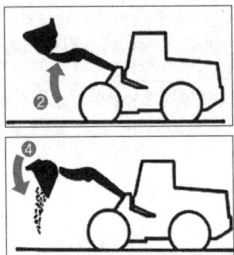

[로더 조작]

2. 로더의 작업방법
1) 로더의 작업 요령
① 토사 깎아내기(스트리핑) 작업
㉮ 굴착 작업시는 버킷을 수평 또는 약 5° 기울여 토사를 깎기 시작한다.
㉯ 토사를 깎아내고 깊이는 붐을 약간씩 상승시키거나 버킷을 복귀시키는 것으로 조정한다.
㉰ 로더의 무게가 버킷과 함께 작용되도록 한다.
㉱ 항상 로더가 평행이 되도록 한다.
② 지면 고르기(그레이딩) 작업
㉮ 지면 고르기 작업 전에 파여진 부분을 메운다.
㉯ 지면 고르기 작업을 한번 마친 후 로더를 45° 회전시켜서 반복한다.
㉰ 지면은 북쪽과 남쪽, 동쪽과 서쪽 방향의 순서로 고른다.
㉱ 지면 고르기 작업은 반드시 장비를 후진시키면서 수행하도록 한다.
③ 굴착 작업
㉮ 지면이 단단하면 투스 타입이나 커팅 엣지 타입 버킷을 사용한다.
㉯ 굴착 작업은 항상 버킷의 날을 평면이 되도록 한다.
㉰ 버킷에 물체를 가득 채웠을 때는 뒤로 오므려서 큰 힘을 받을 수 있게 한다.
④ 운반작업
㉮ 운반작업이란 장비로 적재 → 운반 → 투입을 연속적으로 하는 작업을 말한다.
㉯ 운반 시의 자세는 버킷을 지면에서 약 40~50cm 정도 뜨게 하여 중심을 낮게 한다.

⑤ 기타 작업
  ㉮ 압토작업 시에는 버킷의 밑면을 지면과 평행하게 되도록 하여 작업하고, 버킷을 덤프 위치로 하고 압토작업을 하지 않아야 한다.
  ㉯ 퇴적 토사의 작업 시 앞바퀴가 들린 상태에서의 작업은 구동력을 저하시키며 뒷바퀴에 무리를 주게 되므로 하지 않는다.
  ㉰ 굴착작업시 버킷의 한쪽에만 굴착력이 걸리는 것을 방지하여야 하며, 버킷을 지면에 너무 강하게 누르면 견인력이 손실되므로 삼가야 한다.

2) 상차 적재 작업
  ① I형(직·후진법)
    ㉮ 로더가 버킷에 작업물을 담아 후퇴하고 곧바로 로더와 작업 대상물 사이에 덤프트럭이 들어오는 방식으로 연약지반에서 대형 로더가 작업할 때 주로 이용된다.
    ㉯ 바람을 등지고 덤프작업을 하여 엔진에 먼지가 흡입되는 것을 방지하도록 한다.
    ㉰ 작업 현장은 평탄하게 하고 붐 상승 상태에서 급선회와 급브레이크는 하지 않는다.
  ② V형(45° 상차법)
    ㉮ 덤프트럭은 작업 대상물에 60°로 진입하여 정지하고, 로더만 45° 선회를 2회 하여 싣는 방식이다.
    ㉯ 트럭의 중앙에 덤프하도록 장비의 위치를 정하고, 트럭이 버킷 폭의 2배 이상의 길이면 전방에서 후방으로 덤프한다.
    ㉰ 버킷을 흔들어 부착된 토사를 떨어뜨리고, 버킷을 가득 채워 덤프위치로 할 때 후방으로 떨어지는 것을 방지하기 위해 지상에서 버킷을 흔들어 안정시키고 들어 올린다.
  ③ L형과 T형(90° 회전법)
    ㉮ L형은 덤프트럭이 작업 대상물에 90°로 진입하여 정지하고, 로더만 90° 선회를 2회하여 싣는 방식을 말하며, T형은 덤프트럭이 작업 대상물과 평행하게 진입하여 정지하고, 로더만 90° 선회를 4회하여 싣는 방식이다.
    ㉯ 협소한 장소에서 작업시 이용된다.
    ㉰ I형과 V형에 비해 비교적 작업 효율이 떨어진다.

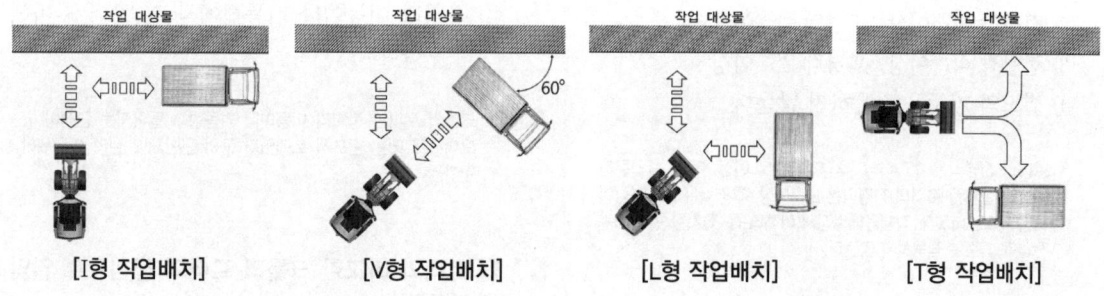

[I형 작업배치]   [V형 작업배치]   [L형 작업배치]   [T형 작업배치]

제08장_ 로더 작업장치
출제예상문제

01 건설기계관리법 상의 로더의 정의로 올바른 것은?
① 무한궤도(크롤러) 또는 타이어식으로 적재장치를 가진 자체중량 2톤 이상인 것을 말한다.
② 타이어식으로 적재장치를 가진 자체중량 2톤 이상인 것을 말한다.
③ 무한궤도(크롤러)식으로 적재장치를 가진 자체중량 2톤 이상인 것을 말한다.
④ 무한궤도(크롤러) 또는 타이어식으로 적재장치를 가진 자체중량 3톤 이상인 것을 말한다.

> 로더란 무한궤도(크롤러) 또는 타이어식으로 적재장치를 가진 자체중량 2톤 이상인 것. 다만, 차체굴절식 조향장치가 있는 자체중량 4톤 미만인 것은 제외한다.

02 로더의 규격 표시로 알맞은 것은?
① 적재장치를 포함한 자체 중량
② 적재장치를 제외한 자체 중량
③ 버킷의 평적용량(m^3)
④ 트랙터 본체의 배기량

> 버킷의 평적용량(m^3)으로 규격을 표시한다.

03 출입문이 전방에 설치된 로더의 전경각과 후경각에 기준으로 맞는 것은?
① 전경각 45° 이상, 후경각 35° 이상
② 전경각 35° 이상, 후경각 25° 이상
③ 전경각 45° 이상, 후경각 25° 이상
④ 별도의 기준을 적용하지 않는다.

> 로더의 전경각은 45° 이상, 후경각은 35° 이상. 다만, 출입문이 전방에 설치된 로더의 전경각은 35° 이상, 후경각은 25° 이상이어야 하고, 버킷에 적재물배출장치(이젝터)를 설치한 경우에는 전경각 기준은 적용하지 않는다.

04 로더의 유압배관은 작동압력의 최소 몇 배를 견딜 수 있어야 하는가?
① 2배　　② 3배
③ 4배　　④ 5배

> 로더의 유압배관은 작동 압력의 최소 4배를 견딜 수 있어야 한다.

05 휠 로더(wheel loader)의 특징으로 올바르지 않은 것은?
① 버킷 혹은 포크를 2~3m 정도 들어 올리거나 내릴 수 있다.
② 카운터 웨이트를 필요로 하지 않는다.
③ 자동차보다 저속으로 주행한다.
④ 암에 부착된 실린더 링크에 의해 버킷이나 포크를 전방으로 보낼 수 있다.

> 휠 로더는 전륜 구동, 후륜 조향방식이며, 화물이 자체의 앞부분에 두어지기 때문에 작업 균형을 맞추기 위해 차체의 뒷부분에 카운터 웨이트(균형추, counter weight)가 있다.

06 크롤러 로더(crawler loader)의 특징에 대한 설명으로 틀린 것은?
① 무한 궤도식 트랙을 장착하여 암석 등 불균일한 노면에서의 작업이 가능하다.
② 처음 개발 당시에는 트랙터에 로더를 부착하여 사용하였다.
③ 근래에는 작업 효율성 저하로 건설현장에서 사용이 극히 제한되는 추세이다.
④ 장거리 이동이나 기동성에서 휠 로더에 비해 우수하다.

> 크롤러 로더는 장거리 이동이나 기동성이 떨어지는 단점이 있으며 도로에는 반드시 트레일러 등의 운반체에 실려 이동해야 한다.

07 휠 로더와 비교한 크롤러 로더의 장점으로 알맞은 것은?
① 견인력이 좋다.
② 기동성이 좋다.

정답　01 ① 02 ③ 03 ② 04 ③ 05 ② 06 ④ 07 ①

③ 작업속도가 빠르다.
④ 방향전환이 편리하다.

> 크롤러 로더는 굴착력과 견인력이 좋고 연약 지반에서의 작업이 가능하다. 반면에 기동성이 떨어지고 작업속도가 늦다.

08 스키드 스티어 로더(Skid steer loader)에 대한 설명으로 틀린 것은?

① 방향을 전환할 때 핸들을 돌리면 타이어의 방향이 틀어지지 않고 그대로 직선상에 있다.
② 방향을 전환할 때에는 두 쪽 바퀴가 모두 전진 또는 후진하는 방식이다.
③ 작고 좁은 공간에서 작업이 필요할 경우 효과적이다.
④ 다양한 작업장치 부착으로 적재 및 제설작업, 굴착, 운반, 작은 콘크리트나 암반 파쇄, 도로 청소 등에서 사용된다.

> 스키드 스티어 로더는 방향을 전환할 때 한쪽 바퀴는 전진하고 다른 쪽 바퀴는 후진하게 되어 방향 전환이 되므로 제자리에서 360° 회전이 가능하다.

09 휠 로더와 크롤러 로더의 단점을 보완한 것으로 타이어에 트랙을 감아 기동성을 향상시킨 형태의 로더는?

① 쿠션 로더
② 스키드 스티어 로더
③ 트랙 로더
④ 트레일러 로더

> 쿠션 로더(Cushion loader) : 휠 로더와 크롤러 로더의 단점을 보완한 것으로 타이어에 트랙을 감아 기동성을 향상시킨 형태의 로더이다.

10 로더 장비로 작업할 수 있는 가장 적합한 것은?

① 백호 작업
② 스노 플로우 작업
③ 훅 작업
④ 트럭과 호퍼에 토사 적재 작업

> ① 굴착기, ② 그레이더, ③ 기중기, ④ 로더

11 로더를 활용하여 작업할 수 있는 것과 가장 거리가 먼 것은?

① 송토 작업
② 지면 고르기 작업
③ 벌개 작업
④ 트럭에 모래 상차 작업

> 벌개 작업이란 도저로 덤불과 수목 등을 제거하는 작업을 말한다.

12 로더에서 복합적인 기계장치에 유압장치를 첨부하여 강력한 견인력을 구비하고 수행할 수 있는 작업에 해당되지 않는 것은?

① 지면 포장하기
② 트럭과 호퍼에 퍼 싣기
③ 배수로 등의 홈 파내기
④ 부피가 큰 재료를 끌어 모으기

> 로더는 지면보다 조금 높은 곳의 토량 상차, 토사 적재 작업, 배수로나 도랑 등의 홈 파내기, 부피가 큰 재료를 끌어 모으기 등의 작업에 적합하다.

13 타이어에 트랙을 감아 기동성을 향상시킨 로더는?

① 휠 로더
② 크롤러 로더
③ 백호 로더
④ 쿠션 로더

> 쿠션 로더(Cushion loader)는 휠 로더와 크롤러 로더의 단점을 보완한 것으로 타이어에 트랙을 감아 기동성을 향상시킨 형태의 로더이다.

14 다음 중 휠 로더 사용과 관련하여 옳지 않은 내용은?

① 휠 로더는 습지나 연약지 작업에는 곤란하다.
② 트레일러를 끄는 등의 견인장비로 사용해서는 안 된다.
③ 물건을 들어올리는 인양작업에도 효과적으로 사용된다.
④ 백호로더는 전면에 로더 버킷, 후면에 굴착기 버킷을 장착한 형태이다.

> 휠 로더를 물건을 들어 올리거나 사람을 운송하는 수단으로 사용해서는 안 된다.(인양작업 금지)

정답 08 ② 09 ① 10 ④ 11 ③ 12 ① 13 ④ 14 ③

15 전면에는 로더 버킷, 후면에는 굴착기 버킷을 장착하여 상차와 소규모의 굴착작업이 가능한 로더는?

① 크롤러 로더(Crawler loader)
② 휠형 로더(Wheel loader)
③ 스키드 스티어 로더(Skid steer loader)
④ 백호 로더(Backhoe loader)

16 타이어식 로더가 무한궤도식 로더에 비해 좋은 점은?

① 견인력
② 습지에서의 작업성
③ 기동성
④ 좁은 공간에서의 선회성

> 타이어식 로더의 특징
> • 작업 수행에는 능률적이지만 습지 · 연약지 작업에는 곤란하다.
> • 차체의 뒷부분에 카운터 웨이트(counter weight)를 두어 균형을 맞춘다.
> • 최고속도가 시속 15~30km 이하로 자동차보다 저속이지만 무한궤도식에 비해 기동성이 양호하다.
> • 전륜구동 후륜조향 방식이다.

17 로더의 작업 중 가장 효과적인 작업은?

① 토사 적재 작업
② 굴토 작업
③ 제설 작업
④ 파이프 매설 작업

> 로더(Loader)란 트랙터 본체 전면에 적재장치인 셔블(shovel)용 버킷을 부착한 장비로 프런트 로더가 대표적이며 건설공사에서 자갈, 모래, 흙을 퍼서 덤프(dump)차에 적재하는 일이 주된 용도이다.

18 크롤러 로더로 할 수 있는 작업에 해당되지 않는 것은?

① 제설 작업
② 골재의 처리 작업
③ 수직 굴토 작업
④ 자갈 등의 상차 작업

> 수직으로 깊이 파는 굴토 작업은 기중기의 클램셀(clamshell) 작업을 통해 이루어진다.

19 다음 중 유압 셔블의 특징이 아닌 것은?

① 구조가 간단하다.
② 프런트의 교환이 쉽다.
③ 운전 조작이 쉽다.
④ 회전 부분의 용량이 크다.

> 유압 셔블은 회전 부분의 용량이 적다.

20 적하방식에 따른 로더의 분류로 적합하지 않은 것은?

① 프런트 엔드형(front end type)
② 사이드 덤프형(side dump type)
③ 오버 헤드형(overhead type)
④ 언더 캐리지형(Under carriage type)

> 적하방식별 분류
> • 프런트 엔드형(front end type)
> • 사이드 덤프형(side dump type)
> • 오버 헤드형(overhead type)
> • 스윙형(swing type)

21 적하방식에 따른 로더의 분류 중 앞부분에서 굴착을 하여, 장비 위를 넘어 후면에 덤프할 수 있는 것은?

① 프런트 엔드형(front end type)
② 사이드 덤프형(side dump type)
③ 오버 헤드형(overhead type)
④ 스윙형(swing type)

> 오버 헤드형은 앞부분에서 굴착을 하여, 장비 위를 넘어 후면에 덤프할 수 있는 것으로 터널공사 등에 효과적이다.

22 로더의 버킷 용도별 분류 중 굴착된 골재와 암석 중 큰 것만 골라내는 작업에 적합한 버킷은?

① 스켈리턴 버킷
② 다목적 버킷
③ 암석용 버킷
④ 로그 버킷

> 스켈리턴 버킷(Skeleton bucket) : 강가에서의 골재 채취 등에 적합하며 작은 골재, 물 등이 빠져나가는 구조로 굴착된 골재와 암석 중 큰 것만 골라내는 작업에 사용된다.

15 ④ 16 ③ 17 ① 18 ③ 19 ④ 20 ④ 21 ③ 22 ①

23 로더의 버킷 용도별 분류 중 나무뿌리 뽑기, 제초, 제석 등 지반이 매우 굳은 땅의 굴착 등에 적합한 버킷은?

① 스켈리턴 버킷
② 사이드 덤프 버킷
③ 래크 블레이드 버킷
④ 암석용 버킷

> 로더에 사용되는 버킷은 용도에 따라 일반작업 버킷, 다목적 버킷, 사이드 덤프 버킷, 스켈리턴 버킷, 암석작업 버킷, 래크 블레이드 버킷 등이 있으며, 나무뿌리 뽑기, 제초, 제석 등 지반이 매우 굳은 땅의 굴착 등에 적합한 버킷은 래크 블레이드 버킷이다.

24 다음 중 다목적 버킷(Multi purpose bucket)에 대한 설명으로 옳은 것은?

① 일반 토사, 자갈 등과 같이 굴착되어 쌓여있는 작업물의 적재에 적합하다.
② 버킷이 열리게 되어 있으며, 일반버킷이나 도저와 같은 송토작업, 집게작업 등을 동시에 수행할 수 있다.
③ 주로 원목이나 파이프 등의 길고 둥근 물체를 집어서 고정시킨 후 운반한다.
④ 골재현장에서 발파된 암석이나 비중이 높은 돌, 자갈 등의 상차에 사용된다.

> ① 일반작업 버킷(General purpose bucket), ③ 원목작업 버킷(Log fork bucket), ④ 암석작업 버킷(Rock bucket)

25 작동장치가 별도로 필요치 않은 버킷 종류를 짧은 시간에 간단히 교체할 수 있도록 한 것은?

① 핀과 부싱
② 와이어
③ 피팅
④ 퀵 커플러

> 퀵 커플러(quick coupler)는 작동장치가 없는 버킷 종류를 짧은 시간에 간단히 교체 장착할 있도록 하는 기계식 연결이다.

26 로더의 조향 조작이 없이도 버킷의 작업물을 덤프 트럭에 상차할 수 있는 버킷은?

① 스켈리턴 버킷(Skeleton bucket)
② 그레이딩 버킷(Grading bucket)
③ 사이드 덤프 버킷(Side dump bucket)
④ 다목적 버킷(Multi purpose bucket)

> - 스켈리턴 버킷(Skeleton bucket) : 골재 채취장에서 주로 사용되며 토사와 암석 분리에 효과적이다.
> - 그레이딩 버킷(Grading bucket) : 표토 제거, 소규모 도저 작업, 조경, 평탄 작업용 버킷이다.
> - 다목적 버킷(Multi purpose bucket) : 버킷이 열리게 되어 있으며, 일반버킷이나 도저와 같은 송토작업, 집게작업 등을 동시에 수행할 수 있다. 덤프 작용은 유압 실린더에 의해 버킷을 열어 행하게 된다.

27 로더의 동력 전달 순서로 맞는 것은?

① 엔진 → 토크 컨버터 → 유압 변속기 → 종감속 장치 → 구동륜
② 엔진 → 유압 변속기 → 종감속 장치 → 토크 컨버터 → 구동륜
③ 엔진 → 유압 변속기 → 토크 컨버터 → 종감속 장치 → 구동륜
④ 엔진 → 토크 컨버터 → 종감속 장치 → 유압 변속기 → 구동륜

> 로더가 주행할 때의 동력 전달 순서는 엔진 → 토크 컨버터 → 변속기 → 트랜스퍼 기어 → 추진축 및 자재이음 → 차동기어장치 → 종감속 장치 → 구동륜(바퀴)이다.

28 휠 로더 운전을 위해 기관을 시동하고자 할 때 조치사항으로 옳지 않은 것은?

① 붐과 버킷 레버가 중립에 있는지 확인한다.
② 변속 레버가 중립에 있는지 확인한다.
③ 유압계의 압력을 정상으로 한다.
④ 예열장치를 먼저 작동시킨 후 기관의 시동을 건다.

> 엔진 시동 전 확인 사항
> - 주차 브레이크는 잠금 위치(주차 스위치 ON)에 있는지 확인한다.
> - 기어 선택 레버는 중립(N)에 있는지 확인한다.
> - 붐과 버킷 레버가 중립에 있는지 확인한다.
> - 유압 차단 안전 레버는 차단되어 있는지 확인한다.

정답 23 ③ 24 ② 25 ④ 26 ③ 27 ① 28 ③

29 로더를 시동시키기 위해 시동 키를 꽂고 ON 위치로 했을 때 계기판의 점등 상태로 옳은 것은?

① 버저가 약 3초간 울리고 모든 램프가 점등된다.
② 버저가 약 3초간 울리고 모든 램프가 점등된다.
③ 배터리 충전 경고등만 점등된다.
④ 예열경고등만 점등된다.

🔍 시동 키를 꽂고 ON 위치로 돌리면 버저가 약 3초간 울리고 계기판의 모든 램프가 점등된다. 만일 점등되지 않거나 버저가 울리지 않으면 단선이나 전구의 이상 유무를 점검하여야 한다.

30 로더의 시동키를 꽂고 ON 위치로 돌리면 계기판의 모든 램프가 점등되고 약 3초 후 다른 램프는 소등되고 일부 램프만 점등 상태로 남아있게 된다. 아래의 보기에서 점등 상태를 유지하는 램프를 모두 고르면?

⑦ 배터리 충전 경고등
㉯ 엔진 오일압 경고등
㉰ 주행 브레이크 압력 저하 경고등

① ㉮   ② ㉮, ㉯
③ ㉯, ㉰   ④ ㉮, ㉯, ㉰

🔍 정상일 때는 약 3초 후 다른 램프는 소등되고 배터리 충전 경고등, 엔진 오일압 경고등, 주행 브레이크 압력 저하 경고등은 점등된다.

31 크롤러 로더의 트랙이 잘 벗겨지는 이유로 거리가 먼 것은?

① 고속 주행 시 급방향 전환하는 경우
② 경사면을 측면으로 주행하는 경우
③ 트랙의 장력이 큰 경우
④ 트랙과 롤러 사이에 돌이 낀 상태로 조향하는 경우

🔍 트랙이 잘 벗겨지는 경우
• 고속 주행 시 급선회하였을 경우
• 경사면을 측면으로 주행하는 경우
• 트랙의 장력이 현저히 작을 경우
• 트랙과 롤러 사이에 돌이 낀 상태로 조향하는 경우
• 프런트 아이들러와 스프로킷의 중심이 틀릴 때
• 리코일 스프링의 장력이 약할 때
• 측면을 경사시켜 작업할 때

32 로더의 클러치 컷오프 밸브의 설명 중 관계가 없는 것은?

① 변속기의 클러치 작동을 자동적으로 행한다.
② 경사지 작업에서는 업(up) 위치에 놓고 작업한다.
③ 브레이크를 밟으면 변속기 클러치가 차단된다.
④ 기관의 동력을 로딩이나 적재에 사용하기 위해서 작동된다.

🔍 클러치 컷오프는 브레이크 페달을 밟았을 때 변속 클러치가 떨어져 엔진의 동력이 차축까지 전달되지 않도록 하는 장치이며, 경사지 작업 시에는 이 밸브를 상향(up)으로 선택하여 로더가 굴러 내려가는 것을 방지하여야 한다. 설치 목적은 로더를 정지시켰을 때 기관의 동력 모두를 로딩이나 적재에 사용하기 위한 것이다.

33 로더의 동력조향장치 구성을 열거한 것이다. 적당치 않은 것은?

① 유압펌프   ② 복동 유압 실린더
③ 제어밸브   ④ 하이포이드 피니언

🔍 동력조향장치는 동력부(유압펌프), 작동부(복동 유압 실린더), 제어부로 구성되어 있다.

34 타이어식 로더에 차동제한 장치가 있을 때의 장점으로 맞는 것은?

① 충격이 완화된다.
② 조향이 원활해진다.
③ 연약한 지반에서 작업이 유리하다.
④ 변속이 용이하다.

🔍 차동제한 장치를 사용하면 연약지반에서 차동작용이 되지 않아 작업이 유리해진다.

35 타이어식 로더에서 기관 시동 후 동력전달과정에 대한 설명으로 틀린 것은?

① 바퀴는 구동 차축에 설치되며 허브에 링 기어가 고정된다.
② 토크 변환기는 변속기 앞부분에서 동력을 받고 변속기와 함께 알맞은 회전비와 토크 비율을 조정한다.

 29 ① 30 ④ 31 ③ 32 ① 33 ④ 34 ③ 35 ④

③ 종감속기어는 최종 감속을 하고 구동력을 증대한다.
④ 차동장치의 차동제한장치는 없고 유성기어장치에 의해 차동제한을 한다.

> 차동장치는 선회 시 양쪽 바퀴의 회전을 다르게 하여 원활하게 동력을 전달하는 역할을 하는 장치로 모터 그레이더를 제외한 대부분의 중장비에 설치되어 있다.

36 휠 로더의 휠 허브에 있는 유성 기어 장치의 동력 전달 순서로 옳은 것은?

① 선 기어 → 유성 기어 → 유성 기어 캐리어 → 바퀴
② 유성 기어 캐리어 → 유성 기어 → 선 기어 → 바퀴
③ 링 기어 → 유성 기어 → 선 기어 → 바퀴
④ 선 기어 → 링 기어 → 유성 기어 캐리어 → 바퀴

> 유성기어형 종감속 장치의 동력 전달은 선 기어 → 유성 기어 → 유성 기어 캐리어 → 바퀴로 전달된다.

37 무한궤도식 로더의 주행 방법 중 틀린 것은?

① 가능하면 평탄한 길을 택하여 주행한다.
② 요철이 심한 곳은 신속히 통과한다.
③ 돌 등이 스프로킷에 부딪치거나 올라타지 않도록 한다.
④ 연약한 땅은 피해서 간다.

> 지면이 고르지 않거나 장애물을 통과할 때는 서행하여야 하며, 특히 장애물 통과 시 장비의 무게중심이 급격하게 이동되지 않도록 한다.

38 로더의 유압 라인 중 가장 많은 유량과 높은 압력을 사용하는 부분은?

① 붐 유압 라인
② 버킷 유압 라인
③ 암 유압 라인
④ 파워 스티어링 유압 라인

> 붐의 유압 라인은 로더에서 가장 많은 유량과 높은 압력을 사용하기 때문에 붐으로 연결되는 파이프나 유압 호스는 특히 체결 밴드를 이용하여 단단히 체결하고 수시로 점검해야 한다.

39 차체 굴절식 로더의 구동 방식은?

① 앞바퀴 구동식
② 뒷바퀴 구동식
③ 앞·뒷바퀴 구동식
④ 중간 액슬 구동식

> 차체 굴절식(허리꺾기식) 로더는 앞 차체와 뒷 차체를 등분하여 앞·뒤 차체 사이를 핀과 조인트로 결합시켜 자유롭게 조향할 수 있도록 구성된 로더이다.

40 차체 굴절식(허리꺾기식) 로더의 조향 장치에 필요한 부품이 아닌 것은?

① 유압 실린더
② 조향 펌프
③ 웜 기어
④ 컴프레서

> 차체 굴절식(허리꺾기식)은 앞·뒤 차체 사이에 유압 실린더를 좌우에 1개씩 설치하고 조향 핸들을 작동하면 유압 실린더의 신축 작용으로 앞·뒤 차체 사이가 꺾여 조향하는 방식이다.

41 휠 허브에 있는 유성기어 장치에서 유성기어가 핀과 융착되었을 때 일어나는 현상은?

① 바퀴의 회전속도가 빨라진다.
② 바퀴의 회전속도가 늦어진다.
③ 바퀴가 돌지 않는다.
④ 아무 관계가 없다.

> 유성기어는 차동기어장치의 동력을 차축을 통하여 전달받아 동력을 감속하여 타이어로 전달하는 역할을 하는 것으로 핀과 융착되면 바퀴가 돌지 않는다.

42 다음 중 로더 환향 장치의 설명으로 틀린 것은?

① 허리꺾기 환향이 사용된다.
② 유압식에 의하여 작동된다.
③ 후륜 환향식이 사용된다.
④ 전륜 환향식이 사용된다.

> 크롤러형은 조향 클러치방식, 타이어형은 허리꺾기식과 뒷바퀴(후륜) 조향식이 있으며 유압식(동력조향식)으로 작동된다.

정답 36 ① 37 ② 38 ① 39 ③ 40 ④ 41 ③ 42 ④

43 로더장비에서 자동 변속기가 동력전달을 하지 못한다면 그 원인으로 가장 적합한 것은?
① 연속하여 덤프트럭에 토사 상차작업을 하였다.
② 다판 클러치가 마모되었다.
③ 오일의 압력이 과대하다.
④ 오일이 규정량 이상이다.

> 다판 클러치는 클러치하우징 내에 구동디스크와 피동디스크가 차례로, 여러 쌍 반복적으로 설치되어 있는 형식으로 클러치가 접속되면 동력이 전달되고, 클러치가 분리되면 동력이 차단된다.

44 로더에서 허리꺾기 조향식의 설명으로 가장 거리가 먼 것은?
① 최근 많이 사용된다.
② 좁은 장소에서의 작업에 유리하다.
③ 유압 실린더를 사용하여 굴절하는 형식이다.
④ 후륜 조향식에 비해 선회반경이 크다.

> 허리꺾기식(차체 굴절식)은 회전반경이 작아 좁은 장소에서의 작업이 용이하다.

45 로더의 조향 핸들이 무겁다. 다음 중 틀린 것은?
① 조향 오일의 점도 차이가 난다.
② 조향 오일 펌프가 불량하다.
③ 조향 유압조절밸브가 불량하다.
④ 조향 오일이 부족하다.

> 조향 핸들이 무거운 이유
> • 조향 오일 펌프가 불량하다.
> • 조향 유압조절밸브가 불량하다.
> • 조향 기어 박스 내의 조향 오일이 부족하다.
> • 조향 기어의 백래시가 작다.
> • 유압이 낮다.
> • 호스나 부품 속에 공기가 침입했다.

46 로더 주행 중 동력 조향 핸들의 조작이 무거운 이유가 아닌 것은?
① 유압이 낮다.
② 호스나 부품 속에 공기가 침입했다.
③ 오일펌프의 회전이 빠르다.
④ 오일이 부족하다.

47 로더의 에어 컴프레서 내의 순환오일은 무슨 오일인가?
① 기어오일   ② 유압오일
③ 엔진오일   ④ 밋션오일

48 로더의 동력 조향 장치가 고장났을 때 수동으로 조작을 쉽게 하기 위한 것은?
① 안전 체크 밸브
② 흐름 제어 밸브
③ 압력 조절 밸브
④ 밸브 스풀

> 안전 체크 밸브는 제어 밸브 속에 들어 있으며, 엔진이 정지된 경우나 오일 펌프의 고장, 회로에서의 오일 누출 등의 이유로 유압이 발생하지 못할 때 조향 핸들의 조작을 수동으로 할 수 있게 하는 밸브이다.

49 페이로더 앞바퀴를 가장 쉽게 갈아 끼우는 방법은?
① 잭으로 고이고 침목을 받친다.
② 버킷으로 누른 다음 침목을 받친다.
③ 버킷을 들고 잭으로 고인다.
④ 지렛대로 올리고 침목을 받친다.

50 로더의 버킷 레벨러의 기능은?
① 유압 실린더의 로드 행정을 제한한다.
② 유압 실린더의 유압을 일정하게 유지시킨다.
③ 컨트롤 밸브의 마모를 방지한다.
④ 거버너의 역할을 도와준다.

> 버킷 레벨러(bucket leveller)는 유압 실린더의 로드 행정을 제한한다.

51 붐이나 버킷이 상승 또는 하강시 약간씩 떨어지는 경우 고장의 원인은?
① 붐 상승회로 부하 체크 밸브가 열려 있거나 스프링이 작동하지 않을 때
② 버킷 우회 회로의 안전 밸브 고장
③ 안전 밸브 조정 압력이 너무 낮을 때
④ 버킷 선회 회로 과부하 안전 밸브 고장

정답 43 ② 44 ④ 45 ① 46 ③ 47 ③ 48 ① 49 ② 50 ① 51 ①

52 로더에서 부동 위치가 설치되어 있는 것은?

① 붐 컨트롤 밸브
② 버킷 컨트롤 밸브
③ 고압 컨트롤 밸브
④ 고압 실린더

🔍 붐은 리프트 레버로 조작되며, 붐 실린더에서는 상승, 유지, 하강, 부동의 위치가 있다.

53 로더의 자동 유압 붐 퀵 아웃(Boom Quick Out)의 기능은?

① 붐이 일정한 높이에 이르면 자동적으로 멈추어 작업 능률과 안전성을 기하는 장치
② 버킷 링크를 조정하여 덤프 실린더가 수평이 되게 하는 장치
③ 가끔 침전물이나 물을 뽑아내고 이물질을 걸러내는 장치
④ 로더의 고속 작동 시 자동적으로 버킷의 수평을 조정하는 장치

🔍 퀵 아웃(quick out) 장치는 붐이 원하는 위치까지 상승이 되면 자동으로 상승의 위치에서 유지 위치로 돌아가게 하는 장치로 작업 능률과 안정성을 기할 수 있다.

54 휠 로더의 일반적인 작업과 거리가 먼 것은?

① 굴착작업(digging work)
② 인양작업(salvage work)
③ 적재작업(loading work)
④ 정리작업(arrangement work)

🔍 휠 로더는 물건을 들어 올리거나 사람을 운송하는 수단으로 사용해서는 안 된다.(인양작업 금지)

55 로더의 작업 중 그레이딩 작업이란?

① 굴착 작업
② 깎아내기 작업
③ 지면 고르기 작업
④ 적재 작업

🔍 그레이딩 작업(지면 고르기 작업) : 작업 전에 파진 부분을 메우고 버킷을 약간 기울여야 하며 지면을 고를 때는 로더를 45° 회전시켜 작업한다.

56 로더를 이용한 메우기 작업과 관련하여 메우기 재료의 일반적인 조건으로 옳지 않은 것은?

① 압축성이 적을 것
② 팽창성이 좋을 것
③ 배수성이 좋을 것
④ 동결 저항력이 좋을 것

🔍 메우기 재료는 팽창성이 없어야 한다.

57 로더의 토사 깎기 작업방법으로 잘못된 것은?

① 특수 상황 외에는 항상 로더가 평행이 되도록 한다.
② 로더의 무게가 버킷과 함께 작동 되도록 한다.
③ 깎이는 깊이 조정은 붐을 약간 상승시키거나 버킷을 복귀 시켜야 한다.
④ 버킷의 각도는 35~45°로 깎기 시작하는 것이 좋다.

🔍 로더로 토사 깎기 작업을 할 때는 버킷을 수평이나 약 5° 정도 기울여 작업하는 것이 좋다.

58 로더 작업에서 트럭이나 쌓여있는 흙 쪽으로 이동할 때에는 버킷을 지면에서 약 몇 m 정도 위로 하는 것이 좋은가?

① 0.1m
② 1.5m
③ 1m
④ 0.5m

🔍 운반 시의 자세는 버킷을 지면에서 약 40~50cm 위치하도록 중심을 낮게 유지하여야 한다.

59 로더 버킷에 토사를 채울 때 버킷은 지면과 어떻게 놓고 시작하는 것이 좋은가?

① 45° 경사지게 한다.
② 평행하게 한다.
③ 상향으로 한다.
④ 하향으로 한다.

🔍 로더 버킷에 토사를 채울 때 버킷은 지면과 평행하게 하고, 토사를 깎기 시작할 때는 버킷을 약 5° 정도 기울여 깎는 것이 좋다.

정답 52 ① 53 ① 54 ② 55 ③ 56 ② 57 ④ 58 ④ 59 ②

60 로더의 작업 방법으로 맞는 것은?
① 굴착 작업시는 버킷을 올려 세우고 작업을 하며 적재시는 전경각 35°를 유지해야 한다.
② 굴착 작업 시는 버킷을 수평 또는 약 5° 정도 앞으로 기울이는 것이 좋다.
③ 작업시는 변속기의 단수를 높이면 작업 효율이 좋아진다.
④ 단단한 땅을 굴착시에는 그라인더로 버킷을 날카롭게 만든 후 작업을 하며 굴착시에는 후경각 45°를 유지해야 한다.

🔍 토사를 깎으며 출발할 때는 버킷을 약 5° 기울여 출발하고, 전진 시에는 깎을 때 깊이는 약간 올리든가 버킷을 약간 복귀시키는 것으로 조정한다.

61 로더의 버킷에 토사를 적재 후 이동시 지면과 가장 적당한 간격은?
① 장애물의 식별을 위해 지면으로부터 약 2m 위치하고 이동한다.
② 작업시 화물을 적재 후, 후진할 때는 다른 물체와 접촉을 방지하기 위해 약 3m 높이로 이동한다.
③ 작업시간을 고려하여 항시 트럭적재함 높이만큼 위치하고 이동한다.
④ 안전성을 고려 지면으로부터 약 60~90cm 위치하고 이동한다.

62 무한궤도식 로더로 진흙탕이나 수중작업을 할 때 관련된 사항으로 틀린 것은?
① 작업 전에 기어실과 클러치실 등의 드레인 플러그의 조임 상태를 확인한다.
② 습지용 슈를 사용했으면 주행장치의 베어링에 주유하지 않는다.
③ 작업 후에는 세차를 하고 각 베어링에 주유를 해야 한다.
④ 작업 후 기어실과 클러치실의 드레인 플러그를 열어 물의 침입을 확인한다.

🔍 습지용 슈는 슈의 단면이 삼각형으로 접지 면적이 넓어 접지 압력이 작게 설계된 것으로 사용되는 슈의 종류와 주행장치의 베어링 주유 여부는 관련이 없다.

63 로더로 제방이나 쌓여 있는 흙더미에서 작업할 때 버킷의 날을 지면과 어떻게 유지하는 것이 가장 좋은가?
① 20° 정도 전경시킨 각
② 30° 정도 전경시킨 각
③ 버킷과 지면이 수평으로 나란하게
④ 90° 직각을 이룬 전경과 후경을 교차로

🔍 로더로 제방이나 쌓여있는 흙더미에서 작업할 때는 버킷의 날을 지면과 수평으로 나란하게 유지하는 것이 가장 좋다.

64 로더를 운전하려고 시동을 할 때 조치사항으로 잘못된 것은?
① 연료 및 각종 오일을 점검한다.
② 붐과 버킷 레버를 중립에 둔다.
③ 변속기 레버를 중립에 둔다.
④ 유압계의 압력을 정상으로 조정한다.

65 눈이 덮힌 비탈길 운행시 로더의 미끄러짐이 있을 때 가장 효과적인 조치는?
① 급정지한다.
② 기어를 중립으로 둔다.
③ 버킷을 접지시켜 멈춘다.
④ 버킷을 올린다.

🔍 눈이 덮힌 비탈길에서는 브레이크에 의한 급정지를 피하고 버킷을 접지시켜 멈추도록 한다.

66 낙석의 위험이 있는 장소에서 사용할 수 있는 운전실로 가장 적합한 것은?
① 폽스 캐빈(FOPS cabin)
② 로프스 캐빈(ROPS cabin)
③ 스틸 캐빈(Steel cabin)
④ 캐노피(Canopy)

🔍 • 폽스 캐빈(FOPS cabin) : 낙석의 위험이 있는 장소에서 낙석의 충격을 흡수하고 운전원의 생명을 보호하는 운전실
• 로프스 캐빈(ROPS cabin) : 로더 작업 중 전복사고 발생 시 충격 에너지를 흡수하여 운전원을 보호하는 강구조물 운전실

정답 60 ② 61 ④ 62 ② 63 ③ 64 ④ 65 ③ 66 ①

67 타이어식 로더의 운전시 주의해야 할 사항 중 틀린 것은?

① 새로 구축한 구축물 주변 부분은 연약 지반이므로 주의한다.
② 경사지를 내려갈 때는 클러치를 분리하거나 변속레버를 중립에 놓는다.
③ 토양이 조건과 엔진의 회전수를 고려하여 운전한다.
④ 버킷의 움직임과 흙의 부하에 따라 변화있게 대처하여 작업한다.

🔍 경사지에서 내려올 때는 반드시 기어를 넣고 주행해야 하며(중립상태로 운전 금지) 이때 버킷은 지면에서 20~30cm 정도로 하여 긴급 시 브레이크로 사용한다.

68 일반적인 로더의 엔진 허용 운전경사각은 몇 도(°)인가?

① 15° ② 30°
③ 45° ④ 60°

🔍 엔진 허용 운전경사각은 30°로 이를 초과한 상태로 운전하면 엔진의 과열로 인한 손상, 주요 윤활부의 조기 마모를 초래한다.

69 로더로 지면 고르기 작업 시 한 번의 고르기를 마친 후 장비를 몇 도 회전시켜서 반복하는 것이 좋은가?

① 25°
② 45°
③ 90°
④ 180°

🔍 지면 고르기를 할 때는 동쪽과 서쪽, 남쪽과 북쪽 순으로 진행한 다음 로더를 45° 회전시켜 작업한다.

70 일반적인 로더로 주행 가능한 오르막 경사도는?

① 15° ② 25°
③ 45° ④ 60°

🔍 일반적인 로더의 주행 가능 경사도
• 오르막 경사도 : 25°
• 내리막 경사도 : 30°~35°
• 옆(측면) 경사도 : 10°~16°

71 바닷가, 강가 등과 같은 지역에서 로더 작업 시 주의 사항으로 옳지 않은 것은?

① 작업 시 액슬 하우징이 잠기더라도 작업에 무리가 없다.
② 각부의 플러그, 코크, 볼트 등의 잠금 상태를 점검하여 염분이 들어가지 않도록 한다.
③ 작업 후 반드시 세차하여 염분을 제거한다.
④ 수중에서 장시간 사용하는 베어링부에는 충분히 급유한다.

🔍 작업 시 물이 액슬 하우징의 바닥보다 더 높이 올라오면 고장의 원인이 되므로 잠기지 않도록 하여야 한다.

72 로더 작업 시 붐을 하강시키려면?

① 조종레버를 민다.
② 조종레버를 당긴다.
③ 조종레버를 좌측으로 움직인다.
④ 조종레버를 우측으로 움직인다.

🔍 붐을 하강시키려면 조종레버를 밀고, 상승시키려면 조종레버를 당긴다.

73 휠 로더의 붐과 버킷 레버를 동시에 당기면 어떻게 작동하는가?

① 붐만 상승한다.
② 버킷만 오므려진다.
③ 붐은 상승하고 버킷은 오므려진다.
④ 작동이 안 된다.

🔍 붐과 버킷 레버를 동시에 당기면 붐은 상승하고 버킷은 오므려진다.

74 타이어식 로더로 트럭에 적재할 때 덤핑 클리어런스를 올바르게 설명한 것은?

① 덤핑 클리어런스가 있으면 안 된다.
② 후진시 덤핑 클리어런스가 필요한 것이다.
③ 덤핑 클리어런스는 적재함보다 높아야 한다.
④ 무조건 낮은 것이 좋다.

🔍 로더의 덤핑 클리어런스는 버킷을 상승시켰을 때 버킷 투스 하단과 지면과의 거리를 말하는 것으로 트럭 적재함보다 높아야 적재작업을 할 때 버킷이 적재함에 닿지 않게 된다.

 정답 67 ② 68 ② 69 ② 70 ② 71 ① 72 ① 73 ③ 74 ③

75 로더로 적재, 운반, 투입을 연속적으로 하는 작업을 무엇이라 하는가?

① 굴착작업　　② 그레이딩작업
③ 스트리핑작업　④ 운반작업

🔍 운반작업이란 장비로 적재 → 운반 → 투입을 연속적으로 하는 작업을 말하며, 운반 시의 자세는 버킷을 지면에서 약 40~50cm 정도 뜨게 하여 중심을 낮게 한다.

76 로더 작업과 관련한 설명으로 틀린 것은?

① 압토작업은 버킷을 덤프 위치로 한 뒤 작업한다.
② 퇴적토사의 작업 시 앞바퀴가 들린 상태로 작업하지 않는다.
③ 굴착작업 시 한쪽에만 굴착력이 걸리는 것을 방지한다.
④ 굴착작업 시는 버킷을 수평 또는 약 5° 기울여 토사를 깎기 시작한다.

🔍 압토작업 시에는 버킷의 밑면을 지면과 평행하게 되도록 하여 작업하고, 버킷을 덤프 위치로 하고 압토작업을 하지 않아야 한다.

77 로더를 이용한 그레이딩(지면 고르기) 작업에 대한 설명으로 틀린 것은?

① 지면 고르기 작업 전에 파여진 부분을 메운다.
② 지면 고르기 작업을 한번 마친 후 로더를 45° 회전시켜서 반복한다.
③ 지면은 북쪽과 남쪽, 동쪽과 서쪽 방향의 순서로 고른다.
④ 지면 고르기 작업은 장비를 전진시키면서 수행하도록 한다.

🔍 지면 고르기 작업은 반드시 장비를 후진시키면서 수행하도록 한다.

78 로더로 상차 작업 대상물에 진입하는 방법 중 없는 것은?

① 좌우 옆으로 진입방법(N형)
② 직진·후진법(I형)
③ 90° 회전법(T형)
④ V형 상차법(V형)

🔍 로더의 상차 적재 작업 : I형(직·후진법), V형(45° 상차법), 90° 회전법(T형, L형)

79 로더의 상차 작업 방식 중 로더가 버킷에 작업물을 담아 후퇴하고 곧바로 로더와 작업 대상물 사이에 덤프트럭이 들어오는 방식은?

① V형 상차 방법　② T형 상차 방법
③ L형 상차 방법　④ I형 상차 방법

🔍 직진·후진법(I형)은 로더가 버킷에 작업물을 담아 후퇴하고 곧바로 로더와 작업 대상물 사이에 덤프트럭이 들어오는 방식으로 연약지반에서 대형 로더가 작업할 때 주로 이용된다.

80 로더의 상차 작업 방식 중 90° 회전법에 대한 설명으로 틀린 것은?

① 덤프트럭은 정지된 상태에서 로더만 선회하는 방식이다.
② 로더가 90° 선회를 4회하여 싣는 방식이다.
③ 협소한 장소에서의 작업 시 이용된다.
④ I형이나 V형에 비해 작업 효율이 좋다.

🔍 T형(90° 회전법)은 협소한 장소에서 작업시 이용되며, I형과 V형에 비해 비교적 작업 효율이 떨어진다.

정답 75 ④　76 ①　77 ④　78 ①　79 ④　80 ④

CHAPTER 09

Craftsman Road Roller Operator

롤러 작업장치

Section 01 롤러(Roller)
Section 02 롤러 출제예상문제

SECTION 01 롤러(Roller)

Craftsman Road Roller Operator

STEP 01 롤러(Roller) 일반

1. 롤러의 정의 및 개요

1) 롤러의 정의
   ① 일반적인 정의 : 롤러(Roller)란 자체의 중량 또는 진동으로 토사 및 아스팔트 등을 다져주는 포장용 건설기계이다.
   ② 건설기계관리법 상의 범위
      ㉮ 조종석과 전압장치를 가진 것
      ㉯ 피견인 진동식인 것

2) 롤러의 살수장치와 진동장치(건설기계 안전기준에 관한 규칙)
   ① 살수장치
      ㉮ 롤러에는 롤의 표면에 자재 또는 이물질이 부착되는 것을 방지하기 위한 제거장치 또는 살수장치를 설치하여야 한다.
      ㉯ 살수장치는 기계식 또는 전기식의 노즐 분사 방식이어야 한다.
   ② 진동장치 등
      ㉮ 타이어식 롤러의 타이어 진동장치는 조종석에서 쉽게 잠글 수 있어야 한다.
      ㉯ 타이어식 롤러의 타이어 배열이 복열인 경우에는 앞바퀴가 다지지 아니한 부분은 뒷바퀴가 다지도록 배열되어야 한다.
      ㉰ 진동식 롤러에는 축수(軸受)와 차체 사이에 방진고무를 붙이거나 타이어를 사용할 경우에는 공기압을 이용한 타이어를 사용하여야 한다.
      ㉱ 롤러(타이어식 롤러는 제외)의 롤은 주강재 또는 강판용접 구조로 된 것이어야 한다.
      ㉲ 롤러의 돌기부는 강판, 주강 또는 강봉 등을 사용하여야 하고, 돌기부의 선단접지부는 내마모성 강재를 사용하여야 한다.
      ㉳ 밸러스트란 롤러의 다짐압력을 증가시키기 위한 물질 및 중량물을 말하며, 설치는 견고하여야 한다.

3) 다짐 방식에 따른 다짐기계의 분류
   ① 전압식 : 장비의 자중(자체 중량)을 이용하는 것으로 탠덤 롤러, 머캐덤 롤러, 탬핑 롤러, 타이어 롤러 등이 이에 해당된다.
   ② 진동식 : 장비의 원심력을 이용하여 토립자에 진동을 주어 밀실하게 다지는 방식으로 진동 롤러, 진동 컴팩터, 진동식 타이어 롤러 등이 해당된다.

③ 충격식 : 지반 다짐 시 충격을 주어 발생한 충격하중을 이용한 방식으로 래머(Rammer)나 탬퍼 등이 해당된다.

> **참고** 롤러의 중량 표시
> 롤러의 중량은 자체 중량과 부가 하중(밸러스트)를 부착하였을 때의 중량으로 표시할 수 있다. 즉, 중량이 8~12톤으로 표시된 경우 본체 중량이 8톤인 롤러에 4톤의 밸러스트를 적재하여 12톤까지 가중시킬 수 있다는 의미이다.

2. 롤러의 종류

1) 머캐덤 롤러(Macadam Roller)

① 3륜 형식으로 된 롤러로 일반적으로 1개의 조향륜 롤러와 2개의 구동륜 롤러가 배치되어 있으며 자중 6~10톤 급이 가장 많이 사용된다.(2축 3륜)

② 주로 자갈, 모래, 흙 등을 다지는 데 효과적이며, 가열 포장 아스팔트 재료의 초기 다짐에 사용된다.(단, 아스팔트 마지막 다짐에는 사용하지 못한다.)

③ 머캐덤 롤러의 외부 작업장치

㉮ 롤러(Roller) : 머캐덤 롤러의 롤러는 드럼 형태로 앞바퀴는 구동륜, 뒷바퀴는 안내륜이며, 후륜 전압을 크게 하기 위해 드럼 속에 물 또는 모래를 채워 중량을 크게 하기도 한다.

[머캐덤 롤러]

㉯ 스프링클러(Sprinkler) : 작업 중 롤러 표면의 이물질을 제거하기 위해 설치하는 살수장치로 이 기능을 사용하기 위해서는 사용 전 스프링클러 내 물의 레벨을 확인하고 필요시 보충하여야 한다. 또한, 혹한기에는 라인의 동파 방지를 위해 스프링클러, 파이프, 필터 내의 물을 모두 비워야 한다.

㉰ 스크레이퍼(Scraper) : 작업 중 롤러에 흙이나 아스콘이 부착되지 않도록 하는 장치로 드럼의 마찰에 의해 마모되기 때문에 수시로 조정하여 드럼과 밀착시켜야 한다.

> **참고** 부가 하중(밸러스트, Ballast)
> • 롤러의 자체 무게로 전압 능력이 적을 때 부가 하중을 실어 롤러의 무게를 증가시킴으로써 전압 능력을 높이는 것을 부가 하중(밸러스트, Ballast)라고 한다.
> • 타이어 롤러는 물탱크에 필요한 양만큼 주입하고, 머캐덤 롤러나 탠덤 롤러, 탬핑 롤러 등은 롤(Roll)에 물, 모래, 중유 등을 주입하여 전압 능력을 높인다.

2) 탠덤 롤러(Tandem Roller)

① 앞바퀴와 뒷바퀴가 일렬로 배치된 롤러로 바퀴 2개가 일렬로 배치된 2축 탠덤 롤러와 3개가 일렬로 배치된 3축 탠덤 롤러가 있다.

② 머캐덤 롤러에 비해 선압이 작기 때문에 노반의 쇄석을 다짐할 때는 적합하지 않고 머캐덤 롤러 사용 후 끝내기 작업이나 아스콘 포장면의 다짐에 효과적으로 사용된다.

[탠덤 롤러]

③ 탠덤 롤러의 구분
  ㉮ 2축 탠덤 롤러(2축 2륜) : 앞뒤 2개의 차륜이 있으며 찰흙, 점성토 등의 다짐에 적당하고 머캐 덤 롤러의 다짐 후 아스팔트 포장에 사용된다. 일반적으로 후륜 구동식이지만 근래에는 전륜 구동에 의한 전·후륜이 독립적으로 조향되는 장비도 있다.
  ㉯ 3축 탠덤 롤러(3축 3륜) : 3개의 차륜이 평행하게 배치된 구성으로 임의로 모든 축의 상대 위 치를 고정하거나 풀 수 있는 것으로 노면이 고르지 못한 아스팔트 포장 작업에 적합하다.
④ 3축 탠덤 롤러의 다짐
  ㉮ 자유 다짐 : 2개의 안내륜(조향륜)은 노면의 상태에 따라 자유롭게 상하로 움직일 수 있으며, 모든 차륜이 항상 접지하고 있는 상태이다.
  ㉯ 반고정 다짐 : 후부 안내륜(조향륜)은 중간 안내륜과 구동륜을 잇는 접선보다 아래로 내려가 는 일이 없으며 위쪽으로만 움직일 수 있는 상태이다. 따라서 노면의 굴곡부에서는 구동륜의 통상적인 중량 분배에 따른 예비 다짐을 하며, 중간 안내륜이 통과할 때 안내륜이 지면에서 떨 어져 중간 안내륜의 배분 중량이 증대되기 때문에 다짐 효과가 커진다. 끝으로 뒷바퀴가 통과 하여 마무리 다짐을 한다.
  ㉰ 전 고정 다짐 : 모든 차륜이 언제나 같은 평면상에 있는 상태로 1축이 노면의 볼록 부분을 통 과할 때 다른 바퀴는 지면에서 떨어지게 되고 볼록 부분을 통과하는 바퀴의 중량이 증대되고 축거가 길기 때문에 정밀한 평평하고 미끄러운 면을 만들 수 있다.

> **참고** 로드 롤러(머캐덤 롤러, 탠덤 롤러)의 작업 능력
> • 선압 : 롤러의 다짐 능력을 비교하는 기준으로 차륜의 접지 중량을 그 차륜의 너비로 나눈 값이다. 단위는 kg/cm^2이다.
> • 롤링 너비 : 1회 통과에 의해 롤링되는 최대 너비이며, 3륜 롤러에서는 일반적으로 안내륜(조향륜)과 구동륜의 선압이 다 르기 때문에 뒷바퀴의 너비만을 계상할 때가 많다.

3) 진동식 롤러(Vibratory Roller)

① 장비의 자중 외에 기진기로부터 자중의 1~2배 정도 되는 기진 력을 바퀴에 부가함으로써 자중과 진동력을 이용하여 다짐 효 과를 증가시키도록 한 것으로 전압 장치를 가진 자주식과 피견 인 진동 롤러 등이 있다.
② 제방 및 도로 경사지의 모서리 다짐에 사용되며, 흙이나 자갈 등의 다짐에 효과적인 장비로 자체 중량이 가벼워도 진동에 의 한 타격력으로 토사가 다져지므로 매우 강한 작업을 할 수 있 지만 진동에 의한 조종사의 피로감으로 인해 장시간 작업이 힘 들다는 단점이 있다.

[진동식 롤러]

③ 진동 롤러의 주요 작업
  ㉮ 정 다짐 작업
  ㉯ 진동 다짐 작업
④ 진동 롤러의 특징
  ㉮ 점성이 결핍한 사질층이나 모래층 다짐에 효과가 있다.
  ㉯ 타 장비에 비해 깊은 곳까지 다짐이 가능하다.
  ㉰ 함수비가 높은 점성토 다짐에는 적합하지 않다.

4) 타이어 롤러(Tire Roller)

① 타이어의 공기압과 부가 하중(밸러스트)을 조정하여 다짐 작업을 조절할 수 있는 롤러로 접지압이 크면 깊은 다짐을 하고 접지압이 작으면 표면 다짐을 한다.

② 기층이나 노반의 표면 다짐, 사질토나 사질 점성토의 다짐 등 도로 토공에 많이 이용되며, 부가 하중은 자주식의 경우 자중의 0.7~1.3배, 피견인식에서는 4배 정도에 이른다.

[타이어 롤러]

③ 머캐덤 롤러나 탠덤 롤러와 같은 로드 롤러의 선압에 해당하는 것이 타이어 롤러에서는 접지압이며, 접지압은 타이어 접지면 단위 면적당의 하중(kg/cm²)으로 나타낸다.

④ 타이어 롤러의 타이어 배열은 앞바퀴가 다지지 못한 부분은 뒷바퀴가 다질 수 있는 간격으로 배치되며 지지 방식은 다음의 3가지로 구분된다.

　㉮ 고정식 : 각 차축에 프레임을 고정하는 방식으로 차륜 고정식과 차륜 사행식이 있다.
　㉯ 상호 요동식 : 1~2개의 차축 중심에 지점을 두고 요동 운동을 하게 하는 방식이다.
　㉰ 수직 가동식(독립 지지식) : 각 바퀴마다 독립된 유압 실린더나 공기 스프링 등을 사용하여 상하운동을 할 수 있도록 구성한 방식으로 유압식, 공기 스프링식, 프레임 가동식이 있다.

⑤ 타이어 롤러의 특징

　㉮ 전압 특성은 타이어의 접지압과 면적에 의해 결정되며, 타이어 공기압을 증가시키면 다짐 효과는 높아진다. 즉, 타이어 공기압은 다짐 효율에 영향을 준다.
　㉯ 공기압을 낮게 사용할 때는 부가 하중(밸러스트)를 감소시키는 편이 좋다.
　㉰ 부가 하중(밸러스트)를 감소시키면 접지압은 변하지 않으나 접지 면적의 감소로 다짐에 미치는 깊이가 변한다.
　㉱ 탠덤, 머캐덤 롤러 등에 비해 고속 주행이 가능하며 최고 속도는 20~25km/h 정도로 빠르다.
　㉲ 철륜에 비해 점착력이 크고, 큰 견인력을 얻을 수 있으며, 구배가 있는 곳에서도 용이한 작업이 가능하다.
　㉳ 머캐덤 롤러나 탠덤 롤러와 같이 다짐대상 재료를 깨면서 다지는 것이 아니라 공기 타이어의 특성을 이용하여 자연 상태 그대로 다지며, 골재와 골재 사이의 요철 부분까지 골고루 다질 수 있다.
　㉴ 공압식 타이어 롤러는 앞바퀴가 조향과 진동을, 뒷바퀴가 구동용으로 설계되어 있다.

5) 콤비 롤러(Combination Roller)

① 콤비 롤러는 진동 드럼과 타이어(휠, Wheel)이 조합된 형식으로 경사진 보도, 자전거 도로, 주차장 등의 부분적인 보수에 적합한 장비이다.

② 일반적으로 구동바퀴의 앞바퀴에 롤러를 사용하고 뒷바퀴는 타이어 롤러를 사용하며, 크기는 1.5~2.5톤 정도의 소형이 일반적이나 7~10톤 정도의 대형 장비도 있다.

[콤비 롤러]

6) 탬핑 롤러(Tamping Roller)

① 강관제의 드럼 표면에 다수의 돌기(탬퍼 풋, tamper foot)를 붙여 접지압을 증가시킨 것으로 깊은 다짐이나 함수비가 높은 점토 지반, 점성토 지반, 건조된 점토나 실트(silt)가 섞인 흙다짐에 적당하다.

② 돌기(tamper foot)의 형상에 따라 다음과 같이 구분된다.
  ㉮ 시프 풋(Sheep foot) 롤러 : 양발굽 모양의 가늘고 긴 돌기를 지그재그로 배치한 것
  ㉯ 그리드(Grid) 롤러 : 강봉을 격자상으로 엮은 형상
  ㉰ 테이퍼 풋(Taper foot) 롤러 : 사다리꼴 모양의 돌기 형상
  ㉱ 턴 풋(Turn foot) 롤러 : 그물 모양의 돌기 형상을 사용하는 형식

[탬핑 롤러(Sheep foot roller)]

> 전압식 다짐기계의 종류
> - 로드 롤러(Road Roller) : 머캐덤 롤러(Macadam Roller), 탠덤 롤러(Tandem Roller)
> - 타이어 롤러(Tire Roller)
> - 콤비 롤러(Combination Roller)
> - 탬핑 롤러(Tamping Roller)
> - 불도저(Bulldozer)

STEP 02 롤러(Roller)의 구성

1. 롤러의 각 부 명칭

1) 롤러의 기본 구조

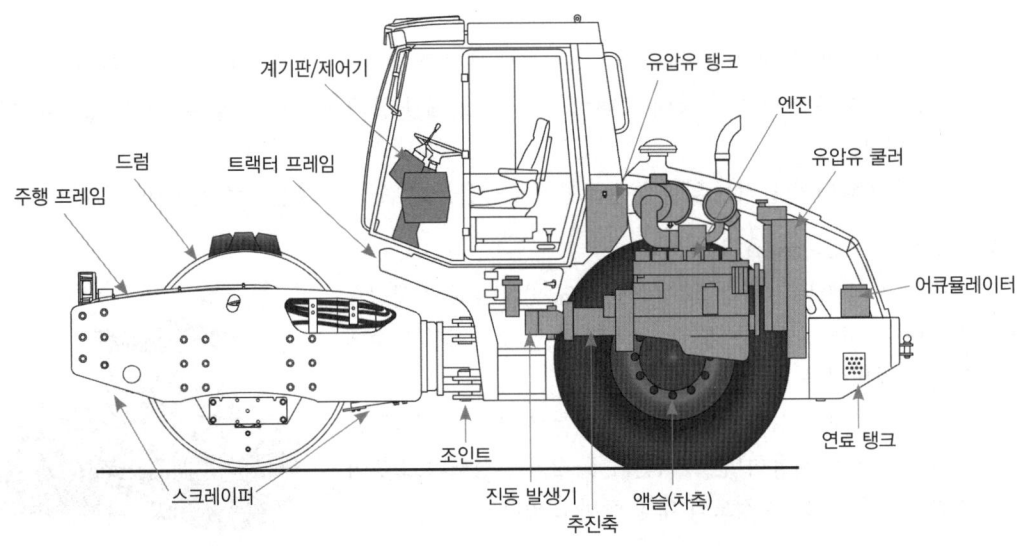

[롤러의 기본 구조]

2) 주요 부분의 명칭
   ① 프레임 : 상자형 구조로 되어 있으며, 동력을 수용하는 기구로 모든 부수 장치는 프레임에 설치된다. 프레임 속에는 철, 물 등이 삽입되어 중량을 부가한다.
   ② 구동륜 : 동력 전달을 받아서 롤러를 구동하는 바퀴이다.
   ③ 안내륜(조향륜) : 조향을 하는 차륜이며, 일반적으로 구동되지 않고 차의 방향을 안내한다. 차의 부가적인 중량을 위하여 폐유 등을 주입한다.
   ④ 요크 : 안내륜을 핸들에 의하여 조향하는 기구로 차륜 축과 평행한 수평형과 수직형이 있다.
   ⑤ 킹핀 : 베어링을 넣어서 프레임에 장치한 것으로 요크와 함께 앞바퀴를 지지하는 축이다. 유압, 수동 등으로 이 축을 소요 각도대로 회전시키면 안내륜이 조향된다.
   ⑥ 전·후진 클러치(역전장치) : 롤러를 전진 또는 후진하기 위하여 사용되며, 레버에 의해 작동된다. 클러치는 변속기의 중간축에서 동력을 전달받는다.

3) 롤러의 규격

구분		단위	머캐덤 롤러	2축 탠덤 롤러	3축 탠덤 롤러
중량		t	6~15	2.5~10	13~19
중량분배	안내륜	%	30~35	35~50	(23~25) × 2
	구동륜	%	65~70	50~65	50~54
선압	안내륜	kg/cm^2	구동륜의 30~50%	구동륜의 60~100%	구동륜의 45~50%
	구동륜	kg/cm^2	50~90	50~50	48~73
밸러스트		t	1~3	1~2	6
롤링 너비		mm	1,600~2,000	1,000~1,400	1,400
저속		km/h	1.5~2.5	2~2.5	0~2.1

※ 롤링 너비 : 1회의 통과에 의해서 롤링되는 최대 너비이며, 3륜 롤러에서는 일반적으로 안내륜, 구동륜의 선압이 다르기 때문에 공사의 적산 기초에는 뒷바퀴의 너비만을 계상할 때가 많다.

2. 동력 전달 계통

1) 동력 전달 순서

종류		동력전달 순서
로드 롤러		기관(엔진) → 주 클러치 → 변속기 → 전·후진기(역전기) → 감속기 → 최종구동장치 → 차륜(철륜)
타이어 롤러		기관(엔진) → 주 클러치 → 변속기 → 전·후진기(역전기) → 감속 및 차동기 → 최종 구동 기어 → 구동 타이어
진동 롤러	주행 계통	기관(엔진) → 주 클러치 → 변속 및 전·후진기(역전기) → 종감속기 → 바퀴
	기진 계통	기관(엔진) → 기진용 클러치 → 기진용 변속기 → 기진기 → 바퀴
유압식 진동 롤러		기관(엔진) → 유압펌프 → 유압제어장치 → 유압모터 → 차동기어장치 → 최종 감속장치 → 바퀴

2) 변속기
   ① 롤러의 변속기로는 선택 기어 방식의 섭동 기어식, 상시 물림식이 사용된다.
   ② 변속기는 역전 장치(전·후진기)가 함께 조립된 경우도 있으며, 일반적으로 2~4단의 범위를 갖는다.

3) 역전 장치(전-후진기)
   ① 전진과 후진의 변환은 변속기 내에 후진 기어가 있는 것이 있으나, 전용 역전 장치로 되어 있는 것이 많다. 이는 로드 롤러가 전진과 후진을 반복하면서 작업하는 만큼 전진 속도와 후진 속도가 동일해야 하기 때문이다.
   ② 역전 장치 구조
      ㉮ 대향(對向) 베벨 기어에 의해서 정(正)역전을 하는 구조이다.
      ㉯ 기어식 도그 클러치 또는 다판식 전·후진 클러치를 설치한 형식이 있다.
      ㉰ 2가지 형식 모두 전·후진 레버로 작동된다.

4) 감속기와 차동 장치
   ① 부정지나 연약지를 통과할 때에 구동하는 차륜이 슬립하는 차륜에 회전을 빼앗기게 되어 다른 차륜에 동력 전달이 안 되는 일이 생기므로 이를 방지하기 위해서 차동 장치의 작동을 제한하는 장치가 설치되어 있다.
   ② 차동 장치의 작동을 제한하는 장치를 차동 제한 장치(차동 록 장치)라 하며 모래땅이나 진흙 길 등에서 주행할 때 한쪽 바퀴가 헛돌며 빠져나오지 못할 경우 쉽게 빠져나올 수 있도록 하는 것이다.

5) 최종 구동(감속) 기어
   ① 차동 장치나 변속 장치에서 나온 동력을 감속하는 장치로 로드 롤러와 같이 저속으로 주행하는 장비에는 특히 필요한 장치이다.
   ② 감속 방식에는 스퍼 기어식(평기어식), 베벨 기어식, 체인식 등이 있으며, 머캐덤 롤러는 스퍼 기어식(평기어식), 탠덤 롤러는 베벨 기어식이나 체인식이 많이 사용되고 있다.

6) 차륜과 롤 스크레이퍼(Roll Scraper)
   ① 차륜은 일반적으로 전·후륜이 모든 주철제이거나 강판 용접제로 되어 있으며 주강제도 있다.
   ② 차륜에는 밸러스트(Ballast, 부가 하중)를 부가할 수 있으며 밀폐형과 개방형으로 나뉜다.
      ㉮ 밀폐형 밸러스트 : 차륜에 모래, 물, 중유 등을 넣은 것
      ㉯ 개방형 밸러스트 : 주철 블록 등을 별도로 설치한 것
   ② 롤 스크레이퍼
      ㉮ 차륜의 표면에 흙이나 아스팔트의 부착을 방지하기 위해서 설치한다.
      ㉯ 차륜 표면에 스프링으로 압착되며, 압착되는 힘은 조절이 가능하다.

3. 기타 장치

1) 제동 장치
   ① 로드 롤러는 구동축의 차륜에 제동 장치를 설치하지만, 일반적으로는 동력 전달 계통의 어느 한 축에 작동시키는 것이 더 많다.

② 대부분 장비의 경우 역전 장치의 축 끝에 제동 드럼을 장치하는 구조이며, 타이어 롤러의 경우에는 유압식 브레이크가 많이 사용된다.

2) 조향 장치

① 로드 롤러의 조향은 안내륜의 중심 상부에 수직으로 세운 킹핀을 회전시켜서 이루어진다. 중량이 큰 롤러의 조향은 큰 힘을 필요로 하기 때문에 일반적으로 유압 조향기구가 사용된다.
② 유압 조향 장치는 밸브 장치와 유압 실린더를 일체로 조립한 것으로, 엔진 크랭크축으로부터 V 벨트로 유압 펌프를 구동하여 유압을 발생시킨다.
③ 조향 조정 장치에는 핸들식과 레버를 조향하는 레버식이 있으며, 대부분 핸들식을 사용한다.

3) 살수 장치

① 건조한 흙 또는 아스팔트 롤링 작업 시 다짐 효과 향상과 타이어 또는 롤에 아스팔트 부착을 방지하기 위해 물을 뿌려 주는 장치이다.
② 살수 장치에는 중력식과 압송식이 있으며, 이 중 압송식이 많이 사용된다.
③ 압송식 살수 장치
  ㉮ 물 펌프 압송과 압축 공기 압송 방식이 있다.
  ㉯ 물펌프 압송식은 물탱크에 있는 물의 양과 관계없이 항상 일정한 압력으로 살수할 수 있으며, 물 공급 전달 순서는 물탱크 → 물 펌프 → 살수 바 순서이다.

4) 부가 하중(밸러스트)

① 롤러의 자체 무게로 전압 능력이 적을 때 롤러의 무게를 증가시켜 전압 능력을 높이는 것을 부가 하중(밸러스트, Ballast)이라 한다.
② 부가 하중은 철, 물, 모래, 중유 등을 이용한다.
③ 타이어 롤러는 물탱크에 필요한 양만큼 주입하고, 머캐덤, 탠덤, 탬핑 롤러 등은 롤(바퀴)에 물, 모래, 중유 등을 주입한다.

5) 기진 기구

① 편심 중량을 붙인 진동륜 축을 고속 회전시켜 발생하는 원심력에 의해 차륜에 진동을 주는 구조로 되어 있다.
② 기진력은 불평형 추의 무게에 비례하여 회전 속도를 변화시키는 방법과 불평형 추의 편심량을 변화시키는 방법이 있다.

6) 타이어(타이어 롤러)

① 타이어 롤러의 타이어는 튜브리스(Tubeless) 타이어로 타이어 안에는 내부 공간 약 75%를 물로 채운다.
② 동절기에는 타이어 내부의 물이 얼지 않도록 염화칼슘($CaCl_2$)을 용해시켜 넣어야 한다.

> **참고** 염화칼슘 용해
> 염화칼슘을 물에 용해시킬 때는 반드시 물에 염화칼슘을 조금씩 넣고 젓도록 한다. 염화칼슘에 물을 부으면 위험하기 때문이다.

③ 타이어 림에는 공기와 물 주입구가 있으며, 물 주입구를 위쪽 방향으로 한 다음 주입구까지 물을 채우면 타이어 내부 공간의 75%가 물로 채워진다.
④ 물을 채운 후에는 물 주입구를 플러그로 막고 공기를 주입하며, 공기의 압력은 1.7bar(25psi)가 적당한다.

STEP 03 롤러(Roller)의 작업방법

1. 다짐 작업의 개요

1) 다짐 작업
① 다짐 작업 정의 : 다짐 작업이란 인위적인 압력으로 흙의 밀도를 높여 흙의 물리적, 역학적 성질을 개선하는 공학적 처리 과정으로 공극 중 공기의 간극을 최소화하는 작업이라 말할 수 있다.
② 다짐의 원리 : "다짐 → 단위 중량 증가 → 전단 강도 증진 → 침하 감소(투수성, 압축성 감소) → 지지력 증진"의 과정이다.
③ 다짐 작업의 종류
㉮ 성토 다짐 : 표층 위에 일정 높이로 쌓아 올린 토사를 롤러로 다짐 작업을 하여 단단한 지반으로 만드는 작업
㉯ 토사 다짐 : 성토 다짐을 포함한 일반적인 토사의 공극을 줄이기 위한 다짐 작업
㉰ 골재 다짐
㉱ 포장 다짐

 포장 도로의 구조
- 표층 : 포장의 최상부 층으로 교통 하중을 분산하여 기층으로 전달하는 기능을 가짐과 동시에 쾌적한 주행성을 확보해야 하는 목적으로 시공되는 층
- 기층 : 보조 기층 위에 위치하는 층으로 대부분 아스팔트 안정 처리 기층을 적용
- 보조 기층 : 기층과 노상 사이에 위치하는 층으로 일반적으로 쇄석의 입상 재료로 구성되는 층
- 노상 : 도로 포장의 기초를 형성하는 층

2) 정적 다짐과 동적 다짐
① 정적 다짐 : 자중을 이용한 다짐으로 낙하 높이는 0이다.
② 동적 다짐
㉮ 진동 등에 의한 낙하 에너지를 이용한 다짐으로 10~60톤의 중량을 이용한다.
㉯ 낙하에 의한 충격 에너지가 충격파로 전달되어 공극수를 배수시킴과 동시에 입자를 재배열하여 공극을 감소시킨다.

 포장 작업 물량 파악 요소
- 거리(m)
- 너비(m)
- 용량(m³)

3) 다짐 작업의 기본 규칙
① 혼합물을 변형할 수 있을 때 가능한 빨리 가장자리를 다짐 작업한다.
② 드럼과 타이어에 혼합물이 달라붙지 않도록 충분한 살수를 한다. 이때 젖지 않고 습하도록 하여야 한다.

③ 서서히 움직이고 급후진을 하지 않는다.
④ 정지 상태에서 진동을 작동시키지 말아야 한다. 정지 상태에서 진동을 작동시키면 드럼의 자국이 형성되기 때문이다.
⑤ 주행 시에만 진동 스위치를 작동시키며, 후진 지점에 도달하기 전에 진동을 해제 시킨다.
⑥ 경사진 곳에서는 먼저 낮은 가장자리에서 다짐을 시작하여 높은 가장자리로 가로질러 작업을 한다.
⑦ 혼합물이 고온을 유지하고 있을 동안에는 층의 변형을 방지하기 위하여 다짐 작업을 중단하지 말아야 한다.
⑧ 장비를 주차할 때는 드럼 또는 타이어의 자국을 제거할 수 있도록 포장 방향을 가로질러 주차한다.

2. 다짐 순서 등

1) 다짐 방법 순서
   ① 1차 다짐
      ㉮ 다짐 작업 중 미세 균열과 밀림 현상이 발생하지 않도록 주의하도록 한다.
      ㉯ 진동 롤러, 탠덤 롤러, 머캐덤 롤러를 사용하며, 주로 롤러의 중량이 8~10t인 머캐덤 롤러를 이용한다.
      ㉰ 헤어 크랙이 생기지 않는 한 140~110℃ 정도의 높은 온도에서 실시한다.
      ㉱ 구동륜을 앞세워 전압을 실시하여야 하며, 낮은 쪽에서 높은 쪽으로 2~3km/h의 속도로 이동하며 다짐한다.
      ㉲ 이론 최대 밀도의 91% 다짐을 한다.
   ② 2차 다짐
      ㉮ 1차 다짐에 이어 소정의 밀도가 얻어지도록 연속해서 다짐한다.
      ㉯ 15t 이상의 타이어 롤러를 사용하며, 타이어 공기압은 5~6kg/cm^{2}이 적당하다.
      ㉰ 다짐 속도는 6~10km/h가 적당하며, 다짐 온도는 120~100℃가 효과적이다.
      ㉱ 식물성 기름 등의 사용량을 최소화하며, 동절기 작업 시에는 타이어를 가열한 후 운행한다.
      ㉲ 다짐도가 확보된 상태에서는 2차 다짐이 생략 가능하다.
      ㉳ 이론 최대 밀도의 94% 다짐을 한다.
   ③ 3차 다짐(마무리 다짐)
      ㉮ 포장의 요철이나 롤러 자국 등의 제거 및 포장체의 평탄성 확보가 목적이다.
      ㉯ 12t 이상의 탠덤 롤러를 무진동으로 사용하며, 2차 다짐에 이어 90~70℃ 부근에서 다짐한다.
      ㉰ 2차 다짐에 의해 생긴 롤러 자국이 없어질 정도로 다진다.

   > **참고** 다짐 방법 결정
   > • 점토질 : 머캐덤 롤러, 탠덤 롤러, 타이어 롤러, 탬핑 롤러
   > • 사질토 : 진동 롤러, 진동형 타이어 롤러

2) 아스콘 포장 다짐의 기본 원리
   ① 아스팔트 포장에는 기초 과정, 아스팔트 살포 및 굳힘 과정이 있다.

② 아스팔트 콘크리트는 매스틱 아스팔트(아스팔트와 자갈로 된 방수층 바닥 마감재) 및 다공성 아스팔트를 사용하여 살포하는 과정이 있다.
③ 아스팔트 살포가 완벽하게 되기 위해서는 혼합물의 조밀성 정도가 높아야 하고 다공성이 없어야 한다.
④ 하나의 공기층에서 다짐 요구 수준(공극율)에 도달되어 있고 내용물에 대한 한계값을 준수하고 있는지 확인해야 한다.
⑤ 공기층은 안정성이 향상되므로 변형에 대한 높은 저항을 가져올 뿐만 아니라, 다짐 정도에 긍정적인 영향을 갖게 되므로 살포 과정에서 저항을 생성하게 한다.
⑥ 다짐 장비는 살포 과정에서 밀봉시키고, 매끄럽고, 최대의 그립을 생성하여 편안한 주행을 위한 수준의 아스팔트층을 만들게 된다.

3) 아스팔트 포장 시 작업 순서
① 아스팔트 살포기로 아스팔트를 노면에 분사한다.
② 아스콘 공장에서 생산된 아스콘을 아스팔트피니셔의 적재함에 담는다.
③ 아스팔트피니셔를 이용하여 포장할 노면 위에 일정한 규격과 두께로 깔아 준다.
④ 머캐덤 롤러를 이용하여 1차 전압을 한다.
⑤ 타이어 롤러를 이용하여 2차 전압을 한다.
⑥ 진동 롤러를 이용하여 3차 마무리 전압을 한다.

3. 다짐 및 포장 결함

1) 스카프 현상(긁힘 현상)
① 발생 원인
㉮ 대형 롤러(큰 하중)에 작은 직경의 드럼을 장착 하였을 때
㉯ 고온의 안정된 혼합물을 너무 이르게 다짐 작업 하였을 때
② 방지대책
㉮ 소형 롤러를 사용한다.
㉯ 초기 다짐에 타이어 롤러 또는 콤비 롤러를 사용한다.
㉰ 혼합물을 냉각시킨 후 다짐 작업한다.

2) 늘어붙음 현상
① 발생 원인
㉮ 고온의 혼합물을 다짐 작업할 때
㉯ 드럼에 살수가 부족할 때
② 방지대책 : 다짐 작업 전 연속 살수를 하여 모든 드럼 주위가 젖도록 한다.

3) 드럼 측면 고임 현상의 원인
① 초기 다짐이 불충분할 때
② 혼합물이 고온일 때
③ 혼합물 구성이 불량일 때

4) 후진 시 균열 원인
  ① 후진 시 횡방향 균열 원인 : 일반적으로 자주 나타나지 않음
    ㉮ 피니셔에 의한 초기 다짐이 약할 때
    ㉯ 너무 빨리 대형 롤러를 사용할 때
    ㉰ 포장 후 다짐 작업을 시작할 때까지 시간이 길 때(표면은 냉각, 코어는 고온일 때)
    ㉱ 포장의 보조층 물질의 변위(보조층이 오염되었거나 불충분한 살포)
    ㉲ 아스팔트 표면의 냉각(바람, 과도한 살수)
    ㉳ 너무 두꺼운 경향의 층을 다짐(롤러 추력의 힘을 흡수하거나 하지 못할 때)
    ㉴ 낮은 등급의 모래, 적은 양의 아스팔트 등의 혼합물 사용
    ㉵ 과도한 다짐 시
    ㉶ 혼합물 분포가 편석 되었을 때
  ② 후진 시 종방향 균열 원인 : 포장층 전체에 걸쳐 나타남
    ㉮ 보조층의 불량
    ㉯ 대형 롤러를 이용한 두꺼운 포장층 다짐 시 표면의 냉각에 의해 포장층의 전단
    ㉰ 초기 다짐의 불량
    ㉱ 과도한 다짐
    ㉲ 혼합물 조성의 안정성 결여(특히 다량의 모래 함유)
    ㉳ 고온의 아스팔트 혼합물
    ㉴ 포장층의 결합 불량
    ㉵ 혼합물에 과도한 결합재 포함
    ㉶ 혼합물 본포 불량에 의한 분리 현상

4. 기타 작업 일반

1) 엔진 시동 후 점검 사항
  ① 장비 주위의 안전을 확보한다.
    ㉮ 장비 주위에 사람이나 장애물이 없도록 주위를 확보한다.
    ㉯ 주변의 시야 확보에 주의하고, 운행 전 경적을 울려 경고한다.
  ② 엔진 워밍업을 실시한다.
    ㉮ 엔진 시동 직후의 장비운행을 금지하도록 한다.
    ㉯ 작업 온도에 이를 때까지 수 분 동안 공전 상태를 유지하도록 한다.
  ③ 시험운행을 실시한다.
    ㉮ 비정상적인 신호가 들어오는지 확인하기 위해 안전한 장소에서 시험 운행을 한다.
    ㉯ 만약 비정상적인 신호가 들어오면, 운행을 다시 하기 전에 정비한다.

2) 주행 및 이동간 안전
  ① 운전자 이외의 탑승을 금지한다.
  ② 운행 중인 장비에 오르거나 내리지 말아야 하며, 장비가 완전히 주행을 머문 후에 장비에 오르거나 내린다.

③ 경사지를 오르거나 내려올 때에는 저속으로 운행한다.
④ 경사지 주행 시 속도를 변속하면 언덕에서 미끄러져 떨어질 수 있는 원인이 되므로 변속하지 않는다.
⑤ 경사면에서 방향 전환을 금지한다.
⑥ 경사 지면을 가로질러 운행하지 말아야 한다.

3) 운전 중 전도 위험 방지
① 운전 중 장비의 이상을 느꼈을 때는 안전한 장소에 멈추고 점검한다.
② 신호수 및 유도자 없이 혼자서는 절대로 작업하지 않아야 한다.
③ 노견, 법면 등 전도 위험이 있는 장소에서는 장비를 가까이 운행하지 않는다.
④ 양측 끝단부 작업 시 전진 방향으로 작업하도록 한다.
⑤ 경사면을 가로질러 작업하는 것을 피한다.

4) 진동 작업 시 주의사항
① 진동 중의 가장 적절한 주행 속도는 시속 2~5km/h 정도이다.
② 장비가 주행하지 않는 상태에서는 진동을 사용하지 말아야 한다.
③ 롤러가 진흙에 빠지는 등의 이유로 주행하기 어려운 경우에는 반드시 진동을 멈추어야 한다.
④ 콘크리트 포장도로와 단단한 지면에서의 작업은 롤러에 비정상적인 충격 하중을 받게 하며, 드럼 양쪽에 위치한 충격 완화제(마운트 고무)에 심한 손상을 일으킬 수 있으므로 하지 말아야 한다.
⑤ 주행 방향 전환은 완만히 하여야 한다.
⑥ 아스팔트를 포장하는 동안 주행 방향을 전환할 시에는 전·후 주행 레버를 천천히 조작하여야 한다.

5) 머캐덤 롤러의 작업 방법
① 이음부가 있는 경우 이음부부터 전압한다.
② 낮은 곳에서 높은 곳으로 전압한다.
③ 롤러의 구동륜 폭의 절반 정도가 겹치도록 다진다.
④ 외연부 다짐은 롤러의 차륜을 연단부로부터 5~10cm 나가도록 다짐한다.

6) 장비 주차(주기)
① 편평한 곳에 장비를 주차하고, 만일 경사진 곳에 주차할 경우 굄 장치를 한다.
② 추진 조종 레버를 중립 위치로 하고 주차 브레이크를 결속한다.
③ 모든 부착물을 지면에 내린다.
④ 엔진을 정지시킨다.
⑤ 엔진 시동 스위치 키를 차단(OFF)으로 돌리고 키를 탈착한다.
⑥ 배터리 차단 스위치를 차단(OFF) 위치로 돌려놓는다.

> 참고 인터록(Interlock) 장치
> • 인터 록 장치는 장비의 전진/후진 중에 운전자가 조종석을 이탈하게 되면 자동적으로 7초 후에 엔진을 정지시키는 장치를 말한다.
> • 인터록 기능이 작동되면 엔진은 정지하고 브레이크가 작동된 후 7초 후 경고음이 발생된다.

⑦ 장비를 오랜 기간 동안 방치할 때 배터리 차단 스위치 키를 탈착하여 배터리 회로의 단락과 구성품 파손에 의한 배터리 방전을 방지한다.
⑧ 롤러를 불가피하게 경사지에 주차할 때는 드럼을 아래쪽으로 하고, 드럼과 타이어 앞부분에 굄목을 괸다.

7) 장기간 보관하는 경우 조치 사항
① 깨끗이 청소한 후에 차고에 보관한다.
② 오일 주입, 그리스 주입 그리고 각종 오일을 교환한다.
③ 유압 실린더 피스톤 로드의 공기에 드러나 있는 부위에 그리스를 발라 산화를 방지한다.
④ 배터리는 (-) 케이블을 탈거한 후 덮어 놓거나, 장비에서 배터리를 완전히 탈거하여 안전한 장소에 보관한다.
⑤ 만약 온도가 0℃ 이하로 내려가는 경우에는 냉각수에 부동액을 첨가한다.
⑥ 살수장치(스프링클러)의 물을 완전히 빼낸다.
⑧ 전·후 주행 레버를 중립에 위치시킨다.
⑨ 진동 스위치를 OFF에 위치시키시고 주차 브레이크를 체결한다.
⑩ 굄목을 괸다.
⑪ 시동 키를 빼서 안전한 장소에 보관한다.

제09장_ 롤러 작업장치
출제예상문제
CHECK POINT QUESTION

01 롤러의 다짐 방식에 의한 분류가 아닌 것은?
① 전압식
② 전류식
③ 진동식
④ 충격식

> 다짐 방식에 따른 다짐기계의 분류
> • 전압식 : 장비의 자중(자체 중량)을 이용하는 것으로 탠덤 롤러, 머캐덤 롤러, 탬핑 롤러, 타이어 롤러 등이 이에 해당된다.
> • 진동식 : 장비의 원심력을 이용하여 토립자에 진동을 주어 밀실하게 다지는 방식으로 진동 롤러, 진동 컴팩터, 진동식 타이어 롤러 등이 해당된다.
> • 충격식 : 지반 다짐 시 충격을 주어 발생한 충격하중을 이용한 방식으로 래머(Rammer)나 탬퍼 등이 해당된다.

02 전압식 다짐 기계의 종류에 해당되지 않는 것은?
① 로드 롤러
② 타이어 롤러
③ 탬핑 롤러
④ 진동 롤러

> 전압식 다짐기계의 종류
> • 로드 롤러(Road Roller) : 머캐덤 롤러(Macadam Roller), 탠덤 롤러(Tandem Roller)
> • 타이어 롤러(Tire Roller)
> • 콤비 롤러(Combination Roller)
> • 탬핑 롤러(Tamping Roller)
> • 불도저(Bulldozer)

03 롤러 중량 표시 중 8~12톤에 대한 설명으로 맞는 것은?
① 자체 중량 12톤, 밸러스트 중량 8톤
② 자체 중량 8톤, 밸러스트 중량 12톤
③ 자체 중량 8톤, 밸러스트 중량 4톤
④ 자체 중량 4톤, 밸러스트 중량 12톤

> 롤러의 중량은 자체 중량과 부가 하중(밸러스트)를 부착하였을 때의 중량으로 표시할 수 있다. 즉, 중량이 8~12톤으로 표시된 경우 본체 중량이 8톤인 롤러에 4톤의 밸러스트를 적재하여 12톤까지 중량을 늘릴 수 있다는 의미이다.

04 진동 롤러에 대한 설명으로 틀린 것은?
① 장비의 진동에 의해 자중 부족을 보충한다.
② 함수비가 높은 점성토 다짐에 적합하다.
③ 타 장비에 비해 깊은 곳까지 다짐이 가능하다.
④ 사질층이나 모래층 다짐에 효과가 있다.

> 진동 롤러 장비의 자중 외에 기진기로부터 자중의 1~2배 되는 기진력을 바퀴에 부가함으로써 자중과 진동력을 이용하여 다짐 효과를 증가시키도록 한 것으로 함수비가 높은 점성토 다짐에는 적당하지 않다.

05 진동 롤러의 주요 작업으로 옳은 것은?
① 정 다짐 작업, 진동 다짐 작업
② 정 다짐 작업, 충격 다짐 작업
③ 동 다짐 작업, 충격 다짐 작업
④ 동 다짐 작업, 진동 다짐 작업

> 진동 롤러의 주요 작업 : 정 다짐 작업, 진동 다짐 작업

06 진동식 타이어 롤러의 접지압을 조절하는 것은?
① 타이어 공기압
② 밸러스트
③ 차체의 중량
④ 물이나 모래

> 진동식 타이어 롤러는 물이나 모래 등으로 무게를 조절하고 타이어 공기압을 변화시켜 접지압을 조절한다.

07 타이어 롤러의 타이어에 주입하는 질소 가스에 대한 설명으로 틀린 것은?
① 질소를 공기와 적절한 비율로 혼합한다.
② 질소가스로 인해 타이어 폭발의 가능성이 감소한다.
③ 질소 가스는 림 구성품의 부식을 증가시킨다.
④ 타이어에 처음부터 공기를 주입하였다면 질소 가스는 압력 조절용으로 사용한다.

> 질소 가스는 고무의 산화와 약화 그리고 림 구성품의 부식을 막아 준다.

 정답 01 ② 02 ④ 03 ③ 04 ② 05 ① 06 ① 07 ③

08 추운 겨울에 롤러의 타이어 내부 공간을 채운 물이 얼지 않도록 용해시켜 넣어주는 것은?

① 염화칼슘
② 글리세린
③ 메탄올
④ 에틸렌글리콜

> 롤러의 타이어 안은 내부 공간의 약 75%를 물로 채우고, 추운 겨울에는 내부의 물이 얼지 않도록 염화칼슘(CaCl₂)을 용해시켜 넣어야 한다. 염화칼슘을 물에 용해시킬 때는 반드시 물에 염화칼슘을 조금씩 넣고 젓는다.

09 드럼에 다수의 돌기가 설치되어 모래나 돌조각보다 퍼석퍼석한 지반의 시초 다짐에 주로 사용되는 롤러는?

① 진동 롤러
② 탬핑 롤러
③ 머캐덤 롤러
④ 자주식 롤러

> 탬핑 롤러(Tamping Roller)는 흙의 깊은 곳까지 다지는 기계로서 건조된 점토나 실트(silt)가 섞인 흙다짐에 적당하다.

10 탠덤 롤러, 머캐덤 롤러와 같은 로드 롤러의 차륜의 재질로 거리가 가장 먼 것은?

① 주철제
② 강판 용접제
③ 주강제
④ 탄소강제

> 차륜은 일반적으로 전·후륜이 모두 주철제이거나 강판 용접제로 되어 있으며 주강제도 있다. 탄소강은 용접성이 불량하고, 너무 단단하여 균열이 생길 우려가 있기 때문에 사용하지 않는다.

11 롤러의 종류 중 2축 3륜 형식으로 가열 포장 아스팔트 재료의 초기 다짐, 쇄석의 다짐에 가장 적합한 장비는?

① 타이어 롤러 ② 머캐덤 롤러
③ 탠덤 롤러   ④ 진동 롤러

> 머캐덤 롤러는 앞바퀴 구동륜(2륜), 뒷바퀴 조향륜(1륜)의 3륜 형으로 롤(Roll)을 배치한 것으로 가열 포장 아스팔트 재료의 초기 다짐이나 쇄석(碎石)의 다짐에 가장 유효하다.

12 가열 포장 아스팔트 초기 다짐 롤러로 가장 적당한 것은?

① 머캐덤 롤러 ② 타이어 롤러
③ 탬핑 롤러   ④ 진동 롤러

> 머캐덤 롤러는 주로 자갈, 모래, 흙 등을 다지는 데 효과적이며, 가열 포장 아스팔트 재료의 초기 다짐에 사용된다. 단, 아스팔트 마지막 다짐에는 사용하지 못한다.

13 철륜 표면의 돌기(tamper foot) 형태에 따른 탬핑 롤러의 종류가 아닌 것은?

① 시프 풋 롤러(Sheeps foot roller)
② 포크 풋 롤러(Fork foot roller)
③ 테이퍼 풋 롤러(Taper foot roller)
④ 턴 풋 롤러(Turn foot roller)

> 탬핑 롤러는 돌기(tamper foot)의 형태에 따라 시프 풋(Sheep foot) 롤러, 그리드(Grid) 롤러, 테이퍼 풋(Taper foot) 롤러, 턴 풋(Turn foot) 롤러로 구분된다.

14 탬핑 롤러 중 양발굽 모양의 가늘고 긴 돌기를 지그재그로 배치한 것은?

① 시프 풋식(sheep foot type)
② 턴 풋식(turn foot type)
③ 타이어식(tire type)
④ 진동식(vibratory type)

> 돌기 형상에 따른 탬핑 롤러의 구분
> • 시프 풋(Sheep foot) 롤러 : 양발굽 모양의 가늘고 긴 돌기를 지그재그로 배치
> • 그리드(Grid) 롤러 : 강봉을 격자상으로 엮은 형상
> • 테이퍼 풋(Taper foot) 롤러 : 사다리꼴 모양의 돌기 형상
> • 턴 풋(Turn foot) 롤러 : 그물 모양의 돌기 형상

15 다음 중 다짐용 전압롤러로 점착력이 큰 진흙다짐에 가장 적합한 것은?

① 탬핑 롤러 ② 타이어 롤러
③ 진동 롤러 ④ 탠덤 롤러

> 탬핑 롤러는 철륜 표면에 다수의 돌기를 붙여 접지압을 증가시킨 것으로 깊은 다짐이나 고함수비 지반, 점성토 지반에 적합하며, 두터운 성토 전압 작업에 이용된다. 돌기 형태에 따라 Sheeps foot roller, Grid roller, Tapper foot roller, Turn foot roller로 구분된다.

정답 08 ① 09 ② 10 ④ 11 ② 12 ① 13 ② 14 ① 15 ①

16 롤러의 종류 중 진동 드럼과 타이어가 조합된 형식으로 경사진 보도, 자전거 도로, 주차장 등의 부분 보수에 적합한 것은?

① 탠덤 롤러 ② 머캐덤 롤러
③ 진동 롤러 ④ 콤비 롤러

> 콤비 롤러(Combination Roller)
> • 진동 드럼과 타이어(휠, Wheel)이 조합된 형식으로 경사진 보도, 자전거 도로, 주차장 등의 부분적인 보수에 적합한 장비이다.
> • 일반적으로 구동바퀴의 앞바퀴에 롤러를 사용하고 뒷바퀴는 타이어 롤러를 사용하며, 크기는 1.5~2.5톤 정도의 소형이 일반적이나 7~10톤 정도의 대형 장비도 있다.

17 로드 롤러의 동력전달 순서가 바른 것은?

① 기관 → 클러치 → 차동장치 → 변속기 → 뒤 차축 → 뒤 차륜
② 기관 → 변속기 → 종감속장치 → 클러치 → 뒤 차축 → 뒤 차륜
③ 기관 → 클러치 → 차동장치 → 변속기 → 종감속장치 → 뒤 차륜
④ 기관 → 클러치 → 변속기 → 감속기어 → 차동장치 → 최종감속기어 → 뒤 차륜

> 롤러의 동력전달 순서

종류	동력전달 순서
로드 롤러	기관(엔진) → 주 클러치 → 변속기 → 전·후진기(역전기) → 감속기 → 최종구동장치 → 차륜(철륜)
타이어 롤러	기관(엔진) → 주 클러치 → 변속기 → 전·후진기(역전기) → 감속 및 차동기 → 최종 구동 기어 → 구동 타이어
진동 롤러 주행 계통	기관(엔진) → 주 클러치→ 변속 및 전·후진기(역전기) → 종감속기 → 바퀴
진동 롤러 기진 계통	기관(엔진) → 기진용 클러치 → 기진용 변속기→ 기진기 → 바퀴
유압식 진동 롤러	기관(엔진) → 유압펌프 → 유압제어장치 → 유압모터 → 차동기어장치 → 최종감속장치 → 바퀴

18 진동 롤러의 기진 계통의 동력전달 순서로 맞는 것은?

① 기관 → 기진용 변속기 → 기진용 클러치→ 기진기 → 바퀴
② 기관 → 기진기 → 기진용 클러치→ 기진용 변속기 → 바퀴
③ 기관 → 기진용 클러치 → 기진용 변속기→ 기진기 → 바퀴
④ 기관 → 기진용 변속기 → 기진기 → 기진용 클러치 → 바퀴

> 진동 롤러의 동력전달 순서
> • 주행계통 : 기관(엔진) → 주 클러치→ 변속 및 전-후진기(역전기) → 종감속기 → 바퀴
> • 기진계통 : 기관(엔진) → 기진용 클러치 → 기진용 변속기→ 기진기 → 바퀴

19 로드 롤러, 타이어 롤러 등에서 안내륜을 핸들에 의하여 조향하는 기구는?

① 킹핀(king pin)
② 요크(yoke)
③ 실린더(cylinder)
④ 역전 장치(reversing gear)

> 요크(yoke)는 안내륜을 핸들에 의하여 조향하는 기구로 차륜 축과 평행한 수평형과 수직형이 있다.

20 롤러의 장치 부분 중 베어링을 넣어서 프레임에 장착한 것으로 요크와 함께 앞바퀴를 지지하는 축은?

① 킹핀(king pin)
② 조인트(Joint)
③ 실린더(cylinder)
④ 역전 장치(reversing gear)

> 킹핀(king pin)은 베어링을 넣어서 프레임에 장치한 것으로 요크와 함께 앞바퀴를 지지하는 축이다. 유압이나 수동 조작 등으로 이 축을 소요 각도대로 회전시키면 안내륜이 조향된다.

21 머캐덤 롤러의 클러치가 미끄러지는 원인에 대한 설명 중 그 원인이 아닌 것은?

① 클러치 스프링의 노후
② 라이닝에 기름이 묻었을 때
③ 클러치 릴리스 레버 선단의 마모
④ 클러치판의 마모

16 ④ 17 ④ 18 ③ 19 ② 20 ① 21 ③

> 클러치 릴리스 레버의 선단이 마모되면 페달의 자유 간극이 커져서 동력 차단이 불량해진다.

22 롤러의 종감속기어 장치에서 서로 물리고 있는 기어 사이의 틈새를 가리키는 것으로 가장 적합한 것은?

① 토크
② 히일
③ 백 래시
④ 플랭크

> 백 래시(backlash)란 한 쌍의 기어를 맞물렸을 때 치면 사이에 생기는 틈새를 말하는 것으로 한 쌍의 기어를 매끄럽게 회전시키기 위해서는 적절한 백 래시가 필요하다.

23 로드 롤러 작업 중에 변속기에서 소음이 나는 것과 관계가 없는 것은?

① 냉각수 부족
② 기어 잇면 손상
③ 기어의 백래시 과대
④ 윤활유 보족

> 변속기 잡음의 원인
> • 윤활유 부족
> • 기어 마모(백래시 과대) 및 손상
> • 기어 샤프트 지지 베어링의 마모 및 손상

24 2륜식 철륜 롤러의 종감속기어 장치에 대한 설명으로 옳은 것은?

① 기어오일로 윤활한다.
② 감속비가 적어야 한다.
③ 추진축으로 구동한다.
④ 구동륜에 직접 설치되어 있다.

> 2륜 철륜 롤러의 종감속기어 장치는 동력 전달을 받아서 롤러를 구동하는 바퀴인 구동륜에 직접 설치되어 있다.

25 타이어식 롤러에서 조향 핸들의 조작을 가볍고 원활하게 하는 방법으로 틀린 것은?

① 동력조향을 사용한다.
② 바퀴의 정렬을 정확히 한다.
③ 타이어의 공기압을 적정압으로 한다.
④ 종감속 장치를 사용한다.

> 타이어 롤러의 종감속 장치는 차동장치나 변속장치에서 나온 동력을 감속하는 장치이다.

26 로드 롤러의 조향장치와 관련된 내용으로 틀린 것은?

① 로드 롤러의 조향은 안내륜의 중심 상부에 수직으로 세운 킹핀을 회전시켜서 이루어진다.
② 중량이 큰 롤러의 조향은 일반적으로 유압 조향기구가 사용된다.
③ 조향 조정 장치는 대부분 레버식을 사용한다.
④ 유압 조향 장치는 밸브 장치와 유압 실린더를 일체로 조립한 것이다.

> 조향 조정 장치에는 핸들식과 레버를 조향하는 레버식이 있으며, 대부분 핸들식을 사용한다.

27 로드 롤러에 전용의 역전장치(전-후진기)가 설치되어 있는 이유로 가장 적합한 것은?

① 전·후진 속도를 동일하도록 하기 위하여
② 저속 운행이 가능하도록 하기 위하여
③ 차륜의 슬립 현상을 방지하기 위하여
④ 부가하중을 효과적으로 유지하기 위하여

> 로드 롤러는 전·후진을 반복하면서 작업을 하기 때문에 전진 속도가 후진 속도와 동일해야 한다. 이러한 이유로 로드 롤러는 전용의 역전 장치(전-후진기)를 사용한다.

28 머캐덤 3륜 롤러에 차동장치를 설치하는 이유는?

① 다짐륜을 일정하게 회전시키기 위해
② 험한 지역에서 공회전을 막기 위해
③ 조향 시 내측륜과 외측륜 회전비를 다르게 하기 위해
④ 구릉지 작업을 위해

> 2축 3륜 방식의 머캐덤 롤러에서 차동장치를 설치하는 이유는 조향 시 내측륜과 외측륜의 회전 비율을 다르게 하여 커브 주행을 원활하게 하기 위해서이다.

정답 22 ③ 23 ① 24 ④ 25 ④ 26 ③ 27 ① 28 ③

29 로드 롤러의 역전장치에 대한 설명으로 옳지 않는 것은?

① 전진 속도가 후진 속도와 동일해야 하기 때문에 사용된다.
② 기어식 도그 클러치 또는 다판식 전-후진 클러치를 설치한 형식이 있다.
③ 모두 전-후진 레버로 작동된다.
④ 대향 베벨 기어에 의해서 부(不)역전을 하는 구조이다.

🔍 로드 롤러의 역전장치(전-후진기)는 대향(對向) 베벨 기어에 의해서 정(正)역전을 하는 구조이다.

30 미끄러운 노면이 아닌 일반 작업조건에서 건설기계 운전중장비를 멈추었다가 출발하려고 하는데 전·후진이 되질 않아 점검하려고 한다. 가장 먼저 점검해 봐야 하는 장치는?

① 스티어링 장치
② 트랜스미션 장치
③ 디퍼렌셜 장치
④ 서스펜션 장치

🔍 트랜스미션 즉, 변속기는 엔진에서 발생하는 동력을 속도에 따라 필요한 회전력으로 바꾸어 전달하는 장치이다.

31 탠덤 롤러, 머캐덤 롤러의 차륜 표면에 흙이나 아스팔트가 달라붙지 못하도록 하는 장치는?

① 롤 스크레이퍼   ② 차일
③ 트랙터 프레임   ④ 방진 패드

🔍 롤 스크레이퍼(Roll Scraper)는 작업 중 차륜의 표면에 흙이나 아스팔트가 달라붙지 못하도록 하기 위해 설치되며, 차륜 표면에 스프링으로 압착되고 압착력을 조절할 수 있게 되어 있다.

32 롤러의 차동장치에 대한 설명 중 틀린 것은?

① 조향할 때 골재가 밀리는 것을 방지 한다.
② 좌우 바퀴의 회전 비율을 다르게 한다.
③ 조향을 원활하게 한다.
④ 작업 시 자동제한 차동장치는 반드시 체결하고 한다.

🔍 차동 장치의 작동을 제한하는 장치를 차동 제한 장치(차동 록 장치)라 하며 모래땅이나 진흙 길 등에서 주행할 때 한쪽 바퀴가 헛돌며 빠져나오지 못할 경우 쉽게 빠져나올 수 있도록 하는 것이다.

33 3륜 롤러에 설치된 차동 장치의 목적은?

① 좌, 우륜의 회전수를 같게
② 직진성 향상을 위해
③ 미끄럼 방지를 위해
④ 커브 주행을 원활하게

🔍 차동 장치는 커브 주행을 할 때 양측을 다른 속도로 회전시켜서 운행을 원활하게 한다.

34 머캐덤 롤러의 차동 제한 장치는 어느 경우에 사용하는가?

① 언덕길을 등판할 경우
② 급커브를 돌 때
③ 이동하고자 하는 현장이 장거리일 때
④ 성토 초기 전압 시에 슬립하는 경우

🔍 차동 록 장치(차동 고정장치, 차동 제한장치)
• 머캐덤 롤러로 작업할 때 모래땅이나 연약 지반에서 작업 또는 직진 성능을 주기 위하여 설치한다.
• 성토 초기 전압 작업을 할 때 슬립하는 경우에 사용한다.

35 로드 롤러에 부착되어있는 차동고정(differential lock) 장치는 어떠한 때에 사용하는가?

① 다짐 속도를 높이고자 할 때
② 요철이 심한 노면을 다질 때
③ 모래나 진흙에 빠졌을 때
④ 경사면을 다질 때

🔍 차동 록 장치(차동 고정장치, 차동 제한장치)
• 머캐덤 롤러로 작업할 때 모래땅이나 연약 지반에서 작업 또는 직진 성능을 주기 위하여 설치한다.
• 성토 초기 전압 작업을 할 때 슬립하는 경우에 사용한다.

36 로드 롤러 작업 시 종감속장치 및 차동 장치에서 소음이 발생하는 원인이 아닌 것은?

① 차동 기어 장치의 사이드 기어가 마멸
② 차동 기어 장치의 구동 피니언이 마멸

 29 ④ 30 ② 31 ① 32 ④ 33 ④ 34 ④ 35 ③ 36 ④

③ 차동 기어 장치의 링 기어가 마멸
④ 차동 기어 장치의 3단 기어가 마멸

> 종감속장치 및 차동장치에서의 소음 발생 원인
> • 차동 기어 장치의 사이드 기어 마멸
> • 차동 기어 장치의 구동 피니언 마멸
> • 차동 기어 장치의 링 기어 마멸
> • 오일 부족

37 일반적인 머캐덤 롤러의 조향륜에 대한 설명으로 틀린 것은?

① 일반적으로 유압 조향 기구가 사용된다.
② 베어링으로 지지한다.
③ 킹핀이 설치되어 있다.
④ 브레이크 장치가 설치되어 있다.

> 머캐덤 롤러는 조향륜(안내륜)의 중심 상부에 수직으로 세운 킹핀을 회전시켜서 조향하며, 일반적으로 유압 조향 기구가 사용된다. 참고로 브레이크 장치는 구동축의 차륜에 설치되어 있다.

38 머캐덤 롤러의 전륜에 대한 설명 중 옳은 것은?

① 킹핀이 설치되어 있다.
② 전륜축은 베어링으로 지지한다.
③ 브레이크 장치가 설치되어 있다.
④ 조향은 유압식이다.

> 머캐덤 롤러의 전륜은 구동륜, 브레이크 장치는 구동륜에 설치되어 있다.

39 머캐덤 롤러의 롤러(바퀴, 륜)에 대한 설명으로 옳지 않은 것은?

① 1개의 조향륜과 2개의 구동륜을 가진 2축 3륜 형식이다.
② 앞바퀴와 뒷바퀴의 지름은 같으며 폭은 앞바퀴가 뒷바퀴보다 더 넓다.
③ 롤러는 탄소강으로 벤딩하여 용접한다.
④ 앞바퀴는 커브를 원활히 회전하기 위한 스티어링 휠 구조로 되어 있다.

> 롤러는 일반 구조용 압연 강재로 벤딩하여 용접한다. 탄소강을 사용할 경우 용접성이 불량하고, 너무 단단하여 균열이 생길 우려가 있기 때문이다.

40 롤러에 부착된 부품에 13.00-24-18PR 이라 명기되어 있었다. 다음 중 어느 것에 해당 되는가?

① 유압 펌프
② 엔진 일련번호
③ 타이어 규격
④ 시동 모터 용량

> 문제의 규격은 단면 폭(인치)-림 지름(인치)-플라이 수를 표시한 것으로 타이어의 규격이다.

41 롤러의 구조 중 운전자를 직사광선으로부터 보호하고 쾌적한 운전을 위하여 설치한 것은?

① 차일
② 밸러스트
③ 스크레이퍼
④ 탬퍼 풋

> 차일(遮日)은 운전자를 직사광선으로부터 보호하고 쾌적한 운전을 위하여 설치되어 있으며, 장비를 운반하는 경우 차일을 접어서 운반하고, 잠금 핀이 단단히 고정되어 있는지 반드시 확인하여야 한다.

42 탠덤, 머캐덤 롤러의 살수 탱크는 어떤 역할을 하는가?

① 엔진에 공급하는 연료를 저장한다.
② 각부 장치에 주유하는 오일을 저장한다.
③ 롤러에 물을 적셔주어 작업 시 점착성을 향상시킨다.
④ 롤러에 물을 적셔주어 작업 시 점착성 물질이 롤에 묻는 것을 방지한다.

> 살수 장치는 건조한 흙 또는 아스팔트 롤링 작업 시에 다짐 효과 향상과 타이어 또는 롤에 아스팔트가 부착되지 않도록 하기 위해서 물을 뿌려 주는 장치이다.

43 로드 롤러의 살수 장치에 대한 설명으로 틀린 것은?

① 타이어 또는 롤에 아스팔트가 부착되지 않도록 물을 뿌려주는 장치이다.
② 중력식과 압송식이 있으며 주로 압송식이 많이 사용된다.
③ 물탱크의 물의 양에 따라 살수 압력이 달라져야 한다.
④ 물 펌프 압송식의 물 공급은 물탱크 → 물 펌프 → 살수 바 순서로 이루어진다.

> 압송식은 물 펌프 압송식과 압축 공기 압송식이 있으며, 물탱크에 물의 양이 많든 적든 간에 항상 일정 압력으로 살수할 수 있어야 한다.

정답 37 ④ 38 ③ 39 ③ 40 ③ 41 ① 42 ④ 43 ③

44 롤러의 스프링클러에 대한 설명으로 틀린 것은?

① 작업 중 롤러 표면의 이물질을 제거하기 위하여 설치하는 살수 장치이다.
② 혹한기에는 스프링 클러, 파이프, 필터 내에 물을 완전히 채워두어야 한다.
③ 스프링 클러는 기계식 또는 전기식의 노즐 분사 방식이어야 한다.
④ 물 펌프는 앞 드럼용과 뒤 드럼용이 따로 있어서 선택하여 사용한다.

> 혹한기에는 라인의 동파 방지를 위하여 스프링클러, 파이프 그리고 필터 내 물을 모두 비워야 한다.

45 타이어 롤러에 사용되는 밸러스트(부가 하중)로 알맞은 것은?

① 물
② 모래
③ 중유
④ 철

> 타이어 롤러는 물탱크에 필요한 양만큼 주입하고, 머캐덤 롤러나 탠덤 롤러, 탬핑 롤러 등은 롤(바퀴)에 물, 모래, 중유 등을 주입하여 전압 능력을 높인다.

46 개방형 밸러스트로 사용될 수 있는 것은?

① 모래   ② 물
③ 중유   ④ 주철 블록

> 밸러스트
> • 밀폐형 밸러스트 : 차륜에 모래, 물, 중유 등을 넣은 것
> • 개방형 밸러스트 : 주철 블록 등을 별도로 설치한 것

47 롤러 살수장치에서 노즐 분사 방식으로 옳은 것은?

① 기계식 또는 전기식
② 기계식 또는 수압식
③ 수압식 또는 기계식
④ 전자식 또는 전기식

> 롤러의 살수장치(건설기계 안전기준에 관한 규칙)
> • 롤러에는 롤의 표면에 자재 또는 이물질이 부착되는 것을 방지하기 위한 제거장치 또는 살수장치를 설치하여야 한다.
> • 살수장치는 기계식 또는 전기식의 노즐 분사 방식이어야 한다.

48 타이어 롤러의 타이어 지지 기구로 수직 가동식, 상호 요동식, 고정식 등의 기구가 사용되는데 이 기구들의 주된 작용은 무엇인가?

① 동력의 전달을 원활히 한다.
② 제동능력을 향상 시킨다.
③ 노면 상태와 관계없이 균일한 하중으로 다짐 작업을 할 수 있다.
④ 가속능력과 조향능력 및 등판능력을 향상 시킨다.

> 타이저 롤러의 타이어 지지기구는 노면 상태와 관계없이 균일한 하중으로 다짐작업을 할 수 있도록 구성된다.

49 타이어 롤러의 타이어 지지방법 중 수직 가동식의 종류에 해당되지 않는 것은?

① 유압식   ② 공기 스프링식
③ 차륜 사행식   ④ 프레임 가동식

> 타이어 롤러의 지지 방식
> • 수직 가동식(독립 지지식) : 유압식, 공기 스프링식, 프레임 가동식
> • 상호 요동식
> • 고정식 : 차륜 고정식, 차륜 사행식

50 타이어 롤러에서 각 바퀴마다 독립된 유압 실린더나 공기 스프링을 사용하여 상하운동을 할 수 있도록 구성한 지지방식은?

① 차륜 고정식   ② 상호 요동식
③ 수직 가동식   ④ 차륜 사행식

> 수직 가동식(독립 지지식)은 각 바퀴마다 독립된 유압 실린더나 공기 스프링 등을 사용하여 상하운동을 할 수 있도록 구성한 방식으로 유압식, 공기 스프링식, 프레임 가동식이 있다.

51 타이어 롤러에서 전압은 무엇으로 조정하는가?

① 밸러스트(Ballast)의 자중
② 다짐 속도와 밸러스트(Ballast)
③ 밸러스트(Ballast)와 타이어 공기압
④ 다짐 속도와 타이어 공기압

> 타이어 롤러는 타이어의 공기압과 부가 하중(밸러스트)을 조정하여 다짐 작업을 조절할 수 있는 롤러로 접지압이 크면 깊은 다짐을 하고 접지압이 작으면 표면 다짐을 한다.

 44 ② 45 ① 46 ④ 47 ① 48 ③ 49 ③ 50 ③ 51 ③

52 타이어 롤러의 특징과 관련한 설명으로 옳은 것은?

① 타이어 공기압은 다짐 효율과 관련이 없다.
② 공기압을 낮게 사용할 때는 부가하중을 증가시키는 편이 좋다.
③ 부가하중을 감소시켜도 접지압은 변하지 않는다.
④ 탠덤 롤러나 머캐덤 롤러와 달리 다짐 대상 재료를 깨면서 다진다.

> 타이어 롤러의 특징
> • 전압 특성은 타이어의 접지압과 면적에 의해 결정되며, 타이어 공기압을 증가시키면 다짐 효과는 높아진다.
> • 공기압을 낮게 사용할 때는 부가 하중(밸러스트)를 감소시키는 편이 좋다.
> • 부가 하중(밸러스트)를 감소시키면 접지압은 변하지 않으나 접지 면적의 감소로 다짐에 미치는 깊이가 변한다.
> • 탠덤, 머캐덤 롤러 등에 비해 고속 주행이 가능하며 최고 속도는 20~25km/h 정도로 빠르다.
> • 철륜에 비해 점착력이 크고, 큰 견인력을 얻을 수 있으며, 구배가 있는 곳에서도 용이한 작업이 가능하다.
> • 머캐덤 롤러나 탠덤 롤러와 같이 다짐대상 재료를 깨면서 다지는 것이 아니라 공기 타이어의 특성을 이용하여 자연 상태 그대로 다지며, 골재와 골재 사이의 요철 부분까지 골고루 다질 수 있다.

53 타이어 롤러의 구동 체인 조정에 대한 설명으로 옳은 것은?

① 디퍼렌셜 기어 하우징의 조정 심으로 한다.
② 구동 체인을 늘이거나 줄여서 한다.
③ 뒷바퀴 축이 구동하므로 조정하지 않는다.
④ 타이어의 공기 압력을 조정하면 된다.

> 타이어 롤러의 구동 체인의 조정은 디퍼렌셜(차동) 기어 하우징의 조정 심(shim)으로 한다.

54 롤러를 이용한 다짐 또는 포장 작업 물량 파악에 있어 포장작업 물량의 확인 사항이 아닌 것은?

① 거리(m)
② 너비(m)
③ 용량(m^3)
④ 중량(kg)

> 포장작업 물량은 거리(m), 너비(m), 용량(m^3)으로 확인한다.

55 롤러의 다짐 작업과 관련한 올바른 요령으로 틀린 것은?

① 서서히 움직이고 급후진을 하지 않는다.
② 정지 상태에서 진동을 작동시킨다.
③ 경사진 곳에서는 낮은 곳에서 높은 곳으로 다짐한다.
④ 드럼과 타이어에 혼합물이 달라붙지 않도록 충분한 살수를 한다.

> 정지 상태에서 진동을 작동시키지 말아야 한다. 정지 상태에서 진동을 작동시키면 드럼의 자국이 형성되기 때문이다.

56 롤러를 이용한 일반적인 다짐 방법 중 마무리 다짐에 대한 내용으로 틀린 것은?

① 포장의 요철이나 롤러 자국 등의 제거 및 포장체의 평탄성 확보가 목적이다.
② 12t 이상의 탠덤 롤러를 무진동으로 사용한다.
③ 140~110℃ 정도의 높은 온도에서 실시한다.
④ 2차 다짐에 의해 생긴 롤러 자국이 없어질 정도로 다진다.

> 마무리 다짐(3차 다짐)은 2차 다짐에 이어 90~70℃ 부근에서 다짐한다.

57 다짐 방법을 결정함에 있어 점토질 다짐에 적합하지 않은 롤러는?

① 머캐덤 롤러
② 탠덤 롤러
③ 탬핑 롤러
④ 진동형 타이어 롤러

> 다짐 방법 결정
> • 점토질 : 머캐덤 롤러, 탠덤 롤러, 타이어 롤러, 탬핑 롤러
> • 사질토 : 진동 롤러, 진동형 타이어 롤러

58 머캐덤 롤러의 작업 방법에 대한 설명으로 적절하지 않은 것은?

① 이음부가 있을 경우 이음부 먼저 전압한다.
② 높은 곳에서 낮은 곳으로 전압한다.
③ 롤러의 구동륜 록의 1/2 정도 겹치도록 다친다.
④ 외연부 다짐은 롤러의 차륜을 연단부로부터 5~10cm 나가도록 다짐한다.

> 낮은 곳에서 높은 곳으로 전압한다.

정답 52 ③ 53 ① 54 ④ 55 ② 56 ③ 57 ④ 58 ②

59 롤러의 레버 작동법에 대한 설명으로 틀린 것은?

① 스로틀 레버를 운전자 쪽으로 당기면 엔진 RPM이 감소한다.
② 전진-후진 레버를 앞뒤로 움직이면 장비가 앞/뒤로 움직인다.
③ 전진-후진 레버를 중립에 위치하면 장비는 정지하게 된다.
④ 장비의 주행 속도는 전진-후진 레버의 움직임 정도에 비례하여 증가하거나 감속한다.

> 스로틀 레버는 엔진 RPM을 조절하며 운전자 쪽으로 당기면 엔진 RPM이 증가한다.

60 유압 구동식 롤러의 특징으로 잘못된 것은?

① 동력의 단절과 연결, 가속이 원활하다.
② 전진·후진의 교체, 변속 등을 한 개의 레버로 변환이 가능하다.
③ 부하에 관계없이 속도 조절이 된다.
④ 작동유 관리가 불필요하다.

> 유압 구동식 롤러는 유압 장치의 장점을 활용한 장치로 작동유의 관리가 필수적이다.

61 롤러 운전 중 오일 경고등이 켜지는 원인으로 거리가 먼 것은?

① 외부의 온도나 용도에 맞지 않는 오일을 사용했을 때
② 유압 회로가 막혔을 때
③ 오일의 점도가 적당할 때
④ 오일 여과기 엘리먼트가 막혔을 때

> 운전 중 오일 경고등이 켜지는 원인은 ①, ②, ④항으로 기관 작동 중 오일 경고등이 점등되면 즉시 기관을 멈추고 그 원인을 점검하여야 한다.

62 롤러의 엔진 가동 중에 엔진 오일 압력 경고등이 꺼지지 않을 때의 원인으로 적합하지 않은 것은?

① 엔진 오일 과다
② 엔진 오일 필터의 막힘
③ 엔진 오일 점도의 부적당
④ 엔진 오일 급유 라인의 이상

> 롤러의 엔진 가동 중에 엔진 오일 압력 경고등이 꺼지지 않으면 엔진 오일 압력에 이상이 있는 것으로 보기 중 ②, ③, ④항 외에 엔진 오일 부족이 그 원인이다.

63 롤러를 이용한 다짐 작업의 결과로 가장 거리가 먼 것은?

① 단위 중량이 증가한다.
② 전단 강도가 증진된다.
③ 지지력이 증대된다.
④ 투수성이 증가한다.

> 다짐의 원리는 "다짐 → 단위 중량 증가 → 전단 강도 증진 → 침하 감소(투수성 및 압축성 감소) → 지지력 증진"의 과정이다.

64 표층 위에 일정 높이로 쌓아 올린 토사를 롤러로 다짐 작업을 하여 단단한 지반으로 만드는 작업은?

① 성토 다짐   ② 토사 다짐
③ 골재 다짐   ④ 포장 다짐

> 다짐 작업의 종류
> • 성토 다짐 : 표층 위에 일정 높이로 쌓아 올린 토사를 롤러로 다짐 작업을 하여 단단한 지반으로 만드는 작업
> • 토사 다짐 : 성토 다짐을 포함한 일반적인 토사의 공극을 줄이기 위한 다짐 작업
> • 골재 다짐
> • 포장 다짐

65 롤러의 운전 조작 방법으로 옳지 않은 것은?

① 주차할 때 반드시 주차 브레이크를 작동시킨다.
② 다짐 작업은 대각선 방향으로 한다.
③ 클러치 조작은 반 클러치를 사용하지 않도록 한다.
④ 전·후진 시의 변속은 정지시킨 다음에 한다.

> 다짐 작업은 포장이 연결된 부분부터 시작하여야 하며, 대각선 방향으로 하지 않아야 한다.

66 롤러의 스위치류 장치 중 언로더 밸브의 기능은?

① 일시적인 주차(주기)에 사용한다.
② 주행기능을 해지하는 역할을 한다.
③ 부가하중을 줄일 때 사용한다.
④ 정상적인 주행이 가능할 때 사용한다.

 59 ① 60 ④ 61 ③ 62 ① 63 ④ 64 ① 65 ② 66 ②

> 언로더 밸브는 자동차의 클러치와 같이 주행 기능을 해지하는 역할을 하는 것으로 엔진이나 주행 기능의 이상으로 인해 롤러 운행이 불가능하여 강제 견인해야 하는 경우에 사용한다.

67 롤러의 운전 전 관리를 나타낸 것이다. 틀린 것은?

① V벨트 상태 확인 및 장력 부족시 조정
② 배출가스의 상태 확인
③ 라디에이터의 냉각수량 확인 및 부족시 보충
④ 엔진오일량 확인 및 부족시 보충

> 배출가스의 상태는 엔진 시동 후 시험 운전을 통해 점검할 수 있는 사항이다.

68 롤러의 일일점검 사항이 아닌 것은?

① 엔진 오일 점검
② 냉각수 점검
③ 배터리 전해액 점검
④ 연료량 점검

> 매 10시간 혹은 매일 점검사항
> • 엔진 오일 및 연료량 점검 및 필요 시 보충
> • 냉각수 점검 및 필요시 보충
> • 벨트 장력 점검 및 조정

69 롤러의 일일점검 사항이 아닌 것은?

① 엔진 오일 점검　② 오일 필터 점검
③ 연료량 점검　　④ 냉각수 점검

> 엔진 오일 필터는 250시간 마다 점검하고 교체한다.

70 롤러 운전 중 점검사항이 아닌 것은?

① 냉각수 온도　② 유압 오일 온도
③ 엔진 회전수　④ 배터리 전해액

> 배터리의 충전 상태 및 전해액량은 운전 전에 점검하여야 한다.

71 롤러의 전진-후진 레버의 베어링 부위에는 무엇을 주유해야 하는가?

① 유압 오일　　　② 그리스
③ 주유할 필요가 없음　④ 기어 오일

> 전-후진 레버의 베어링 부위, 요크, 센터 핀 등에는 그리스를 주유하고, 스티어링 체인에는 기어 오일을 수시로 도포한다.

72 롤러의 하체 구성 부품에서 마모가 증가되는 원인이 아닌 것은?

① 부품끼리 접촉이 증가할 때
② 부품끼리 상대운동이 증가할 때
③ 부품에 윤활막이 유지될 때
④ 부품에 부하가 가해졌을 때

> 윤활유(오일)의 사용 목적 중 하나는 마찰 감소 및 마멸 방지 작용으로 윤활막이 유지되지 않으면 마찰이 증가하고 이에 따라 부품의 마모가 발생한다.

73 롤러의 엔진 시동 후 수행하는 워밍업에 대한 설명으로 옳은 것은?

① 엔진 시동 후 약 1~3분간 실시한다.
② 워밍업은 엔진 오일과 유압 오일이 작업온도에 점차적으로 도달하도록 한다.
③ 하절기에는 워밍업이 하지 않아도 된다.
④ 워밍업은 롤러의 운행과 동시에 이루어지도록 한다.

> 워밍업은 엔진 시동 후 약 10~15분간 1,200RPM에서 실시하도록 하며, 워밍업을 통해 오일의 온도가 작업온도에 도달하고, 엔진과 유압 시스템의 중요한 부위에 오일이 충분히 윤활된 후 롤러를 운행하도록 한다.

74 롤러에서 엔진의 워밍업에 대한 설명으로 틀린 것은?

① 워밍업을 하지 않아도 장비의 수명 및 기능에는 문제가 없다.
② 워밍업이 충분히 이루어졌을 때 온도 게이지, 연료 게이지, 엔진 오일, 압력 경고등은 정상적인 범위에 있어야 한다.
③ 워밍업이 충분히 이루어지면 엔진 체크등은 꺼지게 된다.
④ 엔진 시동 초기에는 불완전 연소로 인한 배기가스의 색깔이 검은색 또는 회색이 배출된다.

> 워밍업을 하지 않고 무리한 운행을 하였을 경우 장비의 수명 단축 및 기능 저하를 가져올 수 있으며, 워밍업을 충분히 하지 않으면 엔진 소음이 크고, 진동이 있을 수 있다.

정답 67 ② 68 ③ 69 ② 70 ④ 71 ② 72 ③ 73 ② 74 ①

75 0℃~-18℃ 사이에서 롤러의 워밍업 시간으로 적당한 것은?

① 약 3분
② 약 5분
③ 10분 이상
④ 필요없다.

> 워밍업 시간
> • 0℃ 이상 : 약 5분
> • 0℃~-18℃ : 10분 이상
> • -18℃ 이하 : 15분 이상

76 롤러 운행 중 주의 사항으로 적절하지 않은 것은?

① 언덕을 오르거나 언덕을 내려올 때에 고속으로 운행하여야 한다.
② 경사를 주행할 때 속도를 변속하지 말아야 한다.
③ 선회 시에 핀치 포인트에 접근하지 말아야 한다.
④ 경사면에서 방향 전환은 금지되어 있으며 또한 언덕 면을 가로질러 운행하지 말아야 한다.

> 언덕을 오르거나 언덕을 내려올 때에 저속으로 운행하여야 한다.

77 롤러로 경사면을 주행할 때 주의사항으로 옳은 것은?

① 경사면을 주행할 때 속도를 변속하지 않는다.
② 경사면에서 위치를 옮겨야 한다면 경사지에서 방향 전환을 해도 된다.
③ 경사면을 가로 질러 운행하도록 한다.
④ 경사면에서는 가능한 빠른 속도로 운행한다.

> 경사면에서의 운행
> • 언덕을 오르거나 언덕을 내려올 때에 저속으로 운행한다.
> • 경사면을 가로질러 운행하지 말아야 한다.
> • 경사면에서 방향 전환은 금지되며, 위치를 옮겨야 한다면 곧바로 내려가서 이동한 후 목적지로 향한다.

78 건설기계 장비의 일상점검에 대한 설명으로 가장 적절한 것은?

① 1일 1회 행하는 점검
② 신호수가 행하는 점검
③ 감독관이 행하는 점검
④ 운전 전 · 중 · 후 행하는 점검

> 일상점검이란 작업시작 전 및 사용하기 전에 또는 작업 중, 작업 후에 실시하는 점검을 말한다. 참고로 1일 1회 행하는 점검은 일일점검이다.

79 롤러에서 일상 점검을 하는 목적으로 맞는 것은?

① 작업속도를 빠르게 하기 위해서
② 도난을 방지하기 위해서
③ 장비의 수명 연장과 고장 유무 확인을 위해서
④ 수명 단축 촉진을 위해서

> 일상 점검은 장비의 수명 연장과 고장 유무 확인을 위해 이루어지는 활동이다.

80 전복방지장치 또는 캡이 장착된 롤러에서 반드시 착용하여야 하는 보호구는?

① 안전벨트와 안전모
② 안전화와 보안경
③ 안전화와 안전모
④ 안전모와 안전장갑

> 전복방지장치 또는 캡이 장착된 롤러는 반드시 안전벤트와 안전모를 착용하여야 한다.

81 롤러 장비의 운전 중 점검사항이 아닌 것은?

① 경고등 점멸 여부
② 라디에이터 냉각수량 점검
③ 작동 중 기계 이상음 점검
④ 작동상태 이상 유무 점검

> 라디에이터의 냉각수량 점검은 운전 전 점검사항에 해당된다.

82 롤러 작업 후 엔진 정지 절차에 대한 설명으로 틀린 것은?

① 계기판 및 각 장치의 이상 유무를 확인하고 필요시 정비를 의뢰한다.
② 다짐 작업이 끝나면 곧바로 엔진을 정지시키는 것이 좋다.
③ 모든 조종 장치가 정지(OFF) 위치에 있는지 확인한다.
④ 모든 조종 장치가 장기 주차를 위해서 적절한 위치에 있는지 확인한다.

 정답 75 ③ 76 ① 77 ① 78 ④ 79 ③ 80 ① 81 ② 82 ②

🔍 엔진을 정지하기 전에 엔진을 무부하 상태로 5분 정도 저속 공회전하여 엔진을 일정 온도로 냉각 후 정지하는 것이 엔진의 수명을 연장하는 데 효과적이다.

83 롤러를 운반하기 위해 트레일러에 상차할 때 주의사항으로 틀린 것은?

① 상하차 시 지면이 편평한 장소에서 실시한다.
② 트레일러는 브레이크를 작동하고 바퀴를 굄목으로 고정시킨다.
③ 트레일러에 상차 후 전후, 좌우에 와이어로프로 고정시킨다.
④ 램프의 경사각은 12° 이상이어야 한다.

🔍 트레일러에 상차 시 램프는 롤러의 하중과 폭, 길이를 고려하여 적절한 두께의 튼튼한 램프를 사용하며, 램프의 경사각은 12° 이내이어야 한다. 또한, 트레일러에 상차 후 조향 프레임 잠금장치를 한다.

84 롤러의 견인 시 주의해야 할 사항으로 틀린 것은?

① 장비 견인 시에는 충분한 강성이 있는 와이어로프를 사용한다.
② 경사지에서는 견인 작업을 수행하지 않는다.
③ 엉클어지거나 꼬이거나 혹은 손상된 로프는 견인에 사용하지 않는다.
④ 견인 케이블은 가능한 한 길게 한다.

🔍 견인 시 견인 케이블은 가능한 한 짧게 하여야 한다.

85 롤러 장비를 사용하자 않고 장기간 격납시켜 둘 때 주의사항으로 틀린 것은?

① 배터리를 떼서 완전 충전시킨 후 별도 보관한다.
② 기관 크랭크실, 변속기 등의 윤활유를 완전히 빼 둔다.
③ 부동액이 아닌 경우 겨울철에는 냉각수를 빼 둔다.
④ 장비에 커버를 하여 두는 것이 좋다.

🔍 장기간 보관하는 경우 조치 사항
- 깨끗이 청소한 후에 차고에 보관한다.
- 오일 주입, 그리스 주입 그리고 각종 오일을 교환한다.
- 유압 실린더 피스톤 로드의 공기에 드러나 있는 부위에 그리스를 발라 산화를 방지한다.
- 배터리는 (-) 케이블을 탈거한 후 덮어 놓거나, 장비에서 배터리를 완전히 탈거하여 안전한 장소에 보관한다.
- 만약 온도가 0℃ 이하로 내려가는 경우에는 냉각수에 부동액을 첨가한다.
- 살수장치(스프링클러)의 물을 완전히 빼낸다.
- 전·후 주행 레버를 중립에 위치시킨다.
- 진동 스위치를 OFF에 위치시키고 주차 브레이크를 체결한다.
- 굄목을 괸다.
- 시동 키를 빼서 안전한 장소에 보관한다.

정답 83 ④ 84 ④ 85 ②

최신판!
건설기계운전기능사 필기
(굴착기 · 기중기 · 로더 · 롤러 공통)

2024년 01월 05일 인쇄
2024년 01월 20일 발행

저자 | 건설기계교육아카데미
발행처 | (주)도서출판 책과상상
등록번호 | 제2020-000205호
발행인 | 이강복
주소 | 경기도 고양시 일산동구 장항로 203-191
전화 | 02)3272-1703~4
팩스 | 02)3272-1705
홈페이지 | www.sangsangbooks.co.kr

ISBN 979-11-6967-053-1

Copyright ⓒ 2024
Book & SangSang Publishing Co.

정가 : 17,000원

저자협의
인지생략